交叉学科研究生高水平课程系列教材

机电一体化系统：
建模、仿真与控制

JIDIAN YITIHUA XITONG: JIANMO, FANGZHEN YU KONGZHI

彭义兵 许剑锋 罗映 编著

U0307801

华中科技大学出版社
http://www.hustp.com
中国·武汉

内容简介

　　本书以机电一体化系统组成要素为主线，重点讨论了机电一体化系统的建模、仿真与控制技术，并通过一系列实例和案例说明了机电一体化系统的设计和控制方法。全书共分为 8 章，内容包括绪论、系统建模与仿真、传感与检测、驱动装置、可编程序控制器、系统分析与校正、PID 控制技术、分数阶 $PI^\lambda D^\mu$ 控制技术。

　　本书内容丰富、语言简洁，注重理论联系工程实际，可作为高等院校机械类专业高年级本科生和研究生的专业教材或参考书，也可作为相近专业教师和科研人员的参考书。

图书在版编目(CIP)数据

机电一体化系统：建模、仿真与控制/彭义兵，许剑锋，罗映编著.—武汉：华中科技大学出版社，2021.7
（2022.8重印）
　ISBN 978-7-5680-7297-7

　Ⅰ.①机…　Ⅱ.①彭…　②许…　③罗…　Ⅲ.①机电一体化-高等学校-教材　Ⅳ.①TH-39

中国版本图书馆 CIP 数据核字(2021)第 119102 号

机电一体化系统：建模、仿真与控制　　　　　　　　　　　　彭义兵　许剑锋　罗　映　编著
Jidian Yitihua Xitong：Jianmo，Fangzhen yu Kongzhi

策划编辑：万亚军
责任编辑：李梦阳
封面设计：杨玉凡　廖亚萍
责任校对：李　琴
责任监印：周治超
出版发行：华中科技大学出版社（中国·武汉）　　　电话：(027)81321913
　　　　　武汉市东湖新技术开发区华工科技园　　　邮编：430223
录　　排：华中科技大学惠友文印中心
印　　刷：武汉邮科印务有限公司
开　　本：787mm×1092mm　1/16
印　　张：22
字　　数：546 千字
版　　次：2022 年 8 月第 1 版第 2 次印刷
定　　价：68.00 元

交叉学科研究生高水平课程系列教材
编委会

总序

Zongxu

2015 年 10 月国务院印发《统筹推进世界一流大学和一流学科建设总体方案》，2017 年 1 月教育部、财政部、国家发展改革委印发《统筹推进世界一流大学和一流学科建设实施办法（暂行）》，此后，坚持中国特色、世界一流，以立德树人为根本，建设世界一流大学和一流学科成为大学发展的重要途径。

当代科技的发展呈现出多学科相互交叉、相互渗透、高度综合，以及系统化、整体化的趋势，构建多学科交叉的培养环境、培养复合创新型人才已经成为研究生教育发展的共识和趋势，也是研究生培养模式改革的重要课题。华中科技大学"交叉学科研究生高水平课程"建设项目是华中科技大学"双一流"建设项目"拔尖创新人才培养计划"中的子项目，用于支持跨院（系）、跨一级学科的研究生高水平课程建设，这些课程作为选修课对学术型硕士生和博士生开放。与之配套，华中科技大学与华中科技大学出版社组织撰写了本套交叉学科研究生高水平课程系列教材。

研究生掌握知识从教材的感知开始，感知越丰富，观念越清晰，优秀教材使学生在学习过程中获得的知识更加系统化、规范化。本套丛书是华中科技大学交叉学科研究生高水平课程建设的重要探索。不同学科交叉融合有不同特点，教学规律不尽相同，因此每本教材各有侧重，如：《学习记忆与机器学习实验原理》旨在提高学生在课程教学中的实践能力和自主创新能力；《代谢与疾病基础研究实验技术》旨在将基础研究与临床应用紧密结合，使研究生的培养模式更符合未来转化医学的模式；《高分子材料 3D 打印成形原理与实验》旨在将实验与成形原理呼应形成有机整体，实现基础原理和实际应用的具体结合，有助于提升教学质量。本套丛书凝聚着编者的心血，熠熠生辉，此处不一一列举。

本套丛书的编撰得到了各方的支持和帮助，我校 100 余位师生参与其中，涉及基础医学院、机械科学与工程学院、环境科学与工程学院、化学与化工学院、药学院、生命科学与技术学院、同济医院、人工智能与自动化学院、计算机科学与技术学院、光学与电子信息学院、船舶与海洋工程学院，以及材料科学与工程学院 12 个单位的 24 个一级学科，华中科技大学出版社承担了编校出版任务，在此一并向所有辛勤付出的老师和同学表示感谢！衷心期望本套丛书能为提高我校交叉学科研究生的培养质量发挥重要作用，诚恳期待兄弟高校师生的关注和指正。

解孝林

2019 年 3 月于喻园

前言

Qianyan

从共享单车的智能锁到汽车的自动驾驶，从喷洒农药的无人机到工业磁盘的精密驱动控制，体现了机电一体化系统的广泛应用和产品的快速迭代。数字工程、仿真与建模、机电运动装备、微机电系统(MEMS)、微处理器及数字信号处理器(DSP)等技术的飞速发展，给工业界和学术界带来了新的挑战。

在智能制造时代，机电一体化系统的设计不同于以前，它比以往任何时候都需要多学科融合、多团队协同。机电一体化系统通过集成机械、电子、计算机与信息技术，采用控制系统、数字方法，实现智能产品和系统的设计。

机电一体化的独特之处在于：工程师可将机械、电子、计算机与信息技术集成到整个产品的设计过程中。建模、仿真、分析、虚拟原型和可视化验证等都是开发新型机电一体化产品的关键过程和方法。

基于此，本书强调系统规划的与时俱进，重视设计的方法论和控制策略的精准性，着重讨论机电一体化系统的设计方法，建模、仿真和控制技术，通过机电有机结合的方法，构造机电一体化系统的最佳设计框架，目的是培养具有系统分析和顶层设计能力的机电一体化系统设计人才。

本书是在华中科技大学"双一流"建设项目——"交叉学科研究生高水平课程"支持下完成的。为了适应机械电子工程、机械设计制造及其自动化、机电一体化专业和其他相近专业的教学要求，我们编写了这本面向大学高年级本科生和研究生的专业教材。学习本书前，读者需要了解机械制造技术、数值分析、传感器与检测技术、电子计算机技术、控制工程和 MATLAB/Simulink 等相关基础知识。

在参考了国内外大量机电一体化技术文献、教材和专著的基础上，作者结合在机械设计制造及其自动化专业中的多年教学经验和科研成果编写了本书。

对于机电一体化系统设计必需的基础知识，如机械设计、单片机、工控机等，鉴于大多数高等院校的相关专业已经设置相应课程，同类教材也多有涉及，本书不再赘述，而是重点论述机电一体化系统分析和设计必需的典型知识、共性技术，强调系统的数字建模、仿真分析、控制策略和综合应用技术，以匹配本书规划的定位。

本书共分为 8 章。第 1 章介绍了机电一体化的关键内容，对比了机电一体化传统设计方法和新型设计方法,并探讨了机电一体化系统的发展趋势;第 2 章重点讲解了系统建模和仿真,介绍了机电一体化中许多常见的物理系统,这些系统包含机械元件、电子元件等,讨论了其独立建模和耦合建模方法;第 3 章介绍了不同的传感器,如位置传感器、速度传感器、力和扭矩传感器、加速度传感器、温度传感器等;第 4 章介绍了几种类型的驱动装置,包含步进电机、伺服电机、永磁同步电机和交流感应伺服电机;第 5 章介绍了可编程序控制器原理及应用案例;第 6 章介绍了机电一体化系统的分析与校正,详细讨论了基于根轨迹法和伯德图的控制器设计和校正方法。第 7 章和第 8 章分别介绍了 PID 控制技术和分数阶 $PI^\lambda D^\mu$ 控制技术。

本书第 1 章由许剑锋编写,第 2 章到第 7 章由彭义兵编写,第 8 章由罗映编写,全书由彭义兵统稿。研究生吴琪、颜东鹏、朱思飚、杜莹莹、吴竟宁、雷若山、刘璇做了大量资料收集和图表绘制工作,在此向他们表示衷心的感谢。

感谢华中科技大学创新研究院、机械科学与工程学院对本项目的支持。此外,华中科技大学出版社对本书的出版也给予了极大支持,在此深表感谢。

本书涉及的专业范围很广,限于作者水平,书中难免存在不足与疏漏之处,恳请读者批评指正。

编　者
2021 年 1 月

目录

Mulu

第1章
绪　　论

本章概述了机电一体化设计过程，以及机电一体化所采用的技术。本章首先辨析了机电一体化的概念，接着介绍了机电一体化系统的设计、组成和技术，然后讨论了机电一体化的发展阶段、机电一体化设计方法和机电一体化系统的应用领域，最后介绍了机电一体化系统的发展趋势。

1.1　机电一体化的概念

机电一体化(mechatronics)领域包括三个不同的传统工程领域，即：

(1) 机械工程，"mecha"来源于机电一体化英文名；

(2) 电气或电子工程，"tronics"取自机电一体化英文名；

(3) 计算机科学。

但是，机电一体化领域并不是以上三个领域的总和，而是在系统设计背景下各领域的交集(见图1-1)。

机电一体化系统是计算机控制的机械系统。实际上，现代机电系统都有一个嵌入式计算机控制器，因此，计算机硬件和软件问题(就其在机电系统控制中的应用而言)是机电一体化领域的一部分。如果没有低成本微控制器在大众市场上的广泛应用，我们今天所知的机电一体化领域将不存在。由于嵌入式微处理器以不断降低成本和提高性能的方式，迅速进入大众市场，计算机控制在成千上万的消费品中的应用成为可能。

传统的机械产品都在快速地向机电一体化发展。共享单车是这种科技在高速发展浪潮中的一个案例。过去我们把自行车看成链传动的典型机械产品，现在它已经顺应机电一体化发展趋势，创新性地成为当前"黑科技"新宠，这一创新活动就蕴含着机电一体化的设计思想。

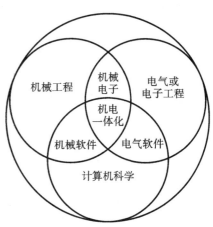

图 1-1　机电一体化领域

如图 1-2 所示，共享单车保留了传动机械系统的骨架，但是增加了通信、供电、防盗、传感等功能，主要改进的装置是智能锁。

图 1-2 共享单车和智能锁的构成

智能锁中内置的电压传感器检测智能锁的电池电压，并将其发送到云端服务器，开发者可以看到每一辆共享单车的电池电量是否充足。

智能锁中内置的振动传感器采集振动强度信息，当剧烈破坏行为引起的振动强度超过预先设定的阈值时，振动传感器会唤醒定位模块，实时采集定位信息，并将其发送到云端服务器，同时指示报警模块进行报警。

智能锁包括以下几个部分（不同产品的设计原理和构成有差异，不完全相同）。

（1）控制芯片（单片机）　智能锁系统的控制中枢，负责通信、车锁控制和状态信息收集。

（2）移动通信芯片　内置电信运营商的用户识别模块（SIM）卡，负责与云端应用后台进行通信。

（3）蓝牙通信模块　主要用于连接用户手机，并实现解锁、停止计时等功能。

（4）GPS 通信模块　可实现共享单车的物理定位功能。

（5）车锁的执行器　控制芯片通过执行器对车锁进行开、关操作。

（6）车锁的传感器　感知车锁的开、关状态，并将车锁的状态信息上报给控制芯片。

（7）电源模块　包括电池、充电模块（芯片）、充电装置。

（8）蜂鸣器　用于异常状态的发声告警。

为了实现系统对设备的控制，智能锁和云端服务器建立了传输控制协议/因特网互联协议（TCP/IP）长连接，通过心跳包的形式保持通信。当用户通过共享单车应用软件（APP）扫描单车二维码时，APP 会通过手机的网络把这个二维码信息传送给云端服务器，云端服务器通知智能锁执行打开操作。智能锁存在多种通信机制，图 1-3 所示的通信机制是其中的一种。

系统通过蓝牙协议控制智能锁的开关，具体流程如下（见图 1-4）。

（1）扫描二维码，向云端发起解锁请求。云端对用户、单车信息进行核查，授权信息发给手机（步骤 1、2）。

（2）用户通过蓝牙接口将解锁指令传递给智能锁，智能锁核验授权信息后解锁，并将解锁成功的信息发给手机（步骤 3、4）。

（3）手机将解锁成功的信息返回给云端，云端开始给用户计费（步骤 5、6）。

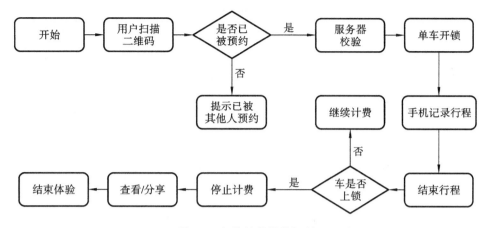

图 1-3 智能锁的通信机制

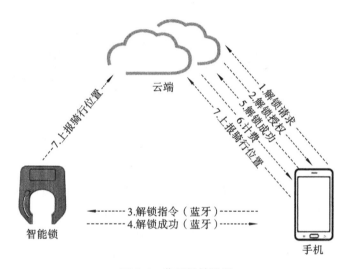

图 1-4 蓝牙解锁流程

（4）在用户骑行过程中，单车和手机 APP 会将各自的 GPS 定位信息上报给云端（步骤 7）。

智能锁的机械部分包含马达、弹簧、卡栓、锁舌等零件，智能锁开锁过程如图 1-5 所示。

通过剖析共享单车的构成，可以发现，机电一体化虽然不是一门新兴的工程学科，但是在智能制造时代，新型传感器、通信升级、大数据和云应用等新技术层出不穷，机电融合创新不断。

机电一体化是一种用来优化、设计机电产品的方法。

所谓方法，是一种具有特定领域或学科知识的人所使用的实践、工艺和规则的集合。热力学、动力学、电气工程等属于某种技术学科。机电一体化不是一门学科，它是跨学科的，包含机械、电子、计算机三门学科。

跨学科系统已经被成功地设计和应用了许多年。最常见的一种跨学科系统就是机械电子系统，它通常采用计算机算法来改进机械系统性能。电子学科则是用来在计算机学科和机械学科之间进行信息转换的。

但是机电一体化系统和跨学科系统之间存在不同。这种不同并不是硬件或者构成上的

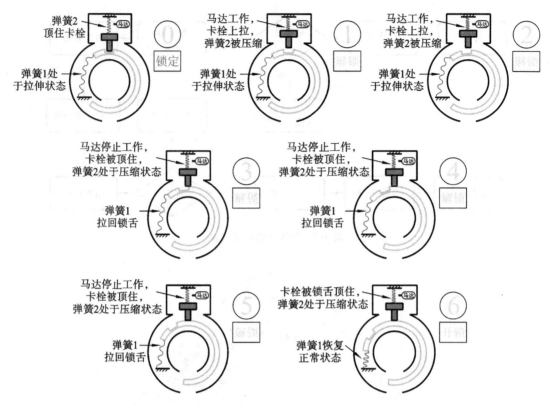

图 1-5 智能锁开锁过程

差异,而是系统组成元素的顺序的差异。跨学科系统采用按学科串行设计的方法。例如,机械电子系统的设计过程通常按如下顺序进行:第一步设计机械系统,在机械系统设计完成后,进行下一步;第二步设计电源和微电子系统;最后一步设计控制算法并执行。这种按学科串行设计的方法的缺点是:串行设计中的各个不同点都固化了设计,每个上游设计都有可能产生新的约束,传递给下一个学科。

由于难以预料的约束总是产生,这种串行设计方法的效率并不高。例如,对多数系统来说,成本是一个主要因素,机械电子系统的设计过程通常包含选择传感器和驱动器的步骤。为了降低成本,工程师就会倾向于减少传感器和驱动器,采用精度偏低的传感器,或者采用功率偏小的驱动器等,但是这对下游设计和后期的实施带来较大的影响。

机电一体化系统采用并行(而不是串行)方法进行学科设计,从而使整个设计过程具有协同性。该方法是系统工程方法的延伸,又与系统工程方法有所区别。

机电一体化系统由许多不同类型的相互连接的部件和元件组成,因此,会有能量从一种形式转换到另一种形式,特别是电能和机械能之间的转换,电动力学和机械动力学之间存在相互作用(或耦合)。具体来说,电动力学影响机械动力学,反之亦然。传统上,机械电子系统等跨学科系统的设计采用"顺序"方法。例如,首先设计机械和结构部件,接着选择或开发并互连电气和电子部件,然后选择计算机并与系统连接等。然而,系统各组成部分之间的动态耦合,要求系统的精确设计应采用并行方法,而不应分别设计机械部分和电子部分。当采取串行设计方法时,可能会出现以下几个问题。

(1)当两个独立设计的部件关联运作时,由于载荷或动态相互作用与装配前不同,它们的初始特性和工作条件会发生变化。

（2）两个独立设计的部件难以完美匹配,部件利用率可能相当低或过载。

（3）在动态耦合成一个整体后,原来部件的一些外部变量将变为内部变量,这可能导致内部变量无法通过传感器监测到,从而无法直接控制潜在问题。

机电一体化系统的集成和并行设计需求,是机电一体化领域发展的主要动力。该系统的设计目标用期望的性能规格来表示。根据定义,"更好"的设计是指更严格地满足设计目标(设计标准和规范)的要求。"并行"或"机电一体化"原则在"并行设计"中应比"集成设计"获得更好的结果。

系统工程只是在初步设计阶段采用并行方法,机电一体化则是通过其信息系统,指导设计人员在所有的设计阶段进行并行设计。在产品的设计、制造过程中,对于机械、电气和计算机系统的集成,协同性非常重要。这种协同性需要协调各种元素正确组合,进行全方位分析。经过协同设计而成的最终产品,远远好过将零件拼凑在一起的产品。机电一体化产品表现出以前没有协同设计时难以实现的性能特征。机电一体化的组成要素如图1-6所示。

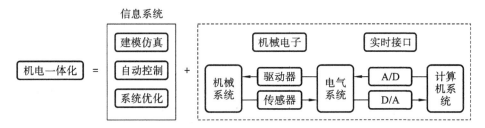

图 1-6　机电一体化的组成要素
注:A/D 表示模数转换,D/A 表示数模转换。

机电一体化是将信息系统施加到物理系统的结果。物理系统(图1-6中右边虚线框包围的部分)由机械系统、电气系统和计算机系统组成,系统之间通过驱动器、传感器和实时接口关联起来。也有一些研究将虚线框包围的物理系统称为机械电子系统。

机电一体化系统不是一个机械电子系统,而是一个控制系统,甚至是更为复杂的系统。

实际上,机电一体化是一种优秀的设计思想。其基本思路是:应用新的控制方法,使机械装置获得更高水平的性能。这里的机械系统不仅包含机械元件,还可能包含流体类、气动类、热学类、声学类、化学类等各种学科类的元器件。传感器和驱动器常常用来将高功率的能量(机械系统)转化成低功率的能量(电气和计算机系统)。自动控制是指一台机器由另一台机器所控制。

机电一体化系统与传统机械电子系统的区别之一是:它包含信息系统。信息系统的组成要素之一是建模和仿真。

建模就是用一组数学方程和逻辑来表示实际系统行为的过程。这里的实际系统可以理解为物理系统,也就是其行为基于物质和能量的一个系统。

模型是数学和逻辑表达式的集合,通常用方框图来表示系统。一个系统可以被视为一个有输入和输出的方框图,我们关心的不是方框图内发生的事情,而是输出和输入之间的关系。建立一个系统的模型后,当输入发生时,就可以对其行为做出预测。

当用数学方程来表示一个真实系统的行为(建模)时,这种方程代表了系统的输入和输出之间的关系。例如,弹簧可以被视为一个系统,其输入为力 F,输出为伸缩量 x[见图 1-7(a)]。用来模拟输入和输出之间关系的方程是 $F=kx$,其中 k 是常数。又如,电机可以被视为一个系统,其输入为电能、输出为转动能[见图 1-7(b)]。

测量系统可以看作一个用来测量的盒子。它的输入是被测量的量,输出是这个量的值。例如,温度计的输入是温度,输出是数字刻度[见图 1-7(c)]。

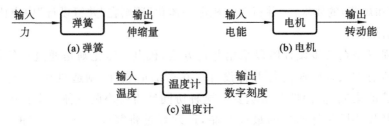

图 1-7 系统的例子

模型可以分为静态模型和动态模型。静态模型不会发生能量转换,不发生机械运动、热传递和流体运动等变化。而动态模型会发生能量转换,能量转换引发功率流动。功率是能量转换的速率,动态模型会发生机械运动、热传递等变化。这些变化可以通过各种信号来观测。

仿真是在计算机上求解模型的过程。仿真包括初始化、迭代和结束三个阶段。如果起始点是基于方框图的模型描述,那么在初始化阶段,必须根据模块连接的顺序来求解每个模块的方程。在迭代阶段,使用微分和积分方法求解模型中所有的微积分方程。仿真的显示部分用来展示输出结果。输出可以是一个文件、数字或者图形化的图标、条形图,甚至是一个动画。

换个角度,从执行过程来分析,典型的机电一体化系统可以简单地看成"用户"采用"控制器"对"机械系统"进行控制的系统,如图 1-8 所示。

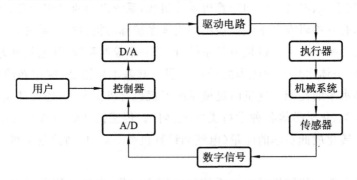

图 1-8 典型的机电一体化系统方框图

从图 1-8 中可以看出,控制器通过传感器获取机械系统的状态,机械系统通过执行器执行控制器的命令。一般情况下,传感器采集的是模拟信号,控制器很难直接利用传感器采集的信号。工程中常采用模数转换器将模拟信号转换为数字信号。同理,控制器发出的数字信号需要经过数模转换器才能变成执行器所能利用的模拟信号。

在实际应用中,常用到驱动器,即在执行器前增加驱动电路,其用于放大经数模转换器转换后的模拟信号。采用上述结构的系统很多,如汽车制动系统、工作台定位系统、烤箱调温系统和智能装配系统等。

控制器是整个机电一体化系统的大脑。它处理用户和传感器的信号,向执行器发送控制命令。控制器的选择与多种因素有关,如成本、尺寸、开发难度和移植性等。常用的控制器有工控机、微型控制器和可编程序控制器等。

用户发出信号的方式很多,如控制开关、触摸屏和图形用户界面(graphical user interface, GUI)等。常用的传感器同样很多,如位移传感器、压力传感器、温度传感器、视觉传感器、气体传感器和湿度传感器等。当控制器向执行器发出的控制信号不利用传感器返回的信息时,该操作称为开环操作,这种操作方式需要对系统的输入和输出偏差进行良好的校准;相反,当控制器向执行器发出的控制信号利用传感器返回的信息时,该操作称为闭环操作,这种操作方式对人为偏差和噪声有更高的鲁棒性。机电一体化中的控制系统可分为离散事件系统和反馈系统。仅包含开环操作的系统称为离散事件系统;包含一个或多个闭环操作的系统称为反馈系统。在实际应用中,机电一体化系统可能同时包含这两种系统。

机电一体化技术在现代产品设计中扮演着重要角色。在多数情况下,与手动控制相比,机电一体化技术可以实现更佳的效果;在一些特定场合,机电一体化是必然的控制方案,如电机的磁相位控制、纳米级的位置控制等。

1.2 机电一体化的发展阶段

从控制的自动化方式来分析,机电一体化系统的发展总体经历了三个阶段。

(1)机械化自动装置。

(2)带有电子元件(如继电器、晶体管、运算放大器)的自动装置。

(3)计算机控制的自动装置。

早期的自动控制系统完全通过机械手段来实现其自动化功能。例如,水箱的水位调节器使用一个浮子,浮子通过连杆与阀门相连。通过调整浮子高度或将浮子连接到阀门的连杆臂长度来设置水箱中所需的水位。浮子打开和关闭阀门,以保持所需的水位。流体调节闭环控制系统的所有功能可通过设计,用一个完全机械化的自动装置实现,如图1-9所示。

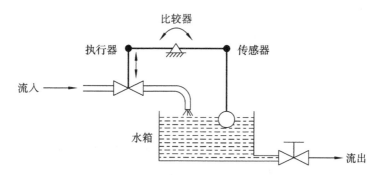

图 1-9 完全机械化的流体调节闭环控制系统

后来,具有运算放大器功能的模拟伺服控制器出现,促使机电一体化系统发生重大变化

（第二阶段），改变了以前自动化系统完全机械化的方式。

运算放大器用于比较期望响应（以模拟电压表示）和电气传感器测量的响应（以模拟电压表示），并根据差值发送命令信号以驱动电气设备（电磁阀或电机）。基于这一思想，市场上出现了许多机电伺服控制系统。

图 1-10 显示了带张力控制的绕线装置，它是一个机电伺服控制系统。放线辊的运行速度不一定是恒定的，而绕线辊必须及时调整速度，以保证绕线处于固定的张力状态。位移传感器测量弹簧的位移，间接测量出绕线的张力。运算放大器将测得的张力与期望的张力（指令信号）进行比较。运算放大器根据张力偏差的大小，向电机驱动器发送速度或电流指令。注意，张力控制决策采用的是模拟运算放大器，而不是数字控制器。

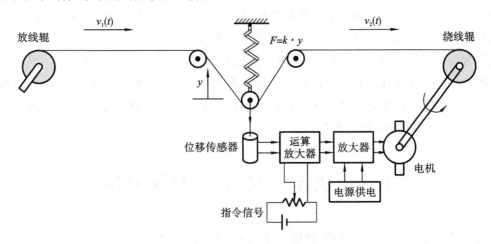

图 1-10　基于模拟运算放大器的机电伺服控制系统

第三个阶段是以微控制器为主的自动化阶段。在此阶段，微处理器进入控制领域，可编程控制和智能决策被引入自动化设备和系统中。数字计算机不仅复制了以前机械和机电设备的自动控制功能，还为以前可能性为零的设备创新提供了新的可能性。

与设计相结合的控制功能不仅包括伺服控制功能，还包括故障诊断、部件健康监测、网络通信、非线性自适应控制等功能。这些功能实际上用模拟运算放大器难以实现，用数字控制器却很容易实现，这是因为只需要在软件中做一些编码工作，就能实现各种功能，项目的难度在于如何编写出有效的代码。

自微处理器问世以来，汽车工业发生了巨大变化。嵌入式控制器的广泛使用，显著增加了基于机器人技术的可编程制造过程，如机器装配线、数控机床和零部件加工等。这种自动控制系统改变了汽车的制造方式，减少了不必要的劳动，提高了生产率。例如，微控制器的应用改变了汽车发动机控制系统。

在 8 位和 16 位微控制器被广泛引入嵌入式控制市场之前，汽车产品很少采用电气元件。发动机、变速器和制动子系统均由机械或液压机械方式控制。现在，汽车的发动机有一个专用的嵌入式微控制器，可以根据负载、速度、温度和压力传感器实时控制喷油的时间和量。因此，基于嵌入式微控制器的发动机控制系统提高了燃油效率，减小了污染物排放量，并提高了性能（见图 1-11）。

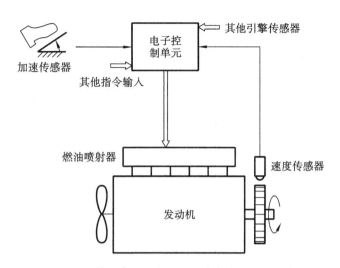

图 1-11 基于嵌入式微控制器的发动机控制系统

1.3 机电一体化设计方法

机电一体化设计方法是对当前冗长、昂贵的设计过程的一种改进方法。各个学科的工程师为某一个具体的项目而同步合作研究,省去了因设计不兼容而带来的各种问题。计算机仿真软件的广泛使用,也使得总的设计时间大大缩短。机电一体化设计方法降低了开发者对原型系统的依赖度,使得开发者可以通过反复迭代,高效设计。

机电一体化设计方法不仅要关心产品的高质量生产,还要关心产品在全生命周期的后期的维护、保养和回收等问题。全生命周期设计包含以下因素。

(1) 可交付性:时间、费用和交付方式。

(2) 可靠性:故障率、材料和公差等。

(3) 可维修性:模块化设计。

(4) 可服务性:在线诊断、预测和模块化设计。

(5) 可升级性:未来的设计与当前的设计如何兼容。

(6) 可回收性:有毒材料的回收、处置,以及关键零部件的再制造。

在机电一体化设计方法中,全生命周期的各项要素都包含在产品设计过程中,从产品的概念设计到产品报废都要考虑这些要素。机电一体化设计过程如图 1-12 所示。

机电一体化设计过程一般分为建模和仿真、样机原型系统和部署实施三个阶段。

所有的模型,无论是基于基本原理的模型,还是基于详细物理学的模型,在结构上都是模块化的。基于基本原理的模型是反映某一子系统基本行为的简单模型,通常可用数学方程表达。基于详细物理学的模型是基于基本原理的模型的扩充,相较于基于基本原理的模型,其提供更多的功能,表达得更精确。

各个模型关联在一起,会形成一个复杂而完整的模型。这种模型通常用方框图表示,便于各个学科的工程师交流讨论。每个方框图表示一个子系统,每个子系统对应一些物理上或功能上可实现的操作,还能封装成一个带输入和输出的模块。该模块的输入端仅限于输

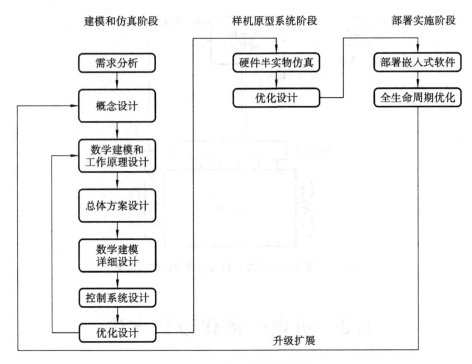

图 1-12 机电一体化设计过程

入信号、参数,输出端则限于输出信号。上述方法便于生成模块化的子系统,而且易于维护、独立运用、相互替代和重用。

(1) 建模和仿真阶段。

①需求分析。

建模和仿真阶段的第一项工作是需求分析,即收集所有相关信息,包括设计需求和背景技术资料。在此基础上,分析用户对产品的需求。通常情况下,需要对下列设计需求做详细的调查:工作效率,包括年工作效率及小时工作效率;主要功能,包括总功能及实现总功能时各分功能的动作顺序;工作环境的界面,主要包括输入/输出界面,装载工作形式,操作员控制器界面,辅助装置界面,温度、湿度、灰尘等情况;操作者技术水平;用户自身的一些规定、标准等。

②概念设计。

概念设计的主要任务是建立产品的功能模型,提出初步方案,描述产品的主要功能,提出投资预算,拟定实施计划。

③数学建模和工作原理设计。

针对初步方案中的各个子系统的工作方式,基于各学科的基本原理,建立数学模型,以反映子系统的基本输入/输出行为,再在此基础上完善工作原理的设计。

④总体方案设计。

数学建模和工作原理设计的下一步是总体方案设计。在保证系统所要求的精度、工作稳定可靠、制造工艺性高等要求的前提下,按照运动学设计原则或误差均化原理,进行总体方案设计。

选择或设计系统中各主要功能元件,用符号表示各子系统中的功能元件,包括控制系统、传动系统、电气系统、传感检测系统、机械执行系统等,根据总体方案的工作原理,画出它们的总体设计图,形成机、电、控有机结合的机电一体化系统简图。

根据上述简图进行方案论证,对方案进行多次修改后,确定最佳方案。在方案论证后,要进行布局设计和总体精度分配。布局设计是总体方案设计的重要环节,其任务是确定系统中各主要部件之间的相对位置关系及它们之间所需要的相对运动关系。布局设计对产品的制造和使用都有很大的影响。总体精度分配是指对各子系统的精度进行分配。

⑤数学建模和详细设计。

完成系统总体方案设计后,进行数学建模和详细设计,其依据是总体方案框架。从技术上将细节逐步展开,直至完成试制产品样机所需的全部技术工作(包括图样和文档)。机电一体化产品的技术设计主要包括机械本体设计、机械传动系统设计、传感器与检测系统设计、接口设计等。

接口设计是非常重要的一个环节。机械本体各部件之间、执行元件与执行机构之间、传感器检测元件与执行机构之间通常是机械接口;电子电路模块之间是信号传送接口,控制器与传感器之间是转换接口,控制器与执行元件之间通常是电气接口。机电一体化系统是融合多种技术的综合系统,其构成要素或子系统之间的接口极为重要,在某种意义上,机电一体化系统设计就是接口设计。

⑥控制系统设计。

控制系统设计通常包含控制系统总体方案制定、控制元件和控制器选择、硬件设计、软件设计、调试等。

⑦优化设计。

针对虚拟模型,各学科专业人员通过仿真方式,协同验证系统是否存在错误,优化各种参数,迭代优化数学模型,改进设计方案。

(2) 样机原型系统阶段。

①硬件半实物仿真。

在样机原型系统阶段,模型中许多虚拟系统用实际硬件来代替,而传感器和驱动器提供必要的接口来连接硬件子系统和模型。模型的一部分是数学模型,一部分是实物。在这种虚实混合模型中,实物那部分是实时运行的,而数学模型那部分是基于仿真时间运行的。虚实两部分模型同步运行非常重要。这种将传感器、驱动器信息和数学模型同步和融合的过程称为硬件半实物仿真。

②优化设计。

基于虚实混合模型,协同验证、优化系统参数。

(3) 部署实施阶段。

在部署实施阶段,主要是将嵌入式软件部署到物理产品中,通过信息系统在线监测、诊断和优化系统,随着科技的进步和需求的变化,不断升级和维护系统,以满足用户的需求,直至产品进入全生命周期的后期,进行产品回收和报废。

1.4 机电一体化系统的应用领域

机电一体化产品种类繁多且应用范围十分广泛,几乎涉及工业生产和日常生活的各个领域。按照产品的领域和对象分类，机电一体化应用领域可分为汽车、医疗、航空、家电、工业系统、国防军事和社会服务等领域。机电一体化应用领域及典型产品如表 1-1 所示。

表 1-1 机电一体化应用领域及典型产品

应用领域	典型产品
汽车	车辆诊断和健康监测系统、安全气囊系统、防抱死刹车系统、座椅自动调节系统、挡风玻璃自动除雾系统
医疗	超声波探头、一次性血压传感器、子宫内压检测器、核磁共振成像（MRI）设备、手术内窥镜、计算机断层扫描（CT）机、微创手术器
航空	起落架系统、驾驶员座舱仪表系统、航空燃油压力传感器、航空传动系统、化学物质泄漏探测器、热监视和控制系统、惯性导航系统、通信和雷达系统、导航和监控用光纤陀螺仪
家电	自动对焦照相机、全自动洗碗机、全自动洗衣机、扫地机器人、变频空调、微波炉、擦窗机器人
工业系统	制造过程检测和控制系统、数控机床、智能加工系统、在线质量检测系统、快速成型系统、基于图像识别的自动化生产单元、柔性制造系统、焊接机器人、自动导引车（automated guided vehicle，AGV）、三维激光扫描仪、三坐标测量仪
国防军事	雷达跟踪系统
社会服务	餐厅机器人、送货机器人、自动售货机、自动售票机、教育机器人、复印机、打印机、答题卡自动阅卷机

1.5 机电一体化系统的发展趋势

机电一体化系统是具有机电一体化技术的新型机电系统，它的发展依赖于机械技术、电子技术、传感测试技术、接口技术、信息技术、计算机技术、自动控制技术等相关技术的发展，并且相互促进。因此，机电一体化系统主要有以下几个发展趋势。

1. 智能化

智能化是机电一体化系统的一个重要发展趋势。随着计算机计算能力的提高，人工智能和神经网络等技术得到了良好的发展和应用。机电一体化产品结合人工智能和神经网络技术，展现出更高的智能化水平，产品质量得到极大提升。机电一体化的控制从原来的基础级控制逐步发展为系统级控制，如生产线中的自律分配系统、自动光学检测设备中的大师系统等。

通过应用大数据和知识管理，专家系统作为使用计算机模拟人工智能的尝试，在汽车自动驾驶、安防等领域获得了成功。人工智能发展迅速，出现了众多与智能化相关的理论、技术与产品。智能化技术及其产品已不再局限于计算机应用领域，智能机电一体化系统或产品，如智能清洁机器人、智能制造车间和智能教育玩具等，正在蓬勃发展。

2. 模块化

由于市场的需求越来越具个性，大规模定制成为当今满足消费者的重要方式。模块设计是大规模定制的前提。受市场变化和技术革命的影响,模块化已经成为机电一体化系统的一个重要发展趋势。

机电一体化作为一种设计方法,有别于传统的串行方法,它需要各个学科的工程师协同研发,并行工作。这种跨学科的协同工作需要规范化的接口和数据传输协议,是实现代际产品兼容和升级的必然要求。利用模块化单元可以迅速开发新产品,同时也有利于扩大生产规模,其需要制定各项标准,以便于各部件、各单元的匹配。做好模块化工作可以缩短设计周期,提高设计质量和加工质量,减少零部件品种,增大生产批量,便于组织生产和易于降低产品成本。

3. 网络化

由于网络技术,尤其是工业互联网的发展,基于工业互联网的智能车间、智能工厂和智能产品层出不穷,各种远程控制、诊断和监控技术发展迅速,机电一体化系统作为远程控制的终端设备也得到了迅速发展。数控机床等加工装备,作为机电一体化产品的典型代表,正在加入工业互联网,实时将采集到的工艺参数、设备运行状态等信息发送到云端服务器,并接受云端服务器的指令,执行加工操作。数控机床之间通过网络相互传递忙碌或者空闲等信息,以网络化为基础,满足智能制造的信息沟通需求。

4. 轻量化和微型化

产品的轻量化和微型化正成为新的发展趋势。微型化是指机电一体化系统的特征尺寸的小型化和功能结构的微型化。随着光刻、离子束铣削等微细加工技术的发展,微型化是机电一体化系统在微型领域中一个发展趋势。微机电系统(MEMS)是机电一体化技术的新尖端分支,它一般指特征尺寸小于 1 cm^3 的系统,其起源与集成电路和固态传感器密切相关。MEMS 应用于机电一体化系统,形成微机电一体化产品,该类产品具有体积小、耗能少和运动灵活等特点,在医疗、信息和军事等领域中具有明显的优势。

5. 绿色化

绿色产品在其设计、制造、使用和销毁的全生命周期中,符合特定的环境保护和人类健康的要求,对生态环境无害或危害极小,资源利用率最高。随着人们保护环境的意识的增强,市场对机电一体化产品提出了新的要求,各企业也逐步将绿色化作为评价机电一体化产品性能的一个重要指标。例如,汽车尾气的排放标准从国标 4 转变到国标 5,空调制冷剂从 R22 制冷剂发展到 R410A 制冷剂等。

6. 人性化

注重产品与人的关系是机电一体化系统的发展趋势。机电一体化系统的最终使用对象是人,人与其他万物的区别是人有情感交流和互动。赋予机电一体化系统人的智能、情感等显得越来越重要,特别是对于家用机器人,其高层境界就是人机一体化。这方面的典型产品有老年陪聊机器人、儿童教育机器人等。

习题与思考题

1-1　什么是机电一体化?机电一体化设计方法和传统的设计方法有什么不同?

1-2　机电一体化的发展经过了几个阶段?

1-3　如何理解机电一体化中的机电有机结合?

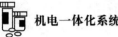

1-4　机电一体化设计过程中，模型系统和设计系统有着怎样的关系？

1-5　建模和仿真的内涵是什么？

1-6　试列举 10 种常见的机电一体化产品。

1-7　简述机电一体化系统的发展趋势。

第 2 章
系统建模与仿真

本章主要研究系统输入与输出之间的动态关系。描述系统的输入量、输出量及系统内部各个变量之间关系的数学表达式称为系统的数学模型。分析和设计任何一个控制系统时,首要任务是建立系统的数学模型。

在实际工程中,无论是机械、电气、液压、气动系统,还是经济学、生物学系统,它们虽然具有不同的物理特性,但是都具有最基本的、相当确切的相似性,即它们的动态行为可以用微分方程描述,不同的物理系统可以具有同一形式的数学模型。因此,通过数学模型来研究系统,可以摆脱不同类型系统的外部特征,研究其内在的共性运动规律。

建立数学模型的方法有两种:机理分析法和实验辨识法。机理分析法中数学模型是通过理论推导得出的,这种方法将应用各环节所遵循的物理定律;实验辨识法中数学模型是通过实验求取得到的,即根据实验数据整理获得。

本章着重讨论机理分析法。机理分析法通常会先把系统划分为若干个独立的部件(环节),分别求出每个部件(环节)的动态微分方程,再合并各部件(环节),得到整个系统的微分方程。

要想建立一个控制系统的微分方程,首先必须了解整个系统的组成、工作原理,然后根据各组成元件运行时所遵循的物理定律,列写表示系统输出量与输入量之间关系的动态关系式,即微分方程。设计系统微分方程的步骤如下:

(1) 确定系统输入量、输出量;

(2) 分析系统各组成元件运行时所遵循的物理定律,列写相应微分方程;

(3) 消去中间变量,得到只含输入量、输出量及其各阶导数的微分方程;

(4) 将输出量及其各阶导数放在等号左边,输入量及其各阶导数放在等号右边,并按降阶排列,得到标准化微分方程。

2.1　常微分方程的拉普拉斯变换

由于常微分方程含有积分、微分等,直接求解常微分方程一般很困难。通常的方式是:先对常微分方程进行拉普拉斯变换(Laplace transform,简称拉氏变换),再进行代数运算。拉氏变换和函数变换的思想类似。

函数变换在初等数学中就有,例如,用对数的方法可以把乘、除运算变换成加、减运算,乘方、开方运算变换成乘、除运算。这种变换大大简化了运算,拉氏变换也是如此。

拉氏变换是一种求解线性微分方程的简便运算方法,是分析和研究线性动态系统的有力的数学工具。通过拉氏变换,许多普通时间函数,如正弦函数、阻尼正弦函数和指数函数等,都能转换成复变量的代数函数。微积分的运算可替换为复平面内的代数运算,于是,时域的线性微分方程能转换成复域的代数方程。这样,不仅便于运算,还大大简化了系统分析过程。

另外,引入拉氏变换,可以用传递函数代替微分方程来描述系统特性;而且在求解微分方程时,可同时获得解的瞬态分量和稳态分量。

对于简单的控制系统,通常采用由微分方程经过拉氏变换,消除中间变量,而求得的系统的传递函数。因此,在讨论系统建模之前,本节首先介绍拉氏变换的基础知识,然后应用拉氏变换求解线性微分方程。

2.1.1　拉氏变换的定义

拉氏变换是从时域到复域的变换,如图 2-1 所示。复数的表示形式是 $s=\sigma+j\omega(j=\sqrt{-1})$。

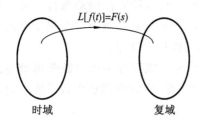

图 2-1　拉氏变换

设时间函数为 $f(t),t\geqslant0$,则 $f(t)$ 的拉氏变换定义为

$$L[f(t)] = F(s) = \int_0^\infty f(t)e^{-st}dt$$

式中:$f(t)$ 为原函数;$F(s)$ 为象函数,如图 2-2(a)、图 2-2(b)所示。

如果把 s 换成 $j\omega$,则拉氏变换变为傅里叶变换,如图 2-2(c)所示。

$$F(s) = F(\omega) = \int_0^\infty f(t)e^{-j\omega t}dt$$

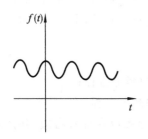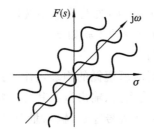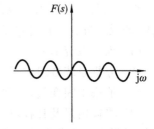

(a) 时域 $f(t)$ 的二维图形　　(b) 复域 $F(s)$ 的三维图形　　(c) 图(b)中当 $\sigma=0$ 时的图形

图 2-2　坐标形式

一个函数可以进行拉氏变换的充分必要条件是:

(1) 当 $t<0$ 时,$f(t)=0$;

(2) 在 $t\geqslant0$ 的任一有限区间内,$f(t)$ 是分段连续的;

(3) 当 $t\to+\infty$ 时,$f(t)$ 的增长速度不超过某一指数函数的,即

$$|f(t)|\leqslant Me^{kt}(M \text{ 和 } k \text{ 为实常数})$$

对于一切复变量 $s = \sigma + \mathrm{j}\omega$，只要其实部 $\mathrm{Re}[s] = \sigma > k$，积分 $\int_0^{+\infty} f(t)\mathrm{e}^{-st}\mathrm{d}t$ 就绝对收敛。

如果复变函数 $F(s)$ 是时间函数 $f(t)$ 的拉氏变换，则时间函数 $f(t)$ 称为复变函数 $F(s)$ 的拉氏逆变换，或拉氏反变换，即 $f(t) = L^{-1}[F(s)]$。

例 2-1 某 RLC 电路有电阻、电容器和电感器三个元件，如图 2-3 所示，求输入 v_a 和输出 i 的关系。

解：根据基尔霍夫电压定律（Kirchhoff's voltage law），有

$$v_R + v_L + v_C - v_a = 0 \qquad (2\text{-}1)$$

根据电压与电阻、电感和电容的关系，有

$$v_R = Ri \qquad (2\text{-}2)$$

$$v_L = L\frac{\mathrm{d}i}{\mathrm{d}t} \qquad (2\text{-}3)$$

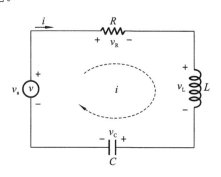

图 2-3 RLC 电路

$$v_C = \frac{1}{C}\int i\,\mathrm{d}t \qquad (2\text{-}4)$$

将式（2-2）～式（2-4）代入式（2-1）中，可得

$$Ri + L\frac{\mathrm{d}i}{\mathrm{d}t} + \frac{1}{C}\int i\,\mathrm{d}t = v_a$$

对上式两边进行微分，可得微分方程：

$$L\frac{\mathrm{d}^2 i}{\mathrm{d}t^2} + R\frac{\mathrm{d}i}{\mathrm{d}t} + \frac{1}{C}i = \frac{\mathrm{d}v_a}{\mathrm{d}t} \qquad (2\text{-}5)$$

求解式（2-5），可得到输入 v_a 和输出 i 的关系。

直接求解微分方程的过程非常麻烦，将式（2-5）进行拉氏变换，可得

$$SV(s) = LS^2 I(s) + RSI(s) + \frac{1}{C}I(s)$$

合并、移项后可得

$$SV(s) = \left(LS^2 + RS + \frac{1}{C}\right)I(s)$$

$$I(s) = \frac{S}{LS^2 + RS + \dfrac{1}{C}}V(s) \qquad (2\text{-}6)$$

对比式（2-5）和式（2-6），可以发现，通过拉氏变换，微分运算变成了代数运算。

对式（2-6）进行拉氏逆变换，就可以轻松写出输入 v_a 和输出 i 的关系式了。

可见，拉氏变换是本门课程的基础。接下来首先讨论典型时间函数的拉氏变换。

2.1.2 典型时间函数的拉氏变换

下面通过一些常用的典型时间函数的拉氏变换的例子，说明拉氏变换的具体计算方法和基本规律。

由于拉氏变换运算是被积变量区间为 $t \in [0, +\infty)$ 的线性积分运算，因此，以下进行拉氏变换的函数均取 $t \in [0, +\infty)$ 的单边函数。

1. 单位阶跃函数

阶跃函数(step function)在机电一体化控制系统中经常出现。例如，在 RC 电路中，如图 2-4(a)所示，当 $t<0$ 时，电路未加电压，$u=0$；当 $t=0$ 时，合上开关，$u=E$。

这种情况符合拉氏变换条件，拉氏变换为

$$U(s) = \int_0^\infty u e^{-st} \mathrm{d}t = \frac{E}{s} e^{-st} \big|_0^\infty = \frac{E}{s}$$

当 $E=1$ 时，U 为单位阶跃函数(unit step function)，如图 2-4(b)所示，即

$$u(t) = \begin{cases} 0, & t<0 \\ 1, & t \geqslant 0 \end{cases}$$

$u(t)$ 的拉氏变换为

$$L[u(t)] = \int_0^{+\infty} u(t) e^{-st} \mathrm{d}t = \int_0^{+\infty} e^{-st} \mathrm{d}t = \frac{1}{s} \tag{2-7}$$

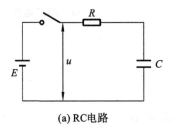
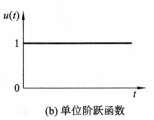

(a) RC电路   (b) 单位阶跃函数

图 2-4　RC 电路和单位阶跃函数图

2. 单位脉冲函数

单位脉冲函数(unit impulse function)如图 2-5 所示，表达式为

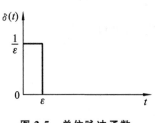

$$\delta(t) = \begin{cases} 0, & t<0 \text{ 或 } t>\varepsilon \\ \lim\limits_{\varepsilon \to 0} \dfrac{1}{\varepsilon}, & 0<t<\varepsilon \end{cases}$$

图 2-5　单位脉冲函数

$\delta(t)$ 的拉氏变换为

$$L[\delta(t)] = \int_0^\infty \lim_{\varepsilon \to 0} \frac{1}{\varepsilon} e^{-st} \mathrm{d}t$$
$$= \lim_{\varepsilon \to 0} \frac{1}{\varepsilon s}(1 - e^{-\varepsilon s})$$

由洛必达法则

$$\lim_{\varepsilon \to 0} \frac{1}{\varepsilon s}(1 - e^{-\varepsilon s}) = \lim_{\varepsilon \to 0} \frac{(1 - e^{-\varepsilon s})'}{(\varepsilon s)'}$$

得

$$L[\delta(t)] = \lim_{\varepsilon \to 0} \frac{\varepsilon e^{-\varepsilon s}}{\varepsilon} = 1 \tag{2-8}$$

3. 单位斜坡函数

单位斜坡函数(unit ramp function)如图 2-6 所示，表达式为

$$r(t) = \begin{cases} 0, & t<0 \\ t, & t \geqslant 0 \end{cases}$$

单位斜坡函数 $r(t)$ 的拉氏变换为

$$L[r(t)] = \int_0^\infty t e^{-st} dt$$

$$= t \frac{e^{-st}}{-s}\bigg|_0^\infty - \int_0^\infty \frac{e^{-st}}{-s} dt \qquad (2\text{-}9)$$

$$= \frac{1}{s^2}, [\text{Re}(s) > 0]$$

4. 单位加速度函数

单位加速度函数如图 2-7 所示，表达式为

$$r(t) = \begin{cases} 0, & t < 0 \\ \dfrac{1}{2}t^2, & t \geqslant 0 \end{cases}$$

单位加速度函数 $r(t)$ 的拉氏变换为

$$L[r(t)] = \int_0^\infty \frac{1}{2} t^2 e^{-st} dt \qquad (2\text{-}10)$$

$$= \frac{1}{s^3}, [\text{Re}(s) > 0]$$

5. 指数衰减函数

指数衰减函数如图 2-8 所示，表达式为

$$r(t) = e^{-at}$$

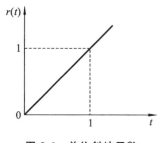

图 2-6　单位斜坡函数

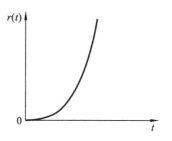

图 2-7　单位加速度函数

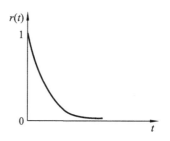

图 2-8　指数衰减函数

指数衰减函数 $r(t)$ 的拉氏变换为

$$L[r(t)] = \int_0^\infty e^{-at} e^{-st} dt$$

$$= \int_0^\infty e^{-(s+a)t} dt$$

$$= -\frac{1}{a+s} e^{-(a+s)}\bigg|_0^\infty \qquad (2\text{-}11)$$

$$= \lim_{t \to \infty}\left[-\frac{1}{a+s} e^{-(a+s)} \right] - \left(-\frac{1}{a+s} \right)$$

$$= 0 + \frac{1}{a+s}$$

$$= \frac{1}{s+a}, [\text{Re}(s+a) > 0]$$

6. 正弦函数和余弦函数

正弦函数和余弦函数如图 2-9 所示。

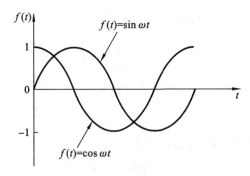

图 2-9　正弦函数和余弦函数

根据欧拉公式，将正弦函数转为指数形式，即

$$e^{j\theta} = \cos\theta + j\sin\theta$$
$$e^{j(-\theta)} = \cos\theta - j\sin\theta$$

两式相减，得

$$e^{j\theta} - e^{j(-\theta)} = 2j\sin\theta$$
$$\sin\theta = \frac{e^{j\theta} - e^{j(-\theta)}}{2j}$$

因此

$$\sin\omega t = \frac{1}{2j}(e^{j\omega t} - e^{-j\omega t})$$

同理可得

$$\cos\omega t = \frac{1}{2}(e^{j\omega t} + e^{-j\omega t})$$

根据线性叠加原理，正弦函数 $\sin\omega t$ 的拉氏变换为

$$
\begin{aligned}
L[\sin\omega t] &= L\left[\frac{1}{2j}(e^{j\omega t} - e^{-j\omega t})\right] \\
&= L\left(\frac{e^{j\omega t}}{2j} - \frac{e^{-j\omega t}}{2j}\right) \\
&= \frac{1}{2j}\left(\int_0^\infty e^{j\omega t} e^{-st} dt - \int_0^\infty e^{-j\omega t} e^{-st} dt\right) \\
&= \frac{1}{2j}\left(\frac{1}{s - j\omega} - \frac{1}{s + j\omega}\right) \\
&= \frac{\omega}{s^2 + \omega^2}, [\mathrm{Re}(s) > 0]
\end{aligned}
\tag{2-12}
$$

同理可得

$$
\begin{aligned}
L[\cos\omega t] &= \int_0^\infty \cos\omega t\, e^{-st} dt \\
&= \frac{1}{2}\left(\int_0^\infty e^{j\omega t} e^{-st} dt + \int_0^\infty e^{-j\omega t} e^{-st} dt\right) \\
&= \frac{1}{2}\left(\frac{1}{s - j\omega} + \frac{1}{s + j\omega}\right) \\
&= \frac{s}{s^2 + \omega^2}, [\mathrm{Re}(s) > 0]
\end{aligned}
\tag{2-13}
$$

7. 幂函数

幂函数 t^n 的拉氏变换为

$$L[t^n] = \int_0^\infty t^n \mathrm{e}^{-st} \mathrm{d}t \tag{2-14}$$

令 $u = st, f = \dfrac{u}{s}, \mathrm{d}t = \dfrac{1}{s}\mathrm{d}u$，则

$$L[t^n] = \int_0^\infty \frac{u^n}{s^n} \mathrm{e}^{-u} \frac{1}{s} \mathrm{d}u = \frac{1}{s^{n+1}} \int_0^\infty u^n \mathrm{e}^{-u} \mathrm{d}u$$

式中：$\int_0^\infty u^n \mathrm{e}^{-u} \mathrm{d}u = \Gamma(n+1)$ 为 Γ 函数，而 $\Gamma(n+1) = n!$，则

$$L[t^n] = \frac{\Gamma(n+1)}{s^{n+1}} = \frac{n!}{s^{n+1}} \tag{2-15}$$

常用函数的拉氏变换见表 2-1。

表 2-1　常用函数的拉氏变换

序　号	$f(t)$	$F(s)$	序　号	$f(t)$	$F(s)$
1	$\delta(t)$	1	6	$\mathrm{e}^{-at}t^n \ (n=1,2,\cdots)$	$\dfrac{n!}{(s+a)^{n+1}}$
2	$1(t)$	$\dfrac{1}{s}$	7	$\sin\omega t$	$\dfrac{\omega}{s^2+\omega^2}$
3	t	$\dfrac{1}{s^2}$	8	$\cos\omega t$	$\dfrac{s}{s^2+\omega^2}$
4	$t^n \ (n=1,2,\cdots)$	$\dfrac{n!}{s^{n+1}}$	9	$\mathrm{e}^{-at}\sin\omega t$	$\dfrac{\omega}{(s+a)^2+\omega^2}$
5	e^{-at}	$\dfrac{1}{s+a}$	10	$\mathrm{e}^{-at}\cos\omega t$	$\dfrac{s+a}{(s+a)^2+\omega^2}$

2.1.3　拉氏变换的主要运算定理

1. 线性定理(superposition theorem of Laplace transform)

线性定理的线性性质是指同时满足叠加性和齐次性。

叠加性　指当几个激励信号同时作用于系统时，总的输出响应等于每个激励信号单独作用于系统时所产生的响应之和。

例如，$r_1 \to c_1, r_2 \to c_2$，则

$$r_3 = r_1 + r_2 \to c_3 = c_1 + c_2$$

齐次性　指当输入信号乘以某常数时，响应也乘以相同的常数。

例如，$r \to c$，则

$$kr \to kc$$

若 $L[f_1(t)] = F_1(s), L[f_2(t)] = F_2(s)$，且 a 和 b 为常数，则

$$L[af_1(t) + bf_2(t)] = aF_1(s) + bF_2(s) \tag{2-16}$$

式(2-16)说明，拉氏变换是线性变换。在某一时间段内，如果函数为几个时间函数的代

数和,则其拉氏变换等于每个时间函数拉氏变换的代数和。

2. 微分定理(differential theorem of Laplace transform)

若 $L[f(t)] = F(s)$,则

$$L[f'(t)] = sF(s) - f(0)$$

式中:$f(0)$ 为时间函数 $f(t)$ 在 $t=0$ 处的初始值,假设 $f(0^-) = f(0^+) = f(0)$。

证明 根据分布积分法

$$\int f'(t)g(t)\mathrm{d}t = f(t)g(t)\mid_0^\infty - \int g'(t)f(t)\mathrm{d}t$$

设 $g(t) = \mathrm{e}^{-st}$,则 $g'(t) = -s\mathrm{e}^{-st}$,得

$$
\begin{aligned}
L[f'(t)] &= \int_0^\infty f'(t)\mathrm{e}^{-st}\mathrm{d}t \\
&= f(t)\mathrm{e}^{-st}\mid_0^\infty - \int_0^\infty f(t)(-s\mathrm{e}^{-st})\mathrm{d}t \\
&= \lim_{t\to\infty}f(\infty)\mathrm{e}^{-st} - f(0) + s\int_0^\infty f(t)\mathrm{e}^{-st}\mathrm{d}t \\
&= 0 - f(0) + sF(s) \\
&= sF(s) - f(0)
\end{aligned}
\tag{2-17}
$$

推论 若 $L[f(t)] = F(s)$,则

$$L[f^n(t)] = s^nF(s) - s^{n-1}f(0) - s^{n-2}f'(0) - \cdots - f^{(n-1)}(0)$$

特别地,当 $f(0) = f'(0) = \cdots = f^{(n-1)}(0) = 0$ 时,有

$$L[f^n(t)] = s^nF(s) \tag{2-18}$$

3. 积分定理(integral theorem of Laplace transform)

设 $L[f(t)] = F(s)$,则

$$L\left[\int_0^t f(t)\mathrm{d}t\right] = \frac{F(s)}{s} + \frac{f^{(-1)}(0)}{s}$$

式中:$f^{(-1)}(0) = \int_0^t f(t)\mathrm{d}t\mid_{t=0}$。

证明
$$
\begin{aligned}
L\left[\int_0^t f(t)\mathrm{d}t\right] &= \int_0^{+\infty}\left[\int_0^t f(t)\mathrm{d}t\right]\mathrm{e}^{-st}\mathrm{d}t \\
&= \frac{1}{s}\int_0^t f(t)\mathrm{d}t\mid_{t=0} + \frac{1}{s}\int_0^{+\infty} f(t)\mathrm{e}^{-st}\mathrm{d}t \\
&= \frac{f^{(-1)}(0)}{s} + \frac{F(s)}{s}
\end{aligned}
$$

推论 若 $L[f(t)] = F(s)$,则

$$L\left[\int_0^t\int_0^t\cdots\int_0^t f(t)(\mathrm{d}t)^n\right] = \frac{1}{s^n}F(s) + \frac{1}{s^n}f^{(-1)}(0) + \frac{1}{s^{n-1}}f^{(-2)}(0) + \cdots + \frac{1}{s}f^{(-n)}(0)$$

当 $f(t)$ 在 $t=0$ 处连续时,$f^{(-1)}(0) = f^{(-2)}(0) = \cdots = f^{(-n)}(0) = 0$,则

$$L\left[\int_0^t f(t)\mathrm{d}t\right] = \frac{1}{s}F(s)$$

$$L\left[\int_0^t\int_0^t\cdots\int_0^t f(t)(\mathrm{d}t)^n\right] = \frac{1}{s^n}F(s) \tag{2-19}$$

4. 延时定理(delay theorem of Laplace transform)

设 $L[f(t)] = F(s)$,则对任意实数 a,有

$$L[f(t-a)] = \mathrm{e}^{-as}F(s) \tag{2-20}$$

式中:$f(t-a)$ 为函数 $f(t)$ 的延时函数,其中 a 为延时时间。

证明 设 $t-a=\tau$,则

$$
\begin{aligned}
L[f(t-a)] &= \int_0^{+\infty} f(t-a)\mathrm{e}^{-st}\,\mathrm{d}t \\
&= \int_{-a}^{+\infty} f(\tau)\mathrm{e}^{-s(\tau+a)}\,\mathrm{d}\tau \\
&= \int_{-a}^{+\infty} f(\tau)\mathrm{e}^{-as}\mathrm{e}^{-s\tau}\,\mathrm{d}\tau \\
&= \mathrm{e}^{-as}\int_{-a}^{+\infty} f(\tau)\mathrm{e}^{-s\tau}\,\mathrm{d}\tau \\
&= \mathrm{e}^{-as}F(s)
\end{aligned}
$$

5. 位移定理(displacement theorem of Laplace transform)

设 $L[f(t)] = F(s)$,则对任一正实数 a,有

$$L[\mathrm{e}^{-at}f(t)] = F(s+a) \tag{2-21}$$

证明
$$
\begin{aligned}
L[\mathrm{e}^{-at}f(t)] &= \int_0^{+\infty} \mathrm{e}^{-at}f(t)\mathrm{e}^{-st}\,\mathrm{d}t \\
&= \int_0^{+\infty} f(t)\mathrm{e}^{-(a+s)t}\,\mathrm{d}t \\
&= F(s+a)
\end{aligned}
$$

同理可得

$$L[\mathrm{e}^{at}f(t)] = F(s-a)$$

例 2-2 求 $\mathrm{e}^{-at}\sin\omega t$ 的拉氏变换?

解: 设 $f(t) = \sin\omega t$,根据正弦函数的拉氏变换,可得

$$L[\sin\omega t] = \frac{\omega}{s^2 + \omega^2}$$

根据位移定理,有

$$
\begin{aligned}
L[\mathrm{e}^{-at}\sin\omega t] &= L[\mathrm{e}^{-at}f(t)] \\
&= F(s+a) \\
&= \frac{\omega}{(s+a)^2 + \omega^2}
\end{aligned}
$$

同理可得

$$L[\mathrm{e}^{-at}\cos\omega t] = \frac{s+a}{(s+a)^2 + \omega^2}$$

$$L[\mathrm{e}^{-at}t^n] = \frac{n!}{(s+a)^{n+1}}$$

6. 初值定理(initial-value theorem of Laplace transform)

若 $L[f(t)] = F(s)$,且 $\lim\limits_{s\to\infty}sF(s)$ 存在,则

$$f(0) = \lim_{t\to 0}f(t) = \lim_{s\to+\infty}sF(s) \tag{2-22}$$

证明 根据微分定理,可得

$$L[f'(t)] = \int_0^{+\infty} f'(t)\mathrm{e}^{-st}\,\mathrm{d}t = sF(s) - f(0)$$

令 $s \to +\infty$，对上式两边取极限，得

$$\lim_{s \to +\infty} \int_0^{+\infty} f'(t) e^{-st} dt = \lim_{s \to +\infty} \left[sF(s) - f(0) \right]$$

$$\int_0^{+\infty} f'(t) \lim_{s \to +\infty} e^{-st} dt = \lim_{s \to +\infty} sF(s) - f(0)$$

当 $s \to +\infty$ 时，$e^{-st} \to 0$，故

$$\lim_{s \to +\infty} sF(s) - f(0) = 0$$

即

$$\lim_{s \to +\infty} sF(s) = f(0) = \lim_{t \to 0} f(t)$$

通常应用初值定理来确定系统或者元件的初始状态。

7. 终值定理(final-value theorem of Laplace transform)

若 $L[f(t)] = F(s)$，且 $\lim_{s \to 0} sF(s)$ 存在，则 $f(t)$ 的终值为

$$f(\infty) = \lim_{t \to \infty} f(t) = \lim_{s \to 0} sF(s) \tag{2-23}$$

证明 若函数 $f(t)$ 及其一阶导数均可进行拉氏变换，根据微分定理，可得

$$L[f'(t)] = \int_0^{+\infty} f'(t) e^{-st} dt = sF(s) - f(0)$$

令 $s \to 0$，对上式两边取极限，得

$$\lim_{s \to 0} \int_0^{+\infty} f'(t) e^{-st} dt = \lim_{s \to 0} [sF(s) - f(0)]$$
$$= \lim_{s \to 0} sF(s) - f(0)$$

因为

$$\lim_{s \to 0} \int_0^{+\infty} f'(t) e^{-st} dt = \int_0^{+\infty} f'(t) \lim_{s \to 0} e^{-st} dt$$
$$= \lim_{t \to +\infty} \int_0^t f'(t) dt$$
$$= \lim_{t \to +\infty} [f(t) - f(0)]$$
$$= \lim_{t \to +\infty} f(t) - f(0)$$

所以

$$\lim_{t \to +\infty} f(t) - f(0) = \lim_{s \to 0} sF(s) - f(0)$$

即

$$f(\infty) = \lim_{t \to +\infty} f(t) = \lim_{s \to 0} sF(s)$$

应用终值定理可以在复域内得到系统或者元件在时域内的稳态值，常利用该定理求系统的稳态误差。

需要注意的是，应用终值定理需要满足函数有终值这一前提条件，即 $\lim_{t \to +\infty} f(t)$ 存在。正弦函数等周期函数的极限不存在，就不能应用终值定理。

8. 卷积定理(convolution theorem of Laplace transform)

函数 $f_1(t)$ 和 $f_2(t)$ 的卷积定义为

$$f_1(t) * f_2(t) = \int_{-\infty}^{+\infty} f_1(\tau) f_2(t - \tau) d\tau$$

根据拉氏变换的定义，$t<0$ 时，$f_1(t)=f_2(t)=0$，故当 $t-\tau<0$ 时，$t<\tau$，上式可以写成

$$f_1(t) * f_2(t) = \int_{-\infty}^{+\infty} f_1(\tau) f_2(t-\tau) \mathrm{d}\tau$$

$$= \int_{-\infty}^{0} f_1(\tau) f_2(t-\tau) \mathrm{d}\tau + \int_{0}^{t} f_1(\tau) f_2(t-\tau) \mathrm{d}\tau + \int_{t}^{+\infty} f_1(\tau) f_2(t-\tau) \mathrm{d}\tau$$

$$= \int_{0}^{t} f_1(\tau) f_2(t-\tau) \mathrm{d}\tau$$

拉氏变换的卷积定理为：若 $L[f_1(t)] = F_1(s)$，$L[f_2(t)] = F_2(s)$，且当 $t<0$ 时，$f_1(t) = f_2(t) = 0$，则

$$L[f_1(t) * f_2(t)] = L[f_1(t)] \cdot L[f_2(t)] = F_1(s) \cdot F_2(s) \tag{2-24}$$

证明 由定义得

$$L[f_1(t) * f_2(t)] = \int_{0}^{+\infty} \left[\int_{0}^{t} f_1(\tau) f_2(t-\tau) \mathrm{d}\tau \right] \mathrm{e}^{-st} \mathrm{d}t$$

因为 $\tau > t$，$f_2(t-\tau) = 0$，所以

$$L[f_1(t) * f_2(t)] = \int_{0}^{+\infty} \left[\int_{0}^{+\infty} f_1(\tau) f_2(t-\tau) \mathrm{d}\tau \right] \mathrm{e}^{-st} \mathrm{d}t$$

变换积分次序，得

$$L[f_1(t) * f_2(t)] = \int_{0}^{+\infty} f_1(\tau) \left[\int_{0}^{+\infty} f_2(t-\tau) \mathrm{e}^{-st} \mathrm{d}t \right] \mathrm{d}\tau$$

根据延时定理，得

$$L[f_1(t) * f_2(t)] = F_2(s) \int_{0}^{+\infty} f_1(\tau) \mathrm{e}^{-s\tau} \mathrm{d}\tau$$

$$= F_1(s) F_2(s)$$

9. 相似定理(similarity theorem of Laplace transform)

设 $L[f(t)] = F(s)$，则对任意实数 a，有

$$L[f(at)] = \frac{1}{a} F\left(\frac{s}{a}\right) \tag{2-25}$$

证明 $L[f(at)] = \int_{0}^{+\infty} f(at) \mathrm{e}^{-st} \mathrm{d}t$

令 $\tau = at$，则

$$L[f(\tau)] = \int_{0}^{+\infty} f(\tau) \mathrm{e}^{-s\frac{\tau}{a}} \frac{1}{a} \mathrm{d}\tau$$

$$= \frac{1}{a} \int_{0}^{+\infty} f(\tau) \mathrm{e}^{-\frac{s}{a}\tau} \mathrm{d}\tau$$

$$= \frac{1}{a} F\left(\frac{s}{a}\right)$$

2.1.4 拉氏逆变换

已知 $f(t)$ 的拉氏变换的象函数 $F(s)$，求其原函数 $f(t)$ 的过程，称为拉氏逆变换，记为 $L^{-1}[F(s)]$，并定义为

$$f(t) = L^{-1}[F(s)] = \frac{1}{2\pi \mathrm{j}} \int_{\sigma-\mathrm{j}\omega}^{\sigma+\mathrm{j}\omega} F(s) \mathrm{e}^{st} \mathrm{d}s \tag{2-26}$$

通常，求拉氏逆变换的方法如下。

（1）查表法，这适用于象函数比较简单的情况。

（2）有理函数法，即用式(2-26)求解，如被积函数为复变函数，需要利用复变函数的留数定理求解，请参考相关书籍。

（3）部分分式展开法，通过代数运算，将一个复杂的象函数展开成部分分式，然后分别求出各个分式的原函数，进而求得总的原函数。

应用部分分式展开法求拉氏逆变换的一般步骤如下：

（1）计算有理分式函数 $F(s)$ 的极点；

（2）根据极点对 $F(s)$ 的分母多项式进行因式分解，并进一步把 $F(s)$ 展开成部分分式；

（3）对 $F(s)$ 的部分分式展开式进行拉氏变换。

一般象函数可以表示成如下有理分式

$$F(s) = \frac{B(s)}{A(s)} = \frac{b_0 s^m + b_1 s^{m-1} + \cdots + b_{m-1} s + b_m}{a_0 s^n + a_1 s^{n-1} + \cdots + a_{n-1} s + a_n} \tag{2-27}$$

$$= \frac{K(s+z_1)(s+z_2)\cdots(s+z_m)}{a(s+p_1)(s+p_2)\cdots(s+p_n)}$$

式中：$p_1, p_2, \cdots, p_n$ 和 $z_1, z_2, \cdots, z_m$ 分别为 $F(s)$ 的极点和零点，它们是实数或共轭复数，且 $n > m$。

如果 $n = m$，则分子 $B(s)$ 必须用分母 $A(s)$ 去除，以得到一个 s 的多项式和一个余式之和，在余式中分母阶次高于分子阶次。

根据极点种类的不同，将 $F(s)$ 转化为部分分式之和，有以下三种情况。

（1）$F(s)$ 的极点各不相同的情况。

当 $F(s)$ 无重极点时，即只有各不相同的单极点。$F(s)$ 总是能展开为以下简单的部分分式

$$F(s) = \frac{B(s)}{A(s)} = \frac{b_0 s^m + b_1 s^{m-1} + \cdots + b_{m-1} s + b_m}{a(s+p_1)(s+p_2)\cdots(s+p_n)}$$

$$= \frac{K_1}{s+p_1} + \frac{K_2}{s+p_2} + \cdots + \frac{K_n}{s+p_n} \tag{2-28}$$

$$= \sum_{i=1}^{n} \frac{K_i}{s+p_i}$$

式中：K_i 为待定常数。

$$K_i = [F(s) \cdot (s+p_i)]_{s=-p_i} \tag{2-29}$$

此种情况下，拉氏逆变换为

$$L^{-1}[F(s)] = L^{-1}\left[\sum_{i=1}^{n} \frac{K_i}{s+p_i}\right] = \sum_{i=1}^{n} K_i e^{-p_i t} \tag{2-30}$$

例 2-3　求 $F(s) = \dfrac{7s^2 + 29s + 26}{2s^3 + 12s^2 + 22s + 12}$ 的原函数？

解：$F(s) = \dfrac{B(s)}{A(s)} = \dfrac{7s^2 + 29s + 26}{2(s+1)(s+2)(s+3)}$

$$= \frac{1}{2}\left[\frac{A}{s+1} + \frac{B}{s+2} + \frac{C}{s+3}\right]$$

计算可得

$$A = 2, \quad B = 4, \quad C = 1$$

因此,所求原函数为

$$f(t) = L^{-1}[F(s)]$$

$$= \frac{1}{2}\left[L^{-1}\left(\frac{2}{s+1}\right) + L^{-1}\left(\frac{4}{s+2}\right) + L^{-1}\left(\frac{1}{s+3}\right)\right]$$

$$= e^{-t} + 2e^{-2t} + \frac{1}{2}e^{-3t}$$

用 MATLAB 验证的程序如下。

```
> > syms s
> > F= (7* s^2+ 29* s+ 26)/(2* s^3+ 12* s^2+ 22* s+ 12)
> > x= ilaplace(F)
x=
exp(- t)+ 2* exp(- 2* t)+ exp(- 3* t)/2
```

经过对比,可以发现,两种方法得出的结果完全相同。

(2) $F(s)$ 含有共轭复数极点的情况。

此种情况下,分母中存在不可约分的多项式 $s^2 + as + b$,当 $-p_1$、$-p_2$ 为一对共轭复数极点,其余极点均为实数极点时,$F(s)$ 仍可分解为以下形式

$$F(s) = \frac{B(s)}{A(s)} = \frac{K_1 s + K_2}{(s+p_1)(s+p_2)} + \cdots + \frac{K_n}{s+p_n} \tag{2-31}$$

注意,p_1、p_2 是复数,$\dfrac{K_1 s + K_2}{(s+p_1)(s+p_2)} = \dfrac{K_1 s + K_2}{(s^2 + as + b)}$。

将分母变换成如下形式

$$s^2 + as + b = (s+\sigma)^2 + \omega^2$$

比如,$s^2 + 2s + 2 = (s+1)^2 + 1^2$。这样,求解 $L^{-1}\left[\dfrac{K_1 s + K_2}{(s+p_1)(s+p_2)}\right]$ 的关键在于如何分解成以下两个表达式

$$\frac{\omega}{(s+\sigma)^2 + \omega^2}, \qquad \frac{s+\sigma}{(s+\sigma)^2 + \omega^2}$$

因为

$$L^{-1}\left[\frac{\omega}{(s+\sigma)^2 + \omega^2}\right] = e^{-\sigma t}\sin\omega t, \quad L^{-1}\left[\frac{s+\sigma}{(s+\sigma)^2 + \omega^2}\right] = e^{-\sigma t}\cos\omega t$$

K_1 和 K_2 的值由下式求解

$$[F(s)(s+p_1)(s+p_2)]_{s=-p_i} = (K_1 s + K_2)_{s=-p_i} (i = 1,2) \tag{2-32}$$

式(2-32)为复数方程,令其两端实部、虚部分别相等即可确定 K_1 和 K_2 的值。

例 2-4 求 $F(s) = \dfrac{4}{(s+3)(s^2+2s+5)}$ 的原函数?

解: 将 $F(s)$ 化简成部分分式形式,即

$$F(s) = \frac{4}{(s+3)(s^2+2s+5)} = \boxed{\frac{A}{s+3}} + \boxed{\frac{Bs+C}{s^2+2s+5}}$$

$$= \frac{A(s^2+2s+5) + (Bs+C)(s+3)}{(s+3)(s^2+2s+5)}$$

$$= \frac{(A+B)s^2 + (2A+3B+C)s + 5A+3C}{(s+3)(s^2+2s+5)}$$

可得方程组

$$A + B = 0$$
$$2A + 3B + C = 0$$
$$5A + 3C = 4$$

解得

$$A = \frac{1}{2}, \quad B = -\frac{1}{2}, \quad C = \frac{1}{2}$$

将 A、B、C 代入 $F(s) = \boxed{\dfrac{A}{s+3}} + \boxed{\dfrac{Bs+C}{s^2+2s+5}}$，可得

$$F(s) = \frac{1}{2}\left[\frac{1}{s+3} - \frac{s-1}{s^2+2s+5}\right] = \frac{1}{2}\left[\frac{1}{s+3} - \frac{s+1}{(s+1)^2+2^2} + \frac{2}{(s+1)^2+2^2}\right]$$

所以，所求原函数为

$$f(t) = L^{-1}[F(s)] = \frac{1}{2}\left[e^{-3t} + e^{-t}(\sin 2t - \cos 2t)\right]$$

（3）$F(s)$ 含有重极点的情况。

假设 $F(s)$ 有 r 个重极点 p_1，其余极点均不相同，则 $F(s)$ 可表示为

$$F(s) = \frac{B(s)}{A(s)} = \frac{b_0 s^m + b_1 s^{m-1} + \cdots + b_{m-1} s + b_m}{(s+p_1)^r (s+p_{r+1}) \cdots (s+p_n)}$$

$$= \frac{K_{01}}{(s+p_1)^r} + \frac{K_{02}}{(s+p_1)^{r-1}} + \cdots + \frac{K_{0r}}{(s+p_1)} + \frac{K_{r+1}}{(s+p_{r+1})} + \cdots + \frac{K_n}{(s+p_n)}$$

式中：

$$K_{01} = \left[F(s)(s+p_1)^r\right]_{s=-p_1}$$

$$K_{02} = \left\{\frac{d}{ds}\left[F(s)(s+p_1)^r\right]\right\}_{s=-p_1}$$

$$\vdots$$

$$K_{0r} = \frac{1}{(r-1)!}\left\{\frac{d^{r-1}}{ds^{r-1}}\left[F(s)(s+p_1)^r\right]\right\}_{s=-p_1}$$

因为

$$L^{-1}\left[\frac{1}{(s+p_1)^n}\right] = \frac{t^{n-1}}{(n-1)!}e^{-p_1 t}$$

所以

$$f(t) = L^{-1}[F(s)]$$
$$= \left[\frac{K_{01}}{(r-1)!}t^{r-1} + \frac{K_{02}}{(r-2)!}t^{r-2} + \cdots + K_{0r}\right]e^{-p_1 t} \quad (2\text{-}33)$$
$$+ K_{r+1}e^{-p_{r+1}t} + \cdots + K_n e^{-p_n t} \quad (t \geqslant 0)$$

例 2-5 求 $F(s) = \dfrac{1}{s(s+2)^3(s+3)}$ 的拉氏逆变换？

解： 将 $F(s)$ 写成部分分式形式，有

$$F(s) = \frac{K_{11}}{(s+2)^3} + \frac{K_{12}}{(s+2)^2} + \frac{K_{13}}{s+2} + \frac{K_2}{s} + \frac{K_3}{s+3}$$

式中：K_{11}、K_{12}、K_{13} 为三重极点 $s=-2$ 所对应的系数，根据公式计算，得

$$K_{11} = \left[(s+2)^3 \frac{1}{s(s+2)^3(s+3)} \right]\bigg|_{s=-2} = -\frac{1}{2}$$

$$K_{12} = \left\{ \frac{\mathrm{d}}{\mathrm{d}s}\left[(s+2)^3 \frac{1}{s(s+2)^3(s+3)} \right] \right\}\bigg|_{s=-2} = \frac{1}{4}$$

$$K_{13} = \left\{ \frac{\mathrm{d}^2}{\mathrm{d}s^2}\left[(s+2)^3 \frac{1}{s(s+2)^3(s+3)} \right] \right\}\bigg|_{s=-2} = -\frac{3}{8}$$

K_2、K_3 为单极点对应的系数，根据公式计算，得

$$K_2 = \left[s \frac{1}{s(s+2)^3(s+3)} \right]\bigg|_{s=0} = \frac{1}{24}$$

$$K_3 = \left[(s+3) \frac{1}{s(s+2)^3(s+3)} \right]\bigg|_{s=-3} = \frac{1}{3}$$

于是其象函数 $F(s)$ 可写为

$$F(s) = -\frac{1}{2(s+2)^3} + \frac{1}{4(s+2)^2} - \frac{3}{8(s+2)} + \frac{1}{24s} + \frac{1}{3(s+3)}$$

查拉氏变换表可求得原函数 $f(t)$，为

$$f(t) = \frac{1}{4}\left(t - t^2 - \frac{3}{2} \right)\mathrm{e}^{-2t} + \frac{1}{24} + \frac{1}{3}\mathrm{e}^{-3t}$$

用 MATLAB 验证的程序如下。

```
> > syms s
> > F= 1/s/(s+ 2)^3/(s+ 3)
> > x= ilaplace(F)
x=
  exp(- 3* t)/3- (3* exp(- 2* t))/8+ (t* exp(- 2* t))/4- (t^2* exp(- 2
* t))/4+ 1/24
```

经过对比，可以发现，两种方法得出的结果完全相同。

2.1.5　应用拉氏变换解线性微分方程

应用拉氏变换解线性微分方程的步骤为：

（1）将微分方程通过拉氏变换变为 s 的代数方程；

（2）解代数方程，得到有关变量的拉氏变换表达式；

（3）应用拉氏逆变换，得到微分方程的时域解。

例 2-6　设系统微分方程为

$$\frac{\mathrm{d}^2 x_\mathrm{o}(t)}{\mathrm{d}t^2} + 5\frac{\mathrm{d}x_\mathrm{o}(t)}{\mathrm{d}t} + 6x_\mathrm{o}(t) = x_\mathrm{i}(t)$$

若 $x_\mathrm{i}(t) = 1(t)$，$x_\mathrm{o}'(0)$、$x_\mathrm{o}(0)$ 均为 0，$t \geqslant 0$，试求 $x_\mathrm{o}(t)$。

解：对微分方程左边三项分别进行拉氏变换，得

$$L\left[\frac{\mathrm{d}^2 x_\mathrm{o}(t)}{\mathrm{d}t^2} \right] = s^2 X_\mathrm{o}(s) - sx_\mathrm{o}(0) - x_\mathrm{o}'(0)$$

$$L\left[5\frac{\mathrm{d}x_\mathrm{o}(t)}{\mathrm{d}t} \right] = 5sX_\mathrm{o}(s) - 5x_\mathrm{o}(0)$$

$$L[6x_\mathrm{o}(t)] = 6X_\mathrm{o}(s)$$

对微分方程左边进行拉氏变换，得

$$L\left[\frac{\mathrm{d}^2 x_o(t)}{\mathrm{d}t^2} + 5\frac{\mathrm{d}x_o(t)}{\mathrm{d}t} + 6x_o(t)\right]$$
$$= (s^2 + 5s + 6)X_o(s) - (s+5)x_o(0) - x'_o(0)$$

对微分方程右边进行拉氏变换，得

$$L[x_i(t)] = X_i(s) = L[1(t)] = \frac{1}{s}$$

左右两边拉氏变换相等，有

$$(s^2 + 5s + 6)X_o(s) - [(s+5)x_o(0) + x'_o(0)] = \frac{1}{s}$$

方程的象函数为

$$X_o(s) = \frac{1}{s(s^2 + 5s + 6)} + \frac{(s+5)x_o(0) + x'_o(0)}{s^2 + 5s + 6}$$
$$= \frac{K_{11}}{s} + \frac{K_{12}}{s+2} + \frac{K_{13}}{s+3} + \frac{K_2}{s+2} + \frac{K_3}{s+3}$$

$$K_{11} = \left(\frac{1}{s^2 + 5s + 6}\right)_{s=0} = \frac{1}{6}$$

$$K_{12} = \left[\frac{1}{s(s+3)}\right]_{s=-2} = -\frac{1}{2}$$

$$K_{13} = \left[\frac{1}{s(s+2)}\right]_{s=-3} = \frac{1}{3}$$

$$K_2 = \left[\frac{(s+5)x_o(0) + x'_o(0)}{s+3}\right]_{s=-2} = 3x_o(0) + x'_o(0)$$

$$K_3 = \left[\frac{(s+5)x_o(0) + x'_o(0)}{s+2}\right]_{s=-3} = -2x_o(0) - x'_o(0)$$

所以

$$X_o(s) = \frac{\frac{1}{6}}{s} + \frac{-\frac{1}{2}}{s+2} + \frac{\frac{1}{3}}{s+3} + \frac{3x_o(0) + x'_o(0)}{s+2} + \frac{-2x_o(0) - x'_o(0)}{s+3}$$

对上式进行拉氏逆变换，得

$$x_o(t) = \frac{1}{6} - \frac{1}{2}e^{-2t} + \frac{1}{3}e^{-3t} + [3x_o(0) + x'_o(0)]e^{-2t} - [2x_o(0) + x'_o(0)]e^{-3t} \quad (t \geqslant 0)$$

当初始条件为零时

$$x_o(t) = \frac{1}{6} - \frac{1}{2}e^{-2t} + \frac{1}{3}e^{-3t} \quad (t \geqslant 0)$$

2.2 系统的传递函数形式

2.2.1 传递函数的定义

为了简洁明了地表达线性常微分方程，引入 D 算子。这样，只要用相应的算子代替微分或积分，就能把任何一个线性常微分方程转化为算子形式。表 2-2 总结了用于微分和积分

的 D 算子,并给出了示例。

表 2-2　用于微分和积分的 D 算子

运　　算	运　算　器	示　　例
微分	$D = \dfrac{\mathrm{d}()}{\mathrm{d}t}$	$\ddot{x}(t) - 4\dot{x} + x(t) = r(t) + 3\dot{r}(t) - 2$ $\Rightarrow D^2 x(t) - 4Dx(t) + x(t) = r(t) + 3Dr(t) - 2$
积分	$\dfrac{1}{D} = \displaystyle\int_{t_0}^{t} ()\,\mathrm{d}\tau$	$\ddot{x}(t) - 4\displaystyle\int x(\tau)\mathrm{d}\tau + x(t) = r(t) - 2$ $\Rightarrow D^2 x(t) - \dfrac{4}{D}x(t) + x(t) = r(t) - 2$

除了用简洁的形式写出一个微分方程以外,还要求出方程的解,并分析它的行为。用代数方法很难求解微分方程,常用的方法是拉氏变换。拉氏变换将时域内的微分运算,转换成复域内的代数运算,这样求解起来就容易得多。

S 算子与 D 算子基本相同,只有一点区别,即此时微分方程是用 S 算子表达的,它不在时域中,而在复域中。

许多系统的因果关系可以用一个线性常微分方程来近似表达。例如,考虑以下具有一个输入 $r(t)$ 和一个输出 $x(t)$ 的二阶动态系统:

$$\ddot{x}(t) - 4\dot{x} + 7x(t) = r(t) + 3\dot{r}(t) \tag{2-34}$$

这是一个单输入单输出(SISO)系统。它也可以用传递函数来表达。

线性定常系统的传递函数定义为:当初始条件为零时,输出的拉氏变换与输入的拉氏变换之比。其用 D 或 S 运算符中两个多项式的比值表示。

线性常微分方程可以通过以下三步转换为传递函数。

(1)用算子符号表达方程式

$$D^2 x(t) - 4Dx(t) + 7x(t) = r(t) + 3Dr(t) \tag{2-35}$$

(2)合并方程左右两边的同类项

$$x(t) \cdot (D^2 - 4D + 7) = r(t) \cdot (3D + 1) \tag{2-36}$$

(3)求解输出信号与输入信号的比值,得到传递函数

$$传递函数 = \frac{x(t)}{r(t)} = \frac{(3D+1)}{(D^2 - 4D + 7)} \tag{2-37}$$

传递函数由两个 D 算子多项式组成,即由一个分子多项式和一个分母多项式组成。系统的传递函数具有以下特点。

(1)传递函数的分母是系统的特征多项式,代表系统的固有特性,分母多项式中 s 的最高幂数代表了系统的阶次,如果 s 的最高幂数为 n,则该系统为 n 阶系统;分子代表输入与系统的关系,而与输入量无关,因此传递函数表达了系统本身的固有特性。

(2)传递函数不说明被描述系统的具体物理结构,不同的物理系统可能具有相同的传递函数。

(3)传递函数比微分方程简单,通过拉氏变换将时域内复杂的微积分运算转化为简单的代数运算。

(4)当系统输入典型信号时,输出与输入有对应关系。特别地,当输入是单位脉冲信号时,传递函数表示系统的输出函数,因此,也可以把传递函数看成单位脉冲响应的象函数。

(5)如果将传递函数 s 替换为 $j\omega$,则可以直接得到系统的频率特性函数。

（6）传递函数是线性定常系统的微分方程经过拉氏变换得到的，而拉氏变换是一种线性积分运算，因此，传递函数只能用于描述线性定常系统。

（7）传递函数是在零初始条件下定义的，因此，传递函数原则上不能反映系统在非零初始条件下的运动规律。

（8）一个传递函数只能表示一个输入对一个输出的关系，因此只适用于描述单输入单输出系统，而且传递函数也无法反映系统内部的中间变量的变化情况。

2.2.2 典型环节的传递函数

可认为一个系统是由一些基本环节（又称典型环节）组成的。环节可以是一个元件，也可以是一个元件的一部分，或者由几个元件组成。

工程中有各种各样的系统，虽然它们的物理结构及工作原理不同，但从传递函数的结构来看，这些系统都是由一些典型环节构成的，如比例环节、惯性环节、微分环节、积分环节、振荡环节、延时环节等。把复杂的物理系统划分为若干个典型环节，利用传递函数和方框图来研究系统是一种重要方法。

1. 比例环节（放大环节）

输出量 $x_o(t)$ 与输入量 $x_i(t)$ 成比例关系且不失真的环节称为比例环节。

比例环节的数学模型为

$$x_o(t) = Kx_i(t)$$

拉氏变换为

$$X_o(s) = KX_i(s)$$

传递函数为

$$G(s) = \frac{X_o(s)}{X_i(s)} = K \tag{2-38}$$

式中：K 为比例环节的放大系数或增益。

例 2-7 齿轮传动副如图 2-10 所示。x_i、x_o 分别为输入轴及输出轴转速，z_1、z_2 分别为主动轮和从动轮的齿数，该系统便是一个放大环节。试写出系统的传递函数。

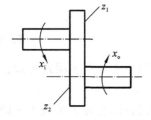

图 2-10 齿轮传动副

解：若齿轮传动副无传动间隙，且传动系统刚性为无穷大。一旦有输入 x_i，就会产生输出 x_o，该运动微分方程为

$$x_i z_1 = x_o z_2$$

拉氏变换为

$$X_i(s) z_1 = X_o(s) z_2$$

求得的传递函数为

$$G(s) = \frac{X_o(s)}{X_i(s)} = \frac{z_1}{z_2} = K$$

2. 惯性环节

如果某个环节含有储能元件，突变形式的输入信号不能被立即输送出去，则动力学方程可用一阶微分方程描述的环节称为惯性环节。

惯性环节的特点是其输出量延缓地反映输入量的变化规律。它的微分方程为

$$T \frac{\mathrm{d}x_\mathrm{o}(t)}{\mathrm{d}t} + x_\mathrm{o}(t) = K x_\mathrm{i}(t)$$

对应的传递函数为

$$G(s) = \frac{K}{Ts + 1} \tag{2-39}$$

式中：T 为惯性环节的时间常数；K 为惯性环节的比例系数。

例 2-8 RC 低通滤波电路图如图 2-11 所示，输出为 u_o，输入为 u_i，求其传递函数。

解： 该电路的微分方程为

$$u_\mathrm{i} = Ri(t) + u_\mathrm{o}$$

$$u_\mathrm{o} = \frac{1}{C} \int i \mathrm{d}t$$

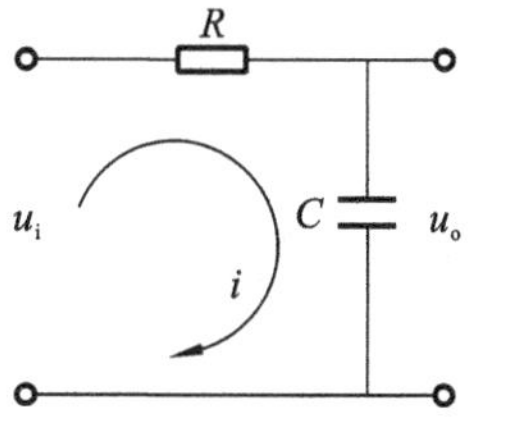

整理后，可得

$$u_\mathrm{i} = RC \frac{\mathrm{d}u_\mathrm{o}}{\mathrm{d}t} + u_\mathrm{o}$$

拉氏变换后消元，可得

$$U_\mathrm{i}(s) = (RCs + 1)U_\mathrm{o}(s)$$

传递函数为

$$G(s) = \frac{X_\mathrm{o}(s)}{X_\mathrm{i}(s)} = \frac{1}{RCs + 1} = \frac{1}{Ts + 1}$$

图 2-11　RC 低通滤波电路图

式中：T 为惯性环节的时间常数。

电容器为储能元件，电阻为耗能元件。

例 2-9 求图 2-12 所示的质量-弹簧-阻尼系统（质量很小）的传递函数。

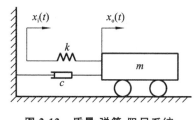

图 2-12　质量-弹簧-阻尼系统

解： 当系统质量很小，可以忽略不计时，有

$$(x_\mathrm{i} - x_\mathrm{o})k - c \frac{\mathrm{d}x_\mathrm{o}(t)}{\mathrm{d}t} = 0$$

经过拉氏变换后，可得

$$csX_\mathrm{o}(s) + kX_\mathrm{o}(s) = kX_\mathrm{i}(s)$$

传递函数为

$$G(s) = \frac{X_\mathrm{o}(s)}{X_\mathrm{i}(s)} = \frac{k}{cs + k} = \frac{1}{Ts + 1}$$

式中：T 为惯性环节的时间常数，$T = c/k$。

通过比较例 2-8 和例 2-9，可以发现，它们的传递函数完全一样，都是 $G(s) = \dfrac{1}{Ts + 1}$，由此可知，物理参数不同的两个系统可以具有相同的传递函数。

3. 微分环节

输出量正比于输入量微分的环节称为微分环节，微分方程为

$$x_\mathrm{o}(t) = T \frac{\mathrm{d}x_\mathrm{i}(t)}{\mathrm{d}t}$$

其传递函数为

$$G(s) = \frac{X_\mathrm{o}(s)}{X_\mathrm{i}(s)} = Ts \tag{2-40}$$

式中：T 为微分环节的时间常数。

测速发电机在满足一定的条件下,当输入为转角 $\theta(t)$,输出为电枢 $u(t)$ 时,可以看作理想的微分环节,其微分方程为

$$u(t) \approx K \frac{\mathrm{d}\theta(t)}{\mathrm{d}t}$$

例 2-10 如图 2-11 所示,如果输入不变,输出电压为电阻两端的电压 $u_{\mathrm{R}}(t)$,求其传递函数。

解: 输入电压 $u_{\mathrm{i}}(t)$ 与输出电压 $u_{\mathrm{R}}(t)$ 之间的微分方程为

$$u_{\mathrm{i}} = Ri + \frac{1}{C}\int i\mathrm{d}t$$

$$u_{\mathrm{R}} = Ri$$

传递函数为

$$G(s) = \frac{U_{\mathrm{R}}(s)}{U_{\mathrm{i}}(s)} = \frac{RCs}{RCs + 1}$$

此为惯性微分环节。实际上,微分环节常带有惯性,要想满足理想条件是不可能的,因此,实际中的微分环节一般是近似微分环节。

4. 积分环节

输出量正比于输入量对时间的积分的环节称为积分环节。即有

$$x_{\mathrm{o}}(t) = \frac{1}{T}\int_0^t x_{\mathrm{i}}(t)\mathrm{d}t$$

其传递函数为

$$G(s) = \frac{X_{\mathrm{o}}(s)}{X_{\mathrm{i}}(s)} = \frac{1}{Ts} \tag{2-41}$$

式中:T 为积分环节的时间常数。

积分环节的特点是:输出量随着时间的增长而直线增大,增长斜率为 $1/T$,积分作用的强弱由积分环节的时间常数 T 决定,T 越小,积分作用越强。当输入突然除去,积分停止时,输出维持不变,故积分环节具有记忆功能。

例 2-11 液压缸如图 2-13 所示,其输入为流量 q,输出为液压缸活塞的位移 x。求该液压缸的传递函数。

解: 设 A 为活塞的面积,则有

$$\frac{\mathrm{d}x(t)}{\mathrm{d}t} = \frac{q(t)}{A}$$

拉氏变换为

$$sX(s) = \frac{Q(s)}{A}$$

传递函数为

$$G(s) = \frac{X(s)}{Q(s)} = \frac{1/A}{s} = \frac{1}{As} = \frac{1}{Ts}$$

例 2-12 图 2-14 所示为齿轮齿条传动机构,求其传递函数。

解: 齿轮齿条传动机构的数学模型为

$$x(t) = \int_0^t r\omega(t)\mathrm{d}t$$

拉氏变换为

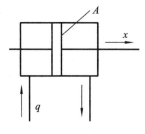

图 2-13 液压缸

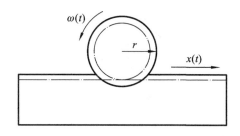

图 2-14 齿轮齿条传动机构

$$X(s) = \frac{r}{s}\Omega(s)$$

传递函数为

$$G(s) = \frac{X(s)}{\Omega(s)} = \frac{r}{s}$$

5. 振荡环节

振荡环节是二阶环节,它含有两个储能元件,在运动的过程中能量相互转换,使环节的输出带有振荡的特性。微分方程具有如下形式

$$T^2 \frac{\mathrm{d}^2 x_\mathrm{o}(t)}{\mathrm{d}t^2} + 2\xi T \frac{\mathrm{d}x_\mathrm{o}(t)}{\mathrm{d}t} + x_\mathrm{o}(t) = x_\mathrm{i}(t)$$

其传递函数为

$$G(s) = \frac{1}{T^2 s^2 + 2\xi T s + 1} \tag{2-42}$$

或

$$G(s) = \frac{\omega_\mathrm{n}^2}{s^2 + 2\xi\omega_\mathrm{n}s + \omega_\mathrm{n}^2} \tag{2-43}$$

式中:ω_n 为无阻尼固有频率;T 为振荡环节的时间常数,$T = \dfrac{1}{\omega_\mathrm{n}}$;$\xi$ 为阻尼比,$0 \leqslant \xi \leqslant 1$。

例 2-13 图 2-15 所示为做旋转运动的惯量-弹簧-阻尼系统,惯量为 J,扭转刚度系数为 k,阻尼系数为 c,扭矩 T 为输入,转子角度 θ 为输出,求其传递函数。

解:该系统的动力学方程为

$$J\ddot{\theta} + c\dot{\theta} + k\theta = T$$

传递函数为

$$G(s) = \frac{\theta(s)}{T(s)} = \frac{1}{Js^2 + cs + k}$$

或

$$G(s) = \frac{k}{s^2 + 2\xi\omega_\mathrm{n}s + \omega_\mathrm{n}^2}$$

式中:$\omega_\mathrm{n} = \sqrt{\dfrac{k}{J}}$;$\xi = \dfrac{c}{2\sqrt{Jk}}$;$k = \dfrac{1}{J}$。

当 $0 \leqslant \xi \leqslant 1$ 时,惯量-弹簧-阻尼系统为二阶振荡环节。

例 2-14 图 2-16 所示为质量-弹簧-阻尼系统,求其传递函数。

解:该系统的动力学方程为

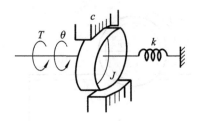

图 2-15　惯量-弹簧-阻尼系统

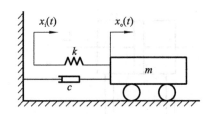

图 2-16　质量-弹簧-阻尼系统

$$m\ddot{x}_{o} + c\dot{x}_{o} + kx_{o} = kx_{i}$$

拉氏变换为

$$(ms^2 + cs + k)X_{o}(s) = kX_{i}(s)$$

传递函数为

$$G(s) = \frac{X_{o}(s)}{X_{i}(s)} = \frac{k}{ms^2 + cs + k}$$

$$= \frac{k/m}{s^2 + (c/m)s + k/m}$$

6. 延时环节

延时环节是输出滞后输入时间 τ，但不失真地反映输入的环节。具有这种特点的系统称为延时系统，如图 2-17 所示。

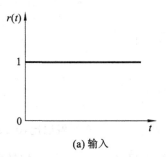

(a) 输入

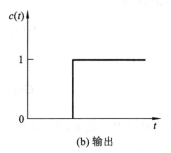

(b) 输出

图 2-17　延时系统

微分方程为

$$c(t) = r(t - \tau)$$

传递函数为

$$G(s) = \frac{C(s)}{R(s)} = e^{-\tau s} \tag{2-44}$$

在控制系统中，单纯的延时环节是很少的，延时环节往往与其他环节一起出现。大多数过程控制系统都具有延时环节。

例 2-15　图 2-18 所示为轧制钢板的厚度测量，钢板在 A 点轧出时，厚度为 $h_{i}(t)$。但是这一厚度只有在钢板继续运动距离 L，到达 B 点时才为测厚检测仪检测到，检测到的厚度为 $h_{o}(t)$，求其传递函数。

解:输出量与输入量之间有如下关系

$$h_{o}(t) = h_{i}(t - \tau)$$

进行拉氏变换，得到传递函数，为

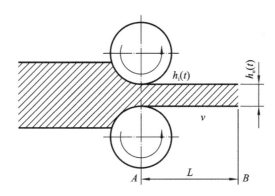

图 2-18 轧制钢板的厚度测量

$$G(s) = \frac{H_o(s)}{H_i(s)} = e^{-\tau s}$$

传递函数由系统的微分方程经拉氏变换后求得,而拉氏变换是一种线性变换,因而传递函数必然同微分方程一样能表达系统的固有特性,可作为描述系统运动的又一形式的数学模型。

由于传递函数包含微分方程中的所有系数,因此根据微分方程可以直接写出对应的传递函数,即把微分算子用复变量 s 表示,把 $x_o(t)$ 和 $x_i(t)$ 换为相应的象函数 $X_o(s)$ 和 $X_i(s)$,则可把微分方程转换为相应的传递函数。反之亦然。

2.3 系统的方框图形式

对于复杂系统,如果也采用拉氏变换法,即由微分方程经过拉氏变换,消除中间变量,进而求得系统的传递函数的方法,则计算较为烦琐。消除中间变量之后,总的表达式只剩下输入量、输出量,无法反映信号在通道中的传递过程。

而采用方框图,既便于求取复杂系统的传递函数,又能直观地看到输入信号及中间变量在通道中传递的全过程。因此,方框图作为一种数学模型,在控制理论中得到了广泛的应用。

方框图是指用图形表示系统中各部件的功能及其相互关系,所以,又称为控制系统(或环节)图形化的一种数学模型,是分析、设计系统时最常使用的一种数学模型。接下来讨论系统方框图的组成与简化。

2.3.1 系统方框图的组成

方框图又称为动态结构图,简称结构图。它将各环节的传递函数 $G(s)$ 写在方框内,并以箭头标明信号的流向,来描述系统的动态结构。它是图形化的分析、运算方法,也是数学模型的图解化方法。图 2-19 所示为闭环控制系统的方框图。

方框图由 4 种基本图形组成。

(1)信号线:带箭头的直线,箭头表示信号的流向。

(2)引出点(分离点):表示信号引出或测量的位置。

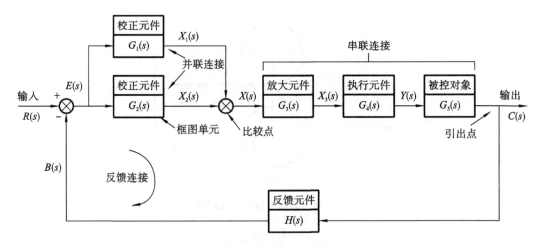

图 2-19　闭环控制系统的方框图

（3）比较点（相加点）：表示对两个以上的信号做加减运算。

（4）方框：方框图内的表示输入、输出环节之间的传递函数。

方框图的绘制步骤如下。

（1）确定系统输入量与输出量。

（2）将复杂系统划分为若干个典型环节。

（3）求出各典型环节对应的传递函数。

（4）绘出相应的方框图。

（5）按系统各变量的传递顺序，依次将各元件的方框图连接起来。

对于同一个系统，划分的环节不同，方框图也会不同。也就是说，对于一个系统，方框图并不是唯一的。但在对同一个系统绘出的不同方框图中，系统输入信号与输出信号之间的传递关系，即系统的传递函数，一定是相同的。

虽然各供应商的方框图的表达方式并不完全相同，但是现有的方框图语言系统一般都包括求和连接器、增益和积分器等基本模块，如图 2-20 所示。

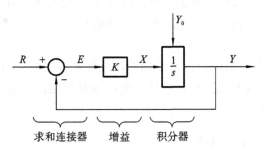

图 2-20　使用了三个基本方框的系统

积分器上面的垂直信号代表积分器的初始状态。当忽略此信号时，初始条件假定为 0。方框图中积分器初始状态的表示方法如图 2-21 所示。

本书中，方框图被广泛用于表示系统模型。一旦系统以方块图的形式表示出来，就可以对其进行分析或模拟。

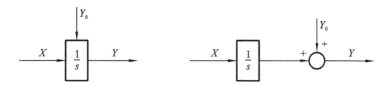

图 2-21 方框图中积分器初始状态的表示方法

2.3.2 环节的基本连接方式

方框图有三种基本连接方式,即串联连接、并联连接和反馈连接。

(1) 串联环节。

串联环节(见图 2-22)的总传递函数等于各环节传递函数的乘积。

图 2-22 串联环节

总传递函数为

$$G(s) = \frac{X_\mathrm{o}(s)}{X_\mathrm{i}(s)} = G_1(s) \cdot G_2(s) \cdot G_3(s) \qquad (2\text{-}45)$$

(2) 并联环节。

并联环节(见图 2-23)的总传递函数等于各环节传递函数的和。

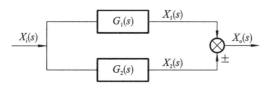

图 2-23 并联环节

总传递函数为

$$G(s) = \frac{X_\mathrm{o}(s)}{X_\mathrm{i}(s)} = G_1(s) + G_2(s) \qquad (2\text{-}46)$$

(3) 反馈环节。

反馈环节是闭环系统传递函数方框图的最基本形式,如图 2-24 所示。

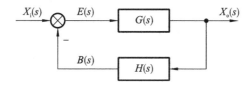

图 2-24 反馈环节

经比较环节输出的偏差 $E(s)$ 为

$$E(s) = X_\mathrm{i}(s) - B(s)$$
$$\Rightarrow X_\mathrm{i}(s) = E(s) + B(s)$$

闭环系统的传递函数为

$$G_b(s) = \frac{X_o(s)}{X_i(s)} = \frac{X_o(s)}{E(s) + B(s)} = \frac{\dfrac{X_o(s)}{E(s)}}{1 + \dfrac{B(s)X_o(s)}{E(s)X_o(s)}} = \frac{G(s)}{1 + H(s)G(s)} \qquad (2\text{-}47)$$

单位负反馈传递函数方框图如图 2-25 所示。

图 2-25　单位负反馈传递函数方框图

单位负反馈传递函数的一般表达式为

$$G_b(s) = \frac{G(s)}{1 + G(s)} \qquad (2\text{-}48)$$

2.3.3　方框图的等效变换与简化

实际工作中，方框图很少以标准形式存在，分析系统时往往要对方框图进行等效变换。等效变换所遵循的原则是：变换前后其输入量、输出量之间的传递关系必须保持不变。简化方框图通常是理解其功能和行为的关键步骤。

（1）引出点后移　当引出点越过一个方框向后移动时，该方框的积分出现在反馈路径中。图 2-26 说明了这种等效变换思想。

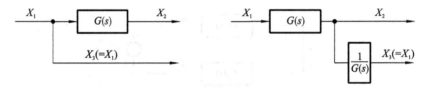

图 2-26　引出点后移

（2）引出点前移　当引出点越过一个方框向前移动时，该方框应出现在反馈路径中，如图 2-27 所示。

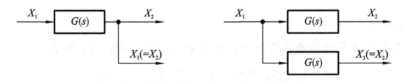

图 2-27　引出点前移

（3）比较点前移　比较点前移时，在前移支路中串入方框的传递函数是所越过方框的传递函数的倒数，如图 2-28 所示。

（4）比较点后移　比较点后移时，在后移支路中串入方框的传递函数必须与所越过方框的传递函数相同，如图 2-29 所示。

（5）引出点之间、比较点之间相互移动，均不改变原有的数学关系，可以移动；但是引出点和比较点之间不能相互移动，因为它们不等效，如图 2-30 所示。

简化方框图的一般步骤如下。

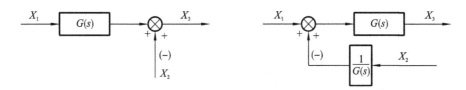

图 2-28　比较点前移

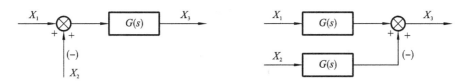

图 2-29　比较点后移

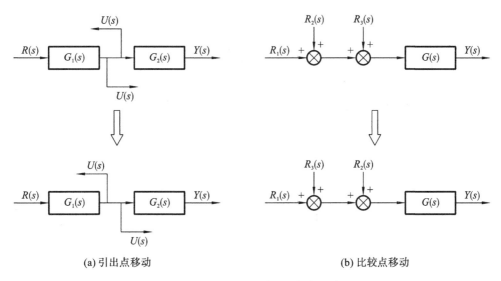

(a) 引出点移动

(b) 比较点移动

图 2-30　引出点移动和比较点移动

（1）对方框图进行初始化，确定系统的输入量和输出量。

（2）利用等效变换法则，把相互交叉的回环分开，使其成为独立的小回路，整理成规范的串联、并联、反馈连接形式。

（3）将规范连接部分利用相应运算公式化简，然后组合整理，形成新的规范连接，依次化简，最终化成一个方框，该方框所表示的即为待求的总传递函数。一般应先解内回路，再逐步向外回路简化，最后得到系统的闭环传递函数。

例 2-16　用方框图的等效变换法则，简化三环回路方框图，如图 2-31 所示。

解：（1）将图 2-31(a)中 H_2 负反馈环的相加点前移，并交换相加点得到图 2-31(b)。

（2）图 2-31(b)中 H_1 正反馈环为独立小回路，可化简消去，得到图 2-31(c)。

（3）图 2-31(c)中 $\dfrac{H_2}{G_1}$ 负反馈环为独立小回路，可化简消去，得到图 2-31(d)。

（4）图 2-31(d)所示方框图为单位全反馈，化简，得到图 2-31(e)。

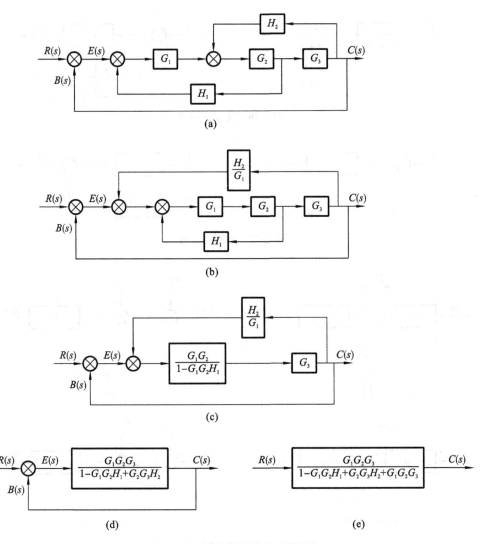

图 2-31　简化三环回路方框图

2.4　机　械　系　统

　　系统是由各种元件或零部件按照一定方式相互连接而成的集合体。在机电一体化系统中，机械系统与电气系统往往通过传感器或换能器连接，将被测物理量（位移、速度、加速度、声波、液压等）转化为变化的电压或电流，系统在给定条件（如一定的信号形式）下完成某种功能。

　　与其他系统一样，在分析或者设计机电一体化系统时，都需要进行实验研究。在实验研究前，要进行系统描述，即建立系统模型。利用模型进行实验，获取所需信息，这一过程称为模拟。通过模拟来了解和分析真实系统。

　　系统建模的方法很多，模型的种类也很多。机电一体化系统多采用数学模型。数学模型是用数学符号描述系统的数学表达式，系统属性由变量表示。

建立系统模型前,要先确立模型结构。模型结构是由一定数量的基本元件组成的,每一个基本元件都有其特定的性能或功能。例如,一个机械系统可以由质量块、弹簧和阻尼器等基本元件组成,这些不同的基本元件以不同的方式连接起来,可以构成一系列性能或功能不同的机械系统;一个电路系统可以由电阻、电容器和电感器等一些电子元件组成,这些不同的电子元件能够组合成不同的电路。采用适当的方法将基本元件之间的关系建立起来,得到系统的输入和输出关系,就获得了系统的数学模型。

2.4.1 机械平移系统的基本元件

机械平移系统包含质量块、弹簧和阻尼器三个基本元件。其中质量块表示系统具有惯性,弹簧表示系统具有刚性,阻尼器表示系统受到的摩擦力或者具有衰减效应,如图 2-32所示。

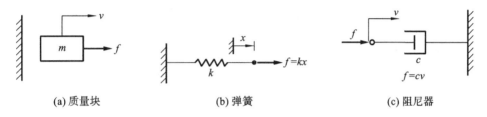

(a) 质量块   (b) 弹簧   (c) 阻尼器

图 2-32 机械平移系统的基本元件

机械平移系统受到惯性力、弹簧力和阻尼力三种力的作用。

(1)惯性力。

根据牛顿第二定律,惯性力等于质量乘以加速度。位移的微分等于速度,速度的微分等于加速度。数学模型为

$$F_m(t) = ma(t) = m\frac{dv(t)}{dt} = m\frac{d(dx(t)/dt)}{dt} = m\frac{d^2x(t)}{dt^2} \tag{2-49}$$

式中:$F_m(t)$ 为惯性力,N;m 为质量块质量,kg;$a(t)$ 为质量块加速度,m/s²;$v(t)$ 为质量块速度,m/s;$x(t)$ 为质量块位移,m。

(2)弹簧力。

对于线性弹簧,弹簧被拉伸或压缩时,弹簧的变形量与所受的力成正比,数学模型为

$$F_k(t) = kx(t) = \frac{1}{\lambda}x(t) \tag{2-50}$$

式中:$F_k(t)$ 为弹簧力,N;k 为弹簧刚度系数,N/m;$x(t)$ 为弹簧的变形量,m;λ 为弹簧柔度,m/N。

弹簧刚度系数 k 越大,弹簧力 $F_k(t)$ 越大,弹簧刚性越大。

(3)阻尼力。

当作用力较大时,质量块获得较大速度,此时空气阻尼力的影响不能忽略。在黏性摩擦系统中,阻尼力与速度 v 成正比,数学模型为

$$F_b(t) = cv(t) = c\frac{dx(t)}{dt} \tag{2-51}$$

式中:$F_b(t)$ 为阻尼力,N;c 为阻尼系数,(N·s)/m。

阻尼系数 c 越大,在一定速度下阻尼力就越大。

动能　当质量块以速度 v 运动时，质量块获得能量，该能量称为动能；当质量块停止运动时，能量被释放。

因为 $F_m(t) = m\dfrac{\mathrm{d}v(t)}{\mathrm{d}t}$，而功率 $P = Fv =$ 能量变化的比率，所以动能的表达式为

$$E_m(t) = \int F_m(t) v \mathrm{d}t = \int m\frac{\mathrm{d}v}{\mathrm{d}t} v \mathrm{d}t = \int mv\,\mathrm{d}v$$

或

$$E_m(t) = \frac{1}{2}mv^2(t) \tag{2-52}$$

式中：$E_m(t)$ 为动能，J。

势能　弹簧被拉伸时，可存储能量，该能量称为势能。当弹簧被松开并返回到初始位置时，能量被释放，势能表达式为

$$E_k(t) = \frac{1}{2}kx^2(t) \tag{2-53}$$

式中：$E_k(t)$ 为势能，J。

因为

$$F_k(t) = kx(t) = \frac{1}{\lambda}x(t)$$

联立式(2-50)、式(2-53)，消除 $x(t)$，得到下面的关系式

$$E_k(t) = \frac{1}{2}\frac{F_k^2(t)}{k} \tag{2-54}$$

阻尼器是耗能元件，其消耗功率取决于速度。消耗功率表达式为

$$P(t) = cv^2(t) \tag{2-55}$$

式中：$P(t)$ 为阻尼器消耗功率，W。

2.4.2　机械旋转系统的基本元件

机械平移系统做直线运动，不做旋转运动。对于机械旋转系统，三个相应的基本元件是转动惯量、黏滞阻尼器和扭簧，如图 2-33 所示。

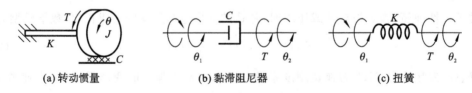

(a) 转动惯量　　　　　(b) 黏滞阻尼器　　　　　(c) 扭簧

图 2-33　机械旋转系统基本元件

对于机械旋转系统，描述其动力学的基本变量是角加速度矢量 $\boldsymbol{\varepsilon}$、角速度矢量 $\boldsymbol{\omega}$ 和角位移矢量 $\boldsymbol{\theta}$。角矢量的方向可以用右手定则来确定。本章将考虑仅绕一个轴旋转的刚体。在标量形式下，三者的关系为

$$\varepsilon = \frac{\mathrm{d}\omega}{\mathrm{d}t} = \frac{\mathrm{d}^2\theta}{\mathrm{d}t^2}$$

对于机械旋转系统，转动惯量可以看成旋转质量的惯性。一个给定元件的转动惯量取决于元件相对于转动轴的几何位置和部件的密度。

在机械旋转系统中,阻止运动的力矩有三种,分别是外力矩 $T(t)$、阻尼力矩 $T_f(t)$、扭簧力矩 $T_k(t)$,下面逐一分析。

(1) 外力矩。

$$T(t) = J\varepsilon(t) = J\frac{\mathrm{d}\omega(t)}{\mathrm{d}t} = J\frac{\mathrm{d}^2\theta(t)}{\mathrm{d}t^2} \tag{2-56}$$

式中:$T(t)$ 为外力矩,又称为扭矩,N·m;$\theta(t)$ 为旋转角度,rad;J 为转动惯量,kg·m^2;$\omega(t)$ 为角速度,rad/s;$\varepsilon(t)$ 为角加速度,rad/s^2。

转动惯量 J 越大,提高角加速度所需的扭矩越大。

(2) 阻尼力矩。

$$T_f(t) = c_\theta\frac{\mathrm{d}\theta(t)}{\mathrm{d}t} = c_\theta\left[\frac{\mathrm{d}\theta_1(t)}{\mathrm{d}t} - \frac{\mathrm{d}\theta_2(t)}{\mathrm{d}t}\right] \tag{2-57}$$

式中:$T_f(t)$ 为阻尼力矩,N·m;c_θ 为黏滞阻尼系数,(N·m·s)/rad;$\theta_1(t)$ 和 $\theta_2(t)$ 分别为输入和输出旋转角度,rad。

(3) 扭簧力矩。

$$T_k(t) = k_\theta\theta(t) = k_\theta[\theta_1(t) - \theta_2(t)] \tag{2-58}$$

式中:$T_k(t)$ 为扭簧力矩,N·m;k_θ 为扭簧刚度系数,(N·m)/rad;$\theta_1(t)$ 和 $\theta_2(t)$ 分别为输入和输出旋转角度,rad。

扭簧和转动惯量是储能元件。旋转角度为 $\theta(t)$ 的扭簧所存储的能量为

$$E_k(t) = \frac{1}{2}k_\theta\theta^2(t) \tag{2-59}$$

联立式(2-58)、式(2-59),消除 $\theta(t)$,得到扭簧存储能量关系式,为

$$E_k(t) = \frac{1}{2}\frac{T_k^2(t)}{k_\theta} \tag{2-60}$$

转动惯量的动能为

$$E(t) = \frac{1}{2}J\omega^2(t) \tag{2-61}$$

黏滞阻尼器是耗能元件,其消耗功率取决于角速度。消耗功率表达式为

$$P(t) = c_\theta\omega^2(t) \tag{2-62}$$

式中:$P(t)$ 为阻尼器消耗功率,W。

表 2-3 总结了机械系统的数学模型基本公式。

表 2-3　机械系统的数学模型基本公式

机 械 系 统	基 本 元 件	公　式	能量或消耗功率
机械平移系统	质量块	$F_m = m\dfrac{\mathrm{d}^2x}{\mathrm{d}t^2}$	$E_m = \dfrac{1}{2}mv^2$
	弹簧	$F_k = kx$	$E_k = \dfrac{1}{2}\dfrac{F_k^2}{k}$
	阻尼器	$F_b = c\dfrac{\mathrm{d}x}{\mathrm{d}t}$	$P = cv^2$

续表

机 械 系 统	基 本 元 件	公 式	能量或消耗功率
机械旋转系统	转动惯量	$T = J \dfrac{\mathrm{d}^2\theta}{\mathrm{d}t^2}$	$E = \dfrac{1}{2} J \omega^2$
	扭簧	$T_k = k_\theta \theta$	$E_k = \dfrac{1}{2} \dfrac{T_k^2}{k_\theta}$
	黏滞阻尼器	$T_i = c_\theta \dfrac{\mathrm{d}\theta}{\mathrm{d}t}$	$P = c_\theta \omega^2$

2.4.3 基本物理量的等效换算

1. 质量与转动惯量的等效换算

在机电一体化系统中，机械本体一般由若干个具有一定质量和转动惯量的直线运动部件和旋转运动部件组成。设计执行元件时，其额定转矩、加减速控制及制动方案的选择，应与各部件的质量和转动惯量相匹配。因此，在方案设计过程中，要将各部件的质量和转动惯量等效到基准部件上，进而计算基准部件的等效质量和等效转动惯量。

质量和转动惯量等效换算的原则是换算前后动能不变。

假设某一系统由 m 个直线运动部件和 n 个旋转运动部件组成，m_i 和 v_i 分别是直线运动部件的质量和重心的运动速度，J_j 和 ω_j 分别是旋转运动部件的转动惯量和角速度，则换算前系统运动部件的动能总和为

$$E = \frac{1}{2} \sum_{i=1}^{m} m_i v_i^2 + \frac{1}{2} \sum_{j=1}^{n} J_j \omega_j^2 \tag{2-63}$$

（1）转换到旋转执行元件。

电机是机电一体化系统的典型执行元件，如果执行元件为电机，用 k 代表基准部件，则换算到基准部件（电机输出轴）后的总动能可以表示为

$$E_k = \frac{1}{2} J_{eq}^k \omega_k^2 \tag{2-64}$$

式中：J_{eq}^k 为换算到基准部件 k 后的等效转动惯量，eq 代表等效转换；ω_k 为基准部件（电机输出轴）k 的角速度。

根据等效换算的原则，$E_k = E$，联立式（2-63）、式（2-64），有

$$\frac{1}{2} J_{eq}^k \omega_k^2 = \frac{1}{2} \sum_{i=1}^{m} m_i v_i^2 + \frac{1}{2} \sum_{j=1}^{n} J_j \omega_j^2$$

解得等效转动惯量为

$$J_{eq}^k = \sum_{i=1}^{m} m_i \left(\frac{v_i}{\omega_k} \right)^2 + \sum_{j=1}^{n} J_j \left(\frac{\omega_j}{\omega_k} \right)^2 \tag{2-65}$$

（2）转换到直线执行元件。

如果执行元件为做水平直线运动的工作台，也用 k 表示基准部件，则换算到基准部件（工作台）后的总动能可以表示为

$$E_k = \frac{1}{2} m_{eq}^k v_k^2 \tag{2-66}$$

式中：m_{eq}^k 为换算到基准部件 k 后的等效质量；v_k 为基准部件（工作台）k 的直线运动速度。

根据等效换算的原则，$E_k = E$，联立式（2-63）、式（2-66），有

$$\frac{1}{2} m_{eq}^k v_k^2 = \frac{1}{2} \sum_{i=1}^{m} m_i v_i^2 + \frac{1}{2} \sum_{j=1}^{n} J_j \omega_j^2$$

解得等效质量为

$$m_{eq}^k = \sum_{i=1}^{m} m_i \left(\frac{v_i}{v_k}\right)^2 + \sum_{j=1}^{n} J_j \left(\frac{\omega_j}{v_k}\right)^2 \tag{2-67}$$

例 2-17 某机电一体化系统机械本体如图 2-34 所示。假设工作台的总质量为 m_T，电机转子的转动惯量为 J_m，轴 I、轴 II 两根传动轴的转动惯量分别为 J_1 和 J_2，齿轮 1 和齿轮 2 的齿数分别为 Z_1 和 Z_2，模数均为 m。

（1）求换算到旋转运动部件（电机输出轴）上的等效转动惯量 J_{eq}^m。

（2）求换算到水平直线运动部件（工作台）的等效质量 m_{eq}^T。

解： 假设电机及轴 I、轴 II 的角速度分别为 ω_m、ω_1、ω_2，工作台的移动速度为 v_T。

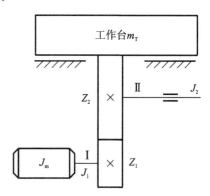

图 2-34 某机电一体化系统机械本体

该机械本体由一个水平直线运动部件和三个旋转运动部件构成。

（1）由式（2-63）可得换算前的总动能，为

$$E = \frac{1}{2} J_m \omega_m^2 + \frac{1}{2} J_1 \omega_1^2 + \frac{1}{2} J_2 \omega_2^2 + \frac{1}{2} m_T v_T^2 \tag{2-68}$$

以旋转运动部件（电机输出轴）为基准部件，由式（2-64）可得换算后的总动能，为

$$E_m = \frac{1}{2} J_{eq}^m \omega_m^2 \tag{2-69}$$

根据等效换算原则，$E_m = E$，联立式（2-68）、式（2-69），解得

$$J_{eq}^m = J_m + J_1 \left(\frac{\omega_1}{\omega_m}\right)^2 + J_2 \left(\frac{\omega_2}{\omega_m}\right)^2 + m_T \left(\frac{v_T}{\omega_m}\right)^2 \tag{2-70}$$

根据机械传动关系，可得

$$\frac{\omega_2}{\omega_m} = \frac{\omega_2}{\omega_1} = \frac{Z_1}{Z_2} \tag{2-71}$$

又

$$v_T = \omega_2 r_2 = \omega_2 \frac{m Z_2}{2}$$

式中：r_2 为齿轮 2 的分度圆半径。

因此，有

$$\frac{v_T}{\omega_m} = \frac{\omega_2}{\omega_m} \cdot \frac{m Z_2}{2} = \frac{Z_1}{Z_2} \cdot \frac{m Z_2}{2} = \frac{m Z_1}{2} \tag{2-72}$$

将式（2-71）、式（2-72）代入式（2-70）中，可得等效转动惯量，为

$$J_{eq}^m = J_m + J_1 + J_2 \left(\frac{Z_1}{Z_2}\right)^2 + m_T \left(\frac{m Z_1}{2}\right)^2$$

（2）换算前的总动能与式（2-68）所示的总动能相同。

以水平直线运动部件（工作台）为基准部件，换算后的总动能为

$$E_T = \frac{1}{2} m_{eq}^T v_T^2 \tag{2-73}$$

根据等效换算原则，$E_T = E$，联立式（2-68）、式（2-73），解得

$$m_{eq}^T = J_m \left(\frac{\omega_m}{v_T}\right)^2 + J_1 \left(\frac{\omega_1}{v_T}\right)^2 + J_2 \left(\frac{\omega_2}{v_T}\right)^2 + m_T \tag{2-74}$$

根据机械传动关系及齿轮模数与分度圆半径关系，有

$$\omega_m = \omega_1$$

$$v_T = \omega_2 r_2 = \frac{1}{2} \omega_2 m Z_2$$

所以

$$\frac{\omega_1}{v_T} = \frac{\omega_m}{v_T} = \frac{2}{m Z_1} \tag{2-75}$$

$$\frac{\omega_2}{v_T} = \frac{2}{m Z_2} \tag{2-76}$$

将式（2-75）、式（2-76）代入式（2-74）中，可得等效质量，为

$$m_{eq}^T = (J_m + J_1) \left(\frac{2}{m Z_1}\right)^2 + J_2 \left(\frac{2}{m Z_2}\right)^2 + m_T$$

2. 刚度系数的等效换算

机电一体化系统中，机械本体的各个部件在工作时，由于力或力矩的作用，总会产生伸缩、扭转等弹性变形，这种变形通常会影响系统的精度和动态性能。因此，在机械系统的数学建模中，需要将各部件刚度系数转换成等效线性刚度系数或者等效扭转刚度系数。刚度系数的等效换算原则为换算前后势能保持不变。

例 2-18 图 2-35 所示为两弹簧并联和串联的受力和位移情况，试计算并联、串联两种情况下的等效刚度系数。

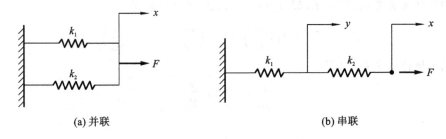

(a) 并联　　　　　　　　　　(b) 串联

图 2-35　两弹簧并联和串联的受力和位移情况

解：设等效刚度系数为 k_{eq}，分两种情况讨论。

（1）在图 2-35（a）中，两弹簧并联，根据受力分析，有

$$k_1 x + k_2 x = F = k_{eq} x$$

即

$$k_{eq} = k_1 + k_2$$

（2）在图 2-35（b）中，两弹簧串联，每根弹簧受力相同，有

对弹簧 1：$F = k_1 y$

对弹簧 2：$F = k_2 (x - y)$

联立两式,消除 y,可得

$$k_2\left(x - \frac{F}{k_1}\right) = F$$

即

$$k_2 x = F + \frac{k_2 F}{k_1} = \frac{k_1 + k_2}{k_1} F$$

两弹簧串联情况下的等效刚度系数为

$$k_{eq} = \frac{F}{x} = \frac{k_1 k_2}{k_1 + k_2} = \frac{1}{\dfrac{1}{k_1} + \dfrac{1}{k_2}}$$

例 2-19 某机电一体化系统机械传动结构如图 2-36 所示。电机通过三轴传动链驱动工作台运动。轴Ⅰ、轴Ⅱ、轴Ⅲ的扭转刚度系数分别为 k_1、k_2、k_3。求传动链向轴Ⅰ换算后的等效扭转刚度系数 k_{eq}^{I}。

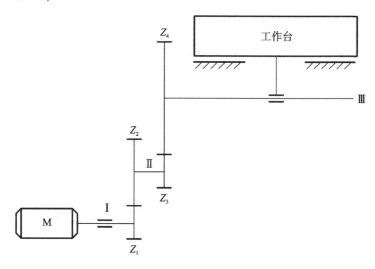

图 2-36 某机电一体化系统机械传动结构

解:假设轴Ⅰ、轴Ⅱ、轴Ⅲ的输出转矩分别为 T_1、T_2、T_3,扭转角分别为 θ_1、θ_2、θ_3。

根据式(2-59),当扭转角为 θ 时,每根轴所存储的能量为

$$E = \frac{1}{2} k \theta^2$$

则三根轴换算前的总势能为

$$E = \frac{1}{2} k_1 \theta_1^2 + \frac{1}{2} k_2 \theta_2^2 + \frac{1}{2} k_3 \theta_3^2 \tag{2-77}$$

以轴Ⅰ为基准部件,换算到基准部件后的总势能为

$$U_k = \frac{1}{2} k_{eq}^{I} \theta_{eq}^2 \tag{2-78}$$

式中:k_{eq}^{I} 为换算到基准部件轴Ⅰ后的等效扭转刚度系数;θ_{eq} 为轴Ⅰ在转矩 T_1 和等效扭转刚度系数 k_{eq}^{I} 下产生的扭转角。

根据刚度系数的等效换算原则,联立式(2-77)、式(2-78),可得

$$k_{eq}^{I} \theta_{eq}^2 = k_1 \theta_1^2 + k_2 \theta_2^2 + k_3 \theta_3^2 \tag{2-79}$$

由式(2-58),可得

$$\theta_1 = \frac{T_1}{k_1}, \quad \theta_2 = \frac{T_2}{k_2}, \quad \theta_3 = \frac{T_3}{k_3}, \quad \theta_{eq} = \frac{T_1}{k_{eq}^{\mathrm{I}}} \qquad (2\text{-}80)$$

将式（2-80）代入式（2-79）中，可得

$$\frac{T_1^2}{k_{eq}^{\mathrm{I}}} = \frac{T_1^2}{k_1} + \frac{T_2^2}{k_2} + \frac{T_3^2}{k_3}$$

移项后，有

$$\frac{1}{k_{eq}^{\mathrm{I}}} = \frac{1}{k_1} + \frac{1}{k_2}\left(\frac{T_2}{T_1}\right)^2 + \frac{1}{k_3}\left(\frac{T_3}{T_1}\right)^2 \qquad (2\text{-}81)$$

由传动关系，可得

$$\frac{T_2}{T_1} = \frac{Z_2}{Z_1}, \quad \frac{T_3}{T_1} = \frac{Z_2 Z_4}{Z_1 Z_3} \qquad (2\text{-}82)$$

将式（2-82）代入式（2-81）中，等效扭转刚度系数的表达式为

$$\frac{1}{k_{eq}^{\mathrm{I}}} = \frac{1}{k_1} + \frac{1}{k_2}\left(\frac{Z_2}{Z_1}\right)^2 + \frac{1}{k_3}\left(\frac{Z_2 Z_4}{Z_1 Z_3}\right)^2$$

3. 阻尼系数的等效换算

讨论机械系统建模时，无论是机械平移系统，还是机械旋转系统，都涉及阻尼力。

在机械系统工作过程中，相互运动的部件之间存在着不同形式的阻力，如摩擦阻力、流体阻力及负载阻力等。在机械系统建模时，这些力都需要换算成与速度有关的黏性阻尼力，然后根据换算前后黏性阻尼力所做的功相等这一原则，求出等效黏性阻尼系数。

例 2-20 图 2-37 所示为两阻尼器并联和串联的受力和位移情况，试计算并联、串联两种情况下的等效黏性阻尼系数。

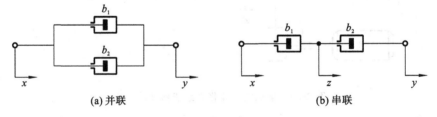

（a）并联　　　　　　　　　　　　（b）串联

图 2-37　两阻尼器并联和串联的受力和位移情况

解：设等效黏性阻尼系数为 k_{eq}，分两种情况讨论。

（1）在图 2-37（a）中，两阻尼器并联，根据受力分析，有

$$F = b_1\left(\frac{\mathrm{d}y}{\mathrm{d}t} - \frac{\mathrm{d}x}{\mathrm{d}t}\right) + b_2\left(\frac{\mathrm{d}y}{\mathrm{d}t} - \frac{\mathrm{d}x}{\mathrm{d}t}\right) = (b_1 + b_2)\left(\frac{\mathrm{d}y}{\mathrm{d}t} - \frac{\mathrm{d}x}{\mathrm{d}t}\right)$$

对于水平直线运动，黏性阻尼力为

$$F = b_{eq}\left(\frac{\mathrm{d}y}{\mathrm{d}t} - \frac{\mathrm{d}x}{\mathrm{d}t}\right)$$

对比以上两式，有

$$b_{eq} = b_1 + b_2$$

（2）在图 2-37（b）中，两阻尼器串联，根据受力分析，两阻尼器受力相同，因此有

$$F = b_1\left(\frac{\mathrm{d}z}{\mathrm{d}t} - \frac{\mathrm{d}x}{\mathrm{d}t}\right) = b_2\left(\frac{\mathrm{d}y}{\mathrm{d}t} - \frac{\mathrm{d}z}{\mathrm{d}t}\right)$$

移项可得

$$(b_1 + b_2)\frac{\mathrm{d}z}{\mathrm{d}t} = b_2\frac{\mathrm{d}y}{\mathrm{d}t} + b_1\frac{\mathrm{d}x}{\mathrm{d}t}$$

或者

$$\frac{\mathrm{d}z}{\mathrm{d}t} = \frac{1}{b_1 + b_2}\left(b_2\frac{\mathrm{d}y}{\mathrm{d}t} + b_1\frac{\mathrm{d}x}{\mathrm{d}t}\right)$$

联立以上两式，消除 $\dfrac{\mathrm{d}z}{\mathrm{d}t}$，可得

$$F = b_2\left(\frac{\mathrm{d}y}{\mathrm{d}t} - \frac{\mathrm{d}z}{\mathrm{d}t}\right) = b_2\left[\frac{\mathrm{d}y}{\mathrm{d}t} - \frac{1}{b_1 + b_2}\left(b_2\frac{\mathrm{d}y}{\mathrm{d}t} + b_1\frac{\mathrm{d}x}{\mathrm{d}t}\right)\right]$$

$$= \frac{b_1 b_2}{b_1 + b_2}\left(\frac{\mathrm{d}y}{\mathrm{d}t} - \frac{\mathrm{d}x}{\mathrm{d}t}\right)$$

将串联的两阻尼器看成一个系统，根据受力分析，有

$$F = b_{\mathrm{eq}}\left(\frac{\mathrm{d}y}{\mathrm{d}t} - \frac{\mathrm{d}x}{\mathrm{d}t}\right)$$

对比以上两式，可得

$$b_{\mathrm{eq}} = \frac{b_1 b_2}{b_1 + b_2} = \frac{1}{\dfrac{1}{b_1} + \dfrac{1}{b_2}}$$

例 2-21 某机电一体化系统机械传动结构如图 2-36 所示。已知工作台与导轨间的黏性阻尼系数为 C，丝杠导程为 l_0，以轴 I 为基准部件，求换算到轴 I 的等效黏性阻尼系数 $C_{\mathrm{eq}}^{\mathrm{I}}$。

解：假设工作台的运动速度为 v_{T}，位移为 S，轴 I、轴 II、轴 III 的角速度分别为 ω_1、ω_2、ω_3，轴 I、轴 III 的角位移分别为 θ_1、θ_3，丝杠转速为 n_3。

换算前，对于做水平直线运动的工作台，黏性阻尼力做功为

$$W = FS = Cv_{\mathrm{T}}S \tag{2-83}$$

换算后，对于做旋转运动的基准部件（轴 I），黏性阻尼力做功为

$$W_{\mathrm{k}} = T\theta = C_{\mathrm{eq}}^{\mathrm{I}}\omega_1\theta_1 \tag{2-84}$$

根据换算前后黏性阻尼力做功相等原则，$W_{\mathrm{k}} = W$，即

$$Cv_{\mathrm{T}}S = C_{\mathrm{eq}}^{\mathrm{I}}\omega_1\theta_1$$

由此可得

$$C_{\mathrm{eq}}^{\mathrm{I}} = C\frac{v_{\mathrm{T}}}{\omega_1}\frac{S}{\theta_1} \tag{2-85}$$

由机械传动关系可得

$$v_{\mathrm{T}} = \frac{n_3 l_0}{60}, \quad \omega_3 = \frac{2\pi n_3}{60}, \quad \omega_3 = \frac{Z_1 Z_3}{Z_2 Z_4}\omega_1$$

故

$$\frac{v_{\mathrm{T}}}{\omega_1} = \frac{v_{\mathrm{T}}}{\omega_3}\frac{\omega_3}{\omega_1} = \frac{l_0}{2\pi}\frac{Z_1 Z_3}{Z_2 Z_4} \tag{2-86}$$

由于轴 III（丝杠）每转动一周，工作台前进一个导程 l_0，即

$$\theta_3 = 2\pi, \quad S = l_0$$

因此

$$\frac{S}{\theta_1} = \frac{S}{\theta_3}\frac{\theta_3}{\theta_1} = \frac{l_0}{2\pi}\frac{Z_1 Z_3}{Z_2 Z_4} \tag{2-87}$$

将式(2-86)、式(2-87)代入式(2-85)中，可等效黏性阻尼系数，为

$$C_{eq}^{I} = C\left(\frac{l_0}{2\pi}\right)^2 \left(\frac{Z_1 Z_3}{Z_2 Z_4}\right)^2$$

2.4.4 机械系统建模

用来描述物理系统动态特性的数学表达式称为系统的数学模型，它包括多种形式，如微分方程、传递函数和频率特性等。

本书介绍的是构建传递函数形式的机械系统数学模型。首先根据换算原则，将机械系统中的转动惯量、黏性阻尼系数、刚度系数等向某一基准部件（如电机输出轴）换算，得到等效转动惯量、等效黏性阻尼系数、等效刚度系数等；然后按单一部件对系统进行建模；最后根据物理学基本力学定律，建立系统的动力学方程，并对其进行拉氏变换。这样便可得到系统的传递函数 $G(s)$。

对单一部件的建模，如图 2-38 所示，系统输入为 $f(t)$，输出为 $x(t)$，根据牛顿第二定律，有

$$m\ddot{x} + b\dot{x} + kx = f$$

对上式两边进行拉氏变换，可得

$$(ms^2 + bs + k)X(s) = F(s)$$

则传递函数为

$$\frac{X(s)}{F(s)} = \frac{1}{ms^2 + bs + k}$$

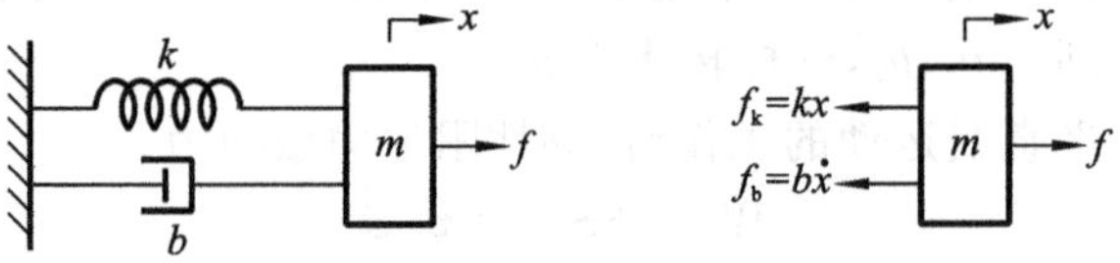

图 2-38 质量-弹簧-阻尼系统

对于由多个部件组成的机械系统，建立其输入和输出微分方程的过程如下：

(1) 分离出系统中的各个部件，逐一为其绘制受力图；

(2) 对每一个部件进行受力分析，为其编写建模方程；

(3) 将系统中全部部件的方程组合起来，得到系统微分方程。

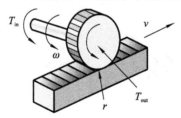

图 2-39 齿轮齿条系统

图 2-39 所示为齿轮齿条系统，它包含直线运动部件和旋转运动部件。该系统将齿轮的旋转运动转变为齿条的直线运动。

对于齿轮的旋转运动，根据力矩平衡原理，有

$$T_{in} - T_{out} = J\frac{d\omega}{dt}$$

因为

$$v = r\omega, \quad \omega = \frac{v}{r}$$

所以

$$T_{in} - T_{out} = \frac{J}{r}\frac{dv}{dt}$$

对于齿条的直线运动,由于齿轮的旋转运动,齿条将受到作用力 T/r 和摩擦力 cv,根据牛顿第二定律,有

$$\frac{T_{\text{out}}}{r} - cv = m\frac{\mathrm{d}v}{\mathrm{d}t}$$

联立以上两式,消除 T_{out},可得

$$T_{\text{in}} - rcv = \left(\frac{J}{r} + mr\right)\frac{\mathrm{d}v}{\mathrm{d}t}$$

即系统输入力矩和输出速度的关系为

$$\frac{\mathrm{d}v}{\mathrm{d}t} = (T_{\text{in}} - rcv)\left(\frac{r}{J + mr^2}\right)$$

例 2-22 某机械振动系统如图 2-40 所示,输入为外力 F,输出为位移 x,求该系统的数学模型。

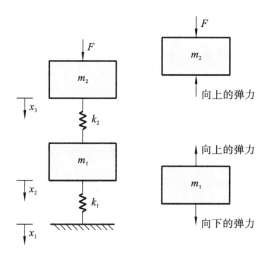

图 2-40　某机械振动系统

解:该系统中有两个质量块 m_1、m_2,将其从系统分离出来,对其进行受力分析。

质量块 m_2 受到向上的弹力 $k_2(x_3 - x_2)$ 和向下的作用力 F。

根据牛顿第二定律,有

$$F - k_2(x_3 - x_2) = m_2\frac{\mathrm{d}^2 x_3}{\mathrm{d}t^2}$$

质量块 m_1 受到向下的弹力 $k_2(x_3 - x_2)$ 和向上的弹力 $k_1(x_1 - x_2)$。

根据牛顿第二定律,有

$$k_1(x_1 - x_2) - k_2(x_3 - x_2) = m_1\frac{\mathrm{d}^2 x_2}{\mathrm{d}t^2}$$

例 2-23 两齿轮啮合系统如图 2-41 所示。它包括两个惯性矩质量,转动惯量分为 J_1、J_2,J_1 连接到齿数为 n_1、半径为 r_1 的齿轮 1,J_2 连接到齿数为 n_2、半径为 r_2 的齿轮 2。假设齿轮的转动惯量和转动阻尼都可以忽略不计。求该系统的数学模型。

解:设齿轮 1 旋转角度为 θ_1,齿轮 2 旋转角度

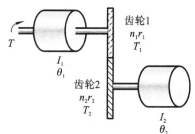

图 2-41　两齿轮啮合系统

为 θ_2，则有

$$\theta_1 r_1 = \theta_2 r_2$$

齿轮的齿数正比于半径，比率 n 为

$$n = \frac{r_1}{r_2} = \frac{n_1}{n_2}$$

作用于系统的转矩为 T，作用于齿轮 1 的扭矩为 T_1，对惯性矩质量 1，有

$$T - T_1 = J_1 \frac{\mathrm{d}^2 \theta_1}{\mathrm{d}t} \tag{2-88}$$

对惯性矩质量 2，有

$$T_2 = J_2 \frac{\mathrm{d}^2 \theta_2}{\mathrm{d}t^2} \tag{2-89}$$

假定齿轮 1 的传递功率与齿轮 2 的传递功率相等，则有

$$T_1 \frac{\mathrm{d}\theta_1}{\mathrm{d}t} = T_2 \frac{\mathrm{d}\theta_2}{\mathrm{d}t} \tag{2-90}$$

对 $\theta_1 r_1 = \theta_2 r_2$ 的两边进行微分，可得

$$r_1 \frac{\mathrm{d}\theta_1}{\mathrm{d}t} = r_2 \frac{\mathrm{d}\theta_2}{\mathrm{d}t} \tag{2-91}$$

联立式（2-90）、式（2-91），可得

$$n = \frac{r_1}{r_2} = \frac{T_1}{T_2} \tag{2-92}$$

联立式（2-88）、式（2-89）和式（2-92），可得

$$T - T_1 = T - nT_2 = T - n\left(J_2 \frac{\mathrm{d}^2 \theta_2}{\mathrm{d}t^2}\right) = J_1 \frac{\mathrm{d}^2 \theta_1}{\mathrm{d}t^2} \tag{2-93}$$

将 $\theta_2 = n\theta_1, \frac{\mathrm{d}\theta_2}{\mathrm{d}t} = n\frac{\mathrm{d}\theta_1}{\mathrm{d}t}, \frac{\mathrm{d}^2 \theta_2}{\mathrm{d}t^2} = n\frac{\mathrm{d}^2 \theta_1}{\mathrm{d}t^2}$，代入式（2-93）中，有

$$T - n\left(J_2 \frac{\mathrm{d}^2 \theta_2}{\mathrm{d}t^2}\right) = T - n^2\left(J_2 \frac{\mathrm{d}^2 \theta_1}{\mathrm{d}t^2}\right) = J_1 \frac{\mathrm{d}^2 \theta_1}{\mathrm{d}t^2}$$

即转矩与转动惯量的关系为

$$T = (n^2 J_2 + J_1)\frac{\mathrm{d}^2 \theta_1}{\mathrm{d}t^2}$$

例 2-24 安装在电动推车上的一级倒立摆系统如图 2-42 所示。这是空间助推器在起飞时姿态控制的模型（姿态控制问题的研究目标是使空间助推器保持垂直）。处于推车上的倒立摆并不稳定，可能随时朝任何方向坠落，因此需要施加合适的控制力。忽略阻尼等因素，只考虑给推车施加水平控制力 u。假设摆杆的重心在它的几何位置中心，摆杆长度为 $2l$，求该系统的数学模型。

解： 设摆杆沿顺时针方向偏离垂直线的角度为 θ，倒立摆重心坐标定义为 (x_G, y_G)，水平方向受力为 H，垂直方向受力为 V，则有

$$x_G = x + l\sin\theta$$

$$y_G = l\cos\theta$$

以倒立摆重心为旋转中心，则旋转运动的表达式为

$$J\ddot{\theta} = Vl\sin\theta - Hl\cos\theta \tag{2-94}$$

式中：J 为倒立摆关于旋转中心的转动惯量。

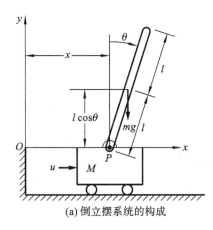
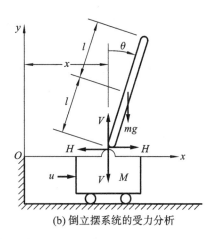

(a) 倒立摆系统的构成　　　　　(b) 倒立摆系统的受力分析

图 2-42　倒立摆系统

除了旋转运动以外,倒立摆重心还有水平方向和垂直方向的直线运动,根据牛顿第二定律,有

$$m\frac{\mathrm{d}^2(x+l\sin\theta)}{\mathrm{d}t^2}=H \tag{2-95}$$

$$m\frac{\mathrm{d}^2(l\cos\theta)}{\mathrm{d}t^2}=V-mg \tag{2-96}$$

对于推车,有水平方向的直线运动,根据牛顿第二定律,有

$$M\frac{\mathrm{d}^2x}{\mathrm{d}t^2}=u-H \tag{2-97}$$

研究倒立摆问题的目标是尽可能让摆杆保持垂直。正常情况下,$\theta(t)$、$\dot{\theta}(t)$ 都是非常小的变量,因此有

$$\sin\theta\approx\theta,\quad \cos\theta=1,\quad \theta\dot{\theta}^2=0$$

这样,式(2-94)、式(2-95)和式(2-96)能够线性化表示为

$$J\ddot{\theta}=Vl\theta-Hl \tag{2-98}$$

$$m(\ddot{x}+l\ddot{\theta})=H \tag{2-99}$$

$$0=V-mg \tag{2-100}$$

联立式(2-97)、式(2-99),消除 H,得

$$(M+m)\ddot{x}+ml\ddot{\theta}=u \tag{2-101}$$

联立式(2-98)、式(2-99)和式(2-100),消除 V,得

$$J\ddot{\theta}=mgl\theta-Hl$$
$$=mgl\theta-lm(\ddot{x}+l\ddot{\theta})$$

或

$$(J+ml^2)\ddot{\theta}+lm\ddot{x}=mgl\theta \tag{2-102}$$

式(2-101)、式(2-102)即为电动推车上倒立摆系统的数学模型。

例 2-25　图 2-43(a)所示为汽车悬架系统示意图。当汽车在道路上行驶时,轮胎的垂直位移对汽车悬架起着运动激励作用,该系统的运动包括质心的平移运动和绕质心的旋转运动。实际系统的数学建模相当复杂。

(1) 为了便于学习和讨论,这里给出了一个非常简化的悬架系统,如图 2-43(b)所示。

假设系统输入为点 P 的坐标 x_i，输出为垂直运动物体的坐标 x_o。求垂直方向上物体运动的传递函数。

(2) 简化的双质量块悬架系统如图 2-43(c)所示，输入为 u，求系统的传递函数 $\dfrac{Y(s)}{U(s)}$。

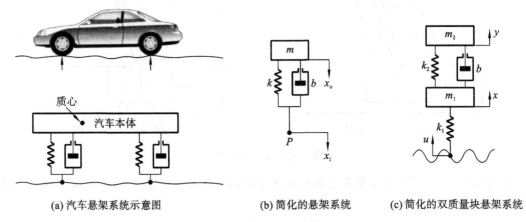

(a) 汽车悬架系统示意图　　　　(b) 简化的悬架系统　　　　(c) 简化的双质量块悬架系统

图 2-43　汽车悬架系统

解：(1) 根据图 2-43(b)，汽车悬架系统的运动方程为

$$m\ddot{x}_o + b(\dot{x}_o - \dot{x}_i) + k(x_o - x_i) = 0$$

移项后，可得：

$$m\ddot{x}_o + b\dot{x}_o + kx_o = b\dot{x}_i + kx_i \tag{2-103}$$

将式(2-103)进行拉氏变换，假设初始状态都为 0，则有

$$(ms^2 + bs + k)X_o(s) = (bs + k)X_i(s)$$

因此，传递函数为

$$\frac{X_o(s)}{X_i(s)} = \frac{bs + k}{ms^2 + bs + k}$$

(2) 根据图 2-43(c)，以及牛顿第二定律，有

$$m_1\ddot{x} = k_2(y - x) + b(\dot{y} - \dot{x}) + k_1(u - x)$$

$$m_2\ddot{y} = -k_2(y - x) - b(\dot{y} - \dot{x})$$

移项后，可得

$$m_1\ddot{x} + b\dot{x} + (k_1 + k_2)x = b\dot{y} + k_1 u + k_2 y \tag{2-104}$$

$$m_2\ddot{y} + b\dot{y} + k_2 y = b\dot{x} + k_2 x \tag{2-105}$$

将式(2-104)、式(2-105)进行拉氏变换，假设初始状态都为 0，则有

$$(m_1 s^2 + bs + k_1 + k_2)X(s) = (bs + k_2)Y(s) + k_1 U(s) \tag{2-106}$$

$$(m_2 s^2 + bs + k_2)Y(s) = (bs + k_2)X(s) \tag{2-107}$$

联立式(2-106)、式(2-107)，消除 $X(s)$，可得

$$(m_1 s^2 + bs + k_1 + k_2)\frac{m_2 s^2 + bs + k_2}{bs + k_2}Y(s) = (bs + k_2)Y(s) + k_1 U(s)$$

移项后，可得传递函数为

$$\frac{Y(s)}{U(s)} = \frac{k_1(bs + k_2)}{m_1 m_2 s^4 + (m_1 + m_2)bs^3 + [k_1 m_2 + (m_1 + m_2)k_2]s^2 + k_1 bs + k_1 k_2}$$

例 2-26 数控机床进给传动系统如图 2-44 所示,该系统由二级齿轮减速器、轴、丝杠副及做直线运动的工作台等组成。伺服电机输出轴的转角为 $\theta_i(t)$,工作台位移为 $x_o(t)$,二级齿轮减速器减速比为 i_1、i_2,三根轴及轴上部件的整体转动惯量为 J_1、J_2、J_3(注意,这里电机输出轴和齿轮 1 是用轴 I 的整体转动惯量 J_1 表示的),工作台质量为 m,工作台阻尼系数为 b,丝杠基本导程为 l_0,三根轴的扭转刚度系数为 k_1、k_2、k_3,丝杠螺母副及螺母底座部分的轴向刚度系数为 k_s,伺服电机的输出转矩为 T_m。求该系统的数学模型(传递函数)。

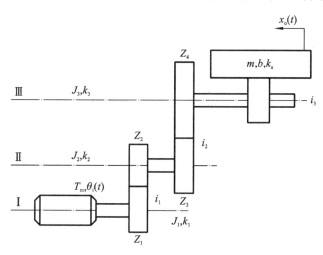

图 2-44 数控机床进给传动系统

解:基准部件为轴 I,将各直线运动部件和旋转运动部件的基本物理量转换到基准部件。

(1)根据等效转动惯量换算公式,可得

$$J_{eq}^m = J_1 + \frac{J_2}{i_1^2} + \frac{J_3}{(i_1 i_2)^2} + \frac{m\left(\dfrac{l_0}{2\pi}\right)^2}{(i_1 i_2)^2} \tag{2-108}$$

(2)根据等效黏性阻尼系数换算公式,可得

$$b_{eq}^m = \frac{b\left(\dfrac{l_0}{2\pi}\right)^2}{(i_1 i_2)^2} \tag{2-109}$$

(3)根据等效扭转刚度系数换算公式,可得

$$k_{eq}^m = \frac{1}{\dfrac{1}{k_1} + \dfrac{1}{\dfrac{k_2}{i_1^2}} + \dfrac{1}{\dfrac{k_{3f}^{III}}{(i_1 i_2)^2}}} \tag{2-110}$$

式中:k_{3f}^{III} 为 k_3、k_f 换算到轴 III 上的扭转刚度系数;k_f 为 k_s 附加到轴 III 上的扭转刚度系数。

注意,k_3 和 k_s 既不是串联关系,又不是并联关系。工作台做直线运动,它只能通过变形,对轴 III 的扭转角度起到一点附加作用。下面分析其影响。

设在丝杠左端输入转矩 T_3 及扭转刚度系数 k_3 的作用下,轴 III 产生的扭转角为 θ_3;在 T_3 及轴向刚度系数 k_s 的作用下,丝杠和工作台之间产生的弹性变形为 δ;$\Delta\theta_3$ 为与弹性变形 δ 相对应的丝杠附加扭转角。

现在以轴 III 为基准部件,设 k_s 换算到轴 III 的附加等效扭转刚度系数为 k_s^{III},为了清楚表

达"附加"的含义,可以记为 $k_f = k_s^{\text{III}}$,根据扭簧势能守恒原则,有

$$\frac{1}{2}k_f(\Delta\theta_3)^2 = \frac{1}{2}k_s\delta^2$$

因此

$$k_f = k_s^{\text{III}} = k_s\frac{\delta^2}{(\Delta\theta_3)^2} = k_s\left(\frac{l_0}{2\pi}\right)^2$$

注意,对于轴III的等效刚度系数,它受到两个刚度系数的影响,一个是 k_3,另一个是 k_s 等效到轴III上的附加等效刚度系数 k_f,k_f 和 k_3 是串联关系。将这两个刚度转化到轴III上,根据换算前后势能不变原则,有

$$\frac{1}{2}k_3\theta_3^2 + \frac{1}{2}k_f(\Delta\theta_3)^2 = \frac{1}{2}k_{3f}^{\text{III}}\theta_{\text{III}}^2$$

$$k_{3f}^{\text{III}} = \frac{1}{\dfrac{1}{k_3} + \dfrac{1}{k_f}}$$

式中:θ_{III} 为在转矩 T_3 及等效扭转刚度系数 k_{3f}^{III} 的作用下,轴III产生的扭转角。

因为

$$\theta_3 = \frac{T_3}{k_3}, \quad \Delta\theta_3 = \frac{T_3}{k_f}, \quad \theta_{\text{III}} = \frac{T_3}{k_{3f}^{\text{III}}}, \quad k_f = k_s\left(\frac{l_0}{2\pi}\right)^2, \quad k_{3f}^{\text{III}} = \frac{1}{\dfrac{1}{k_3} + \dfrac{1}{k_f}}$$

所以

$$k_{3f}^{\text{III}} = \frac{1}{\dfrac{1}{k_3} + \dfrac{1}{k_s\left(\dfrac{l_0}{2\pi}\right)^2}} \tag{2-111}$$

系统输入为伺服电机输出轴的转角 $\theta_i(t)$,系统输出为工作台位移 $x_o(t)$,设 θ、θ_3 分别为 $x_o(t)$ 等效到轴 I、轴 III 的转角。

以轴 I(包含电机输出轴和齿轮1)为基准部件,对基准部件进行受力分析,建立动力学方程,为

$$J_{eq}^m\ddot{\theta} + b_{eq}^m\dot{\theta} + k_{eq}^m\theta = T_m = k_{eq}^m\theta_i(t) \tag{2-112}$$

由工作台位移 $x_o(t)$ 和丝杠基本导程 l_0 的传动关系可得

$$\frac{x_o(t)}{\theta_3} = \frac{l_0}{2\pi} \tag{2-113}$$

由传动链的传动比关系可得

$$\theta = i_1 i_2 \theta_3 \tag{2-114}$$

联立式(2-113)、式(2-114),消除 θ_3,可得

$$\theta = \left(\frac{2\pi}{l_0}\right)i_1 i_2 x_o(t) \tag{2-115}$$

将式(2-115)代入式(2-112)中,可得

$$J_{eq}^m\frac{d^2x_o(t)}{dt^2} + b_{eq}^m\frac{dx_o(t)}{dt} + k_{eq}^m x_o(t) = \frac{l_0}{2\pi i_1 i_2}k_{eq}^m\theta_i(t) \tag{2-116}$$

对式(2-116)进行拉氏变换,可得

$$J_{eq}^m s^2 X_o(s) + b_{eq}^m s X_o(s) + k_{eq}^m X_o(s) = \frac{l_0}{2\pi i_1 i_2}k_{eq}^m\theta_i(s) \tag{2-117}$$

移项、整理后，可得系统传递函数，为

$$\frac{X_o(s)}{\theta_i(s)} = \frac{l_0}{2\pi i_1 i_2} k_{eq}^m \frac{1}{J_{eq}^m s^2 + b_{eq}^m s + k_{eq}^m}$$

$$= \frac{l_0}{2\pi i_1 i_2} \frac{\dfrac{k_{eq}^m}{J_{eq}^m}}{s^2 + \dfrac{b_{eq}^m}{J_{eq}^m} s + \dfrac{k_{eq}^m}{J_{eq}^m}}$$

$$= \frac{l_0}{2\pi i_1 i_2} \frac{\omega_n^2}{s^2 + 2\zeta\omega_n s + \omega_n^2}$$

式中：ω_n 为机械系统的固有频率，$\omega_n = \sqrt{\dfrac{k_{eq}^m}{J_{eq}^m}}$；$\zeta$ 为机械系统的阻尼比，$\zeta = \dfrac{b_{eq}^m}{2\sqrt{J_{eq}^m k_{eq}^m}}$。

由传递函数可以看出，该机械系统是以 ω_n 和 ζ 为特征参数的二阶系统。系统特征参数由转动惯量（质量）、阻尼系数和刚度系数等结构参数决定，具体分析请参考本书第 6 章。

2.5 电 气 系 统

本节将讨论电气系统的建模技术。首先介绍电气元件的基本原理，电气元件包括电阻、电感器和电容器等，然后引出两个主要的物理定律，即基尔霍夫电压定律和基尔霍夫电流定律，其用于建立电气系统的数学模型。

2.5.1 电路中的基本元件

电气系统通常可以看成各种元件的互连，例如电源、电阻、电感器和电容器。电源是有源电子元件，可以为电路提供能量并作为输入。电阻、电感器和电容器可以储存或耗散电路中的能量，但是，它们不能产生能量，因此被称为无源电气元件。用来描述电路动态行为的两个主要变量是电流和电压。

电流是电荷变化的时间速率，即

$$i = \frac{dq}{dt}$$

式中：q 表示电量（电荷的多少），单位是库伦（C）；i 表示电流（电荷流动的速度），单位是安培（A）。

电荷的多少与电流积累的时间相关，可用 $q = \int i dt$ 表示。

电压是电路中某一点与接地点电位差的测量值（$v = v_1 - v_2$），单位是伏特（V）。

电阻、电感和电容如图 2-45 所示。

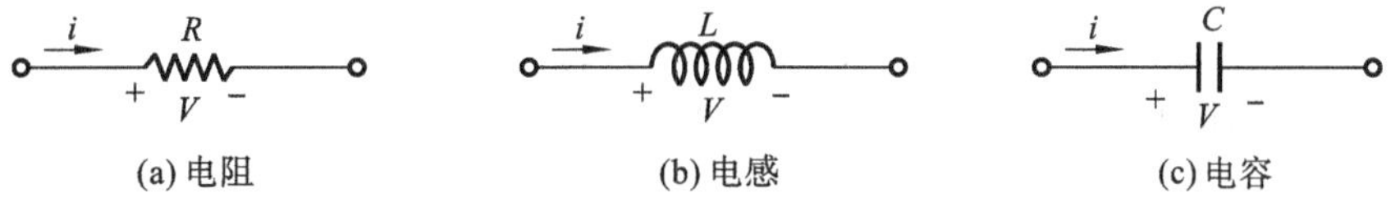

(a) 电阻　　　　　　　(b) 电感　　　　　　　(c) 电容

图 2-45　电阻、电感和电容

（1）电阻。

对于线性电阻，电阻和电压、电流的关系为

$$v = iR$$

式中：R 为电阻，单位是欧姆（Ω）。

上式被称为欧姆定律，说明线性电阻的电压和电流彼此成正比的关系。这是一个经验公式，可以通过测量得到。

电阻是耗能元件，它把能量转化为热能来耗散能量。当有潜在的电压差时，电阻消耗功率为

$$P = iv = \frac{v^2}{R} \tag{2-118}$$

（2）电感。

电感抵抗电流的变化。电感和电压、电流的关系为

$$v = L\frac{\mathrm{d}i}{\mathrm{d}t}$$

或

$$i = \frac{1}{L}\int v\mathrm{d}t$$

式中：L 为电感，单位是亨特（H）。

电感器是储能元件，提供给电感器的能量储存在它的磁场中。储存的能量可以通过下面的公式计算

$$P = vi = \left(L\frac{\mathrm{d}i}{\mathrm{d}t}\right)i$$

$$E(t) = \int_0^t P(t)\mathrm{d}t = \int_0^t Li(t)\mathrm{d}t = \frac{1}{2}Li^2(t) - \frac{1}{2}Li^2(0) = \frac{1}{2}Li^2(t) \tag{2-119}$$

式（2-119）假设通过电感的电流在 $t=0$ 时为零。

存储在电感器中的能量取决于通过电感器的电流的平方，并且与电流的形成方式无关。

（3）电容。

电容是对在给定电压差下电容器储存电荷多少的量度，数学描述是 $q=Cv$。电容和电流、电压的关系为

$$v = \frac{q}{C} = \frac{1}{C}\int i\mathrm{d}t$$

对上式求导

$$\frac{\mathrm{d}v}{\mathrm{d}t} = \frac{1}{C}\frac{\mathrm{d}q}{\mathrm{d}t} = \frac{1}{C}i$$

可得

$$i = C\frac{\mathrm{d}v}{\mathrm{d}t}$$

电容器也是储能元件。提供给电容器的能量储存在其电场中。储存的能量可以通过下面的公式计算

$$P = vi = v\left(C\frac{\mathrm{d}v}{\mathrm{d}t}\right)$$

$$E(t) = \int_0^t P(t)\mathrm{d}t = \int_0^t Cv(t)\mathrm{d}v = \frac{1}{2}Cv^2(t) - \frac{1}{2}Cv^2(0) = \frac{1}{2}Cv^2(t) \qquad (2\text{-}120)$$

式(2-120)假设电容器上的电压在 $t=0$ 时为零。

电容器中储存的能量取决于电容器上电压的平方,与电压的获取方式无关。

表 2-4 总结了电路系统的基本元件公式。

表 2-4　电路系统的基本元件公式

基 本 元 件	方　　　程	存储能量或者消耗功率
电感器	$i = \dfrac{1}{L}\int v\mathrm{d}t$	$E = \dfrac{1}{2}Li^2$
	$v = L\dfrac{\mathrm{d}i}{\mathrm{d}t}$	
电容器	$i = C\dfrac{\mathrm{d}v}{\mathrm{d}t}$	$E = \dfrac{1}{2}Cv^2$
电阻	$i = \dfrac{v}{R}$	$P = \dfrac{v^2}{R}$

2.5.2　电路基本定律

当电气元件相互连接形成电路时,可以利用电气元件的电压-电流关系及两个主要的物理定律来建立电路的动力学模型。这两个定律分别为基尔霍夫电压定律和基尔霍夫电流定律,如图 2-46 所示。

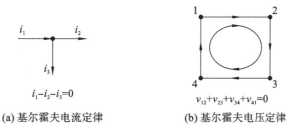

(a) 基尔霍夫电流定律　　　　(b) 基尔霍夫电压定律

图 2-46　基尔霍夫定律

1. 基尔霍夫电压定律(KVL)

对于一个闭合回路,所有元件两端电势差(电压)的代数和等于零。用数学公式表示为

$$\sum_i v_i = 0 \qquad (2\text{-}121)$$

式中:v_i 为闭合回路中第 i 个元件的电压。

图 2-47 所示为 RC 电路系统,根据基尔霍夫电压定律,有

$$v - v_\mathrm{R} - v_\mathrm{C} = 0$$

$$v = v_\mathrm{R} + v_\mathrm{C} = iR + v_\mathrm{C}$$

因为 $i = C\dfrac{\mathrm{d}v_\mathrm{C}}{\mathrm{d}t}$

所以

$$v = RC\frac{\mathrm{d}v_\mathrm{C}}{\mathrm{d}t} + v_\mathrm{C}$$

即系统输出 v_C 和输入 v 之间的关系为一阶微分方程。

图 2-48 所示为 RLC 电路系统,根据基尔霍夫电压定律,有

$$v - v_\mathrm{R} - v_\mathrm{C} - v_\mathrm{L} = 0$$
$$v = v_\mathrm{R} + v_\mathrm{C} + v_\mathrm{L}$$

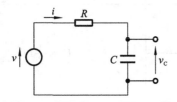

图 2-47 RC 电路系统

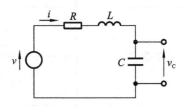

图 2-48 RLC 电路系统

因为

$$v_\mathrm{R} = iR$$
$$v_\mathrm{C} = \frac{1}{C}\int i\,\mathrm{d}t$$
$$v_\mathrm{L} = L\frac{\mathrm{d}i}{\mathrm{d}t}$$

所以

$$v = iR + \frac{1}{C}\int i\,\mathrm{d}t + L\frac{\mathrm{d}i}{\mathrm{d}t}$$

上述方程是一个积分-微分方程,而不是微分方程。为了消除积分项,对方程两边求导,可得

$$\frac{\mathrm{d}v}{\mathrm{d}t} = R\frac{\mathrm{d}i}{\mathrm{d}t} + \frac{1}{C}i + L\frac{\mathrm{d}^2 i}{\mathrm{d}t^2}$$

这是一个输出为电流 i、输入为电压 v 的二阶微分方程。对微分方程两边进行拉氏变换,得到

$$Ls^2 I(s) + RsI(s) + \frac{1}{C}I(s) = sV(s)$$

因此传递函数为

$$\frac{I(s)}{V(s)} = \frac{s}{Ls^2 + Rs + \dfrac{1}{C}}$$

如果系统输出为 v_C,则

$$v = iR + v_\mathrm{C} + L\frac{\mathrm{d}i}{\mathrm{d}t}$$

因为

$$i = C\frac{\mathrm{d}v_\mathrm{C}}{\mathrm{d}t}$$
$$\frac{\mathrm{d}i}{\mathrm{d}t} = C\frac{\mathrm{d}(\mathrm{d}v_\mathrm{C}/\mathrm{d}t)}{\mathrm{d}t} = C\frac{\mathrm{d}^2 v_\mathrm{C}}{\mathrm{d}t^2}$$

所以

$$v = RC\frac{\mathrm{d}v_{\mathrm{C}}}{\mathrm{d}t} + v_{\mathrm{C}} + LC\frac{\mathrm{d}^2 v_{\mathrm{C}}}{\mathrm{d}t^2}$$

系统输出电容电压 v_{C} 与输入电压 v 之间的关系为二阶微分方程。对微分方程两边进行拉氏变换，得到

$$V(s) = LCs^2 V_{\mathrm{C}}(s) + RCs V_{\mathrm{C}}(s) + V_{\mathrm{C}}(s)$$

因此传递函数为

$$\frac{V_{\mathrm{C}}(s)}{V(s)} = \frac{1}{LCs^2 + RCs + 1}$$

如果系统输出为电量 q，将 $i = \dfrac{\mathrm{d}q}{\mathrm{d}t}$ 或者 $q = \displaystyle\int i\mathrm{d}t$，代入下式

$$v = iR + \frac{1}{C}\int i\mathrm{d}t + L\frac{\mathrm{d}i}{\mathrm{d}t}$$

可得

$$v = L\frac{\mathrm{d}^2 q}{\mathrm{d}t^2} + R\frac{\mathrm{d}q}{\mathrm{d}t} + \frac{1}{C}q$$

这是一个输入为电压 v、输出为电量 q 的二阶微分方程。

2. 基尔霍夫电流定律(KCL)

当两个或两个以上电路元件的端子连接在一起时，公共结称为节点。对于电路中的一个节点，基尔霍夫电流定律指的是：进入该节点的电流之和必须等于离开该节点的电流之和。如果给进入节点的电流加一个正号，给离开节点的电流加一个负号，那么节点电流的代数和必须为零，用数学公式表示为

$$\sum_j i_j = 0 \tag{2-122}$$

式中：i_j 为闭合回路中通过第 j 个元件的电流。

图 2-49 所示为 RLC 电路系统，在电路的 A 点，根据基尔霍夫电流定律，有

$$i_1 = i_2 + i_3$$

因为

$$i_1 = \frac{v - v_{\mathrm{L}}}{R}$$

$$i_2 = \frac{1}{L}\int v_A \mathrm{d}t$$

$$i_3 = C\frac{\mathrm{d}v_A}{\mathrm{d}t}$$

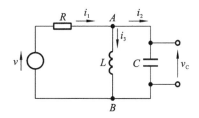

图 2-49 RLC 电路系统

将 i_1、i_2、i_3 代入 $i_1 = i_2 + i_3$，有

$$\frac{v - v_{\mathrm{L}}}{R} = \frac{1}{L}\int v_A \mathrm{d}t + C\frac{\mathrm{d}v_A}{\mathrm{d}t}$$

又因为

$$v_A = v_{\mathrm{C}} = v_{\mathrm{L}}$$

所以

$$v = \frac{R}{L}\int v_{\mathrm{C}}\mathrm{d}t + RC\frac{\mathrm{d}v_{\mathrm{C}}}{\mathrm{d}t} + v_{\mathrm{C}}$$

例 2-27　试写出图 2-50 所示电路的微分方程。

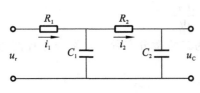

图 2-50　RC 滤波网络

解：由基尔霍夫定律列出下列方程组

$$\begin{cases} \dfrac{1}{C_1}\displaystyle\int(i_1-i_2)\mathrm{d}t+i_1R_1=u_\mathrm{r} \\[3mm] \dfrac{1}{C_2}\displaystyle\int i_2\mathrm{d}t+i_2R_2=\dfrac{1}{C_1}\displaystyle\int(i_1-i_2)\mathrm{d}t \\[3mm] \dfrac{1}{C_2}\displaystyle\int i_2\mathrm{d}t=u_\mathrm{C} \end{cases}$$

消去中间变量 i_1、i_2，得

$$R_1R_2C_1C_2\frac{\mathrm{d}^2u_\mathrm{C}}{\mathrm{d}t^2}+(R_1C_1+R_2C_2+R_1C_2)\frac{\mathrm{d}u_\mathrm{C}}{\mathrm{d}t}+u_\mathrm{C}=u_\mathrm{r}$$

或

$$T_1T_2\frac{\mathrm{d}^2u_\mathrm{C}}{\mathrm{d}t^2}+(T_1+T_2+T_3)\frac{\mathrm{d}u_\mathrm{C}}{\mathrm{d}t}+u_\mathrm{C}=u_\mathrm{r}$$

例 2-28　图 2-51 所示为多闭环电路系统，已知电感 $L=2$ H（单位：亨利），电容 $C=1/4$ F（单位：法拉），电阻 $R_1=1$ Ω（单位：欧姆），$R_2=3$ Ω，求系统输出 e_o 和输入 e_i 的关系。

解：对右侧闭环电路，根据基尔霍夫电压定律，有

$$e_{R_1}+e_{R_2}-e_\mathrm{C}=0 \qquad (2\text{-}123)$$

对左侧闭环电路，根据基尔霍夫电压定律，有

$$e_\mathrm{L}+e_\mathrm{C}-e_\mathrm{i}=0 \qquad (2\text{-}124)$$

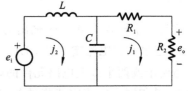

图 2-51　多闭环电路系统

又因为

$$e_\mathrm{L}=L\frac{\mathrm{d}i_1}{\mathrm{d}t}=2\frac{\mathrm{d}i_1}{\mathrm{d}t}$$

$$e_\mathrm{C}=\frac{1}{C}\int_0^t(i_1-i_2)\mathrm{d}t=4\int_0^t(i_1-i_2)\mathrm{d}t$$

$$e_{R_1}=i_2R_1=1\times i_2$$

$$e_{R_2}=i_2R_2=3\times i_2$$

将 e_C、e_{R_2}、e_{R_1} 代入式（2-123）中，得

$$1\times i_2+3\times i_2-4\int_0^t(i_1-i_2)\mathrm{d}t=0$$

$$4i_2-4\int_0^t(i_1-i_2)\mathrm{d}t=0$$

$$i_2=\int_0^t(i_1-i_2)\mathrm{d}t \qquad (2\text{-}125)$$

对式（2-125）连续两次求导，得

$$\frac{\mathrm{d}i_2}{\mathrm{d}t}=i_1-i_2$$

$$\frac{\mathrm{d}^2i_2}{\mathrm{d}t^2}=\frac{\mathrm{d}i_1}{\mathrm{d}t}-\frac{\mathrm{d}i_2}{\mathrm{d}t}$$

移项后，可得

$$\frac{\mathrm{d}i_1}{\mathrm{d}t}=\frac{\mathrm{d}^2i_2}{\mathrm{d}t^2}+\frac{\mathrm{d}i_2}{\mathrm{d}t} \qquad (2\text{-}126)$$

将 e_L、e_C 代入式(2-124)中,得

$$2\frac{\mathrm{d}i_1}{\mathrm{d}t} + 4\int_0^t (i_1 - i_2)\mathrm{d}t - e_i = 0 \tag{2-127}$$

将式(2-125)代入式(2-127)中,化简得

$$2\frac{\mathrm{d}i_1}{\mathrm{d}t} + 4i_2 - e_i = 0 \tag{2-128}$$

将式(2-126)代入式(2-128)中,得

$$2\left(\frac{\mathrm{d}^2 i_2}{\mathrm{d}t} + \frac{\mathrm{d}i_2}{\mathrm{d}t}\right) + 4i_2 - e_i = 0 \tag{2-129}$$

因为 $e_o = e_{R_2} = 3i_2$,所以

$$i_2 = \frac{1}{3}e_o$$

$$\frac{\mathrm{d}i_2}{\mathrm{d}t} = \frac{1}{3}\frac{\mathrm{d}e_o}{\mathrm{d}t}$$

$$\frac{\mathrm{d}^2 i_2}{\mathrm{d}t} = \frac{1}{3}\frac{\mathrm{d}^2 e_o}{\mathrm{d}t}$$

将 i_2、$\dfrac{\mathrm{d}i_2}{\mathrm{d}t}$、$\dfrac{\mathrm{d}^2 i_2}{\mathrm{d}t}$ 代入式(2-129)中,可得

$$2\frac{\mathrm{d}^2 e_o}{\mathrm{d}t} + 2\frac{\mathrm{d}e_o}{\mathrm{d}t} + 4e_o = 3e_i \tag{2-130}$$

式(2-130)即为系统输出 e_o 和输入 e_i 的关系。

2.6　机电耦合系统

机电一体化系统中的设备,如电机、发电机、扬声器和加速度计等传感器,都是由电气元件和机械元件组合而成的。在不同机电一体化系统中,机械子系统和电气子系统通常由磁场耦合在一起。

电机是机电耦合系统,它通过电气子系统产生力或转矩,是控制系统中必不可少的执行器。本节先介绍机电耦合系统中需要用到的基本定律,再讨论直流(DC)电机的建模。

2.6.1　机电耦合系统中的定律和关系

所有的工程学科都基于若干基本定律。机电耦合系统,除了基于机械工程学科相关的牛顿第二定律、电气工程学科相关的基尔霍夫定律和欧姆定律以外,还基于电磁学相关的两个基本定律,即描述从电子到机械耦合的洛伦兹定律,以及描述从机械到电子耦合的法拉第定律。

1. 洛伦兹定律

一个导体放置在与磁场方向成直角的稳定磁场中,如图 2-52 所示。如果通过导体的电流为 i,电流与磁场方向垂直,则导体在磁场中受到的安培力 F 为

$$F = BLi \text{(洛伦兹定律)} \tag{2-131}$$

式中:B 为磁感应强度,单位为特斯拉(T);L 为磁场中导体的长度,单位为米(m)。

图 2-52 中，磁场方向和流过导体的电流方向成直角关系。如果夹角 φ 不等于 90°，这时，安培力的计算公式要调整为 $F = iLB\sin\varphi$。

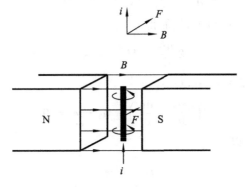

图 2-52 洛伦兹定律

2. 法拉第定律

闭合电路中，电阻为 R，导体在垂直于磁场方向上移动，速度为 v，如图 2-53 所示，导体中会产生感应电动势 e_{b} 和感应电流 i，各参数之间存在如下关系：

$$e_{\mathrm{b}} = BLv（法拉第定律）\tag{2-132}$$

$$i = \frac{e_{\mathrm{b}}}{R}（欧姆定律）$$

式中：B 为磁感应强度，单位为特斯拉（T）；L 为磁场中导体的长度，单位为米（m）。

图 2-53 中，磁场方向和感应电流方向成直角关系。如果夹角 φ 不等于 90°，磁感应强度 B 应调整为 $B\sin\varphi$。

感应电动势（反电动势）产生的磁通与穿过闭合电路的原始磁通方向相反，从而试图阻止运动。这是电机电磁阻尼形成的原因。

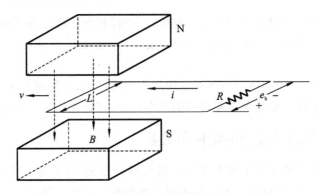

图 2-53 法拉第定律

3. 机电耦合线性关系

根据洛伦兹定律，可以得出从电子到机械的线性关系。

对于平移运动，洛伦兹定律关联了磁场中通过导体的电流和由此产生的机械平移力。

对于旋转运动，洛伦兹定律关联了磁场中通过线圈的电流和由线圈产生的机械力矩。

对于电枢控制型直流电机，假设通过线圈的电流为 i，线圈匝数为 n，线圈面积为 A，磁场在电枢上产生的力为 $F = nBLi$。如果电枢半径为 r，则电机产生的扭矩为

$$T_m = Fr = nBLir = nBAi = K_t i$$

式中：K_t 为电机的转矩常数，$K_t = nBA$；T_m 为电机产生的扭矩。

根据法拉第定律，可以得出从机械到电子的线性关系。

假设上面的电枢控制型直流电机转速为 v，角速度为 ω，因为线圈的转速和角速度成比例，即 $v = \omega r$，代入式（2-132）可得反电动势为

$$e_b = nBLv = nBL\omega r = nBA\omega = K_e\omega$$

式中：K_e 为电机的反电动势常数，$K_e = nBA$。

2.6.2 机电耦合系统建模

图 2-54 所示为电枢控制的直流电机系统，其由电气子系统和机械子系统耦合而成。

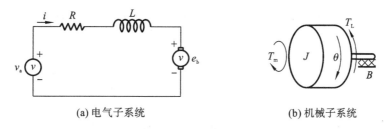

(a) 电气子系统 (b) 机械子系统

图 2-54 直流电机系统

电气子系统用电枢电路表示，其中 v_a 为电枢电压，R 为电枢电阻，L 为电枢电感，e_b 为电枢中产生的反电动势。

机械子系统用旋转运动部件表示，其中 J 为转子和负载产生的质量惯性矩，B 为与负载相关的黏性旋转阻尼，T_m 为电机产生的转矩，T_L 为施加到负载上的负载转矩。一般情况下，负载转矩 T_L 的作用方向与电机转矩 T_m 的相反。

利用基尔霍夫电压定律、力矩方程和机电耦合关系，可以导出系统的微分方程。

（1）对于电路部分，根据基尔霍夫电压定律 $\sum_i v_i = 0$，可得

$$Ri + L\frac{\mathrm{d}i}{\mathrm{d}t} + e_b - v_a = 0 \tag{2-133}$$

（2）对于机械旋转部分，根据力矩平衡原理，有

$$T_m - T_L - B\dot{\theta} = J\ddot{\theta} \tag{2-134}$$

将 $e_b = K_e\omega = K_e\dot{\theta}$ 和 $T_m = K_t i$ 分别代入式（2-133）、式（2-134），可得

$$Ri + L\frac{\mathrm{d}i}{\mathrm{d}t} + K_e\omega = v_a \tag{2-135}$$

$$J\dot{\omega} + B\omega - K_t i = -T_L \tag{2-136}$$

对式（2-135）、式（2-136）两边进行拉氏变换，可得

$$LsI(s) + RI(s) = V_a(s) - K_e\Omega(s) \tag{2-137}$$

$$Js\Omega(s) + B\Omega(s) = -T_L(s) + K_t I(s) \tag{2-138}$$

根据式（2-137）、式（2-138），设计该系统的方框图，如图 2-55 所示。

由图 2-55 可以得到，关于系统输出为电枢角速度 $\omega(t)$ 和输入为电枢电压 $v_a(t)$ 的传递函数（负载转矩 $T_L = 0$）为

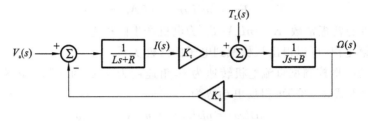

图 2-55 直流电机系统的方框图

$$\frac{\Omega(s)}{V_a(s)} = \frac{\dfrac{1}{Ls+R}K_t\dfrac{1}{Js+B}}{1+\left(\dfrac{1}{Ls+R}K_t\dfrac{1}{Js+B}\right)K_e} = \frac{K_t}{LJs^2+(LB+RJ)s+RB+K_tK_e}$$

关于系统输出为电枢角速度 $\omega(t)$ 和输入为负载转矩 $T_L(t)$ 的传递函数［电枢电压 $v_a(t)$ $=0$］为

$$\frac{\Omega(s)}{T_L(s)} = \frac{-\dfrac{1}{Js+B}}{1+\dfrac{-1}{Js+B}(-K_e)\dfrac{1}{Ls+R}K_t} = \frac{-(Ls+R)}{LJs^2+(LB+RJ)s+RB+K_tK_e}$$

上面两个传递函数具有相同的分母，即系统的特征完全一样。这是因为两者的研究对象是同一个系统。

例 2-29 如图 2-56 所示，简化后的直流电机驱动单轴机器人系统由电机、负载和齿轮系组成。F 表示两个齿轮之间的作用力。作用力对电机和负载产生的力矩分别为 r_mF、rF。

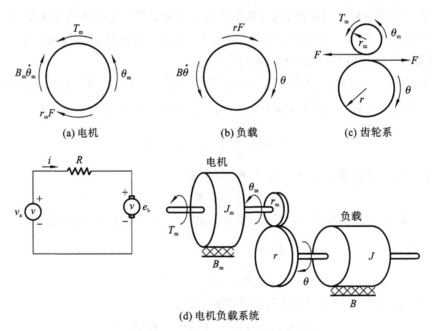

图 2-56 直流电机驱动单轴机器人系统

对电机，根据力矩平衡原理，有

$$T_m - B_m\dot{\theta}_m - r_mF = J_m\ddot{\theta}_m \tag{2-139}$$

对负载，根据力矩平衡原理，有

$$rF - B\dot{\theta} = J\ddot{\theta} \tag{2-140}$$

联立式(2-139)、式(2-140),消除力矩方程中的 F,可得

$$T_\mathrm{m} = B_\mathrm{m}\dot{\theta}_\mathrm{m} + \frac{r_\mathrm{m}}{r}(B\dot{\theta} + J\ddot{\theta}) + J_\mathrm{m}\ddot{\theta}_\mathrm{m} \tag{2-141}$$

根据齿轮传动关系 $\dot{\theta}_\mathrm{m}r_\mathrm{m} = \dot{\theta}r$,可得

$$\dot{\theta} = \frac{r_\mathrm{m}}{r}\dot{\theta}_\mathrm{m} \tag{2-142}$$

对式(2-142)两边进行微分,可得

$$\ddot{\theta} = \frac{r_\mathrm{m}}{r}\ddot{\theta}_\mathrm{m} \tag{2-143}$$

将式(2-142)、式(2-143)中的 $\dot{\theta}$、$\ddot{\theta}$ 代入(2-141)中,可得

$$T_\mathrm{m} = B_\mathrm{m}\dot{\theta}_\mathrm{m} + \frac{r_\mathrm{m}}{r}\left(B\frac{r_\mathrm{m}}{r}\dot{\theta}_\mathrm{m} + J\frac{r_\mathrm{m}}{r}\ddot{\theta}_\mathrm{m}\right) + J_\mathrm{m}\ddot{\theta}_\mathrm{m}$$

移项整理,可得

$$T_\mathrm{m} = \left[B_\mathrm{m} + \left(\frac{r_\mathrm{m}}{r}\right)^2 B\right]\dot{\theta}_\mathrm{m} + \left[J_\mathrm{m} + \left(\frac{r_\mathrm{m}}{r}\right)^2 J\right]\ddot{\theta}_\mathrm{m} \tag{2-144}$$

式(2-144)即为电机角位移与转矩关系的方程。

对图 2-56(d)所示左侧的电路部分,根据基尔霍夫电压定律,有

$$iR + e_\mathrm{b} - v_\mathrm{a} = 0 \tag{2-145}$$

电枢上产生的反电动势为

$$e_\mathrm{b} = K_\mathrm{e}\dot{\theta}_\mathrm{m} \tag{2-146}$$

根据式(2-142),令齿轮传动比 $\frac{r_\mathrm{m}}{r} = N$,则 $\dot{\theta} = \frac{r_\mathrm{m}}{r}\dot{\theta}_\mathrm{m} = N\dot{\theta}_\mathrm{m}$,即

$$\dot{\theta}_\mathrm{m} = \frac{1}{N}\dot{\theta}$$

将 $\dot{\theta}_\mathrm{m} = \frac{1}{N}\dot{\theta}$ 代入式(2-146)中,可得

$$e_\mathrm{b} = K_\mathrm{e}\dot{\theta}_\mathrm{m} = K_\mathrm{e}\frac{1}{N}\dot{\theta}$$

将 $e_\mathrm{b} = K_\mathrm{e}\frac{1}{N}\dot{\theta}$ 代入式(2-145)中,可得

$$iR + K_\mathrm{e}\frac{1}{N}\dot{\theta} - v_\mathrm{a} = 0$$

这样可得电流 i 的表达式,为

$$i = \frac{1}{R}v_\mathrm{a} - \frac{K_\mathrm{e}}{NR}\dot{\theta} \tag{2-147}$$

将 $\frac{r_\mathrm{m}}{r} = N$、$\dot{\theta} = \frac{r_\mathrm{m}}{r}\dot{\theta}_\mathrm{m}$、$\ddot{\theta} = \frac{r_\mathrm{m}}{r}\ddot{\theta}_\mathrm{m}$ 代入式(2-144)中,可得电机转矩和负载转角 θ 之间的关系,为

$$T_\mathrm{m} = (B_\mathrm{m} + N^2 B)\frac{1}{N}\dot{\theta} + (J_\mathrm{m} + N^2 J)\frac{1}{N}\ddot{\theta} \tag{2-148}$$

将式(2-147)代入 $T_\mathrm{m} = K_\mathrm{t}i$ 中,可得

$$T_{\mathrm{m}} = K_{\mathrm{t}}i = K_{\mathrm{t}}\left(\frac{1}{R}v_{\mathrm{a}} - \frac{K_{\mathrm{e}}}{NR}\dot{\theta}\right) \tag{2-149}$$

将式(2-149)代入式(2-148)中，可得

$$K_{\mathrm{t}}\left(\frac{1}{R}v_{\mathrm{a}} - \frac{K_{\mathrm{e}}}{NR}\dot{\theta}\right) = (B_{\mathrm{m}} + N^2 B)\frac{1}{N}\dot{\theta} + (J_{\mathrm{m}} + N^2 J)\frac{1}{N}\ddot{\theta}$$

移项整理后，可得

$$(J_{\mathrm{m}} + N^2 J)\ddot{\theta} + \left(B_{\mathrm{m}} + N^2 B + \frac{K_{\mathrm{t}}K_{\mathrm{e}}}{R}\right)\dot{\theta} = \frac{NK_{\mathrm{t}}}{R}v_{\mathrm{a}}$$

经过拉氏变换，传递函数为

$$\frac{\Theta(s)}{V_{\mathrm{a}}(s)} = \frac{NK_{\mathrm{t}}/R}{(J_{\mathrm{m}} + N^2 J)s^2 + (B_{\mathrm{m}} + N^2 B + K_{\mathrm{t}}K_{\mathrm{e}}/R)s}$$

2.7 流 体 系 统

流体是用来表示气体或液体的一般术语。如果流体的密度不随压力变化，则流体称为不可压缩流体。所有气体都被认为是可压缩的，而液体被认为是不可压缩的。虽然真实的液体实际上是可压缩的，但当压力变化时，它们的密度变化不大。

本书假定流体都是均质的，且不可压缩，密度为常数。一个力施加到一个流体会产生一个反作用力，这个反作用力由流体产生，并传递到与之接触的表面。

2.7.1 流体系统中的定律和方程

1. 质量守恒定律与连续方程

和电路系统中的基尔霍夫定律类似，质量守恒定律认为流体的流动是稳定的、无旋涡的和非黏性的。

质量守恒定律可用连续方程表示，其中总的质量流入速度等于总的质量流出速度。

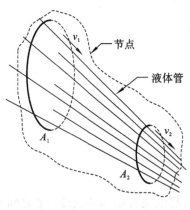

图 2-57 液体质量守恒连续性模型

如图 2-57 所示，质量流量为 m，流体速度为 v，流体密度为 ρ，液体管在节点位置 1 和位置 2 的横截面积分别为 A_1、A_2。

在位置 1，流入的质量流量为 $m_1 = \rho A_1 v_1$；在位置 2，流出的质量流量为 $m_2 = \rho A_2 v_2$。根据质量流量守恒的连续方程，有

$$m_1 = m_2 \Rightarrow \rho A_1 v_1 = \rho A_2 v_2$$

写成一般形式，即 $\rho A v = $ 常量

因为 ρ 是常量，连续方程也可以写成体积流量守恒方程：

$$q_1 = q_2 \tag{2-150}$$

式中：q 为体积的流速，$q = Av$，单位是 $\mathrm{m^3/s}$。

对于可压缩的流体，因为密度 ρ 会变化，连续方程可以写成质量流量守恒方程：

$$m_1 = m_2$$

式中：m 表示质量流速，$m = \rho A v$，单位是 kg/s。

重量流速为 w，单位为 N/s，常常用来替换质量流速。

2. 能量守恒定律与伯努利方程

流体系统中第二个重要定律是能量守恒定律，用伯努利方程表示。

流体系统的能量形式有以下三种。

（1）重力势能：流体在定高度和重力作用下具有的能量。流体质量为 m，在高度 h 处的重力势能为 mgh。

（2）动能：具有一定速度的流体所具有的能量。质量为 m、流速为 v 的流体具有的动能为 $\frac{1}{2}mv^2$。

（3）静压能：单位体积的流体的压强能。

根据伯努利方程，在同一流管的不同界面处，每单位体积流体的动能、势能和压强能之和为一常量，即

$$p + \frac{1}{2}\rho v^2 + \rho g h = \text{常量} \tag{2-151}$$

2.7.2 流体系统建模

如果采用模拟建模方法，类似于电气系统中的电阻、电容器和电感器，流体系统也有三种基本组成部分，即流阻（液压阻力和气动阻力）、容器和惯性（液压惯性和气动惯性）。

1. 液压系统的基本元件

液压阻力是指液体流过直径发生变化的阀门或管道时产生的流动阻力，如图 2-58（a）所示。通过阻力元件的体积流量 q 与由此产生的压强差（$p_1 - p_2$）之间的关系为

$$p_1 - p_2 = Rq \tag{2-152}$$

式中：R 为常数，称为液压阻力。

在给定流速下，液压阻力 R 越大，压强差（$p_1 - p_2$）越大。这个方程与欧姆定律一样，都是线性关系，如图 2-58（b）所示。

液压系统中的容器类似于电路系统中的电容器，它是一个描述液体以势能的形式储存能量的术语。如图 2-58（c）所示，容器中液体的高度是一种储存形式，体积 V 的变化率 $\frac{dV}{dt}$ 与流量变化（$q_1 - q_2$）的关系为

$$q_1 - q_2 = \frac{dV}{dt}$$

因为 $V = Ah$，其中，A 为容器横截面面积，h 为容器中液体的高度。
所以

$$q_1 - q_2 = \frac{d(Ah)}{dt} = A\frac{dh}{dt}$$

输入和输出两个位置的压强不同，压强差为 $p = \rho g h$，即 $h = p/\rho g$，代入上式可得

$$q_1 - q_2 = A\frac{d(p/\rho g)}{dt} = \frac{A}{\rho g}\frac{dp}{dt}$$

液压系统的液容定义为

$$C = \frac{A}{\rho g}$$

于是有

$$q_1 - q_2 = C \frac{\mathrm{d}p}{\mathrm{d}t} \tag{2-153}$$

式(2-153)的积分形式为

$$p = \frac{1}{C} \int (q_1 - q_2) \mathrm{d}t$$

液压惯性等同于电气系统中的电感器和机械系统中的弹簧。为了增大液体速度，需要一个作用力。

考虑质量为 m 的液体，如图 2-58(d)所示，根据压强公式和牛顿第二定律有

$$F_1 - F_2 = p_1 A - p_2 A = (p_1 - p_2)A = ma = m \frac{\mathrm{d}v}{\mathrm{d}t}$$

将 $m = \rho V = \rho A L$ 代入上式，可得

$$(p_1 - p_2)A = AL\rho \frac{\mathrm{d}v}{\mathrm{d}t}$$

又因为流量 $q = Av$，代入上式，可得

$$(p_1 - p_2)A = AL\rho \frac{\mathrm{d}v}{\mathrm{d}t} = L\rho \frac{\mathrm{d}(Av)}{\mathrm{d}t} = L\rho \frac{\mathrm{d}q}{\mathrm{d}t}$$

$$p_1 - p_2 = I \frac{\mathrm{d}q}{\mathrm{d}t} \tag{2-154}$$

式中：I 为液压惯性，$I = \dfrac{L\rho}{A}$。

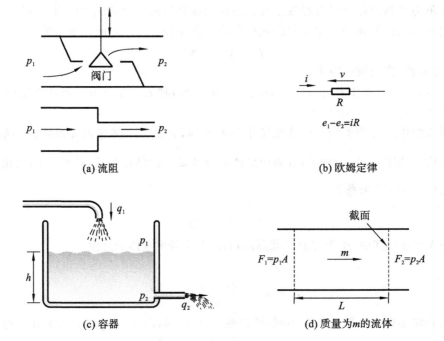

(a) 流阻   (b) 欧姆定律

(c) 容器   (d) 质量为 m 的流体

图 2-58 液压系统的基本组成部分

2. 气动系统的基本元件

与液压系统一样，气动系统也有三个基本组成部分。然而，气体和液体的可压缩性不

同,即压力的变化会引起气体体积和密度的变化。

气动阻力 R 表示质量流量 $\dot{m}$ 与压强差$(p_1 - p_2)$的关系,即

$$p_1 - p_2 = R\frac{\mathrm{d}m}{\mathrm{d}t} = R\dot{m}$$

注意,对于不可压缩液体,用体积流量 $q = \dfrac{\mathrm{d}V}{\mathrm{d}t}$;对于气体,用质量流量 $\dot{m} = \dfrac{\mathrm{d}m}{\mathrm{d}t}$。

气动容积 C 是由气体的可压缩性决定的,与弹簧的压缩储存能量的方式相似。

如果在 t 时刻,进入容器的气体质量为 m_1,离开容器的气体质量为 m_2,容器的体积为 V,气体密度为 ρ,留在容器内的气体质量为 m,根据质量守恒定律,有

$$m_1 - m_2 = m = \rho V \tag{2-155}$$

对式(2-155)两边求导(注意密度 ρ 和体积 V 都随时间变化),可得

$$\frac{\mathrm{d}m_1}{\mathrm{d}t} - \frac{\mathrm{d}m_2}{\mathrm{d}t} = \frac{\mathrm{d}m}{\mathrm{d}t} = \frac{\mathrm{d}(\rho V)}{\mathrm{d}t} = V\frac{\mathrm{d}\rho}{\mathrm{d}t} + \rho\frac{\mathrm{d}V}{\mathrm{d}t} \tag{2-156}$$

对于理想气体,有 $pV = mRT$,即

$$p = \frac{m}{V}RT = \rho RT$$

移项,可得

$$\rho = \frac{1}{RT}p \tag{2-157}$$

对上式两边求导,可得

$$\frac{\mathrm{d}\rho}{\mathrm{d}t} = \frac{1}{RT}\frac{\mathrm{d}p}{\mathrm{d}t}$$

将上式代入式(2-156)中,可得容器中质量变化的速率,为

$$\frac{\mathrm{d}m_1}{\mathrm{d}t} - \frac{\mathrm{d}m_2}{\mathrm{d}t} = V\frac{1}{RT}\frac{\mathrm{d}p}{\mathrm{d}t} + \rho\frac{\mathrm{d}V}{\mathrm{d}p}\frac{\mathrm{d}p}{\mathrm{d}t} = \left(\frac{V}{RT} + \rho\frac{\mathrm{d}V}{\mathrm{d}p}\right)\frac{\mathrm{d}p}{\mathrm{d}t}$$

因此

$$\frac{\mathrm{d}m_1}{\mathrm{d}t} - \frac{\mathrm{d}m_2}{\mathrm{d}t} = (C_1 + C_2)\frac{\mathrm{d}p}{\mathrm{d}t} \tag{2-158}$$

或者

$$p_1 - p_2 = \frac{1}{C_1 + C_2}\int(\dot{m}_1 - \dot{m}_2)\mathrm{d}t \tag{2-159}$$

式中:C_1 表示气体压缩相关的容积,$C_1 = \dfrac{V}{RT}$;C_2 表示气体体积变化相关的容积,$C_2 = \rho\dfrac{\mathrm{d}V}{\mathrm{d}p}$。

气动惯性是因压强差的存在而使得气体块加速运动的一种特性。如果被加速的气体块的横截面积为 A,长度为 L,密度为 ρ,质量为 m,压强差为$(p_1 - p_2)$,根据牛顿第二定律,有

$$F = ma = m\frac{\mathrm{d}v}{\mathrm{d}t} = \frac{\mathrm{d}(mv)}{\mathrm{d}t}$$

即

$$(p_1 - p_2)A = \frac{\mathrm{d}(mv)}{\mathrm{d}t} \tag{2-160}$$

因为 $m=\rho LA$，流量 $q=Av$，即气体块流动速度 $v=\dfrac{q}{A}$，所以

$$mv = \rho LA \frac{q}{A} = \rho Lq \tag{2-161}$$

将式（2-161）代入式（2-160）中，可得

$$(p_1 - p_2)A = L \frac{\mathrm{d}(\rho q)}{\mathrm{d}t}$$

因为 $\dot{m} = \dfrac{\mathrm{d}m}{\mathrm{d}t} = \dfrac{\mathrm{d}(\rho V)}{\mathrm{d}t} = \rho \dfrac{\mathrm{d}V}{\mathrm{d}t} = \rho q$，所以上式可以写成

$$p_1 - p_2 = \frac{L}{A} \frac{\mathrm{d}\dot{m}}{\mathrm{d}t}$$

$$p_1 - p_2 = I \frac{\mathrm{d}\dot{m}}{\mathrm{d}t}$$

式中：I 为气动惯性，$I = \dfrac{L}{A}$。

表 2-5 显示了液压系统和气动系统的基本元件的特性。液压系统中的体积流量 q 和气动系统中的质量流量 $\dot{m}$ 类似于电气系统中的电流 i。对于液压系统和气动系统，压强差 (p_1-p_2) 类似于电气系统中的电位差 (e_1-e_2)。惯性、容器是储能元件，流阻是耗能元件。

表 2-5　液压系统和气动系统的基本元件公式表

系　　统	基本元件	方　　程	存储能量或者消耗功率
液压系统	液压惯性	$q = \dfrac{1}{I}\displaystyle\int (p_1 - p_2)\mathrm{d}t$ $p = I\dfrac{\mathrm{d}q}{\mathrm{d}t}$	$E = \dfrac{1}{2}Iq^2$
	容器	$q = C\dfrac{\mathrm{d}(p_1 - p_2)}{\mathrm{d}t}$	$E = \dfrac{1}{2}C(p_1 - p_2)^2$
	液压阻力	$q = \dfrac{p_1 - p_2}{R}$	$P = \dfrac{1}{R}(p_1 - p_2)^2$
气动系统	气动惯性	$\dot{m} = \dfrac{1}{I}\displaystyle\int (p_1 - p_2)\mathrm{d}t$	$E = \dfrac{1}{2}I\dot{m}^2$
	容器	$\dot{m} = C\dfrac{\mathrm{d}(p_1 - p_2)}{\mathrm{d}t}$	$E = \dfrac{1}{2}C(p_1 - p_2)^2$
	气动阻力	$\dot{m} = \dfrac{p_1 - p_2}{R}$	$P = \dfrac{1}{R}(p_1 - p_2)^2$

例 2-30　流体系统如图 2-59 所示，输入流量和输出流量分别为 q_1、q_2，输入质量和输出质量分别为 m_{in}、m_{out}，容器的横截面积为 A，液面处和出口处的压强分别为 p_1、p_2。

（1）求出口处压强随时间的变化关系 $\dfrac{\mathrm{d}p_2}{\mathrm{d}t}$。

（2）如果在图 2-59(a)中出口处增加一个流阻，如图 2-59(b)所示，求液面高度随时间的变化关系 $\dfrac{\mathrm{d}h}{\mathrm{d}t}$。

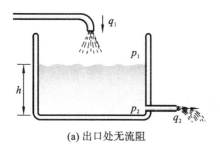
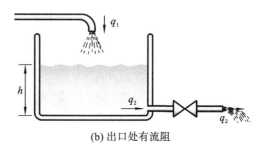

(a) 出口处无流阻　　　　　　　　　　　　(b) 出口处有流阻

图 2-59　流体系统

解：（1）根据质量守恒定律，容器内流体质量变化与流入质量和流出质量变化的关系为

$$\frac{\mathrm{d}m}{\mathrm{d}t} = \dot{m}_{\text{in}} - \dot{m}_{\text{out}} \tag{2-162}$$

质量、密度和体积之间存在如下关系

$$m = \rho V$$

将 $m = \rho V$ 代入式（2-162），有

$$\frac{\mathrm{d}(\rho V)}{\mathrm{d}t} = \rho \frac{\mathrm{d}V}{\mathrm{d}t} = \dot{m}_{\text{in}} - \dot{m}_{\text{out}} = \rho q_1 - \rho q_2 = \rho(q_1 - q_2)$$

将上式两边除以密度 ρ，得

$$\frac{\mathrm{d}V}{\mathrm{d}t} = q_1 - q_2 \tag{2-163}$$

因为容器体积变化和高度的关系为 $V = Ah$，将其代入式（2-163）中，得

$$\frac{\mathrm{d}(Ah)}{\mathrm{d}t} = A \frac{\mathrm{d}h}{\mathrm{d}t} = q_1 - q_2$$

所以

$$\frac{\mathrm{d}h}{\mathrm{d}t} = \frac{1}{A}(q_1 - q_2) \tag{2-164}$$

容器出口处的压强为

$$p_2 = p_1 + \rho g h \tag{2-165}$$

对式（2-165）两边求导（p_1 为常数，$\frac{\mathrm{d}p_1}{\mathrm{d}t} = 0$）

$$\frac{\mathrm{d}p_2}{\mathrm{d}t} = \frac{\mathrm{d}p_1}{\mathrm{d}t} + \frac{\mathrm{d}(\rho g h)}{\mathrm{d}t} = 0 + \rho g \frac{\mathrm{d}h}{\mathrm{d}t} \tag{2-166}$$

将式（2-164）代入式（2-166）中，可得出口处压强随时间的变化关系，为

$$\frac{\mathrm{d}p_2}{\mathrm{d}t} = \rho g \frac{\mathrm{d}h}{\mathrm{d}t} = \frac{\rho g}{A}(q_1 - q_2)$$

（2）在电气系统中，电阻及其两端电压差的关系式为

$$e_1 - e_2 = iR$$

同理，在流体系统中，流阻及其流阻两端压强差的关系式为

$$p_1 - p_2 = \rho R q_2$$

因此

$$q_2 = \frac{p_1 - p_2}{\rho R} = \frac{g h}{R} \tag{2-167}$$

将式(2-167)代入式(2-164)中,可得液面高度随时间的变化关系,为

$$\frac{\mathrm{d}h}{\mathrm{d}t} = \frac{1}{A}(q_1 - q_2) = \frac{1}{A}\left(q_1 - \frac{gh}{R}\right)$$

2.8 多输入多输出系统

前面讨论的系统是单输入单输出(SISO)系统。对于单输入单输出系统,常用的数学模型是传递函数,其主要描述系统的输入和输出关系,微积分和复变函数是其数学基础。这种方法的特点是试凑成分多、具有非唯一性、经验作用大,主要在复域进行。

对于多输入多输出(MIMO)系统,常用的数学模型是状态方程,其可以描述内部行为。线性代数和矩阵理论是其数学基础。这种方法的特点是设计的解析性,主要在时域进行。

2.8.1 多输入多输出系统

相对于单输入单输出系统,多输入多输出系统有多个向量输入和多个向量输出。描述输出向量和输入向量的拉氏变换矩阵称为传递函数矩阵(transfer function matrix,TFM)。图 2-60 所示的系统是具有两个输入和两个输出的 MIMO 系统。

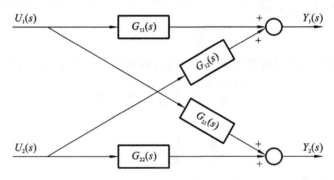

图 2-60　MIMO 系统示意图

由图 2-60 可知,系统的输入输出关系可表示为

$$Y_1(s) = G_{11}(s)U_1(s) + G_{12}(s)U_2(s)$$
$$Y_2(s) = G_{21}(s)U_1(s) + G_{22}(s)U_2(s)$$

上述方程的矩阵形式为

$$\begin{bmatrix} Y_1(s) \\ Y_2(s) \end{bmatrix} = \begin{bmatrix} G_{11}(s) & G_{12}(s) \\ G_{21}(s) & G_{22}(s) \end{bmatrix} \begin{bmatrix} U_1(s) \\ U_2(s) \end{bmatrix}$$

或

$$Y(s) = G(s)U(s)$$

式中:$G(s)$ 为该 MIMO 系统的传递函数矩阵。

带阻尼的线性 MIMO 系统很容易表示为状态方程。这种形式比 n 阶输入输出微分方程更适合用于计算机仿真。

2.8.2 状态空间模型

表征系统运动状态的个数最小的一组变量称为状态变量。状态变量的个数等于系统独

立储能元件的个数。

以状态变量 $x_1(t),x_2(t),\cdots,x_n(t)$ 为坐标轴构成的 n 维空间称为状态空间。

状态空间是物理系统的数学模型表示方法。该模型包含一系列一阶微分方程相关的输入、输出和状态变量。

例如,系统的两个输入分别为 u_1 和 u_2,两个输出分别为 y_1 和 y_2,用微分方程表示为

$$\begin{cases} \ddot{y}_1 + a_1\dot{y}_1 + a_0(y_1 + y_2) = u_1(t) \\ \ddot{y}_2 + a_2(y_2 - y_1) = u_2(t) \end{cases}$$

状态变量选为

$$\begin{cases} x_1 = y_1 \\ x_2 = \dot{x}_1 = \dot{y}_1 \\ x_3 = y_2 \\ x_4 = \dot{x}_3 = \dot{y}_2 \end{cases}$$

由微分方程,有

$$\dot{x}_2 = \ddot{y}_1 = -a_1\dot{y}_1 - a_0(y_1 + y_2) + u_1(t) = -a_1 x_2 - a_0(x_1 + x_3) + u_1(t)$$

$$\dot{x}_4 = \ddot{y}_2 = -a_2(y_2 - y_1) + u_2(t) = -a_2(x_3 - x_1) + u_1(t)$$

合成一个状态方程:

$$\begin{bmatrix} \dot{x}_1 \\ \dot{x}_2 \\ \dot{x}_3 \\ \dot{x}_4 \end{bmatrix} = \begin{bmatrix} 0 & 1 & 0 & 0 \\ -a_0 & -a_1 & -a_0 & 0 \\ 0 & 0 & 0 & 1 \\ a_2 & 0 & -a_2 & 0 \end{bmatrix} \begin{bmatrix} x_1 \\ x_2 \\ x_3 \\ x_4 \end{bmatrix} + \begin{bmatrix} 0 & 0 \\ 1 & 0 \\ 0 & 0 \\ 0 & 1 \end{bmatrix} \begin{bmatrix} u_1(t) \\ u_2(t) \end{bmatrix}$$

或 $\dot{X} = AX + BU$。

$$\begin{bmatrix} y_1 \\ y_2 \end{bmatrix} = \begin{bmatrix} 1 & 0 & 0 & 0 \\ 0 & 0 & 1 & 0 \end{bmatrix} \begin{bmatrix} x_1 \\ x_2 \\ x_3 \\ x_4 \end{bmatrix} + \begin{bmatrix} 0 & 0 \\ 0 & 0 \end{bmatrix} \begin{bmatrix} u_1(t) \\ u_2(t) \end{bmatrix}$$

或 $$Y = CX + DU$$

其中,X 为 n 维状态向量,U 为 p 维输入向量,Y 为 q 维输出向量;A、B、C、D 分别为 $n \times n$、$n \times p$、$q \times n$、$q \times p$ 的常系数矩阵,分别称为系统矩阵、输入矩阵、输出矩阵和直接传递矩阵。当 $p = q = 1$ 时,系统为单变量系统,否则为多变量系统。

可以看出,线性系统的通用状态空间含有 p 个输入、q 个输出和几个状态变量。

例 2-31 倒立摆在动态和控制理论中是一个典型的例子,并广泛用作测试控制算法的样板,包括比例积分微分(PID)控制器、神经元网络、模糊控制、遗传算法等。非线性的倒立摆模型把施加给小车的力作为输入,而把其角度及小车的位移作为输出。

在例 2-24 中,讨论了简单的一级倒立摆系统。现在考虑略微复杂的一级倒立摆系统,要考虑阻尼等因素的影响,如图 2-61 所示。试用状态空间方法进行建模。

图中,m 为倒立摆的重心的质量,M 为小车的质量,l 为倒立摆的重心(centre of gravity,COG)到转动中心的距离,x 为小车的水平位移,g 为重力加速度,θ 为倒立摆的角位移,k 为小车黏滞摩擦系数,c 为倒立摆的黏滞摩擦系数,J 为倒立摆绕重心的转动惯量,V 和 H 分别为垂直的和水平的杆子的反作用力,u 为施加在小车上的水平力。

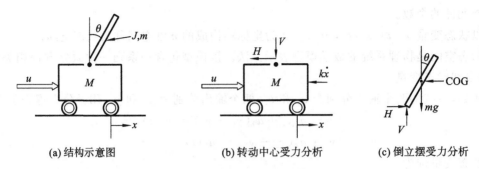

(a) 结构示意图　　　　(b) 转动中心受力分析　　　　(c) 倒立摆受力分析

图 2-61　略微复杂的倒立摆系统

倒立摆的重心相对于转动中心的位置向量为 $l\sin\theta \boldsymbol{i} + l\cos\theta \boldsymbol{j}$。

因为转动中心的坐标位置向量为 x，所以倒立摆重心的绝对位置向量为 $(x + l\sin\theta)\boldsymbol{i} + l\cos\theta \boldsymbol{j}$。

（1）根据牛顿第二定律，在倒立摆重心垂直方向上有

$$V - mg = m\frac{\mathrm{d}^2}{\mathrm{d}t^2}(l\cos\theta)$$

（2）根据牛顿第二定律，在倒立摆重心水平方向上有

$$H = m\frac{\mathrm{d}^2}{\mathrm{d}t^2}(x + l\sin\theta)$$

（3）根据力矩平衡原理，倒立摆重心转动惯量形成的扭矩方程为

$$J\ddot{\theta} + c\dot{\theta} = Vl\sin\theta - Hl\cos\theta$$

（4）根据牛顿第二定律，在小车的水平方向上有

$$u - H = M\ddot{x} + k\dot{x}$$

联立以上方程，可得小车和倒立摆的数学模型，为

$$\ddot{\theta} = \frac{1}{J + l^2 m}\left[lm(g\sin\theta - \ddot{x}\cos\theta) - c\dot{\theta}\right]$$

$$\ddot{x} = \frac{1}{M + m}\left[F - lm(\ddot{\theta}\cos\theta - \dot{\theta}^2\sin\theta) - k\dot{x}\right]$$

上面的数学模型是非线性的，因为只有线性系统才能用状态方程描述，所以必须对上述方程线性化。

倒立摆的不稳定平衡点为 $(\theta, \dot{\theta}) = (0, 0)$，这也是状态空间的原点。在平衡点边上，$\theta$ 和 $\dot{\theta}$ 都非常小。通常情况下，对于小角度的 θ 和 $\dot{\theta}$，有

$$\sin\theta \approx \theta, \quad \cos\theta \approx 1, \quad \dot{\theta}^2\theta \approx 0$$

将上面的近似表达式代入非线性的数学模型，可得线性的数学模型，为

$$\ddot{\theta} = \frac{1}{J + l^2 m}\left[lm(g\theta - \ddot{x}) - c\dot{\theta}\right]$$

$$\ddot{x} = \frac{1}{M + m}(F - lm\ddot{\theta} - k\dot{x})$$

将 $\ddot{x}$ 代入 $\ddot{\theta}$，可得

$$\ddot{\theta} = \frac{1}{J + l^2 m}\left\{lm\left[g\theta - \frac{1}{M + m}(F - lm\ddot{\theta} - k\dot{x})\right] - c\dot{\theta}\right\}$$

$$= \frac{lmg\theta}{J + l^2 m} - \frac{lmF}{(J + l^2 m)(M + m)} + \frac{(lm)^2\ddot{\theta}}{(J + l^2 m)(M + m)} + \frac{lmk\dot{x}}{(J + l^2 m)(M + m)} - \frac{c\dot{\theta}}{J + l^2 m}$$

为了将方程改为有效的状态空间矩阵,先将二阶 $\ddot{\theta}$ 项化为低阶的函数,于是将 $\ddot{\theta}$ 项移到方程左边,可得

$$\ddot{\theta} - \frac{(lm)^2\ddot{\theta}}{(J+l^2m)(M+m)} = \frac{lmg\theta}{J+l^2m} - \frac{lmF}{(J+l^2m)(M+m)} + \frac{lmk\dot{x}}{(J+l^2m)(M+m)} - \frac{c\dot{\theta}}{J+l^2m}$$

将分母统一变成 $(J+l^2m)(M+m)$,可得

$$\left[\frac{(J+l^2m)(M+m) - (lm)^2}{(J+l^2m)(M+m)}\right]\ddot{\theta} = \frac{lmg\theta(M+m) - lmF + lmk\dot{x} - c\dot{\theta}(M+m)}{(J+l^2m)(M+m)}$$

消除分母,可得

$$\left[(J+l^2m)(M+m) - (lm)^2\right]\ddot{\theta} = lmg\theta(M+m) - lmF + lmk\dot{x} - c\dot{\theta}(M+m)$$

解得

$$\ddot{\theta} = \frac{lmk}{J(M+m)+l^2Mm}\dot{x} - \frac{(M+m)c}{J(M+m)+l^2Mm}\dot{\theta} + \frac{(M+m)lmg}{J(M+m)+l^2Mm}\theta - \frac{lm}{J(M+m)+l^2Mm}F$$

令 $v_1 = \frac{M+m}{J(M+m)+l^2Mm}$,代入上式可得

$$\ddot{\theta} = \frac{lmkv_1}{M+m}\dot{x} + lmgv_1\theta - cv_1\dot{\theta} - \frac{lmv_1}{M+m}F$$

同理,将 $\ddot{x}$ 代入 $\ddot{\theta}$ 的表达式,可得

$$\ddot{x} = \frac{1}{M+m}\left\{F - lm\left[\frac{1}{J+l^2m}\left[lm(g\theta - \ddot{x}) - c\dot{\theta}\right]\right] - k\dot{x}\right\}$$

$$\ddot{x} = \frac{1}{M+m}F - \frac{(lm)^2g}{(J+l^2m)(M+m)}\theta + \frac{(lm)^2}{(J+l^2m)(M+m)}\ddot{x} + \frac{lmc}{(J+l^2m)(M+m)}\dot{\theta} - \frac{k}{M+m}\dot{x}$$

为了将方程改为有效的状态空间矩阵,先将二阶 $\ddot{x}$ 项化为低阶的函数,于是将 $\ddot{x}$ 项移到方程左边,可得

$$\ddot{x} - \frac{(lm)^2}{(J+l^2m)(M+m)}\ddot{x} = \frac{1}{M+m}F - \frac{(lm)^2g}{(J+l^2m)(M+m)}\theta - \frac{k}{M+m}\dot{x} + \frac{lmc}{(J+l^2m)(M+m)}\dot{\theta}$$

将分母统一变成 $(J+l^2m)(M+m)$,可得

$$\left[\frac{(J+l^2m)(M+m) - (lm)^2}{(J+l^2m)(M+m)}\right]\ddot{x} = \frac{(J+l^2m)F - (lm)^2g\theta + lmc\dot{\theta} - (J+l^2m)k\dot{x}}{(J+l^2m)(M+m)}$$

消除分母,可得

$$\left[(J+l^2m)(M+m) - (lm)^2\right]\ddot{x} = (J+l^2m)F - (lm)^2g\theta + lmc\dot{\theta} - (J+l^2m)k\dot{x}$$

解得

$$\ddot{x} = \frac{J+l^2m}{J(M+m)+l^2Mm}F - \frac{(lm)^2g}{J(M+m)+l^2Mm}\theta + \frac{lmc}{J(M+m)+l^2Mm}\dot{\theta} - \frac{(J+l^2m)k}{J(M+m)+l^2Mm}\dot{x}$$

设
$$v_2 = \frac{J + l^2 m}{J(M+m) + l^2 Mm}$$

那么

$$\ddot{x} = v_2 F - \frac{(lm)^2 g v_2}{J + l^2 m}\theta + \frac{lmcv_2}{J + l^2 m}\dot{\theta} - kv_2\dot{x}$$

至此，状态变量有 θ、$\dot{\theta}$、x 和 $\dot{x}$，两个线性微分方程可以用状态空间形式表示为

$$\begin{bmatrix} \dot{x} \\ \ddot{x} \\ \dot{\theta} \\ \ddot{\theta} \end{bmatrix} = \begin{bmatrix} 0 & 1 & 0 & 0 \\ 0 & -kv_2 & -\dfrac{(lm)^2 g v_2}{J + l^2 m} & \dfrac{lmcv_2}{J + l^2 m} \\ 0 & 0 & 0 & 1 \\ 0 & \dfrac{lmkv_1}{M+m} & lmgv_1 & -cv_1 \end{bmatrix} \begin{bmatrix} x \\ \dot{x} \\ \theta \\ \dot{\theta} \end{bmatrix} + \begin{bmatrix} 0 \\ v_2 \\ 0 \\ -\dfrac{lmv_1}{M+m} \end{bmatrix} F$$

和

$$\begin{bmatrix} x \\ \theta \end{bmatrix} = \begin{bmatrix} 1 & 0 & 0 & 0 \\ 0 & 0 & 1 & 0 \end{bmatrix} \begin{bmatrix} x \\ \dot{x} \\ \theta \\ \dot{\theta} \end{bmatrix} + \begin{bmatrix} 0 \\ 0 \end{bmatrix} F$$

习题与思考题

2-1 写出下列方程的 D 算子形式。

(1) $\dot{x}(t) - r(t) = 3x(t)$

(2) $\dot{x}(t) + \int x(\tau)\mathrm{d}\tau = 2x(t)$

(3) $\ddot{x}(t) + \int x(\tau)\mathrm{d}\tau = r(t)$

(4) $3\ddot{x}(t) + 2\dot{x}(t) + x(t) = r(t)$

(5) $\ddot{x}(t) + 3x(t) = \dot{r}(t) + 2r(t)$

2-2 请对下列方程进行拉氏变换，并求出传递函数。

(1) $\dot{x}(t) - x(t) = 3r(t)$

(2) $\dot{x}(t) + \int x(t)\mathrm{d}(t) = 2r(t)$

(3) $\ddot{x}(t) + x(t) = \dot{r}(t) + r(t)$

(4) $3\ddot{x}(t) + 2\dot{x}(t) + x(t) = r(t)$

2-3 求下列各拉氏变换的原函数。

(1) $G(s) = \dfrac{\mathrm{e}^{-s}}{s-1}$

(2) $G(s) = \dfrac{1}{s(s+2)^2(s+1)}$

(3) $G(s) = \dfrac{s+2}{s(s^2 + 2s + 3)(s+1)}$

2-4 等效化简图 2-62 所示的系统方框图，并求出各系统的传递函数。

2-5 机电一体化系统设计时，需要对机械系统的哪些物理量进行换算？换算原则是什

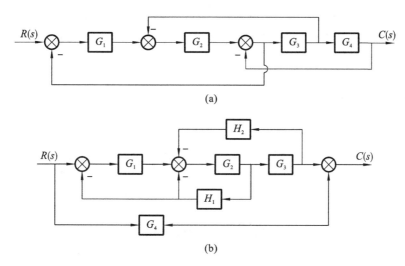

(a)

(b)

图 2-62 系统方框图

么? 为什么需要先进行换算?

2-6 图 2-63 所示的机械系统的输入为 $F(t)$,输出为 x,假设摩擦力为零,请构建该机械系统方框图模型,并分析其传递函数。

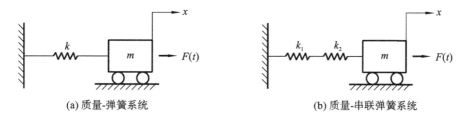

(a) 质量-弹簧系统   (b) 质量-串联弹簧系统

图 2-63 机械系统

2-7 图 2-64 所示的机械系统的输入为 F_1、F_2,输出为 y_1、y_2,请构建该机械系统方框图模型,并分析其传递函数。

2-8 图 2-65 所示的电路系统的输入为 e_i,输出为 e_o,请构建该电路系统方框图模型,并分析其传递函数。

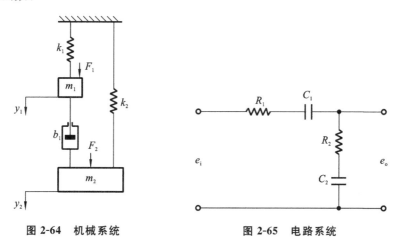

图 2-64 机械系统   图 2-65 电路系统

2-9 图 2-66 所示的机电耦合系统的输入为 e_i,输出为负载转角 θ,直流电机驱动转动惯量为 J_L 的负载运动,电机输出的扭矩为 T,电机转动惯量为 J_L,齿轮传动比为 $n=\theta/\theta_m$,分析该系统传递函数。

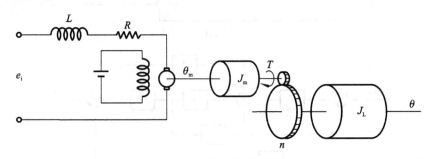

图 2-66 机电耦合系统

第 3 章
传感与检测

在机电一体化系统中,传感器是一种感知环境、采集数据、实现自动测量和控制的重要元件,也是机电一体化系统正常运转的基础。正确选择和集成传感器是机电一体化系统设计的关键环节之一。

本章主要讨论传感器的基本特性、灵敏度,以及机电一体化系统中常用的位置、位移、速度、力、力矩等传感器的原理和应用方法。

3.1 传感器基础

传感器是一种为感知某一物理现象而产生一个输出信号的装置,其输入和输出有严格的对应关系,以保证一定的精确程度。

如果输入量是一种物理量,则输出量通常是另一种物理量,以便于信息的传输、处理、存储、记录和控制等,如气、光、电物理量,但主要是电信号。传感器由于将信号从一种物理形式转换成另一种物理形式,因此又称为换能器。传感器的基本构成如图 3-1 所示。

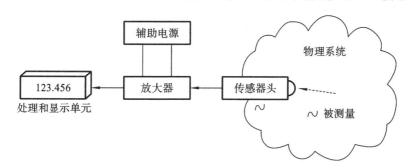

图 3-1 传感器的基本构成

一般地,在传感器的使用过程中存在三种基本现象。

(1) 被测物理变量(即压力、温度、位移)的变化转化为传感器特性(电阻、电容、磁耦合)的变化。这种传感器中的等效属性变化称为转换。

(2) 将传感器的特性转换为以电压或电流形式表现的低功率电信号的变化。

(3) 低功率传感器信号被放大、调节(滤波)并传输到一个智能设备中。

3.1.1　传感器

传感器是将信息从一种形式转换成另一种形式的元件或装置，改变后的信息相对更容易被测定。

弹簧就是实现物理量转换的一个例子。在弹簧上施加一定的作用力，弹簧拉伸时，作用力的信息转换成位移信息。

如图 3-2 所示，不同大小的力产生不同的位移。这是输入量（力）、输出物理量（位移）不同的一种传感器类型。

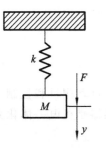

图 3-2　传感器输入量、输出物理量不同

位移 y 和拉力 F 成正比，表示如下

$$F = ky$$

式中：F 为施加的作用力；y 为产生的变形量；k 为弹性系数。

常用的传感器，如电气、机械、光学和流体传感器，一般都由敏感元件、转换元件、转换电路三部分组成，如图 3-3 所示。

（1）敏感元件。敏感元件直接感受被测量，并输出与被测量成确定关系的某一物理量。例如，压力传感器的敏感元件感受到的输入是所受的压力，输出的是压力以外的某一物理量。

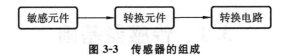

图 3-3　传感器的组成

（2）转换元件。转换元件将敏感元件的输出转变为电信号，有助于对信号做进一步处理。

（3）转换电路。转换电路将转换元件的电信号转换为易于显示、处理、记录的电量信息。

在机电一体化系统设计过程中，选择传感器时，主要考虑以下因素：

（1）需要测定的变量；

（2）精度特性；

（3）灵敏度需求；

（4）动态范围；

（5）系统自动化水平；

（6）控制系统的复杂性和建模要求；

（7）成本、尺寸、用户和维护的难易程度。

3.1.2　传感器的特性

当讨论传感器的特性时，一般从传感器的静态特性和动态特性两个方面来分析。

传感器的静态特性，是指在稳态条件下（传感器无暂态分量）用分析或实验方法所确定的输入-输出关系。这种关系可依不同情况，用函数或曲线表示，有时也用数据表格来表示。

表征传感器静态特性的主要指标有线性度、迟滞、重复性、灵敏度、分辨率、准确度、精密度、温度稳定性、抗干扰稳定性。

（1）线性度。

传感器的线性度是指传感器的输出与输入的线性程度。

线性度 δ_L 以一定的拟合直线为基准，与校准曲线做比较，用其不一致的最大偏差与满量程输出值的百分比进行计算：

$$\delta_L = \pm \frac{|\Delta L_{max}|}{y_{FS}} \times 100\% \tag{3-1}$$

式中：y_{FS} 为满量程输出值，$y_{FS} = y_{max} - y_{min}$；$\Delta L_{max}$ 为输出和输入的实际曲线和拟合曲线之间的最大偏差。

实际遇到的传感器的输出与输入的关系大多为非线性关系。对于非理想直线特性的传感器，需要进行非线性校正，常采用理论拟合、过零旋转拟合、端点连线拟合、最小二乘拟合、最小包容拟合等方法。

其中，最小二乘拟合方法拟合精度高，计算复杂。它是指把所有校准点数据都标在坐标图上，用最小二乘拟合方法拟合直线 $y = a + kx$，使其校准点与对应的拟合直线的点之间的残差平方和最小。

$$\sum_{i=1}^{n} \Delta_i^2 = \sum_{i=1}^{n} [y_i - (a + kx_i)]^2$$
$$= (y_1 - a - kx_1)^2 + (y_2 - a - kx_2)^2 + \cdots + (y_n - a - kx_n)^2$$

a、k 的表达式分别为

$$a = \frac{\left(\sum x_i y_i\right) \times \sum x_i - \sum y_i \times \sum x_i^2}{\left(\sum x_i\right)^2 - n \sum x_i^2}$$

$$k = \frac{\sum x_i \times \sum y_i - n \sum x_i y_i}{\left(\sum x_i\right)^2 - n \sum x_i^2}$$

（2）迟滞。

迟滞表明传感器加载（输入量增大）和卸载（输入量减小）输入-输出特性曲线不重合的程度。

迟滞 γ_H 一般由实验方法测得，可用在整个测量范围内产生的最大迟滞差值 ΔH_{max} 与满量程输出值 y_{FS} 之比来表示（见图 3-4），即

$$\gamma_H = \pm \frac{\Delta H_{max}}{y_{FS}} \times 100\% \tag{3-2}$$

迟滞主要由传感器敏感元件材料的物理性质和机械零部件缺陷所致，如弹性敏感元件弹性滞后、运动部件摩擦、传动机构的间隙和紧固件松动等。

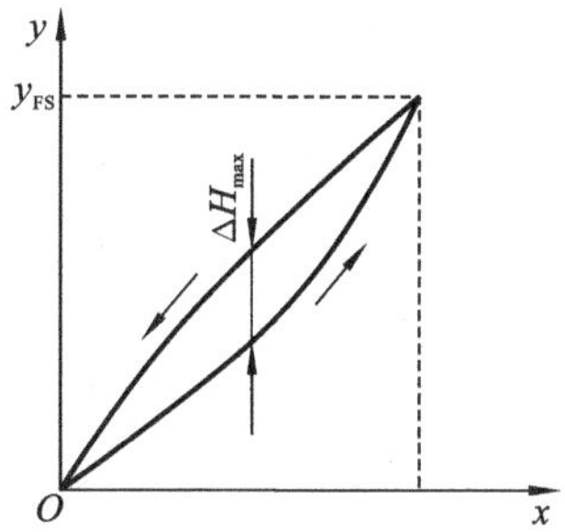

图 3-4 迟滞

（3）重复性。

重复性是指在相同测试环境下，对相同被测量进行重复测量所能重复产生输出信号的能力，如图 3-5 所示。重复性越好，误差越小。

重复性误差 γ_R 常用以下公式计算：

$$\gamma_R = \pm \frac{\Delta R_{max}}{y_{FS}} \times 100\% \tag{3-3}$$

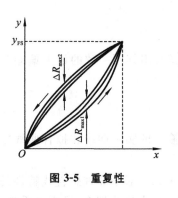

图 3-5 重复性

式中:ΔR_{max} 为输出最大不重复误差;y_{FS} 为满量程输出值。

（4）灵敏度。

灵敏度是传感器对被测量的变化产生响应的特性,如图 3-6 所示。

传感器输出的变化量 Δy 与引起该变化量的输入变化量 Δx 之比即为其静态灵敏度,其表达式为

$$k = \Delta y/\Delta x \tag{3-4}$$

式中:k 为灵敏度。

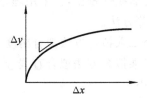

图 3-6 灵敏度

在电气测量仪器中,如果 0.001 mm 的移动引起 0.05 V 的电压变化,那么该测量仪器的灵敏度就是 50 V/mm。

（5）分辨率。

分辨率是指传感器能检测到的被测量最小增量。

例如,用最小刻度为 1 mm 的千分尺来测量一个接近 0.5 mm 的尺寸,通过插值,分辨率估算为 0.5 mm。

（6）准确度。

准确度是指测量值和真实值之差与真实值的百分比。

± 0.001 的准确度是指测量值在真实值加上和减去 0.001 的范围内。准确度计算公式为

$$准确度 = \frac{测量值 - 真实值}{真实值} \times 100\%$$

如果一个精密天平读出 1 g 的质量,误差是 0.001 g,那么该仪器的准确度就是 0.1%。测量值和真实值之间的差称为误差。

（7）精密度。

精密度（重复度）是指在给定准确度范围内,重复得到一系列读数的能力。精密度高,偶然误差小,可重复性高,这与传感器的可靠性紧密相关。

如图 3-7 所示,以射击打靶为例,精密度和准确度的含义可以描述如下。

第一种情况,"高精度,高准确度",所有的子弹（三次重复）击中靶心,间隔足够近。

第二种情况,"高精度,低准确度",所有的子弹（三次重复）在目标板外圈特定扇形区,但错过了靶心。

最后一种情况,"低精度,低准确度",子弹以随机顺序击中目标。

（8）温度稳定性。

温度稳定性又称为温度漂移,它是指传感器在外界温度变化时输出量发生的变化。

 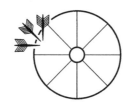 

(a) 高精度，高准确度　　　　(b) 高精度，低准确度　　　　(c) 低精度，低准确度

图 3-7　射击的精密度和准确度

（9）抗干扰稳定性。

抗干扰稳定性是指传感器对外界干扰的抵抗能力，例如抗冲击和振动的能力、抗潮湿的能力、抗电磁场干扰的能力等。

传感器的动态特性是指传感器对激励（输入）的响应（输出）特性。

一阶传感器是具有简单能量变换的传感器，其动态特性多数可用一阶微分方程来描述。

一阶传感器的微分方程的通式为

$$a_i \frac{\mathrm{d}y(t)}{\mathrm{d}t} + a_0 y(t) = b_0 x(t)$$

上式可以改写为

$$\frac{a_i}{a_0} \frac{\mathrm{d}y(t)}{\mathrm{d}t} + y(t) = \frac{b_0}{a_0} x(t)$$

式中：a_i/a_0 具有时间的量纲，为传感器的时间常数，记为 τ；b_0/a_0 具有输出/输入的量纲，为传感器的灵敏度 S_n。

典型一阶传感器的频率特性为

$$H(\mathrm{j}\omega) = A/(1 + \mathrm{j}\omega\tau)$$

$$\begin{cases} |H(\mathrm{j}\omega)| = \dfrac{A}{\sqrt{1 + (\omega\tau)^2}} \\ \varphi(\omega) = \arctan(-\omega\tau) \end{cases}$$

结论 1：一阶频率特性具有最简单的形式，其特征参数用 3 dB 频率 ω_c 表示，且 $\omega_c = 1/\tau$，τ 为传感器的时间常数。

结论 2：传感器的时间常数 τ 越小，3 dB 频率 ω_c 越大，一阶传感器具有较宽的工作频域和较好的动态响应。

结论 3：一阶传感器的特征参数为 τ。

典型二阶传感器的微分方程的通式为

$$a_2 \frac{\mathrm{d}^2 y(t)}{\mathrm{d}t^2} + a_1 \frac{\mathrm{d}y(t)}{\mathrm{d}t} + a_0 y(t) = a_0 x(t)$$

频率特性、幅频特性和相频特性分别如下。

频率特性：

$$H(\mathrm{j}\omega) = \frac{1}{\left[1 - \left(\dfrac{\omega}{\omega_n}\right)^2\right] + 2\mathrm{j}\xi\left(\dfrac{\omega}{\omega_n}\right)}$$

幅频特性：

$$| H(j\omega) | = \frac{1}{\sqrt{\left[1 - \left(\frac{\omega}{\omega_n}\right)^2\right]^2 + \left[2\xi\left(\frac{\omega}{\omega_n}\right)\right]^2}}$$

相频特性:

$$\varphi(\omega) = -\arctan\frac{2\xi\left(\frac{\omega}{\omega_n}\right)}{1 - \left(\frac{\omega}{\omega_n}\right)^2}$$

式中:ω_n 为传感器的固有角频率,$\omega_n = \sqrt{a_0/a_2}$;$\xi$ 为传感器的阻尼比,$\xi = a_{1/2}\ \sqrt{a_0 a_2}$。

结论1:为减小动态误差和扩大频响范围,一般可提高传感器的固有角频率 ω_n(一般通过减小传感运动部分质量和提高弹性敏感元件的刚度来实现)。

结论2:在确定的固有角频率下,当 $\xi = 0.707$ 时(临界阻尼状态),系统具有最宽的幅频特性平坦区。

3.1.3　灵敏度分析

在机电一体化系统中,会用到很多元器件,每个元器件又存在一定的误差。从全局视角来看,计算系统总体精确度时,必须考虑每个元器件误差的变化。

在精确度计算过程中,采用误差分析方法可以分辨出各元器件误差对系统总体误差的影响。如果知道系统总体误差和变化量,那么分配给各元器件的误差和变化量就可以确定下来。

假设 N 是一个含有 n 个独立变量$(x_1, x_2, x_3, \cdots, x_n)$的函数。每个变量都由独立的仪器测出,则 N 的表达式为

$$N = f(x_1, x_2, x_3, \cdots, x_n) \tag{3-5}$$

每个变量都会有一定的误差,假设 n 个独立变量的误差分别为 $\pm\Delta x_1, \pm\Delta x_2, \cdots, \pm\Delta x_n$。由于每个独立变量的误差都将影响到系统总体误差,于是根据式(3-5),有

$$N \pm \Delta N = f(x_1 \pm \Delta x_1, x_2 \pm \Delta x_2, \cdots, x_n \pm \Delta x_n)$$

式中:ΔN 为系统总体误差。

将上式右侧进行泰勒级数展开,可得

$$N \pm \Delta N = f(x_1 \pm \Delta x_1, x_2 \pm \Delta x_2, \cdots, x_n \pm \Delta x_n)$$
$$= f(x_1, x_2, x_3, \cdots, x_n) + \Delta x_1\frac{\partial f}{\partial x_1} + \Delta x_2\frac{\partial f}{\partial x_2} + \frac{1}{2}(\Delta x_1)^2\frac{\partial^2 f}{\partial x_1} + \cdots$$

因为 Δx_i 的值很小,通常可以忽略$(\Delta x_i)^2$ 项,则上式可以简化为

$$N \pm \Delta N = f(x_1 \pm \Delta x_1, x_2 \pm \Delta x_2, \cdots, x_n \pm \Delta x_n)$$
$$= f(x_1, x_2, x_3, \cdots, x_n) + \Delta x_1\frac{\partial f}{\partial x_1} + \Delta x_2\frac{\partial f}{\partial x_2} + \cdots + \Delta x_n\frac{\partial f}{\partial x_n}$$

上式减去 N,即可得到 ΔN,定义绝对误差 E_a 为

$$E_a = \Delta N = \Delta x_1\frac{\partial f}{\partial x_1} + \Delta x_2\frac{\partial f}{\partial x_2} + \cdots + \Delta x_n\frac{\partial f}{\partial x_n} \tag{3-6}$$

式(3-6)具有明显的工程意义。从式(3-6)可以看出对系统整体精确度产生较大影响的变量。如果微分项 $\frac{\partial f}{\partial x_2}$ 相比其他项大很多,那么一个小的偏差 Δx_2 将对绝对误差 E_a 产生较大影响。其他项也类似。

这里用 E_r 和 N_r 分别表示误差百分数和计算结果,表达式分别为

$$E_r = \frac{\Delta N}{N} \times 100\% = \frac{E_a}{N} \times 100\%$$

$$N_r = N \pm \frac{\Delta N}{N} \times 100\%$$

在系统整体精确度可知,每个组成元件的精确度未知的情况下,如果计算单个元件所需的精确度,则可采取等效法。等效法假设每个元件的误差对系统总体误差的影响都是相等的。

因为

$$\Delta N = \Delta x_1 \frac{\partial f}{\partial x_1} + \Delta x_2 \frac{\partial f}{\partial x_2} + \cdots + \Delta x_n \frac{\partial f}{\partial x_n}$$

假设每项等效,则有

$$\Delta x_1 \frac{\partial f}{\partial x_1} = \Delta x_2 \frac{\partial f}{\partial x_2} = \cdots = \Delta x_n \frac{\partial f}{\partial x_n} = \frac{\Delta N}{n}$$

系统允许的总体误差 ΔN 已知,$x_1, x_2, x_3, \cdots, x_n$ 通过测量得到,所以有

$$\Delta x_i \frac{\partial f}{\partial x_i} = \frac{\Delta N}{n}$$

那么,每个元件允许的测量误差 Δx_i 的表达式为

$$\Delta x_i = \frac{\Delta N}{n \left(\frac{\partial f}{\partial x_i} \right)}, i = 1, 2, 3, \cdots, n \tag{3-7}$$

等效法的每一个变量用绝对值计算,分配给每个被测量的最大不确定性由 ΔN 决定。

此外,还有另一种方式,即平方和的平方根(square root of sum of squares,SRSS)法,它将所有非确定性在同一置信水平上评估。

采取 SRSS 法计算时,对于 N 的非确定性置信度,以及对于 x_i 的非确定性置信度都是一样的,如式(3-8)所示。

$$\Delta N = \left[\sum_{i=1}^{n} \left(\Delta x_i \frac{\partial f}{\partial x_i} \right)^2 \right]^{\frac{1}{2}} \tag{3-8}$$

例 3-1 对于一个速度控制系统,角速度和作用力的关系为

$$\omega = \sqrt{\frac{F}{mr}}$$

式中:F 为作用力的大小,N;r 为回转体半径,m;m 为回转体质量,kg。

设 $m = (800 \pm 0.04)\,\text{g}, r = (25 \pm 0.01)\,\text{mm}, F = (500 \pm 0.5)\,\text{N}$,求回转误差。

解:将 m、r、F 的值代入关系式 $\omega = \sqrt{\dfrac{F}{mr}}$ 中,可得

$$\omega = \sqrt{\frac{F}{mr}} = 158.114 \ \text{rad} \cdot \text{s}^{-1}$$

根据元器件各参数误差对角速度测量的影响公式

$$E_a = \Delta N = \Delta m \frac{\partial \omega}{\partial m} + \Delta r \frac{\partial \omega}{\partial r} + \Delta F \frac{\partial \omega}{\partial F}$$

参数 m、r、F 的偏微分分别为

$$\frac{\partial \omega}{\partial m} = \frac{-0.5\sqrt{F}}{m^{\frac{3}{2}}\sqrt{r}} = \frac{-0.5 \times \sqrt{500}}{(0.8)^{\frac{3}{2}} \times \sqrt{0.025}} = -98.821 (\text{rad} \cdot \text{s}^{-1} \cdot \text{kg}^{-1})$$

$$\frac{\partial \omega}{\partial r} = \frac{-0.5 \sqrt{F}}{r^{\frac{3}{2}} \sqrt{m}} = \frac{-0.5 \times \sqrt{500}}{(0.025)^{\frac{3}{2}} \times \sqrt{0.8}} = -3\ 162.278 (\text{rad} \cdot \text{s}^{-1} \cdot \text{m}^{-1})$$

$$\frac{\partial \omega}{\partial F} = \frac{1}{2 \sqrt{F} \sqrt{mr}} = \frac{1}{2 \sqrt{500} \times \sqrt{0.8 \times 0.025}} = 0.158 (\text{rad} \cdot \text{s}^{-1} \cdot \text{N}^{-1})$$

根据误差的定义，系统绝对误差和误差百分数分别为

$$E_a = \Delta N = \Delta F \frac{\partial \omega}{\partial F} + \Delta m \frac{\partial \omega}{\partial m} + \Delta r \frac{\partial \omega}{\partial r}$$

$$= 0.5 \times 0.158 + 4 \times 10^{-5} \times (-98.821) + 1 \times 10^{-5} \times (-3\ 162.278) = 0.043 (\text{rad} \cdot \text{s}^{-1})$$

$$E_r = \frac{\Delta N}{N} \times 100\% = \frac{\Delta \omega}{\omega} \times 100\% = \frac{0.043}{158.114} \times 100\% \approx 0.027\%$$

例 3-2 康铜是一种铜镍合金，由 55% 的铜和 45% 的镍组成，它的特性是性质不易随温度变化而改变，其具有低的电阻率温度系数和中等电阻率（电阻率为 $0.48\ \mu\Omega \cdot \text{m}$），常用来制造应力计。

康铜合金丝的长度用如下公式计算：

$$L = \frac{RA_c}{\rho_c}$$

式中：R 为康铜合金电阻，Ω；A_c 为康铜合金丝的横截面积，m^2；ρ_c 为电阻率，$\Omega \cdot \text{m}$。

假如标准 $R = 100\ \Omega$，$A_c = 7.85 \times 10^{-7}\ \text{m}^2$，被测量 R、A_c、ρ_c 的不确定性都是 10%，求应力计的误差。

解：根据康铜合金丝的长度公式，可得

$$L = \frac{RA_c}{\rho_c} = \frac{100 \times 7.85 \times 10^{-7}}{48 \times 10^{-8}} = 163.54 (\text{m})$$

其中

$$R = 100\ \Omega \pm 10\ \Omega$$

$$A_c = 7.85 \times 10^{-7}\ \text{m}^2 \pm 7.85 \times 10^{-8}\ \text{m}^2$$

$$\rho_c = 48 \times 10^{-8}\ \Omega \cdot \text{m} \pm 48 \times 10^{-9}\ \Omega \cdot \text{m}$$

各变量 R、A_c、ρ_c 的偏微分为

$$\frac{\partial L}{\partial R} = \frac{A_c}{\rho_c} = \frac{7.85 \times 10^{-7}}{48 \times 10^{-8}} = 1.635 (\text{m} \cdot \Omega^{-1})$$

$$\frac{\partial L}{\partial A_c} = \frac{R}{\rho_c} = \frac{100}{48 \times 10^{-8}} = 2.083 \times 10^8 (\text{m}^{-1})$$

$$\frac{\partial L}{\partial \rho_c} = -\frac{RA_c}{\rho_c^2} = -\frac{100 \times 7.85 \times 10^{-7}}{(48 \times 10^{-8})^2} = -3.407 \times 10^8 (\Omega^{-1})$$

根据误差的定义，系统绝对误差和误差百分数分别为

$$E_a = \Delta N = \Delta R \frac{\partial L}{\partial R} + \Delta A_c \frac{\partial L}{\partial A_c} + \Delta \rho_c \frac{\partial L}{\partial \rho_c}$$

$$= 10 \times 1.635 + 7.85 \times 10^{-8} \times 2.083 \times 10^8 + 4.8 \times 10^{-8} \times (-3.407) \times 10^8$$

$$= 16.35 (\text{m})$$

$$E_r = \frac{\Delta N}{N} \times 100\% = \frac{16.35}{163.54} \times 100\% \approx 10\%$$

3.1.4 传感器的分类

在机电一体化系统中,选择合适的传感器非常重要。传感器种类多样,分类方法也有很多,一般根据传感器的输出信号、电源、物理原理、被测量和用途等进行分类,如表 3-1 所示。

表 3-1 传感器的分类

序　号	分　　类	传感器类型
1	输出信号	模拟传感器、数字传感器
2	电源	有源(自带电源)传感器、无源传感器
3	物理原理	电参量式、磁电式、压电式、光电式、气电式、热电式、波式(包括超声波式、微波式等)、射线式、半导体式等传感器
4	被测量	声学、电学、机械学、磁学、光学、热学等传感器
5	用途	位移传感器、压力传感器、振动传感器、温度传感器等

按照输出信号的不同,传感器可以分为模拟传感器和数字传感器。

模拟传感器输出模拟量,模拟量是一个用来描述连续、非间断事件序列的术语,输出的模拟量通常和被测量成正比。输出的变化是连续的,采集信号的振幅也持续变化。这种传感器的输出量一般需要通过模数转换器转换后提供给计算机进行处理。

数字传感器具有较高的准确度和精密度,其逻辑电平输出具有数字化特征。不需要任何转换元件,数字传感器就能和计算机监测系统对接。

根据是否自带电源,传感器可以分为有源传感器和无源传感器。

有源传感器需要外界电源辅助才能工作,如应变计和热敏电阻器。有源传感器获取外部信号,进行修正,才能产生输出信号。

无源传感器的输出直接由输入参数产生,不需要外界电源辅助,如压电式传感器、热敏传感器和辐照式传感器。无源传感器响应外界的刺激,就产生一个电信号。

按照物理原理的不同,传感器可分为电参量式传感器、磁电式传感器、压电式传感器、光电式传感器、气电式传感器、热电式传感器、波式传感器(包括超声波式传感器、微波式传感器等)、射线式传感器、半导体式传感器等。

按照传感器基于被测量所属科目的不同,传感器可以分为声学、电学、机械学、磁学、光学、热学等传感器。

按照用途的不同,传感器可以分为位移传感器、压力传感器、振动传感器、温度传感器等。

被测量与测量原理如表 3-2 所示。

表 3-2 被测量与测量原理

被　测　量	测 量 原 理									
	电容式	电阻式	电感式	磁电式	压电式	压磁式	超声波式	光电式	霍尔式	微波式
位移	√	√	√	√			√	√	√	
厚度	√		√				√			√

续表

被 测 量	测 量 原 理									
	电容式	电阻式	电感式	磁电式	压电式	压磁式	超声波式	光电式	霍尔式	微波式
力	√	√	√		√	√		√		
转矩		√				√		√		
转速				√				√	√	
振动	√	√	√	√	√			√		

3.2 位置传感器

机电一体化系统中常见的位置（或长度）测量有两种，即绝对位置（两点之间的距离）测量和增量位置（位置的变化）测量。

如果传感器测量的是物体相对于基准点的位置（通电时物体与参考点的距离），则该传感器为绝对位置传感器。绝对位置传感器包括校准的电位计、绝对光学编码器、线性差动变压器式传感器、电容式传感器等。

如果传感器在通电时无法从参考点判断物体与参考点的距离，但可以从该点开始跟踪位置的变化，则该传感器为增量位置传感器。增量位置传感器包括增量式光学编码器和激光干涉仪。大多数位置传感器有旋转和平移（线性）位置传感器两个版本。

位置传感器是指用于检测物体是否到达或者接近某一位置的传感器，产生并输出一个反映某种状态的开关信号（如闭合/断开），并不需要产生连续变化的输出信号。位置传感器通常分为接近式（非接触式）和接触式位置传感器两种。

位置传感器的技术指标有检测距离、复位距离、差动距离和响应时间等。

（1）检测距离。被测物体按一定方式移动时，从基准位置（传感器的感应表面）到传感器动作时测得的位置的空间距离，如图 3-8(a)所示。

（2）复位距离。被测物体按一定方式移动时，从基准位置（传感器的感应表面）到传感器最远可动作时测得的位置的空间距离。

（3）差动范围。复位距离与检测距离之差。

（4）响应时间。从物体进入可检测区间到传感器有信号输出之间的时间差 T_1，或从物体退出可检测区间到传感器输出信号消失之间的时间差 T_2，如图 3-8(b)所示。

3.2.1 电位计

电位计是一种位置传感器，将绝对位置（线性或旋转）与电阻联系起来，把一个旋转或者直线的位移转化成一个电位差。

虽然现在非接触式传感器是主流传感器，但电位计仍然是常见的位置传感器。这种传感器测量电触点在电阻条上的电压降，而测量位置与输出电压成比例。

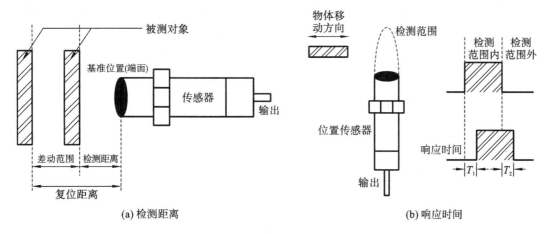

图 3-8 位置传感器的技术指标

如图 3-9 所示,电位计的滑片位移导致电阻的一端和滑片之间的电位差输出。这种设备将线性的或旋转的运动转化成电阻的变化,电阻的变化直接转化成电压信号或电流信号。

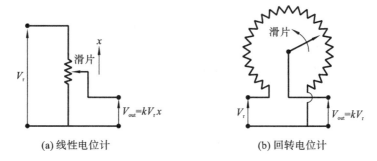

图 3-9 线性和回转电位计原理

电阻滑片的位置决定电势的大小。滑片移动的距离 x 或旋转角度 θ 与理想电位计的输出电压之间的关系为

$$V_{\text{out}} = kV_{\text{r}}x \tag{3-9}$$

或

$$V_{\text{out}} = kV_{\text{r}}\theta \tag{3-10}$$

式中:k 为电位计系数;V_{r} 为电位计基准电压。

电位计的测量范围和分辨率要综合考虑。因为分辨率越高,测量范围越小。由于测量时滑片和电阻必须接触,因此传感器精度有一定的局限性。滑片在绕组上移动,输出电压以微小的离散步长变化,这决定了电位计的分辨率大小。通过激光对电阻条进行微调,线性度可小于 0.01%。

电位计分为旋转型、直线型和曲线型,结构紧凑、重量轻。电位计被认为是低成本、低精度、有限的范围、简单、可靠的绝对位置传感器。由于有电源电压,电位计上会有一定的功耗。电位计在适当的工作循环、良好的环境和性能要求不严格的应用场合中工作良好。

当需要一个电信号正比于位移,而且费用要求比较低,精度要求不高时,通常使用线性电位计。

典型的回转电位计具有 ±170° 的测量范围,线性度为 0.01%~1.5%。

电位计主要应用在生产车间的产品装配线上，进行位置监控，以及应用在质量控制系统中检测产品尺寸。回转电位计应用在机床和飞机等的回转测量中。

但是，电位计容易磨损，尤其是在高振动环境中，灰尘/沙粒等外来物质也会使电阻条磨损。高质量的电位计以工作循环数给出寿命指标，但往往忽略了振动的影响。

3.2.2 电感式传感器

电感式传感器是基于电磁感应原理，将输入量转换成电感变化量的一种装置。常配以不同的敏感元件用来测量位移、压力、振动等物理参数。

电感式传感器的物理原理是法拉第定律，感应电动势等于通过线圈的磁通量变化速度，即

$$V = N\frac{\mathrm{d}\varphi}{\mathrm{d}t} \tag{3-11}$$

式中：N 为线圈的匝数；$\varphi = BA$，B 为磁感应强度，A 为线圈的面积。

感应电动势随着线圈磁通量的变化而变化，因此可以通过改变磁感应强度 B 或者线圈的面积 A 来实现，改写上式得

$$V = N\frac{\mathrm{d}\varphi}{\mathrm{d}t} = N\frac{\mathrm{d}(BA)}{\mathrm{d}t} = \frac{\mathrm{d}(N\varphi)}{\mathrm{d}t} = \frac{\mathrm{d}\psi}{\mathrm{d}t} \tag{3-12}$$

式中：$\psi = N\varphi$，N 为线圈的匝数，ψ 为相连线路的全部磁通量，即磁链。

从式（3-12）可以得出，产生的感应电动势等于电路中磁通量的变化速度。

电感是单位电流产生的磁链，表达式为

$$L = \frac{\psi}{i} = \frac{N\varphi}{i} \tag{3-13}$$

磁通量的表达式为

$$\varphi = \frac{Ni}{R} \tag{3-14}$$

式中：R 为磁路中的磁阻，与电路中的电阻类似。

磁阻可以表示为

$$R = \frac{l}{uA} \tag{3-15}$$

式中：u 为磁导系数；l 为线圈的长度。

将式（3-14）、式（3-15）代入式（3-13）中，可得

$$
\begin{aligned}
L &= \frac{\psi}{i} = \frac{N}{i}\left(\frac{Ni}{R}\right) = \frac{N^2}{R} \\
&= N^2 u\left(\frac{A}{l}\right) \\
&= N^2 uG
\end{aligned}
\tag{3-16}
$$

式中：G 为几何因子，$G = \dfrac{A}{l}$。

电感变化可以通过改变线圈匝数，线圈周围和内部介质的有效磁导、磁阻，互感应中的耦合程度来实现。改变线圈匝数，可得电感输出关系式，为

$$L \propto N^2 \propto S^2$$

式中：S 为输出的位移量。

电感式传感器基于电磁感应原理,利用电感元件将位移量的变化转换成自感系数或互感系数的变化,再由测量电路转换为电压信号。基于电感的性质,电路必须在交流条件下工作。

根据转换方式的不同,电感式传感器可分为自感型(包括可变磁阻式与电涡流式)与互感型(差动变压器式)两种传感器,如图 3-10 所示。

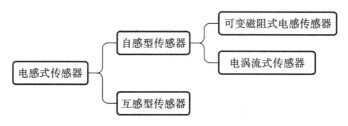

图 3-10 电感式传感器的分类

（1）可变磁阻式电感传感器。

可变磁阻式电感传感器由线圈、铁芯、衔铁和拉簧等组成,如图 3-11 所示。

该传感器的自感系数 L 计算公式为

$$L = \frac{W^2 \mu_0 A_0}{2\delta} \tag{3-17}$$

式中:W 为线圈匝数;μ_0 为空气磁导率;自感系数 L 与气隙 δ 成反比,与气隙导磁截面积 A_0 及磁导率 μ_0 成正比。

根据自感系数 L 与可变参数间的关系,可变磁阻式电感传感器一般分为变气隙式、变面积式、螺线管式三种传感器,如图 3-12 所示。

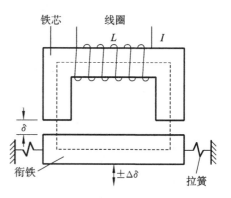

图 3-11 可变磁阻式电感传感器

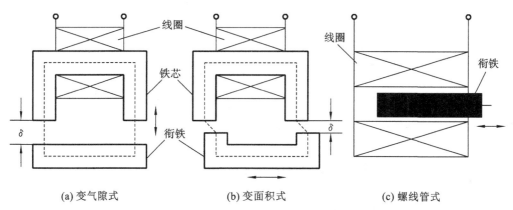

(a) 变气隙式   (b) 变面积式   (c) 螺线管式

图 3-12 可变磁阻式电感传感器的分类

变气隙式传感器是非线性输出,因此示值范围很小。

变面积式传感器具有良好的线性,自由行程较大。

螺线管式传感器结构简单、自由行程大、灵敏度较低。目前螺线管式传感器使用比较广泛。

（2）电涡流式传感器。

电涡流式传感器是利用电涡流效应将被测量转换为传感器线圈阻抗 Z 变化的一种装置。

电涡流效应是指根据法拉第定律,将块状金属置于变化的磁场中或块状金属在磁场中运动时,由于做切割磁力线的运动,其内产生涡旋状感应电流。此电流的流动路线在金属内自己闭合,这种电流就叫作电涡流。

电涡流的大小为

$$Z = F(\rho, \mu, r, f, x)$$

Z 与金属的电阻率 ρ、磁导率 μ、厚度 r、磁场变化频率 f,以及线圈与金属的距离 x 等有关。

利用电涡流效应制作的传感器称为电涡流式传感器。电涡流式传感器的工作原理如图 3-13 所示。当传感器线圈通以正弦交变电流 I_1 时,线圈周围空间将产生正弦交变磁场 H_1,被测导体内产生涡旋状交变感应电流 I_2,这称为电涡流效应。

电涡流产生的交变磁场 H_2 与 H_1 方向相反,它使传感器线圈等效阻抗发生变化。

电涡流式传感器使金属内产生涡流,涡流强度、渗透深度与传感器线圈激励电流的频率有关,如图 3-14 所示。按照电涡流在金属内的贯穿情况,电涡流式传感器可分为高频反射式和低频透射式两类传感器,但它们从基本原理上来说仍是相似的。

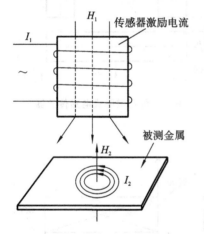

图 3-13　电涡流式传感器的工作原理

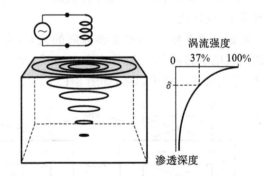

图 3-14　涡流强度与渗透深度示意

电涡流式传感器的特点有:非接触测量,不易受油液介质影响;结构简单,使用方便,灵敏度高,最高分辨率达 $0.05~\mu m$;频率响应范围大($0 \sim 10$ kHz),适用于动态测量。

电涡流式传感器的应用有:改变参数 x,测量位移、厚度、振幅;改变参数 ρ,测量表面温度、电解质浓度,进行材质判别等;改变参数 μ,进行无损探伤等。电涡流式传感器测量厚度、振动和位移的原理分别如图 3-15、图 3-16、图 3-17 所示。

3.2.3　线性差动变压器式传感器

在一个电路中产生的感应电动势完全是因另外一个电路中电流的变化而产生的,这称为互感。图 3-18 所示为互感原理。

如图 3-18 所示,假设有两个线圈 A 和 B,匝数分别为 N_A 和 N_B,电流 i 通过线圈 A 产生

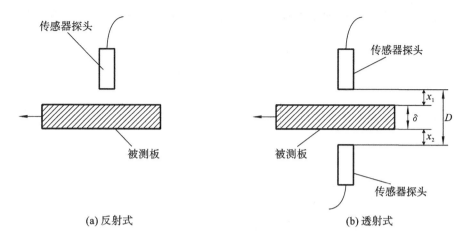

图 3-15 厚度测量

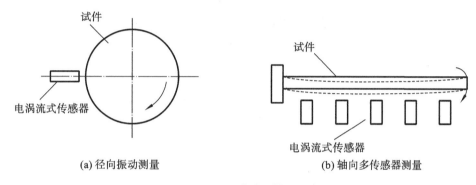

图 3-16 振幅测量

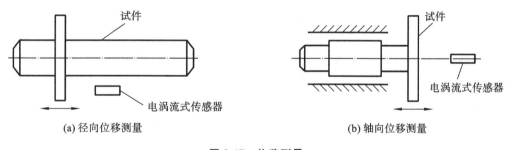

图 3-17 位移测量

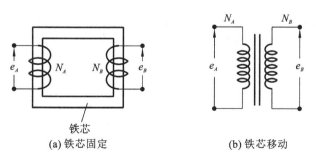

图 3-18 互感原理

磁场,形成磁路,磁阻为 R,磁通量为 U,那么线圈 B 因线圈 A 中电流的作用而产生的感应电动势为

$$e_B = N_B \frac{\mathrm{d}\varphi}{\mathrm{d}t} = N_B \frac{\mathrm{d}\left(\frac{N_A i_A}{R}\right)}{\mathrm{d}t}$$

$$e_B = \frac{N_A N_B}{R} \frac{\mathrm{d}i_A}{\mathrm{d}t}$$

$$e_B = M \frac{\mathrm{d}i_A}{\mathrm{d}t} \tag{3-18}$$

式中:M 为互感系数,$M = \frac{N_A N_B}{R}$。

同理可得,线圈 A 因线圈 B 而产生的电动势为

$$e_A = M \frac{\mathrm{d}i_B}{\mathrm{d}t} \tag{3-19}$$

为了表示两个线圈连接的磁通量损耗,通过增加一个系数,将互感表达式修改为

$$M = \frac{N_A N_B}{R} K \tag{3-20}$$

根据式(3-16),有

$$L_A = \frac{N_A^2}{R}, \quad L_B = \frac{N_B^2}{R}$$

$$L_A L_B = \frac{N_A^2 N_B^2}{R^2} \tag{3-21}$$

联立式(3-20)、式(3-21),可得

$$M = K \sqrt{L_A L_B} \tag{3-22}$$

式中:K 是两个线圈的耦合系数。这样两个线圈之间的互感随着自感或者耦合系数的变化而变化。

电感式位移传感器原理是:在一个线圈中,改变铁芯位置而产生感应电动势变化。当铁芯居中时,每个二次绕组中感应电动势是一样的。若改变铁芯位置,磁通量的变化引起一个二次绕组的感应电动势提高,另一个二次绕组的感应电动势降低。二次绕组通常串联连接。每个线圈感应产生的电动势相位不同。当铁芯居中时,输出电压为零。当铁芯插入或拉出时,输出电压增大。输出电压的大小和铁芯位移在一定范围内成线性关系,输出电压的极性和铁芯移动的方向有关。

互感式位移传感器将被测位移量的变化转换成互感系数 M 的变化,M 与两线圈之间相对位置及周围介质导磁能力等因素有关。其基本结构原理与常用变压器类似,故又称为变压器式位移传感器。互感式位移传感器常接成差动形式,因此常称为线性差动变压器式传感器。

线性差动变压器式传感器是应用广泛的传感器之一,因为它不但可以直接测量位移,而且可以分辨非常小的位移,具有高分辨率、高精度和高稳定性,是用于短距离测量的理想设备。

线性差动变压器式传感器包含一个初级绕组 P_1 和两个次级绕组 S_1、S_2。三个线圈绕在一个圆柱形磁性铁芯上(见图 3-19),铁芯用来在线圈中连接磁力线构成磁路。将一个振

荡励磁电压施加到初级绕组上,通过初级绕组的电流产生磁场,变化的磁场作用于次级绕组,产生感应电动势。铁磁体为磁场中心,如果铁芯靠近某个次级绕组,则该线圈的感应电动势就会较高。

当在次级绕组上施加交流励磁电压时,次级线圈上将产生感应电动势。因为两个次级绕组反极性串联,两个次级绕组中的感应电动势 U_1 和 U_2 的相位相反,其相加的结果是:在输出端产生电位差 U。当铁芯处于中心对称位置时,$U_1 = U_2$,所以 $U = 0$。铁芯随被测对象产生位移时,$U \neq 0$,而与铁芯移动的距离和方向有关,U 的大小与铁芯的位移成正比。

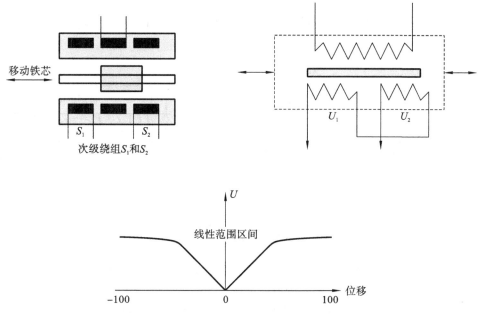

图 3-19 线性差动变压器式传感器

在动态测量中,线性差动变压器式传感器具有一定的局限性。它不适用于频率大于 1/10 的激励频率。另外,铁芯的质量还会造成一定的负载误差。线性差动变压器式传感器的选择与位移测量的范围有关。电压与位移在一定范围内成线性关系,在其他范围内成非线性关系。线性差动变压器式传感器的灵敏度与激励信号的频率 f、初级绕组电流 I_p 有很大的关系。典型的线性差动变压器式传感器测量范围是 $\pm(2 \sim 400)$ mm,约有 $\pm 0.25\%$ 的非线性误差。

信号输出 E_0 与线圈的其他特性的关系为

$$E_0 = \frac{16\pi^3 f I_p n_p n_s}{10^9 \ln\left(\frac{r_0}{r_1}\right)} \frac{2bx}{3w}\left(1 - \frac{x^2}{2b^2}\right) \tag{3-23}$$

式中:f 为激励信号的频率;I_p 为初级绕组电流;n_p 为初级绕组匝数;n_s 为次级绕组匝数;b 为初级绕组宽度;w 为次级绕组宽度;x 为铁芯的位移;r_0 为线圈的外径;r_1 为线圈的内径。

在测量精密零部件的角向转动时,可以采用回转差动变压器式传感器,其和线性差动变压器式传感器的原理相同,但其有一个可以回转的铁芯。回转差动变压器式传感器的角度测量范围一般在 $\pm 40°$ 之间,线性误差约为 $\pm 0.5\%$。差动变压器式传感器既可直接用于位移测量,又可间接测量与位移有关的任何机械量,如振动、加速度、应变和厚度等。

　　线性差动变压器式传感器具有高分辨率、高精度和良好的稳定性,是用于短距离测量的理想传感器,它的分辨率可达 0.05 mm,量程范围内读数精确度可达±0.5 mm,但是相对于电位计,线性差动变压器式传感器测量距离时受温度的影响较大。

　　线性差动变压器式传感器的典型应用有轧钢过程中钢板厚度的测量、液位高度的测量、回转设备的角速度测量、加工工序中的不规则表面检测、焊接时焊枪和工作表面之间间隙的精密测量等。

3.2.4　电容式传感器

　　许多物理现象可以用两个分离导体之间的电容变化来测量,如图 3-20 所示。

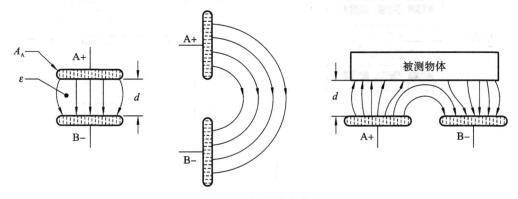

图 3-20　间距和被测物体位置影响电容

　　电容是一个与导体有效面积、两个导体之间的距离和材料介电常数有关的物理量。三个参数中的任意一个发生变化,就能改变电容的大小。

　　电容式传感器是一种非接触式距离传感器。被测物体应具有较高的相对介电常数。存储在一个板上的电荷量和在电容上所施加电压的比值称为电容。电容与板的面积成正比,与两块板之间的距离成反比。在传感器和被测物体之间的电容为

$$C = \frac{\varepsilon A}{d} \tag{3-24}$$

式中:ε 为介电常数。

　　对于一个绝缘体材料的电容式传感器,两块板之间的电容为

$$C = \frac{\varepsilon_r \varepsilon_0 A}{d}$$

式中:ε_r 为介电材料的介电常数;ε_0 为绝缘体材料的介电常数;A 是平板的重叠面积;d 是两块板之间的距离。

　　从式(3-24)可以看出,面积 A、距离(间距)d 和电容 C 之间存在明确的关系。改变两者之间的任何一个都能线性地改变电容,电容可以通过一个电路测量出来。以上公式只对平行板电容器有效。

　　电容式传感器可以用来进行液位测量,应用于化工等领域,或者某些非导体的情况。设 ΔA、Δd、ΔC 分别表示面积、距离和电容的变化,则有如下关系式:

$$\frac{\Delta C}{C} = -\frac{\Delta d}{d}$$

$$\frac{\Delta C}{C} = \frac{\Delta A}{A}$$

（1）改变间距的电容式传感器。

图 3-21 所示为一个典型的电容式传感器的配置,该传感器利用平板之间的距离的变化,来改变电容。上侧极板固定,下侧极板移动,位移是可以测量的。电容和间距之间的关系可以通过下式表达:

$$C = \frac{\varepsilon_r \varepsilon_0 A}{d} \tag{3-25}$$

如果极板之间的介质是空气,则 ε_r 为 1。电容和极板之间的距离成反比。传感器的整体响应并不呈现出线性趋势,如图 3-22 所示,但是在测量微小位移时,在该类传感器位移范围内,间距和电容几乎成线性关系。

灵敏度系数 S 的表达式为

$$S = \frac{\partial C}{\partial d} = \frac{-\varepsilon_r \varepsilon_0 A}{d^2}$$

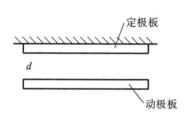

图 3-21　一个典型的电容式传感器的配置　　**图 3-22　电容和间距的变化关系**

（2）改变平板重叠面积的电容式传感器。

对于改变平板重叠面积的电容式传感器(见图 3-23),其电容大小为

$$C = \frac{\varepsilon_r \varepsilon_0 A}{d} = \frac{\varepsilon_r \varepsilon_0 L w}{d} \tag{3-26}$$

式中:L 为平板重叠部分的长度;w 为平板重叠部分的宽度。

该类电容式传感器的灵敏度系数 S 为

$$S = \frac{\partial C}{\partial l} = \frac{\varepsilon_r \varepsilon_0 w}{d} \tag{3-27}$$

电容和位移的变化关系如图 3-24 所示。电容正比于平板重叠面积,并和平板之间的位移成线性关系。这种类型的传感器主要用来测量相对较大的位移。

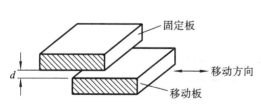

图 3-23　改变平板重叠面积的电容式传感器

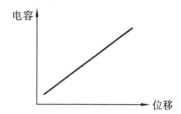

图 3-24　电容和位移的变化关系

（3）改变圆柱面重叠面积的电容式传感器。

一个圆柱形电容式传感器包括同轴的 2 个圆柱面,内部圆柱体(可插入和抽出)外径为

D_1，外部圆柱体（固定不动）外径为 D_2，重叠部分的长度为 L，如图 3-25 所示。如果内部的圆柱体相对外部圆柱体移动，内、外圆柱体之间的电容会发生变化，电容的表达式为

$$C = \frac{2\pi\varepsilon_r\varepsilon_0 L}{\ln\dfrac{D_2}{D_1}} \tag{3-28}$$

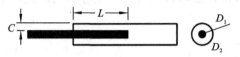

图 3-25　电容与面积的变化关系

（4）角向转动的电容式传感器。

面积变化的基本原理也可用于回转测量。如图 3-26 所示，使一个半圆形平板固定，另一个半圆形平板处于可转动状态。

将要被测量的角位移施加到可移动的平板上后，角位移发生变化，两块半圆形平板的重叠面积也发生变化，导致电容发生变化。

当两者完全重叠时，电容最大。电容的最大值可由下式计算：

$$C = \frac{\varepsilon A}{d} = \frac{\varepsilon_r\varepsilon_0\pi r^2/2}{d} \tag{3-29}$$

如果半圆形平板角位移为 θ，电容的表达式为

$$C = \varepsilon_r\varepsilon_0\left(\frac{\theta}{2}\right)\frac{r^2}{d} \tag{3-30}$$

式中：角位移 θ 的单位是弧度，最大角位移是 π。角位移与电容成线性关系，如图3-27所示。灵敏度系数 S 计算公式为

$$S = \frac{\partial C}{\partial\theta} = \frac{\varepsilon_r\varepsilon_0}{2d}r^2 \tag{3-31}$$

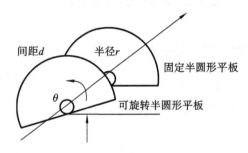

图 3-26　平板的角向旋转

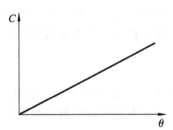

图 3-27　电容与角位移的变化

（5）改变介电常数的电容式传感器。

通过改变介质材料的介电常数来改变电容，是电容式传感器的工作原理之一。如图 3-28所示，两块平板由一个介电常数不同的介电材料隔开。该材料的移动改变了电极之间的介电常数，从而导致电容发生变化。

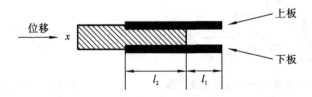

图 3-28　改变介电常数的电容式传感器

上板和下板之间是介电材料，当介电材料移动距离为 x 时，距离 l_1 减小，距离 l_2 增大。

电容的初始值为

$$C = \frac{\varepsilon_0 l_1 w}{d} + \frac{\varepsilon_r \varepsilon_0 l_2 w}{d}$$

$$C = \frac{\varepsilon_0 w}{d}(l_1 + \varepsilon_r l_2) \tag{3-32}$$

式中：d 为介电材料的厚度；w 为介电材料的宽度；ε_0 为绝缘体材料的介电常数；ε_r 为介电材料的介电常数。

式(3-32)由两部分组成，前半部分表示由空气隔离的两块电极产生的电容，后半部分表示由介电材料隔离两块电极产生的电容。

如果介电材料移动距离 x，那么电容 C 也将改变，改变量为 ΔC，此时电容为

$$C + \Delta C = \frac{\varepsilon_0 w}{d}[l_1 - x + \varepsilon_r(l_2 + x)]$$

$$C + \Delta C = \frac{\varepsilon_0 w}{d}[l_1 + \varepsilon_r l_2 + x(\varepsilon_r - 1)]$$

$$\Delta C = \frac{\varepsilon_0 w x(\varepsilon_r - 1)}{d} \tag{3-33}$$

（6）基于差动配置的电容式传感器。

差动电容式传感器用于测量精密位移。如图 3-29 所示，两个固定板和移动板组成差动布置的电容式传感器。

设固定板 P_1 和 P_2 的电容分别为 C_1 和 C_2。中间为移动板，将交流电压作用于两个固定板 P_1、P_2 之间，测出两个电容器差动电压。

设 $\varepsilon = \varepsilon_0 \varepsilon_r$，则有

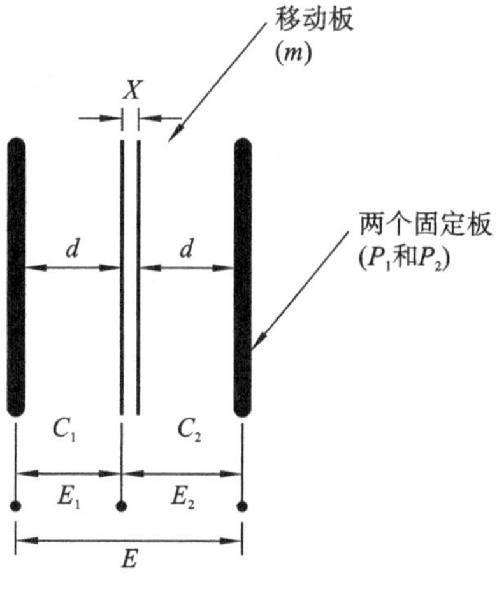

图 3-29 基于差动布置的电容式传感器

$$C_1 = \frac{\varepsilon A}{d}, \quad C_2 = \frac{\varepsilon A}{d}$$

$$E_1 = \frac{EC_2}{C_1 + C_2} = \frac{E}{2}$$

$$E_2 = \frac{EC_1}{C_1 + C_2} = \frac{E}{2}$$

因此，$E_1 - E_2 = \dfrac{E}{2} - \dfrac{E}{2} = 0$。

设移动板的位移为 x，则有

$$C_1 = \frac{\varepsilon A}{d + x}, \quad C_2 = \frac{\varepsilon A}{d - x}$$

输出的差动电压为

$$\Delta E = E_1 - E_2 = \frac{(d + x)}{2d}E - \frac{(d - x)}{2d}E = \frac{x}{d}E \tag{3-34}$$

输出的差动电压随着位移 x 的变化而变化。差动配置的电容式传感器的检测范围为 $0.001 \sim 10$ mm，其可提供高达 0.05% 的精确度。该类传感器的灵敏度系数 S 为

$$S = \frac{\Delta E}{x} = \frac{E}{d} \tag{3-35}$$

电容式传感器可以应用在高温、高湿度或者核辐射地带。它的优点是非常灵敏，具有很高的分辨率；所需作用力很小，频率响应好，高达 50 kHz，动态应用中也可使用；适用于测量小的位移，如表面形状测量、磨损测量和裂痕生长测量等。它的缺点是需要将金属零件相互绝缘，存在连接传感器和被测点之间的线缆误差源造成的灵敏度损耗。

3.2.5 霍尔传感器

霍尔传感器是基于霍尔效应制成的。霍尔效应是 1879 年美国物理学家爱德文·霍尔在金属材料中发现的。

随着半导体材料和制作工艺的发展，人们利用半导体材料制作霍尔元件，其因霍尔效应显著而得到使用和发展，广泛用于非电量测量、自动控制、电磁测量等方面。霍尔式转速传感器的主要组成部分是传感头和齿圈，而传感头又是由霍尔元件、永磁体和电子电路组成的。

在测量机械设备的转速时，被测量机械的金属齿轮、齿条等运动部件会经过传感器的前端，导致磁场发生相应变化，当运动部件穿过霍尔元件产生磁力线较为分散的区域时，磁场相对较弱，而穿过霍尔元件产生磁力线较为集中的区域时，磁场相对较强。

1. 霍尔效应

霍尔效应是指当一块通有电流的导体或半导体薄片垂直地放在磁场中时，薄片的两端产生电位差的现象。

霍尔效应产生于一个垂直于磁场方向和电流方向的电场，其大小正比于磁感应强度和电流的积。

一个电荷为 e 的电子，在磁感应强度为 B 的磁场中运动，其速度为 v，受到的洛伦兹力为 F，F 的表达式为

$$F = e(v \times B)$$

在洛伦兹力的作用下，电子产生漂移，金属导电板一侧积累电子，另外一侧积累正电荷，从而形成电位差。

如图 3-30 所示，当通电薄片没有磁场通过时，薄片各个端面的输出都是等电势的。当加载磁场后，薄片两端的电位差称为霍尔电势 U，其表达式为

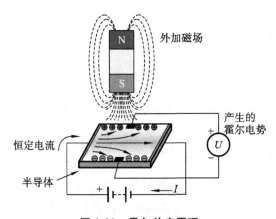

图 3-30　霍尔效应原理

$$U = HI \frac{B}{d} \tag{3-36}$$

式中：H 为霍尔系数；I 为薄片中通过的电流；B 为外加磁场的磁感应强度；d 为薄片的厚度。

霍尔传感器整体的灵敏度依赖于霍尔系数，霍尔效应主要出现在杂金属和半导体中，而其大小基于材料的特性。

例 3-3 使用霍尔元件测量霍尔电势。对于某霍尔元件，其尺寸为 5 mm×5 mm×2 mm，霍尔系数 H 等于 -0.8 V·m/(A·Wb/m²)，求磁感应强度为 0.015 Wb/m²、电流密度为 0.003 A/mm² 时产生的电压。

解：电流 $I =$ 电流密度×面积 $= 0.003×5×5 = 0.075$(A)

产生的霍尔电势为

$$U = HI \frac{B}{d} = \frac{-0.8 × 0.075 × 0.015}{2 × 10^{-3}} = -0.45(\text{V})$$

霍尔传感器用于液位测量和流体测量、速度测量、角位移测量和感知生物医学移植的偏差。

根据应用和需求的不同，霍尔传感器的构造有多种形式。利用霍尔效应可制作各种检测设备，如霍尔效应叶轮开关、霍尔效应电流传感器和磁场强度传感器。霍尔传感器适合应用于低速环境中，虽然一般比感应接近传感器昂贵，但它具有更好的信噪比。

2. 位置传感器

霍尔传感器可以用来检测直线滑动。在磁铁和霍尔元件之间保持一个严格控制的间隙。磁铁在固定的间隙中来回移动[见图 3-31(a)]，霍尔元件的感应磁场不断发生变化。

当霍尔元件接近磁铁 N 极时，霍尔电势变成负的；当其接近磁铁 S 极时，霍尔电势变成正的。这种类型的位置传感器具有结构简单的特点。

如果采用长条形磁铁，它能在很大的范围内测量精确的位置。此类传感器的输出特性具有相当大的线性范围，如图 3-31(b)所示，在测量大行程直线滑动运动时，传感器要保持一定的线性运动刚度，并且防止磁铁做任何正交运动。

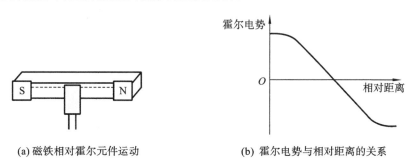

(a) 磁铁相对霍尔元件运动　　　　(b) 霍尔电势与相对距离的关系

图 3-31 霍尔效应位置传感器的原理示意图

1）位置测量

多个霍尔元件和磁铁组配合，构成一套测量装置，可以用来测量无刷直流电机换向位置，无刷直流电机与传统直流电机的不同之处在于，它们采用绕组的电子（而不是机械）换向。

图 3-32 所示为霍尔传感器测量角度位置的原理。环形磁极安装在转轴上，作用于霍尔传感器，传感器感应到转轴的角度位置发生变化，并将角度位置信息输入逻辑电路中。逻辑

电路对这些信息进行编码,控制驱动电路中的开关。

通过这种方法,励磁磁场的方向就可以根据转轴的位置变化了。由于无滑环或电刷,无刷直流电机消除了摩擦、积炭造成的功率损失和电噪声。无刷直流电机具有较长的免维护周期,适合应用于便携式医疗设备(肾透析泵、血液处理设备、心脏泵)、飞机和海上潜水器的通风鼓风机中。

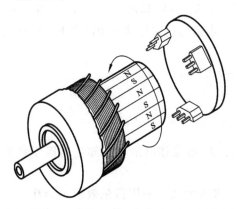

图 3-32　霍尔传感器测量角度位置的原理

小环形磁铁上极对的数量来改变。

2) 顺序测量

在持续动作的机械装置中,霍尔传感器可以用来记录操作顺序,如图 3-33 所示。

如图 3-33(a)所示,主轴上固定三个铁质凸轮,霍尔效应叶片传感器安装在凸轮的一侧固定不动。当主轴带动凸轮旋转时,三个同步旋转的凸轮的位置代表了一个二进制代码,该代码可以建立一个操作序列。要想改变程序,只需要更换不同比率的凸轮盘。

如图 3-33(b)所示,环形磁铁安装在旋转轴上。双极传感器的输出可以通过增大或减

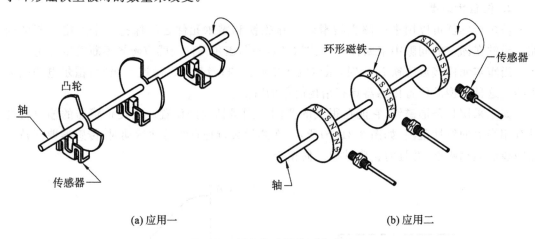

(a) 应用一　　　　　　　　　　　　　　(b) 应用二

图 3-33　霍尔传感器的测序应用

3) 液位测量

水箱的液位高度可以通过测量浮子的高度来测定。霍尔液位计是利用霍尔元件和浮子测量水箱液位的装置,其原理如图 3-34 所示,浮子高度的改变,将影响检测装置中通过霍尔传感器的磁通量的大小,从而改变输出电压。

4) 液体测量

图 3-35 所示为霍尔效应流量传感器,腔体中有液体流入和流出通道,随着液体流过腔体的流速的增大,叶轮的转速增大,弹簧开始蓄能,能量达到极限后,弹簧驱动丝杠转动。丝杠正向转动时,丝杠螺母带动磁铁上移;反之,当流速减小时,弹簧势能驱动丝杠反转,丝杠螺母带动磁铁下移。磁铁高度改变导致霍尔传感器的输出数字发生变化。磁铁和丝杠装配体需要提前标定,以测量霍尔电势和液体流速的线性关系。

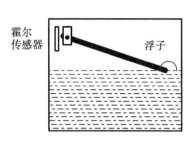

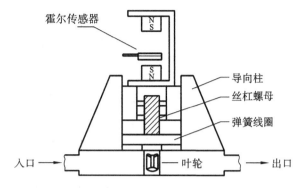

图 3-34 霍尔液位计原理图　　　　　图 3-35 霍尔效应流量传感器

5）霍尔开关

霍尔开关是利用霍尔元件的霍尔效应制成的接近开关，当有磁性物体接近霍尔元件时，霍尔元件会产生霍尔效应，开关内部的电路状态发生变化，从而改变开关的开闭状态，以达到检测磁性物体是否接近的目的。霍尔开关的检测对象必须是磁性物体。霍尔开关测量转子的转速如图 3-36 所示。

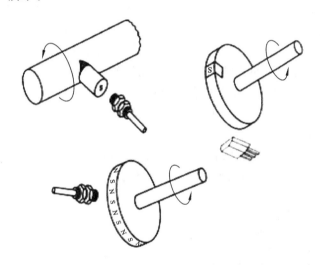

图 3-36 霍尔开关测量转子的转速

霍尔开关具有无触点、功耗低、使用寿命长、响应频率高等优点，内部采用环氧树脂封灌成一体，所以能在各类恶劣环境下可靠工作，在工业中特别是汽车工业中得到了广泛的应用。

图 3-37 所示为一套利用霍尔开关制成的纱线定长和自停装置，当被测纱线由导纱装置带动运行时，测长轮随之转动，测长轮上的磁钢 B 每通过霍尔开关 H_2 一次，霍尔开关就导通一次，输出一个低电平。被测纱线的长度便等于测长轮边缘的线位移。

如果纱线在运行的过程中突然断裂，张力轮因失去纱线的张力而下落，轮上的磁钢 A 接近霍尔开关 H_1，H_1 导通。H_1 输出低电平，控制器检测到这一信号便发出停机指令。

3.2.6　编码器

编码器广泛用于测量线性或者角向位置、速度和运动方向。它们不仅被嵌入现代先进

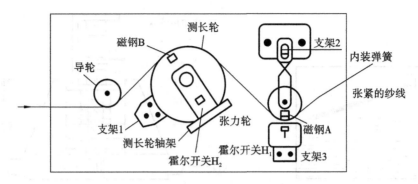

图 3-37 纱线定长和自停装置

机器中，而且应用于各个制造阶段的精密测量仪器、运动控制中。

例如，编码器应用于拉力测试仪，以精确测量滚珠丝杠的位置，仪器上的滚珠丝杠则向测试标本施加张力或者压力。滚珠丝杠的位置和压力之间存在线性关系，这种关系在出厂前标定好。编码器还可用在自动测试架上，来测定挡风玻璃雨刮器驱动和开关的角向位置和切换位置。

编码器是一种旋转式脉冲发生器，把机械转角转换成电脉冲，是一种常用的角位移传感器，同时也可用作速度检测装置。脉冲编码器有光电式、接触式、电磁感应式三种类型。由于接触式编码器存在接触磨损及分辨率不高等缺点，应用范围受到一定限制。光电式编码器因其高精度、高分辨率和高可靠性而广泛用于测量各种位移量。

光电式编码器按照结构形式的不同分为直线式编码器和旋转式编码器。旋转式编码器用于角位移测量，旋转式编码器又分为绝对式编码器和增量式编码器。

1. 绝对式编码器

绝对式编码器通常有一个光源，释放一束光投射到光电式传感器上，该光电式传感器称为光感应器。光感应器将接收到的光信号转换成电信号，如图 3-38 所示。

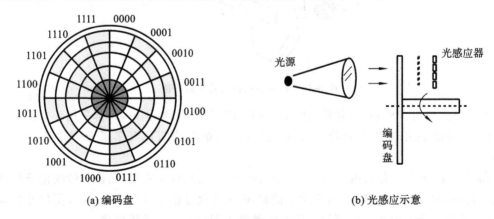

(a) 编码盘   (b) 光感应示意

图 3-38 光学编码方法

将一个光学编码盘（实际上是圆形的绝对光栅）安装在 LED 光源和光感应器之间，如图 3-39 所示，编码盘上有若干同心的分区，各分区的透明和非透明部分交替呈现。

当编码盘上不透明部分在光束前通过时，光感应器由于接收不到光，处于关闭状态，没有信号产生；当透明部分在光束前通过时，光感应器处于打开状态，产生一个信号。周而复

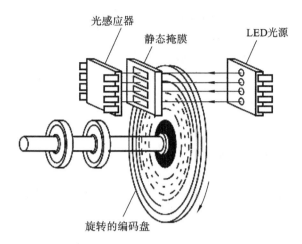

图 3-39 光学编码盘的构成

始，形成了一系列对应编码盘旋转的信号。

使用计数器对信号进行计数，可知编码盘的转数，从而测得被测物体旋转的角位移。对采集到的脉冲进行微分，可得被测物体的转速。

绝对式编码器圆盘上的每道刻线依次以 2 线、4 线、8 线、16 线等编排，在该编码器的每一个位置，通过读取每道刻线的通、暗，获得一组从 2 的零次方到 2 的 $n-1$ 次方的唯一的二进制编码（格雷码），这称为 n 位绝对编码器，如图 3-40 所示。

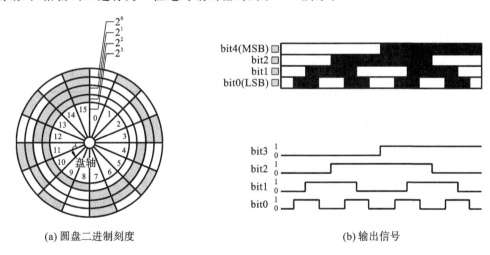

(a) 圆盘二进制刻度   (b) 输出信号

图 3-40 绝对式编码器圆盘

注：MSB 表示最高有效位，LSB 表示最低有效位。

绝对式编码器是通过读取圆盘上的图案信息把被测转角直接转换成相应代码的检测元件，可以直接输出数字量。

绝对式编码器的优点是每个位置是唯一的，它无须记忆，无须找参考点，掉电位置信息不丢失；缺点是结构复杂，成本高，并行输出时所需线缆多。

2. 增量式编码器

增量式编码器有回转型和直线型两类。增量回转编码器用于测量角度，它有一个感知轴和一个圆盘，圆盘沿圆周外侧标识等量刻度；增量直线编码器沿着直线进行等宽刻度标识。

编码器的读数方法有多种，可以利用一个刷子或者滑片直接进行电接触读数，也可以利用光照方法，使用光狭缝或者光栅传递。

编码器对编码盘上的线刻度计数，编码盘上的线刻度越多，表示分辨率越高。假如编码盘上有 1 000 个刻度，则其每转一圈，光电探测器的输出就会改变 1 000 次状态，输出 1 000 个脉冲。光电探测器的每个脉冲对应 360/1 000 角度位置的变化。图 3-41 所示为增量式编码器原理。

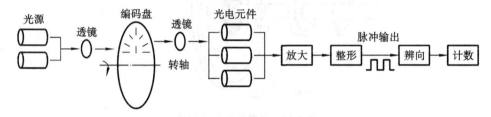

图 3-41　增量式编码器原理

增量回转编码器直接利用光电转换原理输出三组方波脉冲（A、B 和 Z 相）；A、B 两组脉冲相位差为 90°，从而可方便地判断出旋转方向，而 Z 相为每转一个脉冲，用于基准点定位。图 3-42 所示为增量回转编码器原理。

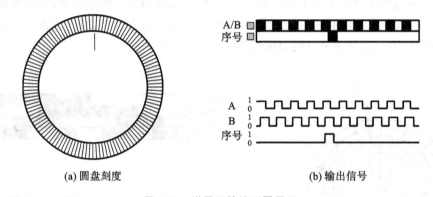

(a) 圆盘刻度　　　　　　　　　　　(b) 输出信号

图 3-42　增量回转编码器原理

如果只使用一个光电探测器，可以检测到旋转位置的变化，但不能测出旋转方向。如果使用两个光电探测器（通常称为 A 和 B 通道编码器输出），它们彼此之间的位移相差一个刻度的 1/2（或一个整数加上单个刻度大小的 1/2），则旋转方向可以确定。如果编码盘旋转方向改变，则 A 和 B 通道之间的相位在 −90° 到 +90° 之间变换。

除了使用 A 和 B 光电探测器以外，增量式编码器也可以使用第三个光电探测器，通常称为 C 或 Z 通道，来开启（或关闭）旋转的每一个脉冲周期，建立起始运动序列，如图 3-43 所示。加电时，角度位置轴相对于零参考位置是未知的。编码器旋转直到 C 或 Z 通道打开，此位置即可作为零参考位置用于跟踪绝对位置。

增量直线编码器广泛用于线性位移测量。图 3-44 所示为增量直线编码器原理，移动光栅相对于固定光栅平动，可以获得脉冲计数提供的位置信息。

增量式编码器的优点是原理构造简单，平均机械寿命可在几万小时以上，抗干扰能力强，可靠性高；缺点是其由于采用相对编码，无法输出轴转动的绝对位置信息，掉电后位置信息丢失，存在零点累积误差。

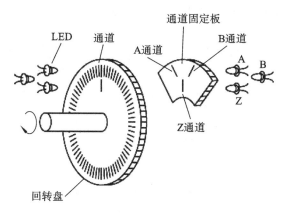

图 3-43　使用三光电探测器的编码器圆盘

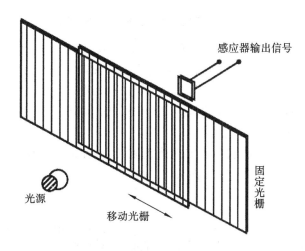

图 3-44　增量直线编码器原理

3.2.7　光栅位移传感器

　　光栅位移传感器属于模-数传感器,采用与数字计算机相连接的数字控制和数字测量技术,用光栅产生的莫尔条纹来实现位移量与光学条纹信号的转换。

　　光栅是由多个等节距的透光缝隙和不透光的刻线相间均匀排列构成的光器件。光栅有物理光栅和计量光栅之分,前者的刻线比后者的细密。物理光栅主要利用光的衍射现象,而计量光栅主要利用光栅的莫尔现象。它们都可以用于位移的精密测量,物理光栅精度更高,而计量光栅的应用更为广泛。

　　根据制造方法和光学原理的不同,光栅分为透射光栅和反射光栅。透射光栅以透光的玻璃为载体,利用光的透射现象进行检测。反射光栅以不透光的金属(一般为不锈钢)为载体,利用光的反射现象进行检测。

　　根据光栅的外形的不同,光栅又可分为长光栅(又称为直线光栅或光栅尺)和圆光栅,它们分别用于角位移和直线位移测量。

　　角位移测量系统直接安装在丝杠或者齿轮齿条上,同步旋转。

　　近年来,已经出现了采用钢制成或者以钢为背衬的反射光栅尺,在有些工程环境中,这种光栅尺比光学透射式光栅尺更适用，因为钢制光栅尺比光学透射式光栅尺具有更大的刚度、更高的耐受力。

在反射型光栅直线位移测量系统中，光穿过光栅尺，照射到索引光栅，然后被反射回来，通过索引光栅，到达光电传感器。如图 3-45 所示，该系统包含固定盒、移动光栅、索引光栅、发光二极管（LED）和光感应器等。光感应器的输出以数字化的形式被读出。

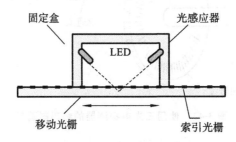

图 3-45　反射型光栅直线位移测量系统

莫尔条纹是 18 世纪法国研究人员莫尔先生最先发现的一种光学现象。莫尔条纹是两条线或两个物体之间以恒定的角度和频率发生干涉的视觉结果。当人眼无法分辨这两条线或两个物体时，只能看到干涉的花纹，这种光学现象就是莫尔条纹。

莫尔条纹传感器基于莫尔条纹原理，可以用来测量长度、角度、直线度和圆度。莫尔条纹传感器最重要的元件之一是光栅。

如图 3-46 所示，当固定光栅不动、旋转光栅旋转时，在两种光栅所夹钝角的角平分线方向上，出现莫尔条纹，它沿着栅线的方向移动。图 3-47 所示为莫尔条纹间距的计算。

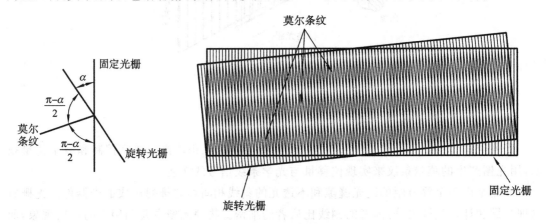

图 3-46　莫尔条纹的形成

莫尔条纹之间的间距 B 与光栅夹角 α（一般地，$\alpha < 10'$）之间的关系为

$$B = \frac{p}{\tan\alpha} \approx \frac{p}{\alpha} \tag{3-37}$$

莫尔条纹的放大倍数为

$$K = \frac{B}{\alpha} \tag{3-38}$$

如果栅距 p 为 0.1 mm，莫尔条纹的间距 B 设置为 10 mm，则放大倍数为 1 000 倍。测量莫尔条纹移动的距离，就可检测出光栅微小的移动，实现高精度位移测量的目标。

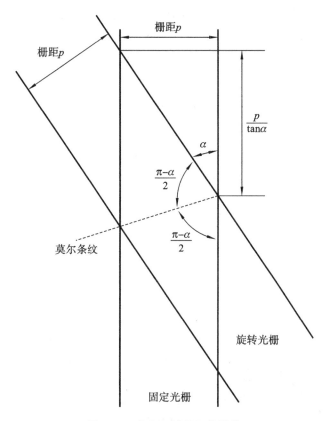

图 3-47 莫尔条纹间距的计算

光栅位移传感器测量精度高,在大量程测量长度或直线位移方面仅低于激光干涉传感器的精度。它便于动态测量,易于实现测量及数据处理自动化,但不适合在油污、粉尘环境中应用。基于光栅尺的特点,该传感器广泛应用于数控机床和精密测量中。

3.3 速度传感器

3.3.1 转速计

转速计实际上是一台微型的直流发电机,用作测速元件。它的结构与直流电刷电机的结构相同,但是其尺寸较小,因为转速计是用于测量的,而不是像电机执行器那样将电能转换为机械能。转速计包括转子绕组、永磁定子和换向器电刷组件,其原理如图 3-48 所示。

恒定的磁通由定子产生,当转子在磁场中旋转时,电枢绕组中产生交流电动势,该电动势经换向器和电刷转换成与转子速度成正比的直流电动势。

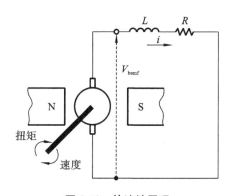

图 3-48 转速计原理

转速计是一种无源模拟传感器，提供与轴的转速成比例的输出电压，不需要外部参考电压或励磁电压。根据直流电刷电机的电学行为的动态模型，假设转子绕组的电阻和电感分别为 R 和 L，则电动机的反电动势常数 K_{vw}、转子绕组的端电压 V_t、电流 i 与转子角速度 $\dot{\theta}(t)$ 之间的动态关系为

$$0 = L\frac{\mathrm{d}}{\mathrm{d}t}i(t) + Ri(t) + K_{vw}\dot{\theta}(t) \tag{3-39}$$

反电动势产生的电压为

$$V_{bemf} = K_{vw}\dot{\theta}(t) \tag{3-40}$$

如果忽略电感的影响，即 $L=0$，则转速计各参数之间的关系可以表示为

$$Ri(t) = -K_{vw}\dot{\theta}(t)$$
$$V_R(t) = -K_{vw}\dot{\theta}(t)$$
$$\dot{\theta}(t) = -\frac{1}{K_{vw}}V_R(t)$$

式中：$V_R(t)$ 为电阻上的电压（需要注意的是，电阻 R 随温度变化）；K_{vw} 通过转速计的设计是已知的。

转速计输出特性曲线如图 3-49 所示。从图中可以看出，当负载电阻趋于无穷大时，其输出电压与转速成正比。当负载电阻减小时，其输出电压下降，而且输出电压与转速之间并不能严格保持线性关系。由此可见，对于精度要求比较高的转速计，除了采取其他措施以外，应使负载电阻尽量大。

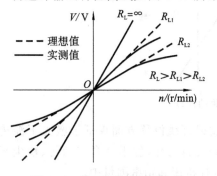

图 3-49 转速计输出特性曲线

在稳态下，输出电压与转子角速度成正比。比例常数是一个由转速计的尺寸、绕组类型和结构中使用的永磁体决定的参数。理想情况下，转速计的增益应该是恒定的，但实际上由于换向器数量有限，它会随着温度 T 和转子角位移 θ 而变化。因此，传感器输出电压和转子角速度关系可以表示为

$$V_{out} = K_{vw}\dot{\theta}(t) \tag{3-41}$$

式中：$K_{vw} = K_{vw}(T, \theta)$。

例 3-4 一个转速计的增益（输出电压与转速比）为 2/1 000。它通过具有 12 位分辨率和 ±10 V 输入范围的模数转换器（ADC）与数据采集系统接口。转速计上的换向器产生的绕组电压是最大输出电压的 0.25%。

（1）求解传感器和数据采集系统可以测量的最大速度。

（2）绕组电压和 ADC 分辨率导致的测量误差分别是多少？

（3）如果 ADC 是 8 位的，绕组电压和 ADC 分辨率哪个更大？

解： 由于 ADC 的输入在 10 V 时饱和，因此转速计的最大输出电压应为 10 V，则可测量的最大速度为

$$w_{mx} = \frac{10}{2/1\ 000} = 5\ 000(\mathrm{r/min})$$

绕组电压的测量误差为

$$E_r = \frac{0.25}{100} \times 10 = 0.025(\text{V})$$

或

$$E_r = \frac{0.25}{100} \times 5\ 000 = 12.5(\text{r/min})$$

ADC 分辨率是 12 位时,测量范围是 $-10 \sim +10$ V,ADC 分辨率的测量误差为

$$E_{ADC} = \frac{20}{2^{12}} = 0.004\ 88(\text{V})$$

或

$$E_{ADC} = \frac{10\ 000}{2^{12}} = 2.44(\text{r/min})$$

由此可知,ADC 分辨率是 12 位时,$E_{ADC} < E_r$。

ADC 分辨率是 8 位时,测量范围还是 $-10 \sim +10$ V,ADC 分辨率的测量误差为

$$E_{ADC} = \frac{20}{2^8} = 0.078(\text{V})$$

或

$$E_{ADC} = \frac{10\ 000}{2^8} = 39.06(\text{r/min})$$

由此可知,ADC 分辨率是 8 位时,$E_{ADC} > E_r$。

转速计的特点是输出斜率大、线性好,但其由于有电刷和换向器,构造和维护比较复杂,摩擦转矩较大。转速计在机电控制系统中,主要用作测速和校正元件。在使用中,为了提高检测灵敏度,尽可能把它直接连接到电机的轴上。

3.3.2 光电式转速传感器

在大多数运动控制系统中,速度是从位置测量中得到的信息。这种情况下,速度传感器本质上就是一种位置传感器,如光电式转速传感器、编码器等。

光电式转速传感器由装在被测轴(或与被测轴相连接的输入轴)上的带缝隙圆盘、光源、光电器件和指示缝隙盘等组成,如图 3-50 所示。光源发出的光通过带缝隙圆盘和指示缝隙盘照射到光电器件上。当带缝隙圆盘随被测轴转动时,由于带缝隙圆盘上的缝隙间距与指示缝隙盘上的缝隙间距相同,因此带缝隙圆盘每转一周,光电器件输出与带缝隙圆盘缝隙数相等的电脉冲,根据测量时间 t 内的脉冲数 N,可测出转速,为

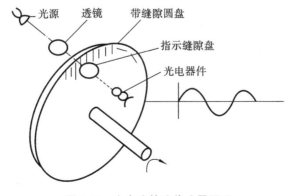

图 3-50　光电式转速传感器原理

式中：Z 为带缝隙圆盘上的缝隙数量；n 为转速，r/min；t 为测量时间，s。

$$n = \frac{60N}{Zt} \tag{3-42}$$

一般取 $Zt = 60 \times 10^m$，$m = 0,1,2,\cdots$。如果需要测出转速的方向，再增加一个指示缝隙盘和一个光敏元件即可。

3.4 力和扭矩传感器

3.4.1 电阻应变式传感器

电阻应变式传感器的基本原理是把位移、力、压力、加速度、扭矩等非电量转换成阻值的变化，再经转换电路变成电量输出。

在弹性元件上粘贴应变敏感元件，当被测物理量作用在弹性元件上时，弹性元件的形变引起了应变敏感件的形变，从而使应变材料的阻值发生变化，再通过转换电路将阻值变化转换为电信号输出，电信号的大小也就反映了被测量的大小。

电阻应变式传感器可测量位移、加速度、力、力矩和压力等各种参数，是目前应用较为广泛的传感器之一。它具有结构简单、使用方便、性能稳定、可靠性高、灵敏度高、测量快等优点。

电阻应变式传感器的主要原理是电阻应变效应。

1. 电阻应变效应

电阻应变效应是指金属的电阻随着它所受的机械变形（拉伸或压缩）的大小而发生相应变化。

当金属丝受外力作用时，其长度和截面积都会发生变化，其电阻值就会发生变化。当金属丝受外力作用而伸长时，其长度增大，而截面积减小，电阻值增大。当金属丝受外力作用而缩短时，其长度减小，而截面积增大，电阻值减小。

只要测出电阻值变化（通常是测量电阻两端的电压），即可获得应变金属丝的应变情况。

金属丝的电阻与它的截面积、长度和电阻特性有关，表达式为

$$R = \frac{\rho L}{A} \tag{3-43}$$

式中：R 为金属丝的电阻，Ω；ρ 为金属丝的电阻率，$\Omega \cdot m$；L 为金属丝的长度，m；A 为金属丝的截面积，mm^2。

从式（3-43）中可以看出，金属丝的电阻因应变而产生变化的原因与两个因素有关，即金属丝的电阻率及其几何尺寸。本节主要讨论金属应变导致电阻值变化的部分。

一根圆形金属导线的长度为 L，截面积为 A，半径为 r，在施加应力前，该导线的电阻 $R = \frac{\rho L}{A}$，如果在导线上施加一个力 F，导线产生应力，使得导线变长 dL，电阻率改变 $d\rho$，截面积变小 dA，则电阻值发生的变化 dR 为

$$dR = \frac{\rho}{A}dL - \frac{\rho L}{A^2}dA + \frac{L}{A}d\rho \tag{3-44}$$

用式（3-44）除以式（3-43），可得

$$\frac{dR}{R} = \frac{dL}{L} - \frac{dA}{A} + \frac{d\rho}{\rho} \tag{3-45}$$

因为导线的截面积 $A = \pi r^2$，所以

$$\frac{dA}{A} = 2\frac{dr}{r} \tag{3-46}$$

将式(3-46)代入式(3-45)中，可得

$$\frac{dR}{R} = \frac{dL}{L} - 2\frac{dr}{r} + \frac{d\rho}{\rho} \tag{3-47}$$

泊松比 u 的定义为

$$u = -\frac{径向应变}{轴向应变} = -\frac{\dfrac{dr}{r}}{\dfrac{dL}{L}} \tag{3-48}$$

金属丝轴向的相对变化为轴向应变，即长度的单位变化量 $\varepsilon = \dfrac{dL}{L}$。

根据材料力学原理，金属丝受拉时，沿轴向伸长，沿径向缩短，二者之间的应变关系为

$$\frac{dr}{r} = -u\frac{dL}{L} \tag{3-49}$$

将式(3-49)代入式(3-47)中，可得

$$\frac{dR}{R} = \frac{dL}{L} + 2u\frac{dL}{L} + \frac{d\rho}{\rho} \tag{3-50}$$

对于小的变化，式(3-50)可以改写为

$$\frac{\Delta R}{R} = \frac{\Delta L}{L} + 2u\frac{\Delta L}{L} + \frac{\Delta \rho}{\rho} \tag{3-51}$$

灵敏度系数 K 定义为电阻的单位变化与长度的单位变化的比值，即

$$K = \frac{\dfrac{\Delta R}{R}}{\dfrac{\Delta L}{L}}$$

$$\frac{\Delta R}{R} = K\frac{\Delta L}{L} = K\varepsilon \tag{3-52}$$

灵敏度系数 K 也可以表示为

$$K = \frac{\dfrac{\Delta R}{R}}{\dfrac{\Delta L}{L}} = 1 + 2u + \frac{\dfrac{\Delta \rho}{\rho}}{\dfrac{\Delta L}{L}} = 1 + 2u + \frac{\Delta \rho}{\rho \varepsilon} \tag{3-53}$$

金属丝的相对灵敏度系数受以下两个因素影响：

(1) 受力后材料的几何尺寸变化，即 $(1+2u)$ 项；

(2) 受力后材料的电阻率变化，即 $\dfrac{\Delta \rho}{\rho \varepsilon}$ 项。

对于金属丝，电阻的变化主要由材料的几何尺寸变化引起。如果忽略电阻率的变化或者材料的压阻效应，则灵敏度系数 K 也可以表示为

$$K = 1 + 2u \tag{3-54}$$

计量因子体现应力灵敏度，即单位应力下电阻的变化。金属的泊松比为 $0\sim0.5$。金属的计量因子为 $2\sim6$，半导体的计量因子一般为 $40\sim200$。镍的计量因子为 -12.6，软铁的计量因子为 $+4.2$。计量因子相差这么大的原因之一是应力作用下，材料的电阻率变化明显。

2. 常见电阻应变式传感器

最常见的电阻应变式传感器是电阻应变片。电阻应变片是一种将被测件上的应变变化转换成电信号的敏感器件。它是压阻式应变传感器的主要组成部分之一。

电阻应变片有金属丝式、金属箔式和金属薄膜式三种类型。从材料方面来看,应用最多的是金属电阻应变片和半导体应变片两种,它们由金属箔、铜镍合金或者单晶硅半导体材料制造而成,典型的应变片材料为铜镍合金(铜 55%、镍 45%)。应变片要么是机械成形,要么是通过电化学刻蚀制成。如图 3-51 所示,绑定式的应变片是由金属或半导体材料制成的一个线性测量计或薄的金属箔。合金金属丝的直径在 25 μm 左右。敏感栅粘贴在绝缘的基底上,电阻丝的两端焊接引出接线端。

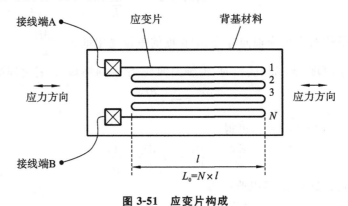

图 3-51 应变片构成

当应变片贴在被测物体表面时,其将与表面上的其他部分获得相同的应力。背基材料(基体)的热膨胀系数应和固定在上面的导线相匹配。当基体受力发生应力变化时,电阻应变片也一起产生形变,使应变片的阻值发生变化,从而使加在电阻上的电压发生变化。

电阻应变片把机械应变信号转换为电阻的变化 ΔR 后,由于应变量及相应电阻变化一般都很微小,难以直接精确测量,且不便处理,因此,一般采用电桥电路把电阻应变片的电阻变化转换成电压或电流变化,通过后续的仪表放大器进行放大,传输给处理电路显示或执行机构。

应力即使产生了几分之一微米的小变化,这种应变片也能测量出来。对于精密测量,应变片需要具有如下特征:

(1) 灵敏度高,会因某个应力而产生较大的电阻变化;

(2) 电阻变化和应力成线性关系。如果将应变片用于动态测量,线性度应该保持在所要求的频率范围内;

(3) 应变片应具有低温系数,没有滞后效应。

常用应变片的材料性能如表 3-3 所示。

表 3-3 常用应变片的材料性能

材料	成 分		灵敏度系数 K	电阻率 ρ / $(\Omega \cdot mm/m^2)$	电阻温度系数 $/(10^{-6}/℃)$	备 注
	元素	质量分数/(%)				
镍铬合金	Ni	80	2.1~2.3	1.0~1.3	110~130	多用于动态 (800 ℃)
	Cr	20				
康铜	Ni	45	1.9~2.1	0.45~0.54	±20	动态 400 ℃ 静态 300 ℃ 应用较多
	Cu	55				

续表

材料	成 分		灵敏度系数 K	电阻率 ρ/ $(\Omega \cdot mm/m^2)$	电阻温度系数 /$(10^{-6}/℃)$	备 注
	元素	质量分数/(%)				
铂	Pt	100	4~6	0.09~0.11	3 900	高温适用
铂钨 合金	Pt	92	3.5	0.68	0.68	高温适用
	W	8				

例 3-5 将一个力作用在一个结构件上,产生的应变 $\varepsilon = -5 \times 10^{-6}$。有两个应变片,一个是镍丝应变片,灵敏度系数为 -12.6;另一个是镍铬合金线应变片,灵敏度系数为 2。如果将这两个独立的应变片安装在该结构件上,设应变片原来的电阻为 120 Ω,求应变片此时的电阻值。

解: 设拉应力方向为正方向,压应力方向为负方向。根据式(3-52),有

$$\frac{\Delta R}{R} = \varepsilon K$$

$$\Delta R = \varepsilon R K$$

镍丝应变片的电阻变化为

$$\Delta R = 120 \times (-12.6) \times (-5) \times 10^{-6} = 7.56 \times 10^{-3}(\Omega)$$

镍铬合金线应变片的电阻变化为

$$\Delta R = 120 \times 2 \times (-5) \times 10^{-6} = -1.20 \times 10^{-3}(\Omega)$$

因此,镍丝应变片的电阻变大了,镍铬合金线应变片的电阻变小了。

例 3-6 一个电阻线式应变片的灵敏度系数为 2,安装在一个钢结构件上,应变片受到的应力 $\sigma = 120 \, MN/m^2$。已知钢的杨氏模量 $E = 200 \, GN/m^2$,求此时应变片的电阻值变化。

解: 根据应力公式,有

$$\varepsilon = \frac{\sigma}{E} = \frac{120 \times 10^6}{200 \times 10^9} = 0.6 \times 10^{-3}(m/m)$$

又因为

$$K = \frac{\dfrac{\Delta R}{R}}{\dfrac{\Delta L}{L}} = \frac{\dfrac{\Delta R}{R}}{\varepsilon}$$

所以

$$\frac{\Delta R}{R} = K \frac{\Delta L}{L} = K\varepsilon = 2 \times 0.6 \times 10^{-3} = 0.001\,2$$

即应变片电阻值增大了 0.12%。

1) 桥接电路配置

惠斯通电桥电路用来测量大多数应变片应用中电阻的微小变化,如图 3-52 所示。

应变片电阻 R_1 是惠斯通电桥的一个臂,其余三个臂的电阻分别为 R_2、R_3、R_4,电源输入在桥的 A 点和 C 点。B 点和 D 点之间有一个精密的电流表。

电流表给出该分路是否存在电流的指示。如果流

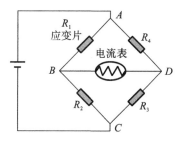

图 3-52 惠斯通电桥电路

过电流表的电流为 0，则说明 B 点和 D 点的电势相同。

电桥通过直流电压激励，电压为 V，电流计的电阻为 R。电桥平衡的条件为

$$\frac{R_1}{R_3} = \frac{R_4}{R_2} \tag{3-55}$$

如果应力作用下 R_1 发生变化，电桥的平衡状态被打破，这时可以通过改变 R_2、R_4 的阻值来平衡。这种方法适用于测量静态应变。

2）偏置电压

在图 3-52 中，电流表是指示表，用来比较 B 点和 D 点的电势差（$\Delta V = V_D - V_B$），初始状态下电桥平衡，此时 $\Delta V = 0$。

应变片受力后，电阻 R_1 的阻值发生变化，惠斯通电桥电路失去平衡，B 点和 D 点之间产生电位差。通过电桥臂的电流如下。

通过 A 点、B 点、C 点的电流为

$$I_1 = \frac{V}{R_1 + R_2}$$

通过 A 点、D 点、C 点的电流为

$$I_2 = \frac{V}{R_3 + R_4}$$

$$V_D = I_2 R_3 = \frac{VR_3}{R_3 + R_4}$$

$$V_B = I_1 R_2 = \frac{VR_2}{R_1 + R_2}$$

偏置电压为

$$\Delta V = V_D - V_B = \frac{VR_3}{R_3 + R_4} - \frac{VR_2}{R_1 + R_2}$$

$$\Delta V = V \frac{R_3 R_1 - R_2 R_4}{(R_3 + R_4)(R_1 + R_2)} \tag{3-56}$$

应力作用于电阻 R_1，其阻值发生变化，表示为 $R_1 = R + \Delta R$，其他三个电阻 R_2、R_3、R_4 的阻值都为 R，则偏置电压为

$$\Delta V = V \frac{R(R + \Delta R) - R^2}{(R + R)(R + R + \Delta R)}$$

$$\Delta V = V \frac{\Delta R}{4R + 2\Delta R}$$

设 $\delta = \frac{\Delta R}{R}$，代入上式，则有

$$\Delta V = V \frac{\delta}{4 + 2\delta} \tag{3-57}$$

在系统中，δ 的值通常很小，因此有

$$\Delta V \approx V \frac{\delta}{4}$$

将 $\delta = \frac{\Delta R}{R}$ 代入上式，可得

$$\Delta R = \frac{4R\Delta V}{V} \tag{3-58}$$

3）应变片的温度效应

大多数合金的电阻率会随着温度变化而变化。温度升高,电阻率变大;温度降低,电阻率变小。所以,温度变化对应变片测量有比较大的影响。

设电阻温度系数为 a_0,当温度为 T 时,其电阻值 R_T 可按下式计算:

$$R_T = R_{T_0}(1 + a_0 \Delta T) \tag{3-59}$$

由于温度变化为 ΔT,电阻变化量为

$$\Delta R_T = R_{T_0} a_0 \Delta T \tag{3-60}$$

如果 $\Delta T = 2\ ℃$,$a_0 = 0.004/℃$,$R_{T_0} = 120\ \Omega$,代入上式可得

$$\Delta R_T = R_{T_0} a_0 \Delta T = 0.96\ \Omega$$

由于电阻值可能受到温度变化的影响,因此,必要时需要安装多个应变片进行温度补偿。

压阻式传感器用于压力、拉力、压力差,以及可转变为力变化的其他物理量(如液位、加速度、质量、应变、流量、真空度)的测量和控制。压阻式压力传感器的优点是频率响应高、体积小、耗电少、灵敏度高、精度高(可达到 0.1%);其缺点是电桥阻值易随温度改变,压阻元件的压阻系数具有较大的负温度系数,这样容易引起电阻值与电阻温度系数的离散,导致压阻式压力传感器的热灵敏度漂移和零点漂移,影响其测量准确度。

电阻应变式压力传感器广泛用于测量力、应力、扭矩、压力和振动,在某些应用中,应变片用作一次或者二次传感器,与其他传感器组合使用,是工业实践中最为常用的一种传感器,涉及水利水电、铁路交通、智能建筑、生产自控、航空航天、石化、电力、船舶等众多行业。如图 3-53 所示,电阻应变式压力传感器可以应用于精度很高的电子天平、便携式的手提吊钩秤、测量汽车货物重量的汽车衡及人体称重的电子秤中。

(a) 电子天平

(b) 便携式的手提吊钩秤

(c) 汽车衡

(d) 电子秤

图 3-53　电阻应变式压力传感器的应用

4）应变片式测力和扭矩传感器

使用时,在弹性元件上粘贴应变敏感元件,当被测物理量作用在弹性元件上时,弹性元件的形变引起应变敏感元件的形变,从而使应变材料的阻值发生变化,再通过转换电路将阻值变化转换为电信号输出,电信号的大小反映了被测物理量的大小。

测量力和扭矩的方法之一是直接在待测力或者扭矩的轴上安装应变片,在某些应用中,无法安装传感器,此时,必须在不显著改变机械设计的情况下测量轴上的力或扭矩。

如图 3-54 所示,在轴上使用四对应变计进行力和扭矩传感测量。大多数力和扭矩传感器使用对称连接的应变计,以减小温度变化和应变计输出漂移的影响。

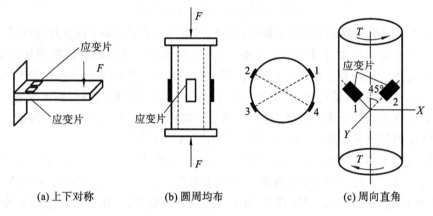

(a) 上下对称　　　　　　(b) 圆周均布　　　　　　(c) 周向直角

图 3-54　基于应变片的力和扭矩测量

基于应变计的力和扭矩传感器有以下两个假设。

（1）材料中的应变足够小,以至于变形在弹性范围内,即

$$\varepsilon = \frac{\sigma}{E} = \frac{1}{E}\frac{F}{A} \tag{3-61}$$

（2）应变计承受相同的应变。应变-电阻变化关系为

$$\varepsilon = \frac{1}{K}\frac{\Delta R}{R} \tag{3-62}$$

其中电阻的变化通过惠斯通电桥电路转换为输出电压,有

$$\frac{\Delta R}{R} = \frac{4}{V_i}V_{out} \tag{3-63}$$

由此可得力和输出电压的关系为

$$F = \frac{4EA}{V_i K}V_{out} \tag{3-64}$$

例 3-7　考虑在受压轴上使用应变计来测量力,如图 3-54(b) 所示。假设轴的材料是钢,杨氏模量 $E=2\times10^8$ kN/m²,横截面积 $A=10.0$ cm²。在轴的拉力方向上,应变计的标称电阻为 $R=600$ Ω,应变计灵敏度系数 $K=2.0$。惠斯通电桥的其他三个臂具有恒定电阻 $R_2=R_3=R_4=600$ Ω。惠斯通电桥的参考电压为 10.0 V。假设变形在弹性范围内,如果测得的输出电压 $V_{out}=2.0$ mV,请问力是多少? 应变片有哪些改变?

解:根据应力-应变关系,有

$$\sigma = \frac{F}{A}$$

$$\varepsilon = \frac{1}{E}\sigma$$

$$\frac{\Delta R}{R} = K\frac{\Delta L}{L} = K\varepsilon$$

$$V_{out} = \frac{V_i}{4R}\Delta R$$

联立以上各式,可得

$$V_{out} = \frac{V_i K}{4EA}F \tag{3-65}$$

因此

$$F = \frac{4EAV_{out}}{V_i K}$$

将 E、A、V_i、K、V_{out} 代入上式,可求得

$$F = 80\ 000\ \text{N}$$

电阻的改变量为

$$\Delta R = \frac{4RV_{out}}{V_i}$$

$$= \frac{4 \times 600 \times 2 \times 10^{-3}}{10}$$

$$= 0.48(\Omega)$$

电阻值的变化率为

$$\frac{\Delta R}{R} \times 100\% = \frac{0.48}{600} \times 100\% = 0.08\%$$

将灵敏度系数 $K = 2.0$ 代入应变公式,可求得

$$\varepsilon = \frac{\Delta L}{L} = \frac{1}{K}\frac{\Delta R}{R}$$

$$= \frac{1}{2} \times 0.08\%$$

$$= 0.04\%$$

$$\frac{\Delta L}{L} = 0.04\%$$

$$\Delta L = 4 \times 10^{-4}L$$

3.4.2 压电式传感器

压电式传感器是利用压电效应制成的传感器。压电式传感器基于某些物质的压电效应工作,是一种发电式传感器(无源传感器)。

1. 压电效应

当沿着一定方向对某些电介质施力而使它变形时,其内部就产生极化现象,同时在它的两个表面上产生符号相反的电荷,去掉外力后,其又重新恢复到不带电状态,这种现象称为压电效应。有时这种机械能转变为电能的现象又称为"正压电效应";反之,在某些物质极化方向施加电场时,这些物质也会产生变形,这种电能转变为机械能的现象称为"逆压电效应",如图 3-55 所示。

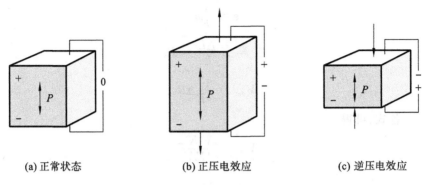

|(a) 正常状态|(b) 正压电效应|(c) 逆压电效应|

图 3-55   正、逆压电效应

具有压电效应的电介质称为压电材料。在自然界中,大多数晶体都具有压电效应,然而大多数晶体的压电效应都十分微弱。最常用的天然材料是石英晶体(SiO_2),人造材料是陶瓷和聚合物,如锆钛酸铅(PZT)、聚偏二氟乙烯(PVDF)、钛酸钡($BaTiO_3$)等。

2. 压电材料

压电材料可以分为两大类:压电晶体和压电陶瓷。前者为晶体,后者为极化处理的多晶体。它们都具有较好的特性,即压电常数较大、力学性能优良、时间稳定性和温度稳定性好等,因此,它们是较理想的压电材料。

(1) 压电陶瓷。

压电陶瓷是人造多晶体压电材料。常用的压电陶瓷有钛酸钡、锆钛酸铅、铌酸盐系压电陶瓷。它们的压电常数比石英晶体的大,如钛酸钡的压电系数虽大,但介电常数、力学性能不如石英晶体的好。由于它们品种多、性能各异,可根据它们各自的特点制作不同的压电式传感器。压电陶瓷是一种很有发展前途的压电材料。

(2) 压电晶体。

常见的压电晶体有天然和人造石英晶体。石英晶体是单晶体结构,晶柱呈六角形,两端呈六棱锥,其化学成分为 SiO_2,在几百摄氏度的温度范围内,其压电常数稳定不变,能产生十分稳定的固有频率,能承受 $700 \sim 800 \ kg/cm^2$ 的压力,是理想的压电材料。

石英晶体可以沿着 x、y、z 轴三个方向切割。在图 3-56 所示的六边形中,有 3 个硅原子和 6 个氧原子,2 个氧原子组成一对,共 3 对氧原子。每个氧原子带 2 个负电荷,1 对氧原子带 4 个负电荷,3 对氧原子带 12 个负电荷。每个硅原子带 4 个正电荷,3 个硅原子带 12 个正电荷。

在没有外力作用于石英晶体时,正离子和负离子(即 Si^{4+} 和 $2O^{2-}$)正好分布在正六边形的顶角上,形成三个大小相等互成 120° 的电偶极矩 p_1、p_2、p_3,如图 3-56(a)所示。$p=ql$,其 q 为电荷量,l 为正、负电荷间的距离。电偶极矩方向为负电荷指向正电荷。此时,正、负电荷中心重合,电偶极矩的矢量和等于零,即 $p_1+p_2+p_3=0$。此时石英晶体表面不产生电荷,整体呈中性。

当沿着 x 轴施加一个压力时,如图 3-56(b)所示,石英晶体产生压缩变形,六边形发生变化,正、负电荷的中心不再重合。电偶极矩在 x 轴方向上的分量大于零,在 x 轴正方向上的晶体表面出现正电荷,而在 y 轴和 z 轴方向上的分量均为零,垂直于 y 轴和 z 轴的晶体表面上不出现电荷。这种沿着 x 轴施加作用力,而在垂直于 x 轴的晶体表面产生电荷的现象,称为纵向压电效应。

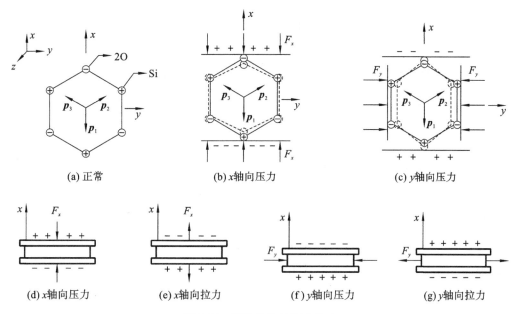

图 3-56 石英晶体的压电效应

当石英晶体受到沿 y 轴方向的压力作用时，如图 3-56(c)所示，石英晶体将产生收缩变形，正、负离子的相对位置随之变动，正、负电荷中心不再重合。在 x 轴正方向上的晶体表面上出现负电荷；而在 y 轴和 z 轴方向上的分量均为零，垂直于 y 轴和 z 轴的晶体表面上不出现电荷。这种沿 y 轴施加作用力，而在垂直于 x 轴的晶体表面产生电荷的现象，称为横向压电效应。

当晶体沿 x 轴和 y 轴方向受到拉力作用时，同样有压电效应，只是电荷的极性将随之改变，石英晶体上电荷极性与受力方向的关系分别如图 3-56(d)、图 3-56(e)、图 3-56(f)、图 3-56(g)所示。

当晶体受到沿 z 轴方向的作用力时，因为晶体在 x 轴和 y 轴方向的变形相同，正、负电荷中心保持重合，电偶极矩在 x、y 轴方向上的分量等于零，所以，石英晶体不会产生压电效应。

压电材料作为一个电容，以压电晶体为电介质。由于压电材料本身所具有的电容特性，电荷可以储存在压电材料中。

压电元件由压电材料制成。在受力时，压电元件可以将机械量转换成电信号，表现为电极的电压。感应表面电荷的大小和极性，与所施加的力的大小和方向成正比关系。

图 3-57 和图 3-58 所示的装置产生的电荷分别为

$$Q = dF \tag{3-66}$$

$$Q = dF \frac{a}{b} \tag{3-67}$$

式中：d 为压电材料的压电系数；F 为作用于压电材料上的力。

设压电材料原来厚度为 t，力 F 导致其厚度变化 Δt，杨氏模量 E 为

$$E = \frac{\text{应力}}{\text{应变}} = \frac{\dfrac{F}{A}}{\dfrac{\Delta t}{t}} = \frac{Ft}{A \Delta t} \tag{3-68}$$

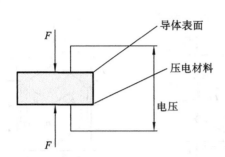

图 3-57　纵向压电效应

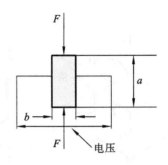

图 3-58　横向压电效应

式中：A 为压电材料的面积。

根据式(3-68)，作用力 F 为

$$F = \frac{AE}{t}\Delta t \tag{3-69}$$

根据式(3-66)、式(3-69)，可得电荷为

$$Q = \frac{dAE\Delta t}{t}$$

电极上产生的电压为

$$V = \frac{Q}{C}$$

压电材料两极之间的电容为

$$C = \varepsilon \frac{A}{t} = \varepsilon_0 \varepsilon_r \frac{A}{t}$$

式中：ε_0 为空气介电常数；ε_r 为压电材料介电常数。

$$V = \frac{Q}{C} = \frac{dF}{\varepsilon_0 \varepsilon_r \dfrac{A}{t}} = \frac{dtF}{\varepsilon_0 \varepsilon_r A}$$

设 g 为压电材料的压电敏感系数，则电压可表示为

$$V = \frac{gtF}{A} \tag{3-70}$$

式中：$g = \dfrac{d}{\varepsilon_0 \varepsilon_r}$，单位为 V·m/N。

压电材料可以因机械变形而产生电场，也可以因电场作用而产生机械变形，这种固有的机-电耦合效应使得压电材料在工程中得到了广泛的应用。

3. 压电式传感器的等效电路

根据压电效应，压电式传感器既可以看作一个电荷发生器，又可以看作一个电容器，晶体上聚集正、负电荷的两表面相当于电容的两个极板，极板间物质等效于一种介质，产生的电荷集中在电容和泄漏电阻上，电荷源可以替换为一个电压源，表达式为

$$V = \frac{Q}{C_c} = \frac{dF}{C_c} \tag{3-71}$$

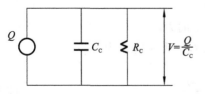

图 3-59　电荷等效电路

电荷等效电路如图 3-59 所示。

压电式传感器本身的内阻抗很高，以至于电路

中产生的电流非常小,因此它的测量电路通常需要接入一个高输入阻抗的前置放大器,其作用为:

(1) 把压电式传感器的高输出阻抗变换为低输出阻抗;

(2) 放大传感器输出的微弱信号。

压电式传感器的输出可以是电压信号,也可以是电荷信号,因此前置放大器也有电压放大器和电荷放大器两种形式。由于电压放大器中的输出电压与屏蔽电缆的分布电容及放大器的输入电压有关,因此目前多采用性能较稳定的电荷放大器。

电压放大器的输出电压与输入电压(传感器的输出电压)成正比关系,电荷放大器的输出电压与输入电荷也成正比关系。图 3-60 所示为压电晶体界面,图 3-61 所示为组合等效电路。

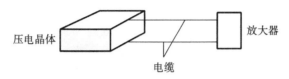

图 3-60　压电晶体界面

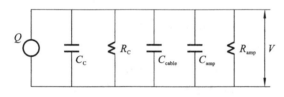

图 3-61　组合等效电路

注:C_{cable}、C_{amp}、R_{amp} 分别为线缆电容、放大器电容和放大器电阻。

4. 压电式测力传感器

压电式传感器是实现力-电转换的核心器件,压电式传感器设计的关键是选择合理的切型和结构形式(周边压缩式、中心压缩式、预紧筒式和环型剪切式等)。

图 3-62 所示为压电式测力传感器的结构。当压电式测力传感器的上盖受到外力时,上盖产生弹性变形,使石英晶片发生形变,根据石英晶片的纵向压电效应,其侧面产生电荷。该传感器的测力范围为 0~50 N,最小分辨率为 0.01 N,固有频率为 50~60 kHz,整个传感器的质量为 10 g。

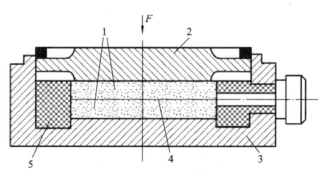

图 3-62　压电式测力传感器的结构

1—石英晶片;2—上盖;3—基座;4—电极;5—绝缘套

压电式传感器在机械制造领域中应用较多。除了广泛用于冲击和振动测量以外,还应用于动态测力系统。在普通机床及机床自适应控制中,利用压电式传感器制成的压电动态切削测力仪,可以对切削力的大小及变化进行可靠的监视,还可以检查刀具的磨损情况。

压电式传感器可及时察觉表面质量的变化,以防止机床过载,保持切削力恒定,控制切削过程和优化切削过程。因此,这种压电式传感器已成为自动反馈控制系统中十分精确的传感元件。

3.4.3　压阻式传感器

上文讨论过金属几何尺寸变化引起电阻值变化的相关内容,本小节讨论电阻率变化引起电阻值变化的相关内容。当半导体材料受到应力作用时,其电阻率就要发生变化,从而导致电阻值发生变化。

半导体压阻式压力传感器是利用单晶硅的压阻效应和集成电路技术制成的传感器。在单晶硅受到力的作用后,其电阻率发生变化,通过转换电路就可得到正比于力变化的电信号输出。当力作用于单晶硅时,单晶硅的晶格产生变形,使载流子从一个能谷向另一个能谷散射,引起载流子的迁移率发生变化,扰动了载流子纵向和横向的平均量,单晶硅的电阻率因此发生变化。这种变化因单晶硅的取向不同而异,因此单晶硅的压阻效应与其取向有关。

半导体材料的电阻随压力的变化主要取决于电阻率的变化,而金属材料的电阻的变化则主要取决于几何尺寸的变化(应变),前者的灵敏度比后者的大 $50\sim100$ 倍。

利用半导体单晶硅的压阻效应制成的敏感元件又称为半导体应变片。使用方法是将半导体应变片粘贴在弹性元件或被测物体上,随着被测试件的应变,其电阻发生相应的变化。

当金属或者半导体应变片轴向受到外力作用时,其电阻相对变化量为

$$\frac{\Delta R}{R} = (1 + 2u)\frac{\Delta L}{L} + \frac{\Delta \rho}{\rho} \tag{3-72}$$

式中:$\frac{\Delta \rho}{\rho}$ 为应变片的电阻率相对变化量,与元件在轴向所受的力有关。

对于金属材料,电阻率相对变化量 $\frac{\Delta \rho}{\rho}$ 较小,可以忽略不计。对电阻值变化起主要作用的是应变效应,即

$$\frac{\Delta R}{R} = (1 + 2u)\frac{\Delta L}{L}$$

注意,对于半导体压阻式压力传感器,其电阻值变化主要是电阻率的变化引起的,即

$$\frac{\Delta R}{R} \approx \frac{\Delta \rho}{\rho} = \pi_1 \sigma = \pi_1 E_e \frac{\Delta L}{L} = \pi_1 E_e \varepsilon \tag{3-73}$$

式中:π_1 为沿某晶向的压阻系数;E_e 为半导体材料的杨氏模量;ε 为应变;σ 为应力。

由于半导体材料的各向异性,当硅膜片承受外应力时,其同时产生纵向(扩散电阻长度方向)压阻效应和横向(扩散电阻宽度方向)压阻效应,则有

$$\frac{\Delta R}{R} = \pi_r \sigma_r + \pi_1 \sigma_t$$

式中:π_r 和 π_t 分别为纵向压阻系数和横向压阻系数,其由所扩散的晶相决定;σ_r 和 σ_t 分别为纵向应力和横向应力,其由扩散电阻的所在位置决定。

半导体应变片的灵敏度系数为

$$K = \frac{\frac{\Delta R}{R}}{\frac{\Delta L}{L}} = \pi_1 E \qquad (3\text{-}74)$$

半导体压阻式压力传感器结构如图 3-63 所示,核心部分是硅膜片。

在硅膜片上,采用集成电路工艺,制作四个阻值相等的电阻,并将其周边固定封装于外壳之内,引出电极引线。粘贴式应变计需通过弹性敏感元件间接感受外力,而半导体压阻式压力传感器是直接通过硅膜片感受被测压力的。两个电阻感受正应变,两个电阻感受负应变。硅膜片的一面是与被测压力连通的高压腔,另一面是与大气连通的低压腔,硅膜片一般设计成周边固定支撑的圆形,直径与厚度比为 20～60。

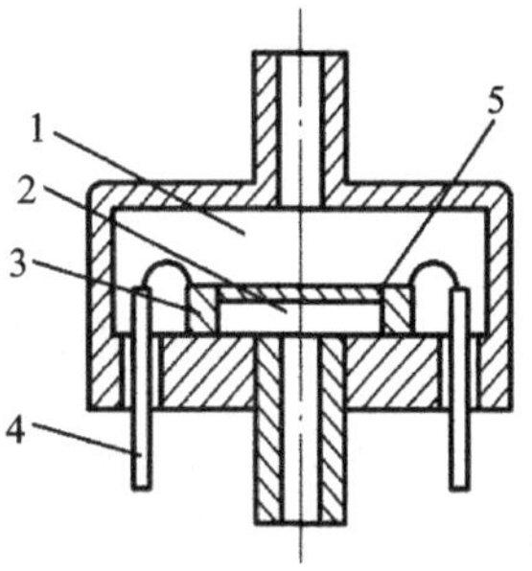

图 3-63 半导体压阻式压力传感器结构
1—引线;2—硅杯;3—高压腔;
4—低压腔;5—硅膜片

硅柱形敏感元件也是在硅柱面某一晶面的一定方向上布置四条电阻条,两条受拉应力的电阻条与另外两条受压应力的电阻条构成全桥。

当硅杯两侧存在压力差时,硅膜片产生变形,四个应变电阻在应力作用下的阻值发生变化,电桥失去平衡,按照电桥的工作方式,输出电压与膜片两侧的压力差成正比。

半导体应变片的突出优点有:灵敏系数很大,可测微小应变,尺寸小,横向效应和机械滞后也小。

半导体应变片的主要缺点有:温度稳定性差,测量较大应变时,非线性严重,必须采取补偿措施。此外,其灵敏度系数随着拉伸或压缩变化,且分散性大。

半导体压阻式压力传感器有较高的精准度,通常应用于航天、医学等需要精准测量数据的领域。在航天领域中,半导体压阻式压力传感器可以测得空气气流的微小变化;在医学领域中,半导体压阻式压力传感器可以用于监测病人脉搏、血压等的实施情况;半导体压阻式压力传感器也可用于检测矿洞中的一氧化碳有毒气体,以保证煤矿开采工作的安全。

3.5 加速度传感器

加速度传感器是一种加速度检测元件,形式有多种,最常用的有应变式、压电式、电磁感应式等。其工作原理是:惯性质量受力产生各种物理效应,这些物理效应进一步转化成电量,电量间接反映出被测加速度。

加速度传感器又称为加速度计。加速度传感器的工作原理一般有以下三种。

(1) 惯性原理。

基于惯性原理的加速度传感器,由一个小的质量-阻尼-弹簧系统封装组成,安装在物体表面。在有效测量范围内,位移 x 与物体的加速度 $\ddot{x}$ 成正比关系。

$$\ddot{x} \rightarrow x \rightarrow V_{out}$$

(2) 压电效应。

基于压电效应的加速度传感器包含压电材料。物体因加速度而产生惯性力,惯性力与压电材料上产生的电荷 Q 成比例。压电材料提供的电荷与应变成正比关系，而应变又与惯性力成正比关系。

$$\ddot{x} \rightarrow F \rightarrow Q \rightarrow V_{\text{out}}$$

（3）应变效应。

应变计基于应变效应，即测量出的应变 ε 与加速度成正比关系。应变通过应变计电阻的变化来测量。

$$\ddot{x} \rightarrow F \rightarrow \varepsilon \rightarrow R \rightarrow V_{\text{out}}$$

3.5.1 应变式加速度传感器

应变式加速度传感器的工作原理与惯性加速度传感器的非常相似，唯一的区别是弹簧功能由悬臂柔性梁提供。此外，我们还测量了悬臂梁的应变，而不是位移。这个应变与惯性力成正比关系。传感器的输出电压与应变成比例，由标准惠斯通电桥电路获得。

$$\ddot{x} \rightarrow F \rightarrow \sigma \rightarrow \varepsilon \rightarrow \Delta R \rightarrow V_{\text{out}}$$

式中：$F = m\ddot{x}$，m 为质量；$\sigma = \dfrac{F}{A}$；$\varepsilon = \dfrac{1}{E}\sigma$，$E$ 为杨氏模量；$\Delta R = G\varepsilon$，G 是应变系数；$V_{\text{out}} = K\ddot{x}(t)$。

应变式加速度传感器的结构如图 3-64 所示。将应变片安装在悬臂梁的基底上可以制成应变式加速度传感器。质量块用作感知加速度的元件，安有应变片的悬臂梁将质量块的惯性转换成应力。当有加速度时，质量块受力，悬臂梁弯曲，根据梁上固定的应变片的变形程度便可测出其受力的大小，在已知质量的情况下即可算出被测加速度。壳体内灌满的黏性液体可用作阻尼。该系统的固有频率可以很低。

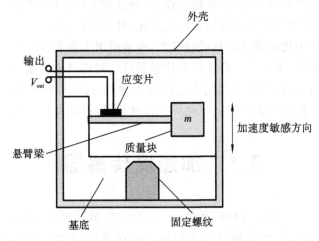

图 3-64　应变式加速度传感器的结构

3.5.2 压电式加速度传感器

天然石英晶体、二氧化硅、钛酸钡、锆钛酸铅（PZT）等材料具有压电效应，这些材料称为压电晶体。

石英具有极好的温度稳定性，并且随着时间的推移，其压电性能几乎不会衰减。在高温下施加很高的直流电压可极化 PZT，它的压电性能随着时间的推移而自然衰减，因此需要定期校准或重新极化。

压电式加速度传感器的工作原理是施加的作用力等于加速度乘以传感器惯性质量。由于压电效应的存在,传感器的电荷与作用力成比例。

$$\ddot{x} \to F \to Q \to V_{out}$$

$$Q = CV_{out}$$

式中:Q 为压电材料产生的电荷量;C 为有效电容;V_{out} 为输出电压。

经过校准的压电式加速度传感器具有以下输入-输出关系:

$$V_{out} = K\ddot{x}$$

压电式加速度传感器的结构如图 3-65 所示。使用时,传感器固定在被测物体上,感受该物体的振动,惯性质量块产生惯性力,使压电元件产生变形。压电元件产生的变形量和由此产生的电荷与加速度成正比。压电式加速度传感器尺寸很小,重量很轻,故对被测机构的影响较小。压电式加速度传感器的频率范围广、动态范围宽、灵敏度高,应用较为广泛。

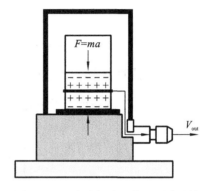

图 3-65　压电式加速度传感器的结构

压电式加速度传感器的主要元件是压电元件和质量块,根据测量得到的压电式加速度传感器输出的电荷可知加速度的大小(见图 3-66)。当传感器感受到振动时,因为质量块相对被测物体的质量较小,质量块与传感器基座感受相同的振动,并受到与加速度方向相反的惯性力,此力大小为

$$F = ma$$

惯性力作用在压电陶瓷片上产生的电荷为

$$Q = dF = dma$$

$$V = \frac{dF}{C} = \frac{dma}{C}$$

式中:a 和 V 分别为加速度和产生的电压。

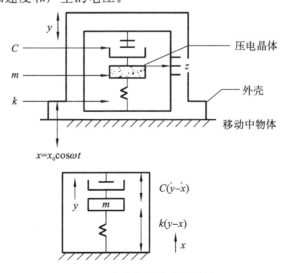

图 3-66　压电式加速度传感器的原理

压电式加速度传感器系统由质量块、弹簧和阻尼构成。物体的运动引起质量块相对于外框架运动。考虑质量块和惯性力、弹簧的阻尼和弹力，可得传感器方程如下：

$$m\frac{\mathrm{d}^2 y}{\mathrm{d}t^2} + C\frac{\mathrm{d}(y-x)}{\mathrm{d}t} + k(y-x) = 0 \tag{3-75}$$

式中：y 为质量块绝对运动位移。

令 $z = y - x$，$D = \dfrac{\mathrm{d}}{\mathrm{d}t}$，式(3-75)可以表示为

$$m\frac{\mathrm{d}^2(z+x)}{\mathrm{d}t^2} + C\frac{\mathrm{d}z}{\mathrm{d}t} + kz = 0$$

$$(mD^2 + CD + k)z = -mD^2 x \tag{3-76}$$

该方程是二次方程，并将输入和输出关联起来。

3.5.3　惯性加速度传感器

惯性加速度传感器可以看成是一个高频、小型的质量-弹簧-阻尼系统，如图 3-67 所示。

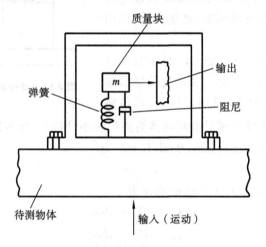

质量块
输出
弹簧
阻尼
待测物体
输入（运动）

图 3-67　惯性加速度传感器的结构

一个惯性加速度传感器安装在一个待测物体上，传感器质量块（m）位移和物体的加速度（$\ddot{x}_M$）之间的关系为

$$m[\ddot{x}(t) + \ddot{x}_M(t)] + c\dot{x}(t) + kx(t) = 0$$

$$\ddot{x}(t) + \frac{c}{m}\dot{x}(t) + \frac{k}{m}x(t) = -\ddot{x}_M(t) \tag{3-77}$$

式(3-77)是一个二阶微分方程，如果参数 m、c、k 选择适当，在稳态情况下，惯性加速度传感器的位移 $x(t)$ 与物体的加速度 $\ddot{x}_M(t)$ 成比例。

令 $\dfrac{c}{m} = 2\xi\omega_n$，$\dfrac{k}{m} = \omega_n^2$，则有

$$\ddot{x}(t) + 2\xi\omega_n\dot{x}(t) + \omega_n^2 x(t) = -\ddot{x}_M(t) \tag{3-78}$$

设待测物体运动方程为

$$x_M(t) = A\sin(\omega t)$$

根据位移和加速度的关系，加速度方程可以表示为

$$\ddot{x}_M(t) = -A\omega^2\sin(\omega t)$$

传感器相对于其外壳的位移稳态响应为

$$\ddot{x}(t) + 2\xi\omega_n\dot{x}(t) + \omega_n^2 x(t) = -\ddot{x}_M(t) = A\omega^2\sin(\omega t)$$

稳态情况下：

$$x_{ss}(t) = \frac{A\left(\dfrac{\omega}{\omega_n}\right)^2\sin(\omega t - \phi)}{\sqrt{\left[1 - \left(\dfrac{\omega}{\omega_n}\right)^2\right]^2 + \left[2\xi\left(\dfrac{\omega}{\omega_n}\right)^2\right]^2}} \tag{3-79}$$

式中：$\phi = \arctan\dfrac{2\xi\left(\dfrac{\omega}{\omega_n}\right)}{1 - \left(\dfrac{\omega}{\omega_n}\right)^2}$。

从式(3-79)可以看出，稳态情况下，传感器位移与待测物体加速度的频率相同，相位不同。它的相位角是加速度频率 ω 和传感器参数(ξ, ω_n)的函数。

3.6 温度传感器

温度是最常见的工程变量之一，温度的测量和控制在测量学中具有重要的意义。温度的测量一般基于如下四种原理：

(1) 热膨胀；

(2) 辐射能的改变；

(3) 电阻值的改变；

(4) 两种不同金属之间的接触电压。

热膨胀式温度计利用物体热胀冷缩性质(即测量敏感元件在受热后尺寸或者体积会发生变化)，根据尺寸或者体积变化计算温度的变化值。热膨胀式温度计分为双金属温度计、体温计和压力温度计等。

任何温度下的物体都会发出辐射或者从别的物体上吸收辐射。一个物体在大于 0 K 的温度下辐射出电磁能量，该能量的大小正比于它的温度 T 的四次幂，即

$$W = \sigma T^4 \tag{3-80}$$

式中：W 为从理想表面辐射的能量流；σ 为斯特藩-玻尔兹曼常数。

3.6.1 热电阻温度传感器

热电阻温度传感器(RTD)是根据物质的电阻率随温度变化的特性制成的，如果 RTD 的材料是纯金属，则称为金属热电阻传感器，如果 RTD 的材料是半导体，则称为半导体热敏电阻传感器。金属热电阻传感器是利用金属导体的电阻值随温度的变化而变化的原理进行测温的。

RTD 灵敏度可以根据电阻随温度变化的线性部分估算获得，如图 3-68 所示。铂的灵敏度是 $0.004/℃$，而镍的灵敏度是 $0.005/℃$。RTD 的响应时间为 $0.5\sim5$ s 或者更长，响应速度主要受热传导率影响。

金属热电阻传感器的主要材料是铂和铜。热电阻温度传感器是中低温区最常用的一种检测器，常用来测量$-220\sim850$ ℃ 范围内的温度。在少数情况下，可测量低温至 -273 ℃，可测量高温至 $1\ 000$ ℃。

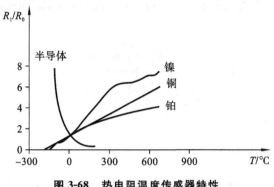

图 3-68　热电阻温度传感器特性

1. 金属热电阻传感器

绝大多数金属导体的电阻都随温度而变化,这种效应称为电阻-温度效应,也称为热电阻效应。

作为感温元件的金属材料必须具有以下特性:材料的电阻温度系数要大;材料的物理、化学性质稳定;电阻温度系数线性度特性好;具有比较大的电阻率;上述特性复现性好。

热电阻大都由纯金属材料制成,目前应用最多的是铂和铜,镍、锰和铑等也已得到应用。金属热电阻的感温材料常用铂丝。在工业测量中,除了铂丝以外,还有铜、镍、铁、铁-镍等。

1) 铂热电阻

铂热电阻的物理、化学性质非常稳定,是目前制造热电阻的最好材料。铂热电阻的测温精度与铂的纯度有关,铂热电阻丝纯度越高,测温精度越高。其特性方程如下。

$-200 \leqslant t \leqslant 0$ ℃时,

$$R_t = R_0 [1 + At + Bt^2 + C(t - 100)t^3] \tag{3-81}$$

$0 \leqslant t \leqslant 650$ ℃时,

$$R_t = R_0 (1 + At + Bt^2) \tag{3-82}$$

式中:A、B、C 分别为 3.9×10^{-1}、-7.55×10^{-7}、-4.18×10^{-12}。

国内工业用标准铂电阻分为 50 Ω、100 Ω 两种,分度号为 Pt50、Pt100。

2) 铜热电阻

铜热电阻具有以下特性:线性好,在 0～100 ℃温度范围内的特性基本上是线性的;电阻温度系数大;容易提纯,价格便宜;电阻率小。

由于铂是贵金属,因此,在一些测量精度要求不高且温度较低的场合,普遍采用铜热电阻来测量温度,温度范围一般为 $-50～150$ ℃。在此温度范围内线性关系好,灵敏度比铂热电阻的高,容易提纯、加工,价格便宜。

铜由于极易氧化,一般只用于 150 ℃以下的低温测量,以及没有水分、无侵蚀性介质的温度测量。与铂相比,铜的电阻率低,所以铜热电阻的体积较大。铜的电阻与温度的关系是线性的。

国内工业用标准铜电阻分为 50 Ω、100 Ω 两种,分度号为 Cu50、Cu100。铜的电阻与温度之间的关系为

$$R_t \approx R_0 (1 + at) \tag{3-83}$$

式中:R_t 为温度为 t ℃时的电阻值;R_0 为温度为 0 ℃时的电阻值;a 为铜热电阻的温度系数,为 $(4.25～4.28) \times 10^{-3}$/℃。

热电阻温度传感器的结构比较简单,电阻丝绕在云母、石英、陶瓷、塑料等绝缘骨架上,固定后,在外面加上保护套管。工业用热电阻温度传感器的结构如图 3-69 所示,这种传感器由热电阻、连接热电阻的内部导线、保护管、绝缘管、接线座等组成。

2. 半导体热敏电阻传感器

半导体热敏电阻简称为热敏电阻,是一种新型的半导体测温元件。其是基于半导体的电阻随温度变化而变化的原理来工作的。

随着温度的升高,半导体热敏电阻导电性升高,电阻值减小,逐渐从半导体趋向导体,这一性质与金属的相反。另外,半导体的电阻随温度的变化具有明显的非线性。单个半导体热敏电阻的曲线方程为

$$\frac{1}{T} = A + B\ln R + C(\ln R)^2 \tag{3-84}$$

式中:T 为温度;R 为半导体的电阻值;A、B、C 为曲线的适应常数。

半导体热敏电阻是利用某些金属氧化物或单晶锗、硅等材料,按特定工艺制成的感温元件。半导体

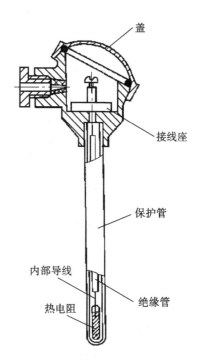

图 3-69 工业用热电阻温度传感器的结构

热敏电阻的电阻值随温度呈指数变化,测温范围一般为 $-250\sim650\ ℃$,其温度系数比金属的大,灵敏度很高,半导体材料电阻率大,可以制作体积小而电阻值大的元器件,其缺点是互换性差,稳定性一般,但其因结构简单、价格便宜而在家电、汽车等行业中有着广泛的应用。

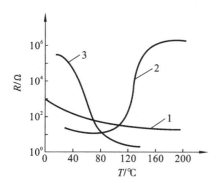

图 3-70 半导体热敏电阻特性曲线
1—NTC;2—PTC;3—CTR

热敏电阻是一种敏感元件,按照温度系数不同,分为 PTC、NTC 和 CTR 三种类型。热敏电阻的典型特点是对温度敏感,在不同温度下表现出不同的电阻值,如图 3-70 所示。

PTC 热敏电阻即正温度系数热敏电阻,是正温度系数很大的半导体材料或元器件,它是一种具有温度敏感性的半导体电阻,它的电阻值随着温度的升高而阶跃性地增大,温度越高,电阻值越大。突变型 PTC 热敏电阻的阻值随温度升高到某一值时急剧增大。PTC 热敏电阻可以用作恒定温度传感器。电流通过元件后元件温度升高,电阻值增大,从而限制电流增大,于是电流减小导致元件温度降低,电阻值减小又使电路电流增大,元件温度升高,因此 PTC 热敏电阻具有使温度保持在特定范围的功能。利用这种阻温特性将其制成加热源,其作为加热元件可应用于暖风器、电烙铁、烘衣柜、空调等中。

PTC 热敏电阻的阻值随温度升高而增大,电阻与温度的关系可近似表示为

$$R_T = R_{T_0} \exp[B_P(T - T_0)] \tag{3-85}$$

式中:R_T 为绝对温度为 T 时 PTC 热敏电阻的阻值;R_{T_0} 为绝对温度为 T_0 时 PTC 热敏电阻的阻值;B_P 为正温度系数热敏电阻的热敏指数。

负温度系数(NTC)热敏电阻是一种氧化物复合烧结体,其电阻值随温度的升高而减小。

其特点是电阻温度系数大、结构简单、体积小、电阻率高、热惯性小，易于维护、制造简单、使用寿命长，能进行远距离控制；缺点是互换性差，非线性严重。在有电容器、加热器和马达的电子电路中，在电流接通的瞬间，必将产生一个很大的电流，该电流称为浪涌电流。浪涌电流作用的时间虽短，但其峰值却很大。在转换电源、开关电源和 UPS 电源中，浪涌电流甚至超过工作电流的 100 倍以上。NTC 热敏电阻可以很好地抑制浪涌电流。

NTC 热敏电阻的阻值随温度升高而减小，电阻与温度的关系可近似表示为

$$R_T = R_{T_0} \exp\left[B_{\mathrm{N}} \left(\frac{1}{T} - \frac{1}{T_0} \right) \right] \tag{3-86}$$

式中：R_T 为绝对温度为 T 时 NTC 热敏电阻的阻值；R_{T_0} 为绝对温度为 T_0 时 NTC 热敏电阻的阻值；B_{N} 为负温度系数热敏电阻的热敏指数。

CTR 型临界温度热敏电阻是钒、钡、锶、磷等元素的氧化物的混合烧结体，是半玻璃状的半导体，其骤变温度在添加锗、钨、钼等元素的氧化物后会出现，到达该温度时，电阻值急剧减小，CTR 型临界温度热敏电阻可作为温度开关，在控温、报警等方面得到应用。

3.6.2 热电偶

热电偶在温度的测量中应用十分广泛，具有结构简单、使用方便、精度高、热惯性小、测温范围宽、测温上限高、可测量局部温度和便于远程传送等优点。其输出信号易于传输和变换，可以用来测量一个点的温度，以及液体、固体表面的温度，热容量较小，也可以用于动态温度的测量。

1. 热电效应（塞贝克效应）

将两种不同材料的导体组成一个回路，如果两个连接点处的温度不同，则连接处就会产生微小的电动势，电动势的方向和大小与导体的材料及两个连接点处的温度有关。这种效应称为塞贝克效应。

由两种不同材料构成的热电交换元件称为热电偶，导体 A 和导体 B 称为热电极。置于被测温度场的接触点称为热端或者工作端，另一个接触点称为冷端或者自由端，测量时冷端要保持温度恒定。图 3-71 所示为使用铬和铜镍合金制成的热电偶的工作原理。

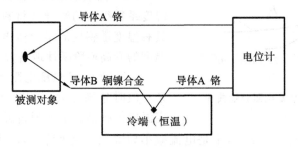

图 3-71　热电偶的工作原理

当两个接触点处的温度不同时，热电偶回路中产生热电动势。该热电动势主要由两部分组成：一部分是两种导体的接触电动势，另一部分是单个导体的温差电动势。

1）接触电动势

当电子密度不同的两种金属接触时，在这两种金属接触处会出现自由电子的扩散现象。如图 3-72 所示，电子将从密度大的金属 A 扩散到密度小的金属 B，金属 A 失去电子带正电，金属 B 得到电子带负电，接点处形成一个电场，该电场又会阻止电子扩散，当电场作用和扩

散作用动态平衡时,这两种金属的接触处就产生电动势,该电动势称为接触电动势。接触电动势的大小由接点温度和两种金属的特性所决定。

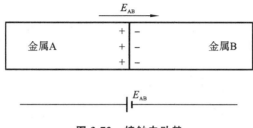

图 3-72　接触电动势

接触电动势(不同温度 t 和 t_0 下的接触电动势)的计算公式为

$$E_{AB}(t) = \frac{kt}{e} \ln \frac{n_A}{n_B}$$

$$E_{AB}(t_0) = \frac{kt_0}{e} \ln \frac{n_A}{n_B}$$

式中:k 为玻尔兹曼常数,其值为 1.38×10^{-23} J/K;n_A、n_B 分别为金属 A 和金属 B 的电子密度;e 为单位电荷,其值为 1.6×10^{-19} C。

总的接触电动势为

$$E_{AB}(t) - E_{AB}(t_0) = \frac{kt}{e} \ln \frac{n_A}{n_B} - \frac{kt_0}{e} \ln \frac{n_A}{n_B} = \frac{k}{e}(t - t_0) \ln \frac{n_A}{n_B} \tag{3-87}$$

2) 温差电动势

对于一根均质的金属导体,如果两端温度不同,分别为 t 和 $t_0(t > t_0)$,则在金属导体两端也会产生电动势 $E_A(t, t_0)$。该电动势称为单一导体的温差电动势,也称为汤姆孙电动势,如图 3-73 所示。

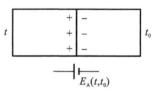

图 3-73　温差电动势

单一导体的温差电动势的计算公式为 $E_A(t, t_0) = \int_{t_0}^{t} \sigma_A dt$,

如果闭合回路由两个导体组成,则其总的汤姆孙电动势为

$$E_A(t, t_0) - E_B(t, t_0) = \int_{t_0}^{t} (\sigma_A - \sigma_B) dt \tag{3-88}$$

式中:σ_A、σ_B 为两导体的汤姆孙系数,uV/℃。

由于两个导体材料不同,因此它们的温差电动势值是不一样的,二者之差即为总的温差电动势。

热电偶回路因温差而产生的电动势总和为

$$E_{AB}(t, t_0) = E_{AB}(t) - E_{AB}(t_0) + E_A(t, t_0) - E_B(t, t_0)$$

$$= \frac{k}{e}(t - t_0) \ln \frac{n_A}{n_B} + \int_{t_0}^{t} (\sigma_A - \sigma_B) dt \tag{3-89}$$

根据以上分析,可得到以下结论。

(1) 在热电偶回路中,热电动势与热电偶的材料和两端温度有关,与热电偶的长度、粗细无关。

(2) 导体材料确定后,热电动势的大小只与热电偶两端的温度有关。如果令 $E_{AB}(t_0)$ 为常数,则热电动势 $E_{AB}(t, t_0)$ 只与温度 t 有关。

(3) 只有当热电偶两端的温度不同,且热电偶导体材料不同时,热电动势才会产生。

2. 热电偶的分类

按照测量对象的测温条件和要求的不同,热电偶一般分为普通型热电偶、铠装型热电偶和薄膜型热电偶。

普通型热电偶一般由工作端、接线盒、保护管、绝缘管和热电极等组成,在工业上使用最广泛,其结构如图 3-74 所示。

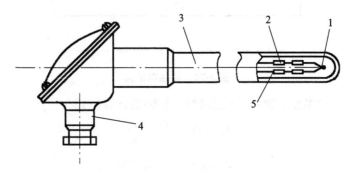

图 3-74   普通型热电偶结构

1—工作端;2—绝缘管;3—保护管;4—接线盒;5—热电极

热电极是热电偶的基本组成部分,使用时有正、负极之分。热电极的长度一般为 300～2 000 mm。

保护管用来隔离热电偶和被测介质,使热电偶感温元件免受被测介质腐蚀和机械损伤。如果被测介质对热电偶无侵蚀作用,则可不用保护管。

绝缘管位于热电极之间及热电极和保护管之间,用于绝缘保护,防止两根热电极短路。室温下绝缘管的绝缘电阻应该在 5 MΩ 以上,常用材料为氧化铝管和耐火陶瓷。

接线盒用来连接热电偶和补偿导线。

铠装型热电偶一般由热电极、绝缘材料、金属套管一起拉制加工而成,可以做得细长并且使用时可以随意弯曲。其测量端热容量小,动态响应快,机械强度高,挠性好,耐高压振动,寿命长,适用于各种工业测量。铠装型热电偶结构如图 3-75 所示。

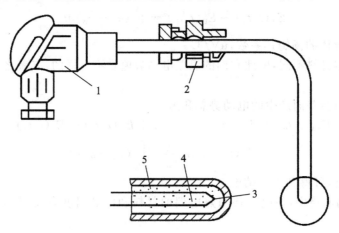

图 3-75   铠装型热电偶结构

1—接线盒;2—固定装置;3—热电极;4—绝缘材料;5—金属套管

薄膜型热电偶是将两种薄膜热电极材料用真空蒸镀、化学涂层等方法蒸镀到绝缘基板上制成的一种特殊热电偶,它的热接点可以做得很小很薄(达到微米级)。薄膜型热电偶响应快(达到微秒级),时间常数小,可用于温度变化的动态测量。

3.7 距离测量原理与方法

距离传感器可以看成是光学传感器的应用,一般用来检测工件之间的距离,也可以用作接近设备,判断一个物体相对于另一个物体的接近程度。它在工业自动化、智能制造中应用比较普遍。典型的应用有自动引导小车装置、机器人引导装置、汽车倒车雷达、无人车间自动化装配线等。

距离传感器和位置传感器有很多相似之处,但是两者有区别。例如,在自动上下料时,机械手通过位置传感器可以快速定位到零件位置。在抓取零件的工序中,机械手末端的夹持器需要利用距离传感器感知零件和夹持器之间的距离,从而判断零件是否已经被抓紧。

3.7.1 三角测量原理

距离传感器一般基于三角测量原理来确定一个物体与两个已知位置之间的距离。三角测量原理在厚度测量中的应用如图 3-76 所示。

图 3-76 中,激光光源照射到工件表面,投射角为 θ,光敏传感器感知并确定光斑的位置,假设光源到工件上光斑位置的水平距离为 d,光敏传感器与工件上光斑位置之间的距离为 R_1。光敏传感器与基准的距离 R_2 固定不变,则工件厚度为

$$h = R_2 - R_1 = R_2 - d\tan\theta$$

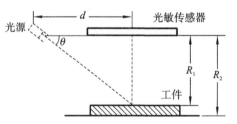

图 3-76 三角测量原理在厚度测量中的应用

如果采用双传感器测量方法,即令两个距离传感器相隔距离为 d 布置,两者都能找到工件上的光斑,两个传感器和待测工件之间形成一个三角形,如图 3-77 所示,三角形的两个角 θ_1、θ_2 已知,则根据正弦定理可得

$$\begin{cases} R_1 = \dfrac{d\sin\theta_2}{\sin(180° - \theta_1 - \theta_2)} \\ R_2 = \dfrac{d\sin\theta_1}{\sin(180° - \theta_1 - \theta_2)} \end{cases} \tag{3-90}$$

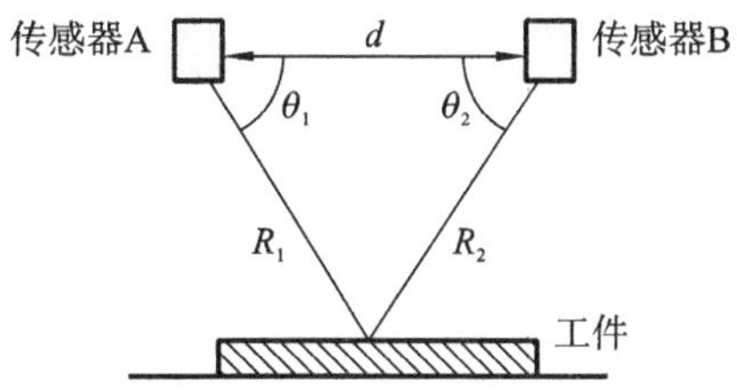

图 3-77 双传感器的三角测量原理

3.7.2 距离测量方法

基于三角测量原理的应用包括光斑感知方法、光条感知方法、相机移动方法、飞行时间测距、双目视觉测距等。

1. 飞行时间测距

飞行时间(time of flight,TOF)测距是通过光的飞行时间来测量距离的。其基本原理是通过红外发射器发射调制过的光脉冲(一般是正弦波),遇到物体反射后,用接收器[特制的互补金属氧化物半导体(CMOS)传感器]接收反射回来的光脉冲,并根据光脉冲的往返时间计算距离。

光速在空气中大约为 300 000 km/s,测量光的飞行时间需要非常高的频率和精度,光脉冲的飞行速度大约为 3 nm/s,因此,这种方法使发射器和接收器对时间的测量有极高的精度要求。

2. 双目视觉测距

双目视觉测距的原理与人眼感知距离的原理类似。在机器视觉系统中,两个照相机 $(O_L、O_R)$ 之间的距离 d 固定,焦距 f 已知。

左右两个照相机扫描场景,生成两个图像(像素矩阵)。对于场景中的任一点 P,都可在图像中找到两个像素来表示。一个像素在左眼相机的图像里,假设该像素点 P_L 距离图像中心的距离为 t_1;另一个像素在右眼相机的图像里,该像素点 P_R 距离图像中心的距离为 t_2。设 P 点到双目相机的景深距离为 Z。

由图 3-78 可知,$\triangle PP_LP_R$ 与 $\triangle PO_LO_R$ 之间是相似三角形关系,因此有

$$\frac{Z-f}{Z} = \frac{d-t_1-t_2}{d}$$

解得

$$Z = \frac{df}{t_1 + t_2}$$

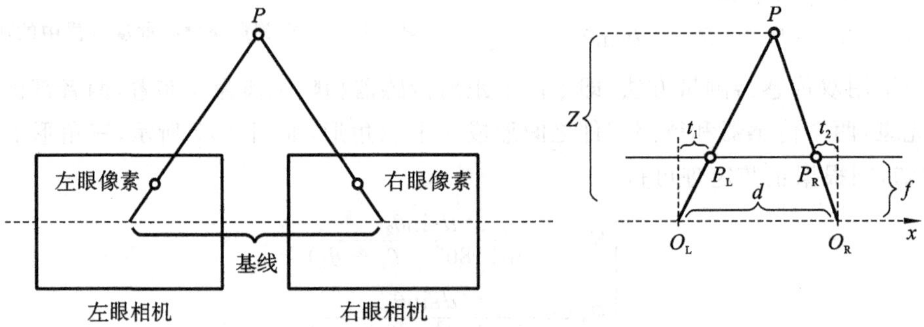

图 3-78 双目视觉测距原理

求得景深距离 Z 后,再次构建相似三角形关系,可以求出 P 点到左右相机的垂直距离 R。也可以直接用近似公式计算:

$$R = \frac{d\sqrt{f^2 + t_1^2 + t_2^2}}{|t_1 - t_2|}$$

3. 激光干涉仪

根据光的干涉原理,两束具有固定相位差、相同频率、相同振动方向(或振动方向之间夹

角很小)的光相互交叠,会产生干涉现象。

激光干涉仪是基于光的干涉原理的一种光电仪器,是通过检测参考光束和从目标处反射光束之间的相位关系,以光波波长为单位的一种计量测距方法。它的测量范围可从几毫米到很远的距离,具有极高的线性测量精度和分辨率。

如图 3-79 所示,光学装置产生输出光束,输出光束经过分光镜 A 分成两部分光,一部分形成测量光束,传递到目标位置 C;另一部分发射到激光干涉仪的固定反射镜 B,形成反射光束。测量光束和反射光束经过 B、C 两处反射镜,形成汇合光束,两者的相位差就等于光束额外经过的距离。

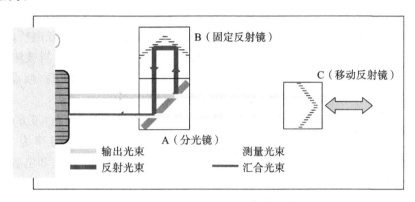

图 3-79　激光干涉仪的原理

如果测量光路的长度改变(反射镜 C 左右移动),干涉光束的相对相位将改变,由此产生的相长干涉和相消干涉循环将导致叠加光束强度明暗周期变化。发射镜每移动 316 nm,就会出现一个光强变化循环(明-暗-明),通过计算循环数量来测量移动距离。图 3-80 所示为激光干涉仪的应用。

图 3-80　激光干涉仪的应用

习题与思考题

3-1　在机电一体化系统中,通常用什么传感器来实现位置(位移)、力、速度、加速度等物理量的检测?请举例说明。

3-2　某一导线的电阻值的计算公式为

$$R = 4\rho l \pi d^2$$

式中:ρ 为导线的电阻率,$\Omega \cdot m$;l 为导线的长度,cm。

已知 $\rho = (45.6 \times 10^{-6} \pm 0.15 \times 10^{-6})\Omega \cdot m$,$l = (487.6 \pm 0.2)cm$,$d = (0.073 \pm 0.2 \times$

10^{-3})cm，求该导线的名义电阻及其电阻的不确定性。

3-3 已知一应变片电阻为 100 Ω，灵敏度系数为＋4.2，如果受到的应力为 0.002 N/mm²，求电阻的变化量。

3-4 一个电阻的应力计由直径较小的软铁线制成，灵敏度系数为＋4.3，忽略压电效应，求泊松比。

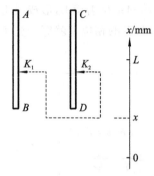

图 3-81 电位器结构示意图

3-5 某位移检测装置采用两个相同的线性电位器，虚线表示电位器的电刷滑动臂，如图 3-81 所示。已知电位器的总阻值 R 为 3 000 Ω，量程 L 为 200 mm。当被测位移 x 变化时，带动电位器的两个电刷同步滑动。

（1）若采用电桥测量电路，请画出该电桥的连接电路。

（2）若电桥的激励电压 $U=12$ V，当被测位移的测量范围为 0～40 mm 时，求电桥的输出电压（假设测量仪表的输入阻抗无穷大）。

3-6 某陶瓷传感器的尺寸为 5 mm×6 mm×1.5 mm，晶体的电荷灵敏度为 150 pC/N，电容率为 $13.5×10^{-9}$ F/m，杨氏模量为 $15×10^6$ N/m²，如果作用力为 5 N，求相应的应变、电荷和电容。

3-7 使用铂镍合金材料的电阻温度检测器（RTD），在 25 ℃时的温度系数为 0.005/℃，电阻为 120 Ω，求其在 50 ℃时的电阻值。

3-8 某压电陶瓷晶体的厚度为 2.5 mm，压电敏感系数为 0.045 V·m/N，如果受到的应力大小为 1.8 N/m²，求输出电压和电荷灵敏度。

3-9 某电容式传感器包含两片直径为 3 cm 的圆盘，中间有一个厚度为 0.2 mm 的间隙，求其位移灵敏度。

3-10 简述编码器的工作原理和特点。

第 4 章
驱 动 装 置

伺服系统可分为液压伺服系统、气压伺服系统、电气伺服系统。电气伺服系统是发展最快的驱动装置,也是目前最实用的驱动装置。本书重点讲解与电气伺服系统相关的技术。

"伺服"一词源于希腊语"奴隶",英语单词为"Servo"。在伺服驱动方面,可以理解为电机转子的转动和停止完全取决于信号的大小、方向,即在信号到来之前,转子静止不动;信号到来之后,转子立即转动;当信号消失时,转子能即时自行停转。它因"伺服"性能而得名"伺服系统"。

通常情况下,伺服系统专指被控制量(系统的输出量)是机械位移或速度、加速度的反馈控制系统,其作用是使输出的机械位移(或转角)准确地跟踪输入的位移(或转角)。

电气伺服系统一般包括比较控制环节、驱动控制单元、执行元件、被控对象和反馈检测单元等,如图 4-1 所示。

图 4-1　电气伺服系统的组成

比较控制环节的作用是将输入的指令信号与系统的反馈信号进行比较,获得输出与输入之间的偏差信号,以两者的差值作为伺服系统的跟随误差。

执行元件的作用是按照控制信号的要求,将输入的各种形式的能量转换成机械能,驱动被控对象工作。

被控对象是指被控制的机构或装置,是直接达到系统目的的主体。被控对象一般指机器的运动部分,包括传动系统、执行装置和负载,如工业机器人的手臂、数控机床的工作台及自动导引车的驱动轮等。

伺服电机又称为执行电机,在伺服系统中用作执行元件,将电信号转换为轴上的转角或转速,以带动被控对象。有控制信号输入时,伺服电机转动;没有控制信号输入时,它就停止转动。通过改变控制电压的大小和相位(或极性),就可改变伺服电机的转速和转向。与普通电机相比,伺服电机的调速范围大。伺服电机的转速随着控制电压的变化而变化,能在很大的范围内连续调节;其转子的惯性小,即能实现迅速启动、停转;其控制功率小,过载能力强,可靠性高。

根据电机类型的不同，电气伺服系统又可分为步进伺服系统、直流伺服系统和交流伺服系统，三者相互补充、相互竞争。

4.1 步 进 电 机

步进电机是将电脉冲激励信号转换成相应角位移或线位移的离散值控制电机。每输入一个电脉冲，电机就转动一步，所以步进电机又称为脉冲电机。

步进电机以固定的角度步进（增量）驱动。旋转的每一步都是电机转子对输入脉冲（或数字指令）的响应，通过这种方式，转子的逐步旋转可以与指令脉冲序列中的脉冲同步，但前提是没有漏步，从而电机可以开环的方式对输入信号（脉冲序列）做出忠实响应。

与传统的连续驱动电机一样，步进电机也是一种电磁驱动器，它将电磁能转换为机械能来执行机械工作。步进电机的结构都有一个共同特点，即电机的定子包含几对磁场绕组（或相绕组），这些绕组可以接通，以产生电磁极对（N极、S极）。这些极对有效、依次地驱动电机转子，从而产生电机旋转所需的转矩。如果按照适当的顺序切换相电流，则其可以顺时针旋转或逆时针旋转。

与连续旋转的电机不同，步进电机是一步一步转动的。步进电机的驱动电源由变频脉冲信号源、脉冲分配器及脉冲放大器组成，驱动电源向电机绕组提供脉冲电流。每接收到一个脉冲信号，步进电机就沿设定好的方向，转动一个固定的角度。步进电机的角位移与控制脉冲精确同步，若将角位移的变化转变为线位移、位置、流量等物理量的变化，系统便可以通过控制脉冲数量，产生相应的角位移，从而实现对上述物理量的控制。例如，在机械结构设计中，工程师通常用丝杠螺母副把角位移转变成线位移，实现对执行机构的控制。

步进电机是工业工程控制及仪表中的主要控制元件之一。由于步进电机是受脉冲信号控制的，不需要进行数/模转换，能直接将数字信号转换成角位移或线位移，因此步进电机广泛应用于数字控制系统中。

按照运行原理和结构的不同，步进电机有可变磁阻式、永磁式和混合式三种类型。可变磁阻式步进电机的定子绕组按一定的顺序励磁，该方式能够保证转子转到一定位置时，定子和转子之间的磁阻最小。永磁式步进电机的励磁方式由永久磁铁提供，与可变磁阻式步进电机相比，它具有更小的步距角（步距角对应一个脉冲信号，是电机转子转过的角位移），因而更适用于精确定位，但是永磁式步进电机单位体积的扭矩小于可变磁阻式步进电机的。它们的区别如表4-1所示。

表4-1 步进电机分类及比较

种 类	定 义	优 点	缺 点
可变磁阻式（VR）步进电机	定子上有绕组，转子由软磁材料制成	结构简单，制造材料成本低； 转子直径小，响应频率高； 步距角小，可达1.2°	动态性能差，效率低，发热量大，可靠性难保证； 需要将气隙做得尽可能小（微米级），制造成本高； 定子和转子不含永久磁铁，无励磁时没有保持力

种　类	定　义	优　点	缺　点
永磁式（PM）步进电机	转子由永磁材料制成，转子的极数与定子的极数相同	动态性能好，输出力矩大；无励磁时有保持力	精度差，步距角大（一般为 7.5°或 15°）
混合式（HB）步进电机	定子上有绕组，转子铁芯上有永磁材料，转子和定子上均有多个小齿，用以提高步矩精度	输出力矩大，动态性能好，步距角小；无励磁时有保持力	结构复杂，成本相对较高

按照运动形式的不同，步进电机还可分为旋转步进电机、直线步进电机和平面步进电机。定子绕组按照相数的不同可分为单相、二相、三相绕组。相数即电机内部线圈组数，产生不同对极 N/S 磁场的激磁线圈对数。

步进电机具有如下特点。

（1）抗干扰能力强。转速和步距角不受电压波动、负载变化和温度变化的影响，只和脉冲频率同步，转子运动的总位移量只与总的脉冲信号数有关。

（2）控制性能好。通过改变脉冲频率的大小，可以在很大范围内调节步进电机的转速，并能快速启动、制动和反转。通过改变定子绕组的通电顺序，可以改变电机转动的方向。

（3）误差不积累。由于一个脉冲对应一个步距角，因此在不失步的情况下，单步的偏差不会影响到下一步，即转一周后，累计误差总为零。由于具有这一优点，步进电机适合应用到数字控制的开环系统中，作为执行元件，使得系统结构简单、运行可靠。在系统采用速度和位置检测装置后，步进电机也可以应用于闭环系统中。

（4）步进电机的步距角变动范围较大，在步距角较小的情况下，不用减速器就能实现低速运行。

（5）步进电机具有自锁功能。当控制电脉冲停止输入，并且让最后一个脉冲控制的绕组继续通直流电时，电机可以保持在固定的位置上，即停在最后一个脉冲控制的角位移的终点位置上。

步进电机因具有快速启停、精确步进及能直接接收数字量的特点，而广泛应用于定位场合中，例如在绘图仪、打印机和光学仪器中，采用步进电机来定位绘图笔和光学镜头等。步进电机在数控机床及航空、无线电等数字控制系统中的应用也越来越广泛。

步进电机具有如下缺点。

（1）效率低。在步进电机选型时，考虑到启动负载惯量的存在，往往需要选择转矩相对较大的步进电机。而在实际运行期间，并不需要这么大的转矩，导致能源浪费。

（2）带负载转动惯量能力不高。由步进电机的运行矩频特性可知，脉冲频率增大到一定程度时，转矩随脉冲频率增大而减小，使得步进电机承受负载能力降低。

（3）控制不当容易产生共振。步进电机存在固有振动频率，如果工作区的振动频率等于或接近步进电机的固有振动频率，则会产生共振，影响电机性能，导致电机的输出转矩减小，电机发出噪声，甚至会出现失步现象。

（4）难以运转到较大的转速。随着转速的增大，电机转矩减小，当转矩减小到一定程度时,电机会因带不动负载而停转。

(5) 如果脉冲信号变化太快,电机由于跟不上信号变化,会出现失步现象。

4.1.1 步进电机的结构及工作原理

步进电机是基于电磁原理工作的,包括转子和定子两大部分。定子由硅钢片叠制而成,装有一定相数的控制绕组,输入电脉冲后对多相定子绕组轮流进行励磁。转子由硅钢片叠制而成或用软磁材料做成凸极结构。

可变磁阻式(VR)步进电机的转子由软磁材料制成,本身没有绕组,定子绕组按一定顺序励磁,转子按该顺序转到一个位置,使得定子和转子之间的磁阻最小。

永磁式(PM)步进电机的转子由永磁材料制成,励磁方式由永久磁铁提供。它与 VR 步进电机相比具有更小的步距角,适用于精确定位,但 PM 步进电机单位体积的扭矩明显小于 VR 步进电机的。VR 步进电机的典型扭矩小于 14 N·m,而 PM 步进电机的扭矩小于 3.5 N·m。

VR 步进电机是使用较为广泛的步进电机之一,它具有惯性小、反应快和速度大等特点。下面以三相可变磁阻式步进电机为例,介绍其基本结构和工作原理。

1. 基本结构

图 4-2 所示为某三相可变磁阻式步进电机结构示意图。其定子、转子均由硅钢片叠制而成。

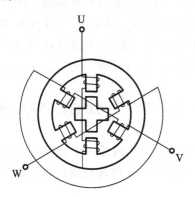

图 4-2 某三相可变磁阻式步进电机结构示意图

定子上有均匀分布的 6 个磁极,磁极上绕有控制(励磁)绕组,两个相对磁极组成一相,三相(U、V、W)绕组接成星形联结。通常情况下,定子的磁极数为相数的两倍。

转子上没有绕组,有沿圆周均匀分布的小齿,齿距和定子磁极上小齿的齿距必须相等,转子的齿数有一定的限制。

2. 工作原理

可变磁阻式步进电机是利用凸极转子上横轴磁阻与直轴磁阻的不同所引起的反应转矩而转动的。为了便于说清问题,现以空载运行的三相可变磁阻式步进电机为例介绍其工作原理。

1) 单三拍控制步进电机工作原理

如图 4-3 所示,定子上均匀分布着 6 个磁极,径向上相对的两个磁极有一组绕组线圈,一共有三组,即 U-U'、V-V' 和 W-W'。转子上有 4 个齿。

单三拍控制中的"单",表示每次只有一相通电(同理,"双"表示每次有两相同时通电)。三相可变磁阻式步进电机的三相单三拍通电方式是按照 U→V→W→U 或者 U→W→V→U 的顺序通电的。

通电状态每改变一次叫作一拍。"三拍"是指一个通电循环通电三次。

当 U 相绕组通电时,U 相磁极产生磁通,由于磁通总是试图沿磁阻最小路径通过,因此转子将受到电磁拉力的作用而转动。当转子的 1、3 齿正好和 U、U' 磁极对齐时[见图 4-3

(a)],转子只受径向力,不受切向力,转矩为零,转子被锁定在这个位置上。

当 V 相绕组通电时(此时 U 相脉冲结束),转子也会受到电磁拉力的作用。由于此时转子的 2、4 齿与 V、V′磁极最接近,因此转子将旋转到 2、4 齿和 V、V′磁极对齐[见图 4-3(b)],即转子顺时针旋转 30°。

当 W 相绕组通电时(此时 V 相脉冲结束),转子的 1、3 齿受到电磁拉力的作用,转子顺时针旋转 30°直到 1、3 齿和 W′、W 磁极对齐[见图 4-3(c)]。

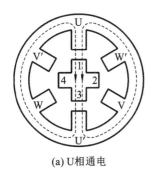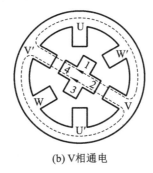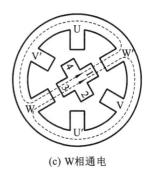

(a) U 相通电   (b) V 相通电   (c) W 相通电

图 4-3　步进电机单三拍控制原理

如此循环,电机便转动起来。电脉冲的频率越大,电机的转速越大。由以上分析可知,如果按照 U→V→W→U 的顺序通入电脉冲,则转子按顺时针方向一步一步转动,每步转过 30°,即通电状态改变时转子转过的角度,该角度称为步距角。

电机的转速取决于电脉冲的频率,频率越大,转速越大。若按 U→W→V→U 顺序通入电脉冲,则电机反向转动。三相控制绕组的通电顺序及频率大小,通常由电子逻辑电路来实现。

以三相单三拍方式工作时,每次只有一组绕组对转子产生电磁拉力,所以在通电状态转换期间,转子不受电磁拉力的作用,容易出现失步现象。另外,在一相控制绕组断电至另一相控制绕组通电期间,转子经历启动加速、减速至新的平衡位置的过程,转子在达到新的平衡位置时,会因惯性而在平衡点附近产生振荡,运行稳定性差,因此,步进电机常采用双三拍或单双六拍的控制方式。

2) 单双六拍控制步进电机工作原理

以三相单双六拍方式通电时,可变磁阻式步进电机的通电顺序为 U→UV→V→VW→W→WU→U,如图 4-4 所示。

当 U 相单独通电时,转子的 1、3 齿与 U、U′磁极对齐[见图 4-4(a)]。

当 U、V 两相同时通电时,这两对磁极同时对转子产生电磁拉力,转子旋转,直到 1、3 齿和 2、4 齿所受电磁拉力平衡[见图 4-4(b)]。此时转子顺时针转过 15°,即步距角为 15°。

当 V 相单独通电时,转子旋转到 2、4 齿和 V、V′磁极对齐[见图 4-4(c)],旋转角度为 15°。按顺序继续通电,电机便转动起来。

再使 V、W 两相控制绕组同时通电,按通电顺序依次进行下去。每转换一次,步进电机沿顺时针方向旋转 15°。若改变通电顺序(即反过来),步进电机将沿逆时针方向旋转。

在上述控制方式下,定子三相绕组经 6 次换接完成一个循环,故称为"六拍"控制。以三相单双六拍方式工作时,由于每次通电状态转换时,总有一相保持通电,因此步进电机工作状态较稳定。

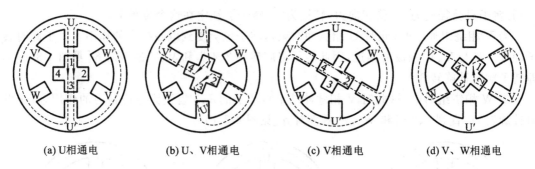

(a) U相通电   (b) U、V相通电   (c) V相通电   (d) V、W相通电

图 4-4　步进电机单双六拍控制原理

3）双三拍控制步进电机工作原理

双三拍控制时每次有两相绕组同时通电，通电顺序为 UV→VW→WU→UV。

当 U、V 两相同时通电时，转子旋转直到受到的电磁拉力平衡，即转子运动到图 4-4（b）所示的位置。

当 V、W 两相同时通电时，转子顺时针旋转 30°，重新到达平衡位置，如图 4-4（d）所示。

三相双三拍同三相单双六拍一样，每一拍总有一相保持通电状态，例如由 U、V 两相通电变为 V、W 两相通电时，V 相始终保持通电状态，W 相电磁拉力试图使转子沿逆时针方向转动，而 V 相电磁拉力则阻止转子继续向前转动，即起到了一定的电磁阻尼的作用，所以电机运行比较稳定。

在上述内容中，步距角为 30°或 15°，步距角较大，不能实现精确控制，所以通常将转子做成多极式的转子，定子的磁极也制成小齿，则步进电机就成了小步距角步进电机。

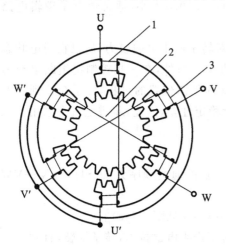

图 4-5　三相反应式步进电机的结构示意图
1—定子；2—转子；3—定子绕组

4）小步距角步进电机

小步距角步进电机的定子内圆和转子外圆均有齿和槽，如图 4-5 所示，而且定子和转子的齿宽和齿距相等。定子上有三对磁极，分别绕有三相绕组。

设转子的齿数为 Z，齿距为 τ，则齿距的表达式为

$$\tau = \frac{360°}{Z} \tag{4-1}$$

定子齿和转子齿的齿位设计符合以下规律：当 U 相的定子齿和转子齿对齐时，V 相的定子齿应相对于转子齿顺时针方向错开 1/3 齿距，而 W 相的定子齿应相对于转子齿顺时针方向错开 2/3 齿距。即当某一相磁极下定子齿与转子齿相对时，下一相磁极下定子齿与转子齿应刚好错开 τ/m，其中 m 为相数。再下一相磁极下定子齿与转子齿应错开 $2\tau/m$。以此类推，当定子绕组按 U→V→W→U 顺序轮流通电时，转子沿顺时针方向一步一步地转动。各相绕组轮流通电一次，转子就转过一个齿距。

每通电一次（即运行一拍），转子就走一步，故步距角 β 为

$$\beta = \frac{齿距}{拍数} = \frac{360°}{Z \times 拍数} = \frac{360°}{Zkm} \tag{4-2}$$

式中：k 为状态系数（单三拍和双三拍时为 1；单双六拍时为 2）。

如果步进电机的转子的齿数 Z 为 40，则三相单三拍运行时，其步距角为

$$\beta = \frac{360^\circ}{Zkm} = \frac{360^\circ}{3 \times 40} = 3^\circ$$

如果按三相单双六拍运行，则步距角为

$$\beta = \frac{360^\circ}{Zkm} = \frac{360^\circ}{2 \times 3 \times 40} = 1.5^\circ$$

即按三相单双六拍运行时，转子以 1.5° 步距角转动。

由此可见，步进电机的转子的齿数 Z 和定子相数（或运行拍数）越多，步距角 β 越小，控制越精确。

当定子控制绕组按照一定顺序不断轮流通电时，步进电机就持续不断地旋转。设电脉冲的频率为 f，则步进电机的转速 n 为

$$n = \frac{\beta f}{2\pi} \times 60 = \frac{\frac{2\pi}{kmZ}f}{2\pi} \times 60 = \frac{60f}{kmZ} \tag{4-3}$$

由式（4-3）可知，可变磁阻式步进电机的转速与拍数、转子齿数和电脉冲的频率有关。相数和转子齿数越多，步距角越小，转速也越小。在同样的电脉冲频率下，转速越小，其他性能会有所改善，但相数越多，电源越复杂。当转子齿数一定时，转速与脉冲频率成正比关系，通过改变电脉冲的频率就可以改变步进电机的转速。

4.1.2 步进电机的特性和性能指标

1. 静态特性

当控制脉冲停止时，如果某些相绕组仍通入恒定不变的电流，转子将固定于某一位置上保持不动，称为静止状态。步进电机处于静止状态时的反应转矩称为静转矩。

步进电机在空载情况下，且控制绕组中通以直流电流时，转子的最后稳定位置称为初始稳定平衡位置，此时转子齿和通电相磁极上的小齿对齐，如图 4-6 所示。

当有扰动，或者在转子轴上加上一负载转矩，转子转过一个角度 θ 并能稳定下来时，转子上受到的电磁转矩与负载转矩相等，该电磁转矩即为静转矩，角度 θ 称为失调角。

静态特性是指静止状态下，静转矩和转子失调角之间的关系，即 $T = f(\theta)$，也称为步进电机的矩角特性。

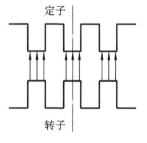

图 4-6 步进电机稳定位置

1）单相通电

步进电机的转子齿数为 Z_r，定子每相绕组通电循环一周（360° 电角度），对应转子在空间转过一个齿距，所以转子外圆对应的电角度为 $360^\circ Z_r$ 电角度，而转子外圆的机械角度是 360°，所以步进电机的电角度是机械角度的 Z_r 倍。

设静转矩和失调角的正方向为自右向左，则静转矩和转子位置存在以下关系。

（1）当定子齿和转子齿刚好对齐时，失调角 $\theta = 0$，此时切向电磁拉力为零，静转矩 $T = 0$，此位置为稳定平衡位置，如图 4-7（a）所示。

（2）当转子向右偏移时，此时失调角 $\theta = -\pi/2 < 0$，为了使转子回到平衡位置，转子所受

的切向电磁拉力向左,即静转矩 $T>0$,如图 4-7(b)所示。

(3) 当转子向左偏移时,此时失调角 $\theta=\pi/2>0$,为了使转子回到平衡位置,转子所受的切向电磁拉力向右,即静转矩 $T<0$,如图 4-7(c)所示。

(4) 当失调角 $\theta=\pi$ 时,定子齿与转子槽正好相对,此时转子所受的切向电磁拉力方向相反,大小相等,所以静转矩 $T=0$,如图 4-7(d)所示。

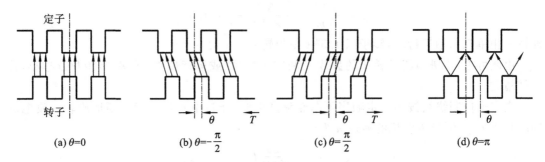

图 4-7　定子齿和转子齿作用力与失调角之间的关系

由以上分析可知,静转矩 T 随失调角 θ 发生周期性变化,变化周期是一个齿距,即 $360°$ 电角度。实践证明,可变磁阻式步进电机的矩角特性曲线接近正弦曲线,当 $0<\theta<\pi$ 时,$T<0$;当 $-\pi<\theta<0$ 时,$T>0$。图 4-8 所示为可变磁阻式步进电机的理想矩角特性,其表达式为

$$T=-K_1 I^2 \sin\theta = -T_{max}\sin\theta \tag{4-4}$$

式中:K_1 为转矩常数;I 为绕组电流;θ 为失调角。

在图 4-8 中,$\theta=0$ 为稳定平衡位置,$\theta=\pm\pi$ 为不稳定平衡位置。在静止状态下,如果转子因受到外力矩的作用而偏离了稳定平衡位置,但是没有超出相邻的不稳定平衡位置(即 $-\pi$ 到 π 之间),则电机转子在静转矩的作用下仍然能够回到原来的稳定平衡位置,所以两个不稳定平衡位置之间的区域(即 $-\pi$ 到 π 之间)构成了静稳定区。如果转子偏离超过了此区域,转子将达到另外的稳定平衡位置,即转子和其他齿对齐。

当失调角 $\theta=\pm\dfrac{\pi}{2}$ 时,静转矩的绝对值最大,此时的静转矩称为最大静转矩 T_{max}。一般最大静转矩较大的电机,可以带动较大的负载转矩。T_{max} 表示负载能力,它是衡量步进电机性能最重要的参数之一。

最大静转矩与控制绕组中电流的关系称为最大静转矩特性,$T_{max}=f(I)$,图 4-9 所示为步进电机最大静转矩特性曲线。

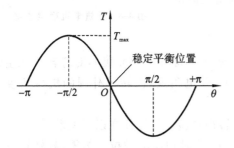

图 4-8　可变磁阻式步进电机的理想矩角特性

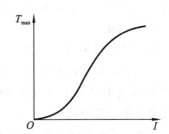

图 4-9　步进电机最大静转矩特性曲线

由于铁磁材料具有非线性,T_{max} 与 I 之间也成非线性关系。当电机磁路不饱和时,最大

静转矩与控制绕组中电流的平方成正比；当电流增大时，由于受磁路饱和影响，最大静转矩增大趋势变慢。

2）多相通电

一般来说，多相通电时的矩角特性和最大静转矩与单相通电时的不同。如果不考虑磁路饱和，多相通电时的矩角特性可以由每相各自通电时的矩角特性叠加求出。下面以三相步进电机为例，分析 A、B 两相通电时的矩角特性。

设 A 相通电时，矩角特性为

$$T_A = - T_{max} \sin\theta \tag{4-5}$$

式中：T_{max} 为最大静转矩；θ 为失调角。

B 相通电时，矩角特性为

$$T_B = - T_{max} \sin\left(\theta - \frac{2\pi}{3}\right) \tag{4-6}$$

当 A、B 两相同时通电时，合成矩角特性为

$$T_{AB} = T_A + T_B = - T_{max} \sin\theta - T_{max} \sin\left(\theta - \frac{2\pi}{3}\right) = - T_{max} \sin\left(\theta - \frac{\pi}{3}\right) \tag{4-7}$$

与 T_A 相比，T_{AB} 是一条幅值不变、相移 $\frac{\pi}{3}$ 的正弦曲线。A 相通电、B 相通电和这两相同时通电的矩角特性和转矩矢量图如图 4-10 所示。

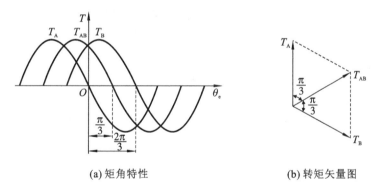

(a) 矩角特性　　　　　　　(b) 转矩矢量图

图 4-10　三线步进电机多相通电时的转矩

对于三相步进电机，两相通电时的最大静转矩与单相通电时的最大静转矩相等，即增加通电相数并不能提高三相步进电机的转矩，这是三相步进电机的缺点。

对于多于三相的步进电机，多相通电时可以提高输出转矩，因此对于功率较大的步进电机，相数都大于三，并且通常采用多相通电方式。

2. 动态特性

动态特性是指脉冲电压按照一定的分配方式加到各控制绕组上，步进电机所具有的特性直接影响系统工作的可靠性和系统的快速反应性能。

1）单步运行状态

单步运行状态是指电机仅改变一次通电状态时的运行方式，或者是指当输入脉冲频率很小时，下一个脉冲到来之前，前一步已经走完，转子已稳定在平衡位置，前后两个通电状态之间不存在相互的影响。

（1）动稳定区和稳定裕度。

动稳定区是指步进电机从一种通电状态切换到另一种通电状态时，不至于引起失步的区域。

步进电机初始状态时的矩角特性曲线如图 4-11 中的曲线 1 所示。若电机空载，则转子处于稳定平衡位置 O_0 点。若加上一个控制脉冲信号，矩角特性曲线将从曲线 1 移动到曲线 2，即向前跃移一个步距角 θ_{se}，转子将处于新的稳定平衡位置 O_1 点。

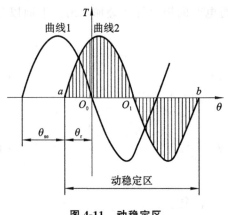

图 4-11　动稳定区

当通电状态改变时，转子起始位置只有位于 a 点和 b 点之间时，才能向 O_1 点运动。区间 (a, b) 称为电机空载时的动稳定区，即 $(-\pi + \theta_{se}) < \theta < (\pi + \theta_{se})$。

a 点和 O_0 点之间的失调角 θ_r 称为稳定裕度（或裕量角）。裕量角越大，电机运行越稳定。

$$\theta_r = \pi - \theta_{se} = \pi - \frac{2\pi}{mZ_rC} \cdot Z_r = \frac{\pi}{mC}(mC - 2) \tag{4-8}$$

式中：θ_{se} 为用电度角表示的步距角；C 为通电状态系数。

当 $C = 1$ 时，由 $m - 2 > 0$ 可知，可变磁阻式步进电机的相数最少为 3。电机的相数越多，步距角越小，相应的稳定裕度越大，电机的稳定性能也越好。

（2）最大负载能力（启动转矩）。

步进电机在步进运行时所能带动的最大负载，可由相邻两条矩角特性曲线交点所对应的启动转矩 T_{st} 来确定。

设步进电机带恒定负载，负载转矩为 T_{L1}，增大后的负载转矩为 T_{L2}，如图 4-12 所示，则有以下结论。

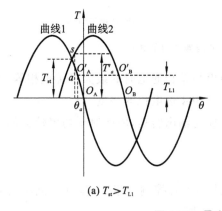

(a) $T_{st} > T_{L1}$

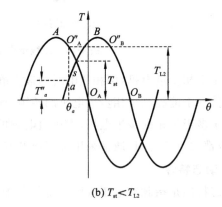

(b) $T_{st} < T_{L2}$

图 4-12　最大负载转矩的确定

① 当 $T_{st} > T_{L1}$ 时，如果 A 相绕组通电，转子的稳定平衡位置位于 O'_A 点，此时电磁转矩与负载转矩平衡；如果仅 B 相通电，矩角特性曲线由曲线 1 变为曲线 2。转子在新的矩角特性曲线上对应的电磁转矩是 T'_a，T'_a 大于负载转矩 T_{L1}，所以转子运动到稳定平衡位置 O'_B 点。

②当负载转矩增大时,即当 $T_{L2} > T_{st}$ 时,如果仅 A 相通电,转子的初始稳定平衡位置位于 O''_A 点;如果仅 B 相通电,转子在新的矩角特性曲线上对应的电磁转矩是 T''_a,T''_a 小于负载转矩 T_{L2},所以转子不能前进,而是沿失调角 θ_a 减小的方向滑动,处于失控状态。

根据上述分析,步进电机能做正常步进运动的前提条件是:电磁转矩大于负载转矩,负载转矩不能大于启动转矩 T_{st},表达式为

$$T_{st} = T_{max} \sin \frac{\pi - \theta_{se}}{2} = T_{max} \cos \frac{\theta_{se}}{2} = T_{max} \cos \frac{\pi}{mC} \tag{4-9}$$

由式(4-9)可知,当 $C = 1$ 时,m 最小为 3。m 越大,启动转矩越大;C 越大,启动转矩越大。

一般情况下,负载转矩和最大静转矩的比值通常为 0.3~0.5,即 $T_L = (0.3 \sim 0.5) T_{max}$。

(3) 转子的振荡现象。

当步进电机处于步进运行状态时,转子实际上是经过一个振荡过程后才稳定在最终平衡位置的。下面用图 4-13 说明转子的自由振荡过程。

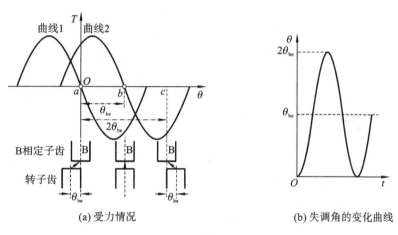

(a) 受力情况　　　　　　　(b) 失调角的变化曲线

图 4-13　无阻尼时转子的振荡现象

电机空载时,若仅 A 相通电,转子位于稳定平衡位置 a 点;若仅 B 相通电,矩角特性曲线向前移动一个步距角,转子稳定后应位于 b 点。

在从 a 点运动到 b 点的过程中,转子首先在电磁转矩的作用下加速运动到 b 点,在 b 点,电磁转矩为 0。但是转子在惯性的作用下继续向前运动,所受到的电磁转矩为负值,所以减速到达 c 点。

在负电磁转矩的作用下,转子向 b 点运动,由于惯性作用会跃过 b 点,其所受到的电磁转矩变为正值,继续减速运动到 a 点。

如果不考虑阻尼作用,转子将会一直区间(a,c)内做无衰减的振荡,即无阻尼自由振荡。

自由振荡的幅值为步距角 θ_{be},若自由振荡角频率用 ω'_0 表示,则相应的振荡频率 f' 和周期 T'_0 分别为

$$f' = \frac{\omega'_0}{2\pi}$$

$$T'_0 = \frac{1}{f'} = \frac{2\pi}{\omega_0}$$

自由振荡角频率 ω'_0 与振荡的幅值有关。当拍数很大,步距角很小时,振荡的幅值很小,

这时振荡的角频率称为固有振荡角频率,用ω_0表示,计算公式为

$$\omega_0 = \sqrt{T_{\max} \frac{Z_r}{J}} \tag{4-10}$$

式中:J为转子转动惯量。

实际上,由于轴承的摩擦、风阻和内部阻尼等的存在,转子在平衡位置的振荡总是衰减的,并且阻尼越大,衰减得越快,最后稳定于平衡位置附近,如图4-14所示。

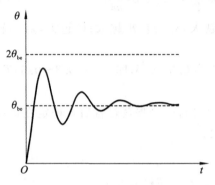

图 4-14 有阻尼时转子的振荡曲线

2)连续运行状态

当步进电机在输入脉冲频率f较高,其周期比转子振荡过渡时间还短时,转子做连续的旋转运动,这种运行状态称为连续运行状态。

在实际运行中,步进电机一般处于连续运行状态,因此在运行过程中良好的动态性能是保证控制系统可靠工作的前提。

(1)脉冲频率对步进电机工作的影响。

脉冲频率不同,脉冲持续的时间将不同,步进电机的振荡和工作情况也不同。

当脉冲频率极小,脉冲持续时间长于转子单步运行的衰减振荡时间,第二个脉冲到来时,前一个脉冲使得转子运行已经结束,转子已经位于平衡位置上,此时步进电机的每一步和单步运行时的一样,产生振荡,不会失步和越步。

当脉冲频率介于极低频和高频之间,转子还在上一个脉冲的作用下做衰减振荡时,又接收到第二个脉冲,转子的位置与脉冲频率有关,此时该位置是第二个脉冲的初始位置。如果脉冲频率等于或接近步进电机的振荡频率,电机就会出现强烈振荡现象,这种现象称为低频共振。低频共振会引起失步,失步的步数是运行拍数的整数倍。低频共振严重时甚至会出现转子停留在一个位置或者围绕一个位置来回振荡的情况。

当脉冲频率很大时,电机转子还没来得及到达第一次振荡的幅值,甚至还没到达平衡位置就接收到了新的脉冲,此时电机的运行状态就由步进变成了连续平滑的转动,转速也比较稳定。

但在脉冲频率达到一定的数值后,频率再增大,步进电机的负载能力便下降。当脉冲频率太大时,也会产生失步,甚至还会产生高频振荡。

此外,由于脉冲频率增大,步进电机铁芯中的涡流迅速增加,热损耗增加,以及绕组平均电流减小,使得输出功率和动态转矩减小。

(2)运行矩频特性。

当脉冲频率增大到一定值时,电机的动态转矩减小,即电机的负载能力下降,这是因为随着脉冲频率的增大,绕组电感形成的反向电动势会增大,绕组中的电流会变小,从而造成动态转矩减小,使步进电机的负载能力下降。

动态转矩(磁阻转矩)是电源脉冲频率的函数,这种输出力矩与频率的关系称为运行矩频特性,其是电机诸多动态特性中最重要的,也是电机选择的根本依据。

步进电机的运行矩频特性曲线如图4-15所示,图中横轴为控制脉冲频率f,纵轴为动态转矩T。

步进电机的运行矩频特性表明,在一定控制脉冲频率范围内,增大频率,可以增大功率

和转速。若超出该范围,则频率增大会引起动态转矩减小,步进电机带负载的能力也逐渐下降。频率降到某一数值后,步进电机带不动任何负载。此时,只要受到一个很小的扰动其就会振荡、失步或者停转。

（3）启动矩频特性。

在一定负载转矩下,电机不失步地正常启动所能加的最高控制脉冲频率,称为启动频率。它的大小与步进电机本身的参数、负载转矩、惯量、电源条件等有关,是衡量步进电机的一项重要技术指标。

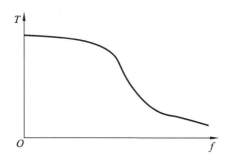

图 4-15　步进电机的运行矩频特性曲线

步进电机在启动时,转子要经历从静止到加速的过程,电机上的电磁转矩不仅要克服负载转矩,还要克服惯性转矩,所以电机启动时的负担要比电机连续运行时的大。如果启动频率过大,启动转矩相对较小,则步进电机会失步或振荡,电机就无法启动。因此,启动频率有一定的限制。电机启动后,惯性转矩变小,这时候逐渐增大脉冲频率,电机就能加速。

由以上分析可知,连续运行频率比启动频率高。图 4-16 所示为启动矩频特性曲线,负载转矩越大,电机的启动频率越小。

（4）启动惯频特性。

启动惯频特性是指在一定驱动条件下,步进电机能不失步地突然启动的频率随转动惯量变化的特性。负载转矩不变时,转动惯量越大,转子速度增大得越慢,启动频率越小。在选择步进电机时,两者要综合考虑。图 4-17 所示为启动惯频特性曲线。

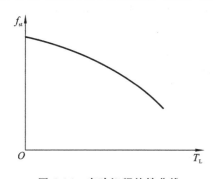

图 4-16　启动矩频特性曲线

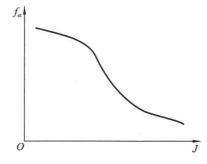

图 4-17　启动惯频特性曲线

3. 性能指标

1）最大静转矩 T_{max}

所谓静态是指步进电机的通电状态不变,转子保持不动的定位状态。最大静转矩 T_{max} 是指在规定的通电相数下,矩角特性曲线上转矩的最大值。

伺服步进电机的输出转矩较小。最大静转矩 T_{max} 超过 $4.9\,N \cdot m$ 的步进电机,可以归为功率步进电机,它不需要力矩放大装置就能直接带动负载,从而大大简化系统,提高传动精度。

2）步距角 β

步距角是指在一个脉冲作用下,步进电机的转子所转过的角位移。从理论上讲,每一个脉冲信号应该使转子转过一个相同的步距角,但实际上,由于定子和转子的齿距分布不均匀、气隙分布不均匀等导致的误差,步距角的实际值和理论值之间存在偏差,偏差小则意味着步进电机的精度高。

步距角 β 的计算公式为

$$\beta = \frac{360°}{Zkm}$$

式中:Z 为转子的齿数;m 为相数;k 为状态系数,$k=1,2$。

对于 $Z=100$ 的二相步进电机,单拍运行时,$C=1$,则

$$\beta = \frac{360°}{2 \times 100} = 1.8°$$

按单、双通电方式运行时,$C=2$,则

$$\beta = \frac{360°}{2 \times 2 \times 100} = 0.9°$$

步距角 β 的大小与相数、转子的齿数和状态系数有关。步进电机的启动频率和运行频率与步距角的大小紧密相关。对于同样尺寸的两台步进电机,步距角越小,启动频率和运行频率越大。

3)精度

步进电机的精度通常用静态步距角误差和最大累积误差来衡量。静态步距角误差是指实际步距角与理论步距角之间的差值,一般用理论步距角的百分数或绝对值来表示,通常在空载情况下测定。最大累积误差是指从任意位置开始,经过任意步后,在此之间,角位移误差的最大值。

4)启动频率

空载时,转子从静止状态不失步启动的最大控制频率称为空载启动频率或突跳频率。

所谓失步是指转子前进的步数不等于输入的脉冲数。失步包括丢步和越步两种情况。丢步时,转子前进的步数小于脉冲数;越步时,转子前进的步数大于脉冲数。一次丢步或越步的步数等于运行拍数的整数倍。丢步严重时,转子将停留在一个位置上或围绕一个位置振动。

启动频率的大小与驱动电路和负载大小有关,负载涉及负载转矩和负载转动惯量两方面的含义。随着负载转动惯量的增大,启动频率会减小。若除了惯性负载以外,还有转矩负载,则启动频率将进一步减小。在启动时,如果所带负载的转动惯量较大,则应该在低频下启动,然后再上升到工作频率;关停时,应该将工作频率下降到适当频率后再停车。

5)运行频率和运行矩频持性

运行频率连续增大时,电机不"失步"运行的最高频率称为连续运行频率。它的大小也与负载有关。在同样负载下,运行频率远大于启动频率。在连续运行状态下,步进电机的动态转矩将随频率的增大而急剧减小,这两者之间的关系称为运行矩频特性。

步进电机的性能受驱动电源的影响,优质的驱动电源能使步进电机控制系统的运行性能大大提高,反之,不合适的驱动电源会极大限制其系统性能,所以在使用时要特别注意,应根据运行要求,尽量采用先进的驱动电源,以使步进电机具有良好的运行性能。

4.1.3 步进电机的驱动

步进电机的性能是由电动机和驱动电源共同确定的。要想实现对步进电机的控制,就

需要通过驱动电源对步进电机施加脉冲信号,按顺序依次给步进电机各相通电。

步进电机的驱动电源在步进电机中占有相当重要的地位,驱动电源的相数、通电方式、电压和电流都应满足步进电机的控制要求。另外,驱动电源要满足启动频率和运行频率的要求,能在较大的频率范围内实现对步进电机的控制。同时驱动电源要能有效抑制步进电机的振荡,并且工作可靠,对工业现场的各种干扰有较强的抑制作用。选择性能优良的驱动电源对保障电机的运行性能是非常重要的。

步进电机的运行特性与配套使用的驱动电源有密切关系。驱动电源的框架如图 4-18 所示。

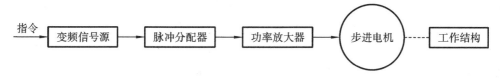

图 4-18 驱动电源的框架

(1)变频信号源。

驱动电源的作用是将变频信号源送来的脉冲信号及方向信号,按照要求的配电方式,自动、循环供给电机各相绕组,以驱动电机转子正反向旋转。只要控制输入电脉冲的数量和频率,就可以精确控制步进电机的转角和速度。

变频信号源是一个脉冲频率能由几赫兹到几千赫兹连续变化的脉冲信号发生器。脉冲信号发生电路产生基准频率信号供给脉冲分配电路。

脉冲信号发生器一般采用多谐振荡器和由单结晶体管构成的弛张振荡器。它们都是通过调节电阻 R 和电容 C 的大小来改变电容充放电的时间常数的,以达到改变脉冲频率的目的。

(2)脉冲分配器。

为实现步进电机绕组按规定的顺序轮流通电,需要将控制脉冲按一定的通电方式分配到电机各相绕组,以产生旋转磁场。这种使电机绕组通电顺序按一定规律变化的部分称为脉冲分配器,也称为环形脉冲分配器。

脉冲分配器实际上是一个数字逻辑单元,它接收一个单相的脉冲信号,根据运行指令,把脉冲信号按一定的逻辑关系分配到每一相脉冲放大器上,进而驱动电机运动,实现电机的正转、反转和定位。

脉冲分配器可以由双稳态触发器和门电路组成,也可由可编程逻辑器件组成。

(3)功率放大器。

经环形分配器(或者计算机)输出的脉冲使步进电机绕组按规定顺序通电,但输出的脉冲未经放大时,电流一般只有几毫安,其驱动功率很小,一般难以直接驱动步进电机。因此,从分配器出来的脉冲不是直接连接到步进电机上,而是先采用功率放大器对脉冲电流进行放大,使其增大到几安培至十几安培,再驱动步进电机。

由于电机各相绕组都是绕在铁芯上的线圈,电感较大,绕组通电时,电流上升率受到限制,影响了电机绕组电流的大小。绕组断电时,电感磁场的储能组件将维持绕组中已有的电流,在绕组断电时会产生反电动势,为使电流尽快衰减,并释放反电动势,必须适当增加续流回落。因此功率放大器需要提供幅值大、前后沿陡峭的励磁电流。

功率放大器的种类很多,功率放大器分为单一电压型、高低压切换型、电流控制高低压切换型等,通常根据步进电机运行性能的要求来选择合适的功率放大器。

4.1.4　步进电机的控制

步进电机的控制主要包括步进电机的速度控制、加减速控制和微机控制等。

1. 步进电机的速度控制

步进电机每得到一个脉冲就旋转一个步距角,因此,控制步进电机的运行速度,实际上就是控制绕组的通电频率,即控制系统发出的时钟脉冲频率,或者换向周期。确定时钟脉冲频率的方法有两种:一种是软件延时法,另一种是定时器延时法。

软件延时法是指在每次换相之后,调用延时子程序,待延时结束后,再执行换相子程序,周而复始,即发出一定频率的步进脉冲,使电机按某一确定转速运转。通过改变延时的时间长度,可以改变输出脉冲的频率,从而调节电机的转速。该方法的优点是程序简单,方便调速;主要缺点是占用较多的 CPU 时间。

定时器延时法是通过设定时间常数来确定时钟脉冲频率的。加载某个定时器,当定时器溢出时就会产生中断信号,终止主程序的执行,转而执行中断服务程序,从而产生硬件延时的效果。如果将电机换相子程序放在定时器中断服务程序之中,则定时器每中断一次,电机就换相一次,从而实现对电机的速度控制。

2. 步进电机的加减速控制

步进电机驱动执行机构从一个位置向另一个位置移动时,要经历升速、恒速和减速过程。

一般情况下,系统的极限启动频率比较小,运行频率很大。如果启动时将速度一次性升到工作速度,启动频率可能超过极限启动频率,造成步进电机失步。

如果到终点时,突然停发脉冲串,令其停止,由于惯性作用,步进电机会出现过冲现象,影响位置控制精度。

如果非常缓慢地升降速,虽然步进电机不会出现失步和过冲现象,但影响了执行机构的工作效率。

如果要求负载机械从一个位置快速运行到另一个给定位置,对步进电机而言,就是从一个锁定位置,运行若干步,尽快到达另一个位置,且加以锁定。这就需要一个加减速定位控制,使得步进电机拖动给定的负载机械,经过加速—恒定高速—减速—恒定低速—减速的过程,恒定高速过程中的速度最大,如图 4-19 所示。

步进电机的加减速规律一般有两种,如图 4-20 所示。一种是按指数规律加减速,开始时先采用大一点的加速度来加速,随着转速的增大,加速度逐步减小;减速时则令高速段减速度小一些,低速段减速度大一些。这种规律符合步进电机的输出转矩随转速的增大而减小的情况,但计算较为复杂。另一种是按直线规律加减速,计算比较简单。

3. 步进电机的微机控制

步进电机的工作过程一般由控制器控制,控制器按照系统设定的要求,使功率放大电路按照规律驱动步进电机运行,完成一定的控制过程。

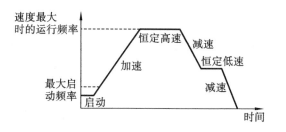
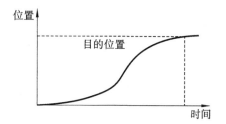

图 4-19　步进电机的加减速控制

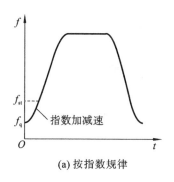

(a) 按指数规律

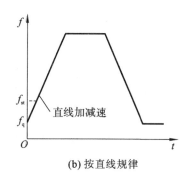

(b) 按直线规律

图 4-20　步进电机的加减速规律

简单的控制过程可以用各种逻辑电路来实现,缺点是线路比较复杂,灵活性差,控制方案一经设定,很难改变。

目前,以微型计算机为核心的步进电机控制系统,采用软件或者软件、硬件相结合的方式,大大增强了控制功能,同时也提高了系统的灵活性和可靠性。

以步进电机作为执行元件的数字控制系统有开环和闭环两种形式,如图 4-21 所示。

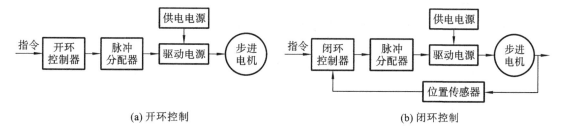

(a) 开环控制　　　　　　　　　　　　　　　　(b) 闭环控制

图 4-21　开环控制和闭环控制

开环控制的精度主要取决于步距角的精度和负载状况。它没有位置反馈,不需要光电编码器之类的位置传感器,结构简单、工作可靠、成本低,因而在控制系统中得到广泛应用。

对于高精度的控制系统,开环控制往往满足不了精度要求,因此需要在控制回路中增加反馈环节,构成闭环控制系统。闭环控制系统采用光电编码器等位置传感器将电机的实际位置反馈给计算机,一旦步进电机失步,实际位置没有达到给定值,控制器就补发脉冲,直到实际位置和给定值一致或相当接近为止。

步进电机闭环控制系统的价格比较贵,容易产生持续的机械振荡,因此步进电机主要还是采用开环控制。如果要保证动态性能优良,可以选用直流或交流伺服系统。

4.2　伺　服　电　机

伺服电机是指在伺服系统中控制机械元件运转的电动机，伺服电机可以将电压信号转化为转矩和转速，以驱动被控对象，使得控制速度、位置精度变得非常准确。在自动控制系统中，伺服电机用作执行元件，把所收到的电信号转换成电机轴上的角位移或角速度输出。

伺服电机和步进电机在工业控制领域中都有着非常重要的作用，两者的性能比较如表4-2所示。

表 4-2　伺服电机和步进电机的性能比较

类　别	精度	低频特性	矩频特性	过载能力	运行性能	速度响应
伺服电机	高	无振动	输出恒力矩	强	闭环控制	快
步进电机	低	低频共振	输出力矩随转速的增大而减小	无	开环控制	慢

（1）精度。

步进电机的步距角一般由定子相数、转子齿数、通电方式决定。二相、三相步进电机的步距角一般有 0.6°、0.9°、1.2°、1.8°，五相步进电机的步距角有 0.36°、0.72°等。除此以外，可以通过细分驱动器将步距角进一步减小到 0.18°、0.09°、0.045°等。

伺服电机的精度取决于编码器的分辨率，编码器的分辨率越高，伺服电机的精度就越高。例如，对于带有 17 位编码器的电机而言，电机在一圈内接收 2^{17}（131 072）个脉冲，脉冲当量为 $360°/131072=0.0027466°$，是步距角为 1.8°的步进电机的脉冲当量的 1/655。

（2）低频特性。

步进电机在低速工作时易出现低频共振现象，影响电机性能，甚至导致电机失步。解决方法是避开共振区，或采用细分驱动器，让步进电机运行得更加平滑。

伺服电机不存在低频共振问题，因为其系统内部具有共振抑制功能和频率解析机能，所以伺服电机在低速工作时性能稳定。

（3）矩频特性。

由步进电机的运行矩频特性曲线可知，当步进电机的转速增大时，输出力矩随转速增大而减小，步进电机的负载能力降低。

伺服电机为恒力矩输出，即在额定转速以下输出额定转矩，在额定转速以上输出恒功率。

（4）过载能力。

步进电机通常是在恒流或恒压条件下工作的，不具有过载能力，在启动瞬间，为了克服惯性力矩，往往需要选取具有较大转矩的电机，但在实际工作时并不需要这么大的转矩，从而造成了一定的力矩浪费。

交流伺服电机具有较强的过载能力，最大转矩可以是额定转矩的 2～3 倍，可克服惯性负载在启动瞬间的惯性力矩。因为步进电机不具有过载能力，所以有些场合就不能采用步进电机。

（5）运行性能。

步进电机一般采用开环控制，启动频率过大或负载过大时容易出现失步或堵转的现象。

伺服电机采用闭环控制，驱动器可直接对电机编码器反馈信号进行采样，内部构成位置环和速度环，一般不会出现步进电机的丢步或过冲的现象，控制性能更为可靠。

（6）速度响应。

步进电机从静止加速到工作转速（一般为几百转每分钟）需要 $200\sim400$ ms。

伺服电机的加速性能较好，一般从静止加速到额定转速仅需几毫秒，可应用于要求快速启停的控制场合。

伺服电机在自动控制系统中常作为执行元件，所以伺服电机又称为执行电机，其最大特点是：有控制电压时转子立即旋转，无控制电压时转子立即停转。转轴转向和转速是由控制电压的方向和大小决定的。

按使用电源的性质不同，伺服电机可分为直流伺服电机和交流伺服电机两大类。直流伺服电机的输出功率较大，一般可达几百瓦；交流伺服电机的输出功率较小，一般为几十瓦。

4.2.1 直流伺服电机的工作原理与结构

直流伺服电机将输入的直流电压信号转换成电机轴上的转速或转角信号，具有良好的调速性能，调速范围较大，可以在重负载的情况下实现均匀、平滑的无极调速，所以在重负载启动或者要求均匀调速的场合中有广泛的应用。

下面以永磁式直流伺服电机为例，说明它的工作原理，如图 4-22 所示。

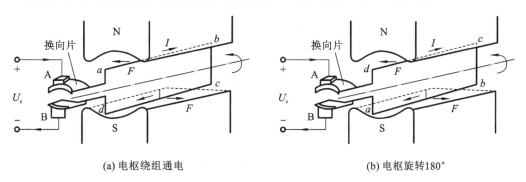

(a) 电枢绕组通电   (b) 电枢旋转180°

图 4-22　直流伺服电机的物理模型

直流伺服电机主要由定子、转子（电枢）、电刷与换向片等组成。永磁式直流伺服电机的定子是两个固定的永久磁铁，转子铁芯省略未画，在铁芯槽里嵌放转子绕组，假设转子绕组只由一匝线圈 abcd 构成。将电枢绕组的首尾两端分别焊在两个半圆形的铜质换向片上，在换向片上下分别放置两个静止不动的电刷 A 和 B，电刷与换向片是摩擦接触的。在电刷 A、B 间连接控制电压信号 U_c。

电刷 A、B 接直流电源，假设电流方向从 A 端流入，经线圈 abcd 后从 B 端流出，如图 4-22(a)所示。根据电磁力定律，载流导体 ab、cd 在 N、S 极形成的磁场中受到电磁力作用。根据左手定则，可判断出 ab 段所受电磁力方向为自右向左，cd 段所受电磁力方向为自左向右，因此，电枢受到逆时针方向的转矩，该转矩为电磁转矩 T_e。

在电磁转矩 T_e 的作用下，电枢沿逆时针方向转动。当电刷转动 180°时，电流仍从 A 端流入，经过线圈 $dcba$ 后，从 B 端流出，如图 4-22(b)所示。此时，根据左手定则，可知 dc 段所受电磁力方向为自右向左，ba 段所受电磁力方向为自左向右，电枢仍受到逆时针方向的转矩，将继续沿逆时针方向转动，电机便转动起来。

直流伺服电机的定子磁极产生磁场；转子又叫作电枢，在定子磁场作用下产生电磁转矩，带动负载转动；电刷与电源连接，换向片与电枢连接，使转子沿固定方向转动。直流伺服电机可分为传统型和低惯量型两大类。

(1) 传统型直流伺服电机。

传统型直流伺服电机的结构形式与普通直流电机的基本相同，也由定子、转子两大部分组成，只是它的容量和体积较小。按励磁方式的不同，传统型直流伺服电机可分为永磁式和电磁式两种。

永磁式直流伺服电机的定子磁极由永磁材料制成，电磁式直流伺服电机的定子磁极通常由硅钢片铁芯和励磁绕组构成。这两种电机的转子结构与普通直流电机的转子结构相同，其铁芯均由硅钢片冲制叠压制成，在转子冲片的外圆周上开有均匀布置的齿槽，在转子槽中放置电枢绕组，并通过换向器和电刷与外电路连接。

(2) 低惯量型直流伺服电机。

现代伺服控制系统对快速响应性能的要求越来越高，要尽可能减小伺服电机的转动惯量，以减小电机的机电时间常数，提高伺服控制系统的快速响应能力，为此多种类型的低惯量型直流伺服电机应运而生。常见的低惯量型直流伺服电机有：无槽电枢直流伺服电机、盘形电枢直流伺服电机和空心杯形转子直流伺服电机等。

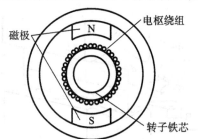

图 4-23　无槽电枢直流伺服电机结构示意图

①无槽电枢直流伺服电机。

无槽电枢直流伺服电机的电枢铁芯上不开槽，即电枢铁芯是光滑、无槽的圆柱体。电枢绕组直接排列在电枢铁芯表面，形成一个整体。其定子磁极可采用永久磁铁，如图 4-23 所示，也可采用电磁式结构。

无槽电枢直流伺服电机具有启动转矩较大、反应较快、启动灵敏度较高、转速平稳、低速运行均匀、换向性能良好等优点，主要应用于要求快速动作、功率较大的系统，如数控机床和雷达天线驱动等。

②盘形电枢直流伺服电机。

盘形电枢直流伺服电机结构示意图如图 4-24 所示，它的定子由磁钢（永久磁铁）和前、后磁轭（磁轭由软磁材料构成）组成，磁钢可在圆盘的一侧放置，也可以在两侧同时放置，磁钢产生轴向磁场，它的极数比较多，一般制成 6 极、8 极或 10 极。电机的气隙就位于圆盘的两边，圆盘上有电枢绕组，其有印制绕组和绕线式绕组两种形式。

绕线式绕组是首先绕制成单个线圈，然后将绕制好的全部线圈沿径向圆周排列起来，最后用环氧树脂浇注成圆盘形而成的。印制绕组是利用印制电路工艺制成的电枢导体，两面的端部连接起来即成为电枢绕组，它可以是单片双面的，也可以是多片重叠的，用以增加总导体数。

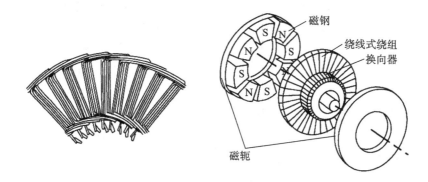

图 4-24   盘形电枢直流伺服电机结构示意图

③空心杯形转子直流伺服电机。

空心杯形转子直流伺服电机结构示意图如图 4-25 所示。空心杯形转子是由事先成型的单个线圈，沿圆柱面排列成杯形，或直接用绕线机绕成导线杯，再用环氧树脂热固化定型而成的。

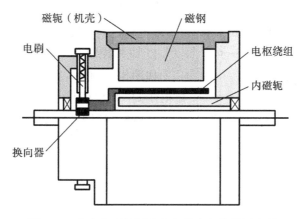

图 4-25   空心杯形转子直流伺服电机结构示意图

空心杯形转子直流伺服电机有内、外两个定子，外定子装有两个半圆形的磁钢（也可以是常见的电磁式结构），内定子起磁轭作用，由软磁材料制成。

空心杯形电枢直接安装在电机轴上，它在内、外定子之间的气隙中旋转，电枢绕组的端侧与换向器相连，通过电刷与外电路实现电气连接。转子内、外侧都需要有足够的气隙，所以磁阻大，磁势利用率低。通常采用高磁能积永磁材料作磁极。也可采用相反的形式，内定子采用永磁材料，而外定子采用软磁材料，这时定子为磁路的一部分，这种结构形式称为内磁场式。

4.2.2   直流伺服电机的驱动与控制技术

1. 直流伺服电机的驱动技术

对直流伺服电机进行直流供电和调节电机转速与方向，需要控制直流电压的大小和方向，目前常采用晶体管脉冲宽度调制（pulse width modulation，PWM）驱动技术。

晶体管脉冲宽度调制驱动技术是通过改变脉冲宽度来控制输出电压，通过改变周期来控制其输出频率的。这样,调压和调频两个作用相互配合,且与中间直流环节无关,可加快调节速度,改善动态性能。由于输出等幅脉冲只需恒定直流电源供电,用不可控整流器取代相控整流器,可大大改善电网侧的功率因数。利用 PWM 驱动技术能够抑制或消除低次谐波。如果再使用自关断器件,则开关频率可大幅度增大,输出波形非常接近正弦波的波形。

脉冲宽度调制驱动开关频率大,伺服机构能够响应的频带范围比较大,其输出电流与晶闸管相比脉动很小,近似于纯直流。因此,一般采用脉冲宽度调制进行直流调速驱动。

2. 直流伺服电机的控制技术

直流伺服电机实质上就是他励直流电机。通过直流电机电压方程 $U_a = E_a + I_a R_a$,以及电枢感应电动势的表达式 $E_a = C_e \Phi n$,可得直流伺服电机的转速表达式,为

$$n = \frac{U_a}{C_e \Phi} - \frac{R_a}{C_e \Phi} I_a \qquad (4-11)$$

式中:U_a 为电枢电压;I_a 为电枢电流;R_a 为电枢回路总电阻;n 为转速;Φ 为每极主磁通;C_e 为电动势常数。

由式(4-11)可知,通过改变电枢电压 U_a 和每极主磁通 Φ,可以改变直流伺服电机的转速 n,因此直流伺服电机的控制技术有两种,即电枢控制和磁场控制(又称为磁极控制)。

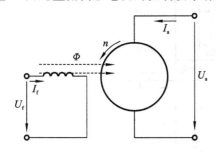

图 4-26　直流伺服电机的电枢控制原理

1)电枢控制

如图 4-26 所示,在励磁回路上加恒定不变的励磁电压 U_f,以保证直流伺服电机的 Φ 不变。

在电枢绕组上加控制电压信号,当负载转矩 T_L 一定时,电枢电压 U_a 增大,电机的转速 n 随之增大;反之,电枢电压 U_a 减小,电机的转速 n 随之减小;若电枢电压 $U_a = 0$,则电机不转。电枢电压的极性改变,电机的旋转方向也随之改变。因此把电枢电压 U_a 作为控制信号,就可以实现对直流伺服电机的转速 n 的控制。

需要注意的是,当电枢电压由 U_{a1} 增大到 U_{a2} 时,电流从 I_{a1} 开始急剧增大,转矩增大,转速从 n_1 开始随之增大;随着转速的增大,反电势增大,导致电流逐渐减小,转矩随之减小,转速趋于稳定,至 t_2 时刻,转速稳定在较大的转速 n_2 下,电流也重新恢复到 I_{a1},如图 4-27 所示。

直流伺服电机普遍采用电枢控制。采用电枢控制的直流伺服电机的电枢电压常称为控制电压,电枢绕组常称为控制绕组。

2)磁场控制

磁场控制是指保持电枢绕组电压不变,通过改变励磁回路的电压 U_f 来调整电机的转速。

若电机的负载转矩不变,当励磁电压 U_f 增大时,励磁电流 I_f 增大,主磁通增加,伺服电机的转速 n 就会减小;反之,转速 n 增大。通过改变励磁电压的极性,可以改变电机转向。

由于励磁回路所需的功率小于电枢回路的,因此磁场控制时的控制功率小。

虽然采用磁场控制也可达到控制转速大小和旋转方向的目的,但是励磁电流和主磁通

之间是非线性关系,且随着励磁电压的减小其机械
特性变软,调节特性也是非线性的。在采用磁场控
制时,励磁电压的调节范围很小,弱磁会导致电机运
行不稳定及换向恶化;励磁绕组电感较大也会使响
应速度变慢。在自动控制系统中,很少采用磁场控
制,一般只在小功率电机中采用磁场控制。

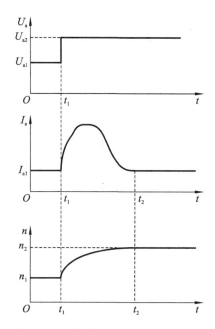

图 4-27 电枢控制时电机转速的变化

4.2.3 直流伺服电机的特性

1. 直流伺服电机的静态特性

静态特性是电机的动态加速过程已经结束,进
入恒速恒力矩输出状态时的特性。直流伺服电机的
静态特性包括机械特性和调节特性。

1)机械特性

直流伺服电机的机械特性是指电枢电压 U_a 等
于常数,且气隙每极主磁通 Φ 为常值时,转速 n 与电
磁转矩 T_e 之间的函数关系。它是直流伺服电机最
重要的特性之一,是选择直流伺服电机的重要依据。其表达式为

$$n = \frac{U_a}{C_e\Phi} - \frac{R_a}{C_e C_T \Phi^2}T_e = n_0 - kT_e \tag{4-12}$$

式中: $n_0 = \dfrac{U_a}{C_e\Phi}$,为电磁转矩等于 0 时的转速,又称为理想空载转速; C_T 为转矩常数; $k =$

$\dfrac{R_a}{C_e C_T \Phi^2}$,为机械特性的斜率,负号表示直线是下倾的。

斜率 k 与电枢回路总电阻 R_a 成正比关系。R_a 越小,k 越小。对应于同样的转矩变化
时,k 越小,转速变化就越小,则机械特性就越硬;R_a 越大,k 越大,则机械特性就越软。

当电机的转速 $n=0$ 时,由式(4-12)可得

$$T_k = \frac{C_T \Phi U_a}{R_a} \tag{4-13}$$

式中:T_k 为电机处于堵转状态时的电磁转矩,是机械特性曲线与横轴的交点值。

n_0 和 T_k 都与电枢电压成正比关系,而斜率 k 与电枢电压无关。在不同的电枢电压下,
可以得到一组互相平行的机械特性曲线,如图 4-28 所示。

随着电枢电压的减小,机械特性曲线平行地向原点移动,但是机械特性曲线的斜率不
变,即机械特性的硬度不变。这是电枢控制的优点之一。

2)调节特性

直流伺服电机的调节特性是指负载转矩 T_L 恒定不变时(此时 $T_L = T_e$),电机的转速 n
与电枢电压 U_a 之间的函数关系,即

$$n = \frac{1}{C_e\Phi}U_a - \frac{R_a T_L}{C_e C_T \Phi^2} \tag{4-14}$$

直流伺服电机的调节特性如图 4-29 所示,调节特性曲线为直线,随着负载转矩 T_L 的增

大,调节特性曲线向右平移,而斜率保持不变,因此,在不同的负载转矩下,可以得到一组互相平行的调节特性曲线。

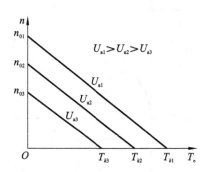

图 4-28 不同电枢电压下的机械特性

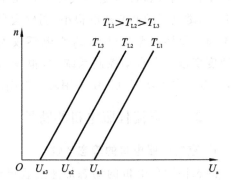

图 4-29 直流伺服电机的调节特性

当 $n=0$ 时,直流伺服电机的始动电压 U_{a0} 为

$$U_{a0} = \frac{R_a T_L}{C_T \Phi} \tag{4-15}$$

由式(4-15)可知,不同负载转矩 T_L 所需要的始动电压 U_{a0} 是不同的,只有当电枢电压大于始动电压时,电机才会转动;否则,当电机产生的电磁转矩小于负载转矩时,电机不能启动。电枢电压小于始动电压的区间是调节特性的死区。

负载转矩 T_L 越大,始动电压 U_{a0} 越大,死区越大。负载越大,死区越大,伺服电机不灵敏,所以不可有太大负载。

由调节特性可见,在同样负载条件下,转速和电压成线性关系,转速的大小及方向完全由电枢电压的幅值和极性决定。

2. 直流伺服电机的动态特性

动态特性是指在电枢控制条件下,在电枢绕组上施加阶跃电压,电机的转速和电枢电流等随时间变化的规律。

产生过渡过程的真正原因是电机中存在机械惯性和电磁惯性。

当电枢电压突然改变时,由于电机和负载有转动惯量,转速不能突变,需要经历一个过渡过程,才能达到新的稳态,因此转动惯量是造成机械过渡过程的主要因素。

另外,由于电枢绕组具有电感,电枢电流也不能突变,同样需要经历一个过渡过程,因此电感是造成电磁过渡过程的主要因素。

电磁过渡过程所需的时间要比机械过渡过程所需的时间短得多。通常只考虑机械过渡过程,而忽略电磁过渡过程。

可以用微分方程来描述直流伺服电机的动态过程,其电枢回路电压方程和转矩方程分别为

$$U_a = L_a \frac{di_a}{dt} + R_a i_a + e_a \tag{4-16}$$

$$T_e = J \frac{d\Omega}{dt} + T_L \tag{4-17}$$

式中: U_a、i_a、e_a 分别为电枢电压、电枢电流和电枢感应电动势的瞬时值; T_e 为电磁转矩; Ω 为

机械角速度；L_a、R_a 分别为电枢回路的电感和电阻；J 为运动系统的转动惯量；T_L 为负载转矩。

利用拉氏变换，通过理论分析，可得直流伺服电机角速度随时间变化的规律，即

$$\Omega(t) = \frac{U_a}{k_e'}(1 - e^{-\frac{t}{\tau_m}}) = \Omega_0(1 - e^{-\frac{t}{\tau_m}}) \tag{4-18}$$

式中：Ω_0 为伺服电机的理想空载角速度；τ_m 为电机的机电时间常数。

如图 4-30 所示，从电枢两端突加阶跃电压的瞬间开始，分析直流伺服电机角速度随时间的变化情况。

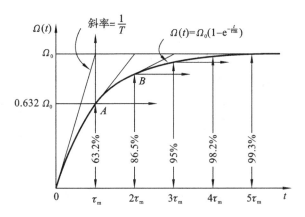

图 4-30　直流伺服电机角速度与时间的变化关系

(1) 当时间 $t = \tau_m$ 时，电机的角速度 Ω（转速 n）上升到与 U_a 相对应的稳态角速度 Ω_0（转速 n_0）的 63.2%；

(2) 当时间 $t = 3\tau_m$ 时，电机的角速度 $\Omega = 0.95\,\Omega_0$。一般情况下，此时电机的动态过程已经结束，即电机的动态过程时间为 $3\tau_m$。

机电时间常数 τ_m 反映了伺服电机的快速响应能力，即电机转速随控制电压变化的快速性，τ_m 是伺服电机的一个重要性能指标。

设机电时间常数 $\tau_m = \dfrac{2\pi J R_a}{60 C_e C_T \Phi^2}$，则影响机电时间常数的因素如下。

(1) 机电时间常数 τ_m 与转动惯量 J 成正比关系。当电机在系统中带动负载时，其转动惯量应该包括负载通过传动比折合到电机轴上的转动惯量 J_L 和电机本身的转动惯量 J_0，即总的转动惯量 $J = J_L + J_0$。为了减小 τ_m，应该减小转动惯量 J，所以宜采用细长型的电枢或采用空心杯形电枢、盘形电枢等。

(2) 机电时间常数 τ_m 与电机的气隙每极主磁通 Φ 的平方成反比关系。为了减小 τ_m，应增加气隙每极主磁通 Φ。

(3) 机电时间常数 τ_m 与电枢回路总电阻 R_a 成正比关系。为了减小 τ_m，应尽可能减小 R_a。

τ_m 表示电机过渡过程时间的长短，反映了电机转速随信号变化的快慢程度，是伺服电机一项重要的动态性能指标。一般直流伺服电机的 τ_m 大约在十几毫秒到几十毫秒之间。快速低惯量型直流伺服电机的 τ_m 通常在 10 ms 以下，其中空心杯形转子直流伺服电机的 τ_m

可小到 2～3 ms。

4.2.4 直流伺服电机的数学模型

直流伺服电机的定子和转子都有绕组,每个线圈有一个电阻和一个电感器。当向线圈施加电压 V 时,电流 i 流过电路,从而产生磁场。

通电的导线在磁场中将受到力的作用。在转子绕组中产生一个力和一个使转子转动的转矩 T_m。转子线圈在定子磁场中旋转,转子线圈中又产生反电动势(感应电动势)。

传统直流伺服电机的等效电路和页载模型如图 4-31 所示。直流伺服电机的性能可用扭矩方程、反电动势电压方程和电能-机械能转换守恒方程表示。

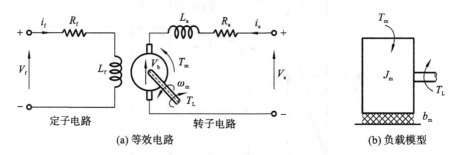

(a) 等效电路 (b) 负载模型

图 4-31 直流伺服电机的等效电路和负载模型

扭矩方程为

$$T_m = k_t i_a \tag{4-19}$$

反电动势电压方程为

$$V_b = k_e \dot{\theta} = k_e \omega_m \tag{4-20}$$

电能-机械能转换守恒方程为

$$V_b i_a = T_m \omega_m \tag{4-21}$$

式中:T_m 为电机扭矩,N·m;V_b 为感应电压,V;i_a 为电枢绕组的电流,A;θ 为电机轴的回转角度,rad;ω_m 为电机轴的回转角速度,rad/s;k_t 为扭矩常量,N·m/A;k_e 为电压常量,V/(rad/s)。

绕组产生的电感通常忽略不计,定子磁场不受转子磁场的影响。对定子电路中的励磁电压有

$$V_f = R_f i_f + L_f \frac{\mathrm{d}i_f}{\mathrm{d}t}$$

式中:V_f 为励磁电压,V;R_f 为定子绕组电阻,Ω;L_f 为定子绕组电感,H。

将输入电压 V_a 加载到电枢转子两端时,电枢电阻上的电压降为 $R_a i_a$,因此产生了压差,电压方程表达式为

$$V_a = R_a i_a + L_a \frac{\mathrm{d}i_a}{\mathrm{d}t} + V_b \tag{4-22}$$

式中:V_a 为电枢两端的电压,V;R_a 为电枢的电阻,Ω;L_a 为电枢的电感,H;i_a 为电枢的电流,A。

直流伺服电机驱动机械负载,机械负载包含动态的部分和静态的部分,电机的主要负载是惯性和摩擦。电机扭矩的表达式为

$$T_{\mathrm{m}} = J_{\mathrm{m}} \frac{\mathrm{d}\omega_{\mathrm{m}}}{\mathrm{d}t} + b_{\mathrm{m}}\omega_{\mathrm{m}} + T_{\mathrm{L}} \tag{4-23}$$

式中：J_{m} 为电机的转动惯量；b_{m} 为黏性阻尼系数；T_{L} 为电机的负载转矩。

直流伺服电机能产生大的转速和相对小的扭矩，当直流伺服电机用作驱动器时，通常会外加一套齿轮系统以减小速度和增大扭矩。直流伺服电机的扭矩与流过电枢的电流成正比关系。

例 4-1 如图 4-32 所示，用永磁直流减速电机吊起某一重物，假设图中的绳索是不可拉伸的，并且绳索与滑轮间的摩擦忽略不计。电机的转动角度可以用质量块的线位移来测定。电机的黏性阻尼系数为 b_{m}，电枢电阻为 R_{a}，电枢电感为 L_{a}，电机输出轴的转动惯量为 J_{m}，其产生的扭矩为 T_{m}，重物质量为 m。图 4-33 所示为上述永磁直流减速电机搬运系统的运动分析。求施加在电机上的电压 V_{a} 和电机主轴转动角度 θ 之间的数学关系式。

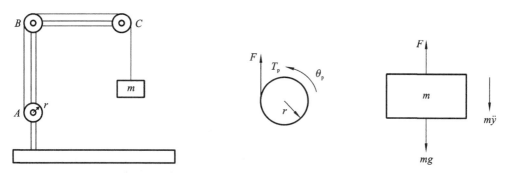

图 4-32 永磁直流减速电机搬运系统　　**图 4-33 永磁直流减速电机搬运系统的运动分析**

解： 从图 4-32 中可以看出，滑轮 A 与永磁直流减速电机直接耦合，传递动力，惰轮 B、C 起支撑作用。

当电机转动，带动滑轮逆时针旋转角度 θ_{p} 时，将吊起重物向上移动，移动距离为 y，滑轮 A 的半径为 r，三者的关系用公式表示为

$$y = r\theta_{\mathrm{p}} \tag{4-24}$$

对于被吊起的重物，根据牛顿第二定律，可得

$$F = ma + mg = m\ddot{y} + mg = mr\ddot{\theta}_{\mathrm{p}} + mg \tag{4-25}$$

对于回转滑轮，忽略其自身惯性和摩擦损耗，根据力矩方程，可得

$$T_{\mathrm{p}} = Fr = (mr\ddot{\theta}_{\mathrm{p}} + mg)r = mr^2\ddot{\theta}_{\mathrm{p}} + mgr \tag{4-26}$$

假设减速电机的减速比为 N，则转换到电机上的机械负载转矩为

$$T_{\mathrm{L}} = \frac{T_{\mathrm{p}}}{N} = \frac{mr^2\ddot{\theta}_{\mathrm{p}}}{N} + \frac{mgr}{N} \tag{4-27}$$

电机轴的角位移和减速机输出轴之间的关系为

$$\theta_{\mathrm{p}} = \frac{\theta}{N} \tag{4-28}$$

将式(4-28)代入式(4-27)中，可得

$$T_{\mathrm{L}} = \frac{mr^2\ddot{\theta}}{N^2} + \frac{mgr}{N} \tag{4-29}$$

将式(4-29)代入式(4-23)中，可得电机扭矩，为

$$T_{\mathrm{m}} = J_{\mathrm{m}}\ddot{\theta} + b_{\mathrm{m}}\dot{\theta} + \frac{mr^2\ddot{\theta}}{N^2} + \frac{mgr}{N} \tag{4-30}$$

联立式(4-19)、式(4-30)，可得电枢绕组电流，为

$$i_{\mathrm{a}} = \frac{T_{\mathrm{m}}}{k_{\mathrm{t}}} = \frac{J_{\mathrm{m}}\ddot{\theta}}{k_{\mathrm{t}}} + \frac{b_{\mathrm{m}}\dot{\theta}}{k_{\mathrm{t}}} + \frac{mr^2\ddot{\theta}}{k_{\mathrm{t}}N^2} + \frac{mgr}{k_{\mathrm{t}}N} \tag{4-31}$$

对式(4-31)两边求导，可得

$$\frac{\mathrm{d}i_{\mathrm{a}}}{\mathrm{d}t} = \frac{J_{\mathrm{m}}\dddot{\theta}}{k_{\mathrm{t}}} + \frac{b_{\mathrm{m}}\ddot{\theta}}{k_{\mathrm{t}}} + \frac{mr^2\dddot{\theta}}{k_{\mathrm{t}}N^2} = \left(J_{\mathrm{m}} + \frac{mr^2}{N^2}\right)\frac{\dddot{\theta}}{k_{\mathrm{t}}} + \frac{b_{\mathrm{m}}\ddot{\theta}}{k_{\mathrm{t}}} \tag{4-32}$$

将式(4-20)、式(4-31)、式(4-32)代入式(4-22)中，可得

$$V_{\mathrm{a}} = R_{\mathrm{a}}\left(\frac{J_{\mathrm{m}}\ddot{\theta}}{k_{\mathrm{t}}} + \frac{b_{\mathrm{m}}\dot{\theta}}{k_{\mathrm{t}}} + \frac{mr^2\ddot{\theta}}{k_{\mathrm{t}}N^2} + \frac{mgr}{k_{\mathrm{t}}N}\right) + L_{\mathrm{a}}\left[\left(J_{\mathrm{m}} + \frac{mr^2}{N^2}\right)\frac{\dddot{\theta}}{k_{\mathrm{t}}} + \frac{b_{\mathrm{m}}\ddot{\theta}}{k_{\mathrm{t}}}\right] + k_{\mathrm{e}}\dot{\theta} \tag{4-33}$$

因为

$$V_{\mathrm{b}}i_{\mathrm{a}} = T_{\mathrm{m}}\omega_{\mathrm{m}}, \quad T_{\mathrm{m}} = k_{\mathrm{t}}i_{\mathrm{a}}, \quad V_{\mathrm{b}} = k_{\mathrm{e}}\dot{\theta} = k_{\mathrm{e}}\omega_{\mathrm{m}}$$

所以

$$k_{\mathrm{e}}\omega_{\mathrm{m}}i_{\mathrm{a}} = k_{\mathrm{t}}i_{\mathrm{a}}\omega_{\mathrm{m}}$$

即

$$k_{\mathrm{e}} = k_{\mathrm{t}} = k$$

令扭矩常量和电压常量都等于 k，即 $k_{\mathrm{e}} = k_{\mathrm{t}} = k$，则式(4-33)可简化为

$$V_{\mathrm{a}} - R_{\mathrm{a}}\frac{mgr}{kN} = \frac{1}{k}\left[\left(J_{\mathrm{m}} + \frac{mr^2}{N^2}\right)L_{\mathrm{a}}\dddot{\theta} + \left(J_{\mathrm{m}}R_{\mathrm{a}} + b_{\mathrm{m}}L_{\mathrm{a}} + R_{\mathrm{a}}\frac{mr^2}{N^2}\right)\ddot{\theta} + (b_{\mathrm{m}}R_{\mathrm{a}} + k^2)\dot{\theta}\right] \tag{4-34}$$

式(4-34)即为施加于电机上的电压 V_{a} 和电机主轴转动角度 θ 之间的数学关系式。

例 4-2　在图 4-32 所示机电系统中，电机的电枢电阻 $R_{\mathrm{a}} = 25\ \Omega$，电枢电感 $L_{\mathrm{a}} = 168\ \mu\mathrm{H}$，电机常数 $k = 0.032\ \mathrm{N \cdot m/A}$[或 $\mathrm{V/(rad/s)}$]；减速电机的减速比 $N = 38$；质量块的质量 $m = 1.15\ \mathrm{kg}$；滑轮半径 $r = 0.025\ \mathrm{m}$。

假设电机转子的转动惯量和阻尼损耗都很小，可以忽略不计。如果输入的直流电压为 12 V。请用 MATLAB 对电机的角位移进行仿真分析。

解： 因为电机转子的转动惯量和阻尼损耗都很小，可以忽略不计，所以式(4-34)中电机转子的转动惯量 J_{m} 和黏性阻尼系数 b_{m} 可以忽略，则式(4-34)可以简化为

$$V_{\mathrm{a}} - R_{\mathrm{a}}\frac{mgr}{kN} = \frac{1}{k}\left(\frac{mr^2}{N^2}L_{\mathrm{a}}\dddot{\theta} + R_{\mathrm{a}}\frac{mr^2}{N^2}\ddot{\theta} + k^2\dot{\theta}\right) \tag{4-35}$$

在零初始条件下，对式(4-35)两边进行拉氏变换，可得

$$V_{\mathrm{a}}(s) - R_{\mathrm{a}}\frac{mgr}{kN}\frac{1}{s} = \frac{1}{k}\left[\frac{mr^2}{N^2}L_{\mathrm{a}}s^3 + R_{\mathrm{a}}\frac{mr^2}{N^2}s^2 + k^2 s\right]\theta(s)$$

系统的开环传递函数为

$$G(s) = \frac{\theta(s)}{V_{\mathrm{a}}(s) - R_{\mathrm{a}}\dfrac{mgr}{kN}\dfrac{1}{s}} = \frac{k}{\dfrac{mr^2}{N^2}L_{\mathrm{a}}s^3 + R_{\mathrm{a}}\dfrac{mr^2}{N^2}s^2 + k^2 s} \tag{4-36}$$

直流电机系统的方框图如图 4-34 所示。

MATLAB 程序如下。

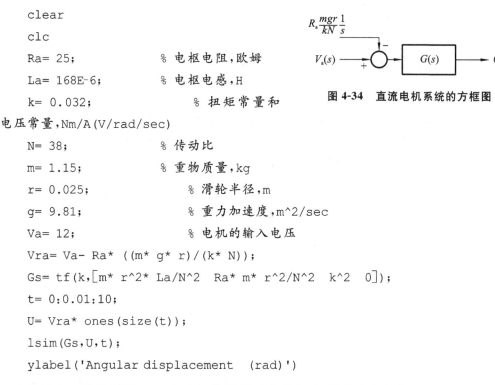

图 4-34 直流电机系统的方框图

```
clear
clc
Ra= 25;                    % 电枢电阻,欧姆
La= 168E-6;                % 电枢电感,H
k= 0.032;                  % 扭矩常量和
电压常量,Nm/A(V/rad/sec)
N= 38;                     % 传动比
m= 1.15;                   % 重物质量,kg
r= 0.025;                  % 滑轮半径,m
g= 9.81;                   % 重力加速度,m^2/sec
Va= 12;                    % 电机的输入电压
Vra= Va- Ra* ((m* g* r)/(k* N));
Gs= tf(k,[m* r^2* La/N^2  Ra* m* r^2/N^2  k^2  0]);
t= 0:0.01:10;
U= Vra* ones(size(t));
lsim(Gs,U,t);
ylabel('Angular displacement  (rad)')
```

线性仿真结果如图 4-35 所示。从图中可以看出,如果给电机施加 12 V 的电压,则电机轴将在 10 s 内移动 1 930 rad,重物将被吊高的距离为 $0.025 \times 1\,930 = 48.25$ (m)。

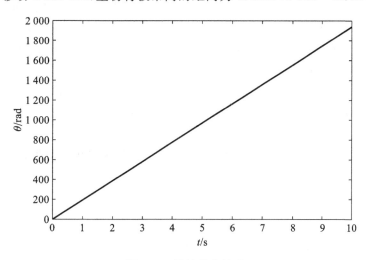

图 4-35 线性仿真结果

4.3 永磁同步电机

交流伺服电机采用交流电源供电,通过改变控制电压的大小、频率和相序(相位)改变电机的转速和方向,同直流伺服电机一样,在控制系统中作为执行元件。

按工作原理的不同,交流伺服电机可分为感应型交流伺服电机和同步型交流伺服电机。本节讨论同步型交流伺服电机中常用的永磁同步电机。

4.3.1 永磁同步电机的结构及工作原理

永磁同步电机的励磁磁场由转子上的永磁体产生,通过控制电枢电流就可以控制转矩,因此永磁同步电机比感应型交流伺服电机的控制简单,而且利用永磁体产生励磁磁场,功率密度高,特别是数千瓦的小容量同步型交流伺服电机比感应型交流伺服电机效率更高。

永磁同步电机具有以下特点:功率因数高、效率高;结构简单、运行可靠;体积小、重量轻、损耗少。

永磁同步电机采用低惯量设计,动态响应快,非常适用于运动控制。它的转速等于同步速,取决于电源的频率和电机的极对数,不随负载和电压的变化而变化,因此适用于恒速运转的自动控制装置,如自动和遥控装置、无线电通信设备、磁带和钟表等。永磁同步电机弱磁控制难,不适合恒功率运行。

稳态运行时永磁同步电机的转子转速 n 为同步速 n_s,并与定子电流的频率 f 和极对数 p 严格满足如下关系:

$$n = n_s = \frac{60f}{p} \tag{4-37}$$

永磁同步电机的结构比较简单,主要包括定子和转子两部分。转子是圆柱形的,由铁芯和永久磁铁组成,通常为 4、6 或 8 极结构,有多种磁铁配置方式,通常为表面粘贴式和表面插入式,如图 4-36 所示。

对于同样的转矩要求,表面粘贴式转子比表面插入式转子采用的磁铁更小,提供的气隙磁通量更大。表面粘贴式转子的优点是动态性能高、惯量低;缺点是高速运行时,磁铁可能会因离心力的作用而从转子表面脱落。为了防止离心力的破坏,需要在其外表面再套一个非磁性金属套筒作为保护层。

转子磁铁通常用铁氧体磁铁和钕铁硼,后者成本高,但具有更高的磁通密度。转子同轴上连接着的位置传感器、速度传感器,用于检测转子磁极相对于定子绕组的位置及转子速度。

永磁同步电机的定子与一般的同步电机的定子相同,主要包括电枢铁芯和对称电枢绕组,如图 4-37 所示。铁芯由带有齿槽的合金片层压后叠焊在一起,电枢绕组(图 4-37 中只显示了一个线圈绕组)嵌入铁芯槽中。

(a) 表面粘贴式

(b) 表面插入式

图 4-36　转子的结构

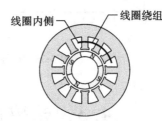
(a) 定子凹槽、永磁体和某相绕组的结构关系

(b) 定子凹槽中的某相绕组装配示意

图 4-37　定子凹槽和绕组的装配关系

三相 4 极电机的 A 相绕组如图 4-38 所示。四个线圈插入槽中,每个线圈包围三个定子

齿(与凸起的 N、S 磁极相似),这三个定子齿生成的磁极由线圈中的电流方向决定。

A 相的四个线圈以串联方式连接,方向交替地插入槽中。A 相通电时,第一个线圈顺时针绕在齿上,产生 N 极;第二个线圈逆时针绕在齿上,产生 S 极。同理,第三、四个线圈分别产生 N 极和 S 极。B、C 相绕组的情况与此类似。

永磁同步电机可以做成两极的,也可做成多极的。现以两极电机为例说明其工作原理。图 4-39 所示为永磁同步电机工作原理,该电机具有两个 N、S 两极的永磁转子。当该电机的定子通上交流电时,就能产生一个圆形旋转磁场(图中用一对旋转的凸起磁极 N、S 表示)。

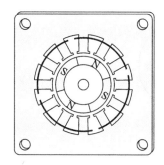

图 4-38 三相 4 极电机的 A 相绕组

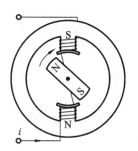

图 4-39 永磁同步电机工作原理

当定子磁极以同步速 n_s 旋转时,根据异性极互相吸引的原理,定子旋转磁极与转子永久磁极紧紧吸住,并带着转子一起旋转。由于转子是由旋转磁场带着转的,因此转子的转速应该与旋转磁场的转速(即同步速 n_s)相等。

当转子上的负载阻转矩增大时,定子磁极轴线与转子磁极轴线间的夹角就会相应增大;当负载阻转矩减小时,该夹角又会减小。

在稳态情况下,转子的转速与旋转磁场的转速相同,定子旋转磁场与转子永磁体所产生的主极磁场保持相对静止,它们之间相互作用,产生电磁转矩。在该电磁转矩的作用下,转子便会旋转起来。

如果负载发生变化,转子的瞬时转速也会发生变化。利用转子轴上的位置传感器检测转子位置,以转子上永磁体的磁场位置方向为基准,调节定子绕组中电流的幅值、相位和大小,从而将产生的连续转矩作用到转子上,以保证电机正常工作,不会使其出现失步现象。

4.3.2 永磁同步电机的数学模型

1. 能量变换

电机是将电能转换为机械能的机电装置,由电气元件和机械零部件构成。它的功能是通过电气元件和机械零部件,将输入电压 V_{ABC} 转换为转子的角速度 ω_m,如图 4-40 所示。

电机的电路模型如图 4-41 所示,每相电路端口线圈产生的反电动势为 e,该反电动势的极性与电机的输入电压的极性相反。

根据法拉第定律,反电动势为

$$e = \frac{\mathrm{d}\psi}{\mathrm{d}t}$$

式中:ψ 为电路中的磁链。

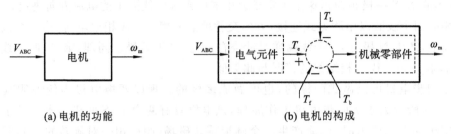

(a) 电机的功能   (b) 电机的构成

图 4-40 电机的概念模型

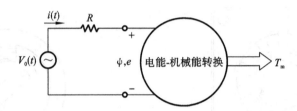

图 4-41 电机的电路模型

电路的电压方程为

$$V_0(t) = iR + e = iR + \frac{\mathrm{d}\psi}{\mathrm{d}t} \tag{4-38}$$

电机的机械模型如图 4-42 所示。

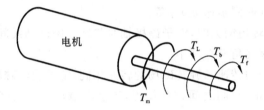

图 4-42 电机的机械模型

根据牛顿第二定律和力矩平衡原理,可得

$$J\frac{\mathrm{d}\omega_\mathrm{m}}{\mathrm{d}t} = T_\mathrm{m} - T_\mathrm{L} - T_\mathrm{f} - T_\mathrm{b} \tag{4-39}$$

式中:T_m 为电机电路侧产生的转矩;T_f 为静摩擦转矩;T_b 为黏滞阻尼转矩;T_L 为负载转矩;ω_m 为电机转子的角速度;J 为电机转子的转动惯量。

设系统的黏滞阻尼系数为 b,转子角位移为 θ_m,则有

$$T_\mathrm{b} = b\omega_\mathrm{m}$$

$$\omega_\mathrm{m} = \frac{\mathrm{d}\theta_\mathrm{m}}{\mathrm{d}t}$$

将 T_b 和 ω_m 表达式代入式(4-39)中,可得

$$J\frac{\mathrm{d}\omega_\mathrm{m}}{\mathrm{d}t} = T_\mathrm{m} - T_\mathrm{L} - T_\mathrm{f} - b\omega_\mathrm{m}$$

$$J\frac{\mathrm{d}\omega_\mathrm{m}}{\mathrm{d}t} + b\omega_\mathrm{m} = T_\mathrm{m} - T_\mathrm{L} - T_\mathrm{f} \tag{4-40}$$

对式(4-40)两边进行拉氏变换,可得

$$\omega_{\mathrm{m}}(s) = \frac{1}{Js+b}(T_{\mathrm{m}} - T_{\mathrm{L}} - T_{\mathrm{f}}) \tag{4-41}$$

将式(4-41)所示的机械模型用 Simulink 实现,其中顶层模型如图 4-43(a)所示。图 4-43(b)所示第二层模型的输入为电磁转矩 T_{m} 和负载转矩 T_{L},输出为角速度 ω_{m} 和角位移 θ_{m}。符号函数 Sign() 用来保证静摩擦转矩 T_{f} 的方向与电机转矩 T_{m} 的方向是相反的。指定三个参数 J、b、T_{f} 的值,输入 MATLAB 中即可完成仿真。

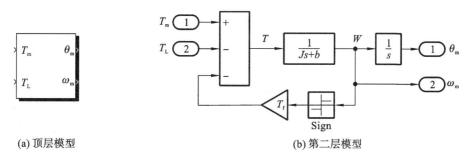

(a) 顶层模型　　　　　　　　　　　　(b) 第二层模型

图 4-43　Simulink 中的机械模型

2. 坐标转换

假设有一台同步型交流伺服电机,其接的三相电压分别为 V_a、V_b、V_c,通过定子、转子磁场相互作用,转换成转矩。

根据式(4-38),在三相静态坐标系中,可得三相定子绕组的电压平衡方程组,即

$$\begin{cases} V_a(t) = i_a R + \dfrac{\mathrm{d}\psi_a}{\mathrm{d}t} \\[2mm] V_b(t) = i_b R + \dfrac{\mathrm{d}\psi_b}{\mathrm{d}t} \\[2mm] V_c(t) = i_c R + \dfrac{\mathrm{d}\psi_c}{\mathrm{d}t} \end{cases} \tag{4-42}$$

式中:$\psi = Li$,其中 i 为电流,L 为电感。

定子绕组固定不动,它们相互成 $120°$ 夹角。电机控制的方式是:通过改变三相电压及时调整转矩。由于转子和定子处于不同坐标系中,需要进行坐标变换,如图 4-44 所示。

根据图 4-44,电机控制的过程解释如下。

(1) 得到定子的实际电流。

在图 4-44(a)中,根据基尔霍夫电流定律,定子的电流满足如下表达式:

$$i_s = i_a + i_b + i_c$$

期望电流为

$$i_a = -i_{\mathrm{m}}\sin\theta_\psi$$
$$i_b = -i_{\mathrm{m}}\sin(\theta_\psi - 120°)$$
$$i_c = -i_{\mathrm{m}}\sin(\theta_\psi - 240°)$$

式中:θ_ψ 为转子磁通的角度;i_{m} 为与电机转矩成比例的电流。

(2) 得到定子电流的偏差。

在图 4-44(b)中,比较期望电流和测量电流的偏差,生成偏差信号。

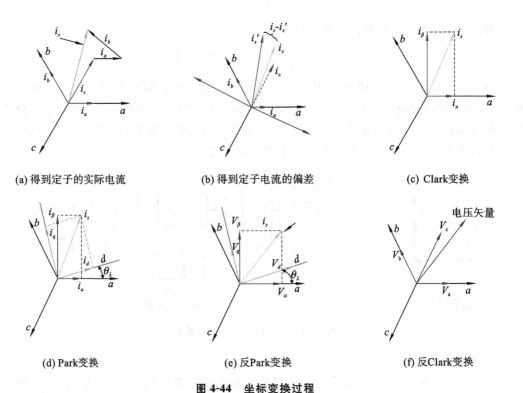

(a) 得到定子的实际电流　　　(b) 得到定子电流的偏差　　　(c) Clark变换

(d) Park变换　　　(e) 反Park变换　　　(f) 反Clark变换

图 4-44　坐标变换过程

（3）通过 Clark 变换将三相坐标系转换为两相坐标系。

在图 4-44（c）中，通过 Clark 变换将三个成 120°矢量转变成两个相互正交的矢量，产生相同的矢量和，并且 a 轴和 α 轴方向相同。

换句话说，Clark 变换将三相电机等效成两相电机，定子产生的合成电流 i_s 相同。定子处于静止的 $\alpha\beta$ 坐标系中，定子产生的合成电流 i_s 不断变化，因为定子的电流在垂直于转子磁场方向上产生的转矩最大，而转子不断旋转。为了便于分析，建立一个新的坐标系，即 dq 坐标系。

在图 4-44（d）中，将转子磁场磁极轴线 NS 所指方向定义为 d 轴（直轴），q 轴（交轴）垂直于 d 轴。dq 坐标系的旋转速度与转子的转速相同。

（4）通过 Park 变换将两相静止坐标系转换为两相旋转坐标系。

通过 Park 变化，将 i_s 的参考坐标系（$\alpha\beta$ 坐标系）转换为不断旋转的 dq 坐标系，d 轴与 α 轴的夹角为 θ_λ。即

$$i_d = i_\alpha \cos\theta_\lambda + i_\beta \sin\theta_\lambda$$
$$i_q = - i_\alpha \sin\theta_\lambda + i_\beta \cos\theta_\lambda$$

这样，通过 Park 变换，得到 i_d、i_q，两相正弦信号变成了直流信号，这些信号与转子磁通同步。

定子产生的合成电流 i_s 在 q 轴上的分量将产生转矩，在 d 轴上的分量不产生转矩。因此，对于永磁同步电机来说，最理想的状态是 $i_d = 0$，而 i_q 为最大值，这样电机产生的转矩最大（感应电机的转子上没有永磁体，它需要一定的 i_d 来产生感应磁场，所以 $i_d \neq 0$）。

（5）通过反 Park 变换得到 V_α、V_β。

通过检测，得到理想 i_d 和实际 i_d 的误差，以及理想 i_q 和实际 i_q 的误差。通过比例积分

(PI)控制器的调节,得到校正后的电压 V_q、V_d,但是由于 V_q、V_d 处于旋转坐标系中,不能直接应用到电机的绕组中,需要通过反 Park 变换,将其转换到静止的 $\alpha\beta$ 坐标系,得到 V_α、V_β,如图 4-44(e)所示,即

$$V_\alpha = V_d \cos\theta_\lambda - V_q \sin\theta_\lambda$$
$$V_\beta = V_d \sin\theta_\lambda + V_q \cos\theta_\lambda$$

(6) 通过反 Clark 变换得到 V_a、V_b、V_c。

两相的 V_α、V_β 也不能直接应用到三相绕组中,还需要通过反 Clark 变换,变为三相电压,如图 4-44(f)所示,即

$$V_a = V_\alpha$$
$$V_b = -\frac{1}{2}V_\alpha + \frac{\sqrt{3}}{2}V_\beta$$
$$V_c = -\frac{1}{2}V_\alpha - \frac{\sqrt{3}}{2}V_\beta$$

这样得到的三个校正电压可以在通过 PWM 后应用到电机端子上。

3. 建立模型

由上文的分析可知,在新的坐标系中,三相系统变为两相系统,dq 坐标系附在转子上,随着转子同步旋转,电感值变为常数。电机的动态模型转变为 dq 坐标系下的一个常系数微分方程组。

为直观起见,将上述坐标转换过程用统一的矩阵形式表示。通过 Park 变换,将三相定子变量(如电压、电流、磁链)转换到旋转的 dq 坐标系中,转换矩阵如下:

$$\begin{bmatrix} S_d \\ S_q \\ S_0 \end{bmatrix} = \frac{2}{3} \begin{bmatrix} \cos\theta & \cos(\theta-120°) & \cos(\theta+120°) \\ -\sin\theta & -\sin(\theta-120°) & -\sin(\theta+120°) \\ 0.5 & 0.5 & 0.5 \end{bmatrix} \begin{bmatrix} S_a \\ S_b \\ S_c \end{bmatrix} \tag{4-43}$$

式中:S_a、S_b、S_c 为定子变量;S_d、S_q 为相应的 dq 坐标系变量;θ 为转子的电角度。转换矩阵前的系数 $\frac{2}{3}$ 是以幅值不变作为约束条件得到的;当以功率不变作为约束条件时,该系数变为 $\sqrt{\frac{2}{3}}$。

反 Park 变换将 dq 坐标系变量变换为三相变量,即

$$\begin{bmatrix} S_a \\ S_b \\ S_c \end{bmatrix} = \begin{bmatrix} \cos\theta & -\sin\theta & 1 \\ \cos(\theta-120°) & -\sin(\theta-120°) & 1 \\ \cos(\theta+120°) & -\sin(\theta+120°) & 1 \end{bmatrix} \begin{bmatrix} S_d \\ S_q \\ S_0 \end{bmatrix} \tag{4-44}$$

针对定子电流 $\begin{bmatrix} i_a & i_b & i_c \end{bmatrix}^T$ 和磁链 $\begin{bmatrix} \psi_a & \psi_b & \psi_c \end{bmatrix}^T$,通过 Park 变换,将方程组(4-42)转换到 dq 坐标系中,可得

$$V_d = i_d R + \frac{\mathrm{d}\psi_d}{\mathrm{d}t} - \omega_e \psi_q \tag{4-45}$$

$$V_q = i_q R + \frac{\mathrm{d}\psi_q}{\mathrm{d}t} + \omega_e \psi_d \tag{4-46}$$

式中:ω_e 为转子的电角速度。

转子的电角速度和机械角速度之间的转换关系如下：

$$\omega_e = \frac{p}{2}\omega_m$$

式中：p 为磁极数。

dq 坐标系下的交流伺服电机概念模型如图 4-45 所示。三相电压 V_a、V_b、V_c 经过坐标变换，等效为 V_d、V_q，作用到电机上，输出电磁转矩 T_m，经过能量转换，电能转换为机械能。

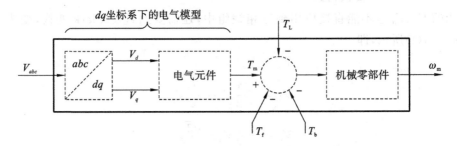

图 4-45　dq 坐标系下的交流伺服电机概念模型

Park 变换将静止的三相线圈转换成两个等值线圈，分别附在 dq 坐标系中的 d 轴和 q 轴上，随着转子旋转，如图 4-46 所示。这样随位置变化的电感就变成了常数电感 L_d、L_q，它们分别称为直轴电感和交轴电感。同理，电流 i_d、i_q 分别称为直轴电流和交轴电流。

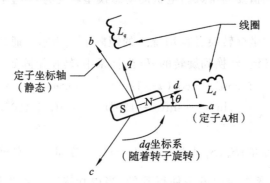

图 4-46　dq 坐标系与定子三相坐标系转换关系

在 dq 坐标系的 d 轴，可以得到磁链 ψ_d、电流 i_d 和转子永久磁铁的磁链 ψ_f 之间的关系，即

$$\psi_d = L_d i_d + \psi_f \tag{4-47}$$

在 dq 坐标系的 q 轴，可以得到磁链 ψ_q、电流 i_q 的关系，即

$$\psi_q = L_q i_q \tag{4-48}$$

将式(4-47)、式(4-48)代入式(4-45)中，可得

$$V_d = i_d R + \frac{d}{dt}(L_d i_d + \psi_f) - \omega_e L_q i_q$$
$$= i_d R + L_d \frac{d i_d}{dt} - \omega_e L_q i_q \tag{4-49}$$

移项，整理可得

$$\frac{d i_d}{dt} = \frac{1}{L_d}(V_d - i_d R + \omega_e L_q i_q) \tag{4-50}$$

对式(4-50)两边进行拉氏变换,可得

$$i_d(s) = \frac{1}{L_d s}(V_d - i_d R + \omega_e L_q i_q)$$

同理,将式(4-47)、式(4-48)代入式(4-46)中,可得

$$V_q = i_q R + \frac{\mathrm{d}(L_q i_q)}{\mathrm{d}t} + \omega_e (L_d i_d + \psi_f)$$

$$= i_q R + \frac{\mathrm{d}(L_q i_q)}{\mathrm{d}t} + \omega_e L_d i_d + \omega_e \psi_f$$

(4-51)

$$\frac{\mathrm{d}i_q}{\mathrm{d}t} = \frac{1}{L_q}[V_q - i_q R + \omega_e (L_d i_d + \psi_f)]$$

(4-52)

对式(4-52)两边进行拉氏变换,可得

$$i_q(s) = \frac{1}{L_q s}[V_q - i_q R + \omega_e (L_d i_d + \psi_f)]$$

电机产生的电磁转矩为

$$T_m = \frac{3}{2}\left(\frac{p}{2}\right)(\psi_d i_q - \psi_q i_d)$$

(4-53)

将式(4-47)、式(4-48)代入式(4-53)中,可得

$$T_m = \frac{3}{2}\left(\frac{p}{2}\right)[(L_d i_d + \psi_f)i_q - L_q i_q i_d]$$

整理后,可得

$$T_m = \frac{3}{2}\left(\frac{p}{2}\right)i_q[(L_d - L_q)i_d + \psi_f]$$

(4-54)

由上面的分析可知,式(4-50)和式(4-52)构成电机电气模型;式(4-54)构成电机转矩模型。

4. 基于 Simulink 的仿真建模

永磁同步电机的仿真模型用 Simulink 建立。永磁同步电机 Simulink 总体模型如图 4-47(a)所示;电气模型实现式(4-50)和式(4-52),如图 4-47(b)所示;转矩模型实现式(4-54),如图 4-47(c)所示。

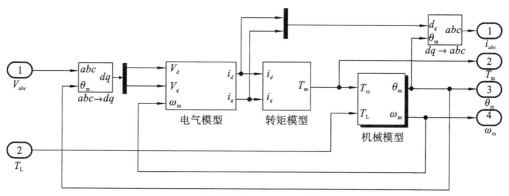

(a) 永磁同步电机Simulink总体模型

图 4-47 永磁同步电机的仿真模型

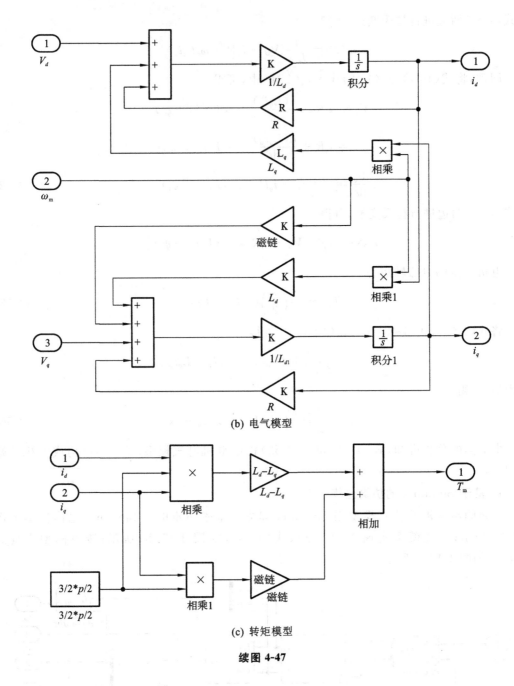

(b) 电气模型

(c) 转矩模型

续图 4-47

4.3.3　永磁同步电机的矢量控制

永磁同步电机运行过程中，转子永久磁铁的磁链 ψ_f 保持恒定，由式（4-54）可知，通过控制定子电流在 dq 坐标系中的两个分量 i_d、i_q，就可以有效地控制电磁转矩。由于通过电机电枢绕组的电流是三相交流电流 i_a、i_b、i_c，因此，控制时需要将 dq 坐标系中的电流给定值 i_d^*、i_q^*，从二相旋转坐标系转换到三相静止坐标系，得到三相电流 i_a^*、i_b^*、i_c^*。通过反 Clark 变换，可得

$$\begin{bmatrix} i_a^* \\ i_b^* \\ i_c^* \end{bmatrix} = \sqrt{\frac{2}{3}} \begin{bmatrix} \cos\theta & -\sin\theta \\ \cos(\theta-120°) & -\sin(\theta-120°) \\ \cos(\theta+120°) & -\sin(\theta+120°) \end{bmatrix} \begin{bmatrix} i_d^* \\ i_q^* \end{bmatrix} \tag{4-55}$$

式中:θ 为 dq 坐标系的 d 轴领先于定子 A 相绕组轴线的电角度。

在永磁同步电机(PMSM)矢量控制系统中,dq 坐标系的 d 轴就是转子的磁极轴线,其空间位置角 θ 通常由转子位置传感器(如光电编码器、旋转变压器等)直接检测,转子位置传感器位于电机非负载端轴伸上。而感应型交流伺服电机矢量控制系统中 θ 是通过各种计算模型或观测器估算得出的,相比之下,PMSM 矢量控制系统较感应型交流伺服电机矢量控制系统容易实现。

PMSM 矢量控制的控制策略有多种,其中最简单的是 $i_d=0$ 控制,即在控制过程中,始终使定子电流的 d 轴分量 $i_d=0$,而仅通过对电流 q 轴分量 i_q 的控制,实现对电磁转矩的控制。由式(4-54)可知,当 $i_d=0$ 时,有

$$T_m = \frac{3}{2}\left(\frac{p}{2}\right)\psi_f i_q \tag{4-56}$$

定子产生的合成电流,$i_s = \sqrt{i_d^2 + i_q^2}$。因为 $i_d=0$,所以 $i_s=i_q$。

由于 ψ_f 是恒定的,根据式(4-56),采用 $i_d=0$ 控制时,PMSM 电磁转矩与定子电流的幅值成正比,通过控制定子电流的大小就能很好地控制电磁转矩,这和直流伺服电机控制原理相同。

采用数字处理控制 PMSM 时,通常以每秒 10 000 次左右的频率申请中断。在每次中断中,通过传感器或者其他技术测量转子磁通角度,然后控制和调节三相电流,使其生成与转子磁通角度成 90° 的电流矢量,此时电流 i_s 的方向与转子磁通 ψ_f 的方向垂直,电磁转矩最大,退出此次中断服务程序。

$i_d=0$ 控制时的矢量图如图 4-48 所示。图中还显示了电机稳态运行,并且忽略电阻压降时的电压矢量。根据式(4-49)和式(4-51),在电机稳态运行,$i_d=0$ 并且忽略电阻压降时,d 轴、q 轴的电压分别为

$$V_d = -\omega_e L_q i_q \tag{4-57}$$
$$V_q = \omega_e \psi_f$$

相应地,定子电压为

$$V_s = \sqrt{V_d^2 + V_q^2} = \omega_e \sqrt{(L_q i_q)^2 + \psi_f^2} \tag{4-58}$$

采用 $i_d=0$ 控制的 PMSM 矢量控制伺服

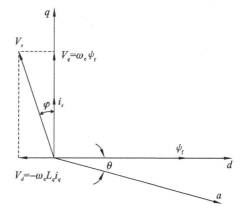

图 4-48　$i_d=0$ 控制时的矢量图

系统如图 4-49 所示,通过三个串联的闭环可分别实现电机位置、速度和转矩的控制。

转子位置反馈值 θ_e 与给定值 θ_e^* 的差值作为位置调节器的输入,位置调节器的输出信号为转速给定值 ω_e^*,ω_e^* 与转速反馈值 ω_e 的差值作为速度调节器的输入,速度调节器的输出即为转矩给定值 T_m^*,T_m^* 与转矩反馈值 T_m 比较后经转矩调节器,产生定子电流 q 轴分量的给定值 i_q^*,i_q^* 与恒为零的设定值 i_d^* 一起,经坐标变换得到电机的三相电流给定值 i_a^*、i_b^*、i_c^*。

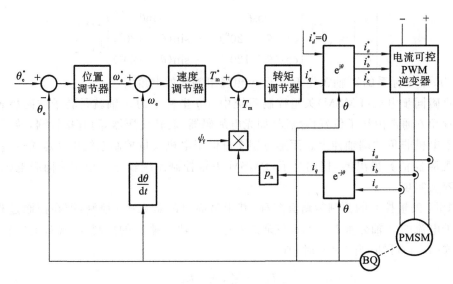

图 4-49　采用 $i_d = 0$ 控制的 PMSM 矢量控制伺服系统

位置和转速反馈值均由安装在电机轴上的转子位置传感器提供，转矩反馈值 T_m 是由励磁磁链 ψ_f 和实测三相电流经坐标变换得到的。i_q 由转矩公式计算得到。

图 4-49 所示的 PMSM 矢量控制伺服系统仅在恒转矩工作区有效。由图 4-48 和式 (4-58) 可知：当负载转矩一定，即 i_q 一定时，采用 $i_d = 0$ 控制所需的电压 V_s 随着转速的增大而成比例增大，如果 V_s 增大到逆变器输出电压最大值 u_{max}，此时，转速继续增大，由于逆变器输出电压不能继续增大，无法产生矢量控制所需的电流，矢量控制失效。

为了扩大转速范围，永磁同步电机利用负的定子直轴电流 i_d，产生去磁的直轴电枢反应磁链，抵消永磁体励磁磁链的部分作用，从而使得直轴磁链 ψ_d 与由此产生的旋转电动势 $\omega_e\psi_d$ 减小，以及高速运行时所需的外加电压减小。弱磁控制时的矢量图如图 4-50 所示。

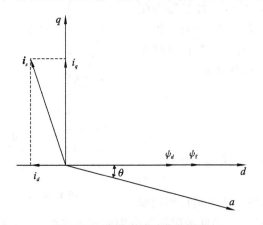

图 4-50　弱磁控制时的矢量图

4.3.4　永磁同步电机的机械特性曲线

永磁同步电机的机械特性曲线如图 4-51 所示。图中曲线可分为两个区域，即连续运行区域和断续运行区域。

在连续运行区域中,电机的转矩不大,但可在较宽的速度范围内保持不变。在断续运行区域中,电机可提供的转矩要大很多,但可持续的时间非常短。例如,在要求峰值转矩的加速段断续运行的持续时间可能小于 30 s。如果以高转矩超过限制时间,电机绕组可能会因过热而损坏。

最大速度 ω_{max} 为电机运行在额定电压和空载工况下的速度。对伺服电机而言,最大速度 ω_{max} 可以达到 5 000~6 000 r/min。峰值堵转转矩

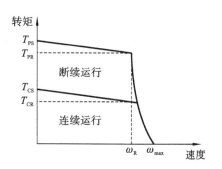

图 4-51　永磁同步电机的机械特性曲线

T_{PS} 是电机可提供的短时堵转最大转矩。连续堵转转矩 T_{CS} 是电机在堵转状态下可长时间提供的最大转矩。T_{PR} 和 T_{CR} 分别是制造商提供的电机在额定电压和额定负载下运行的额定峰值转矩和额定连续转矩。

4.4　交流感应伺服电机

感应伺服电机也称为异步交流伺服电机,包括两相感应伺服电机和三相感应伺服电机。传统的交流伺服电机是指两相感应伺服电机,由于受性能限制,主要应用于几十瓦以下的小功率场合。

随着电力电子、计算机控制等技术及控制理论的快速发展,三相感应伺服电机的伺服性能大大改进,在高性能领域中的应用日益广泛。

4.4.1　两相感应伺服电机的结构及工作原理

1. 两相感应伺服电机结构

两相感应伺服电机主要由定子和转子构成。定子包含励磁绕组和控制绕组。按转子形式的不同,交流伺服电机可以分为笼形转子伺服电机和空心杯形转子伺服电机。

笼形转子伺服电机的励磁绕组和控制绕组均为分布绕组,转子与普通异步电机的笼形转子一样。为了减小转子的转动惯量,转子做得较为细长。笼形导条和端环采用高电阻率的导电材料(如黄铜、青铜等)。也可采用铸铝转子,其导电材料为高电阻率的铝合金材料(见图 4-52)。

(a) 转子

(b) 笼形绕组

图 4-52　异步交流伺服电机的转子和笼形绕组

空心杯形转子伺服电机有铁磁性和非磁性两种，铁磁性空心杯形转子伺服电机应用较少。常用的两相感应伺服电机一般为非磁性空心杯形转子伺服电机，其定子由内、外两部分组成，定子铁芯一般由硅钢片叠成，外定子铁芯槽中嵌入两相绕组，两相绕组在空间相距90°电角度。内定子铁芯仅作为磁路的一部分，用来减小主磁通磁路的磁阻，一般不放绕组。转子加工成空心杯形，置于内、外定子之间，能随转轴转动。

由于异步交流伺服电机内、外定子之间气隙较大，励磁电流大，功率因数低，电机利用率低，在相同的体积与质量下，笼形转子伺服电机比空心杯形转子伺服电机的转矩和输出功率都要大，因此，笼形转子伺服电机应用更广泛。因为避免了笼形转子伺服电机低速抖动的现象，空心杯形转子伺服电机一般应用在要求低速平滑运行的系统中。

2. 两相感应伺服电机工作原理

两相感应伺服电机的定子由薄合金片叠压制成，定子铁芯中嵌放着两相绕组，它们在空间上相差90°电角度。一相绕组为励磁绕组，接在电压为 U_f 的交流电源上；另一相绕组为控制绕组，在其上施加与 U_f 同频率、大小和相位可调的控制电压 U_c。

两相正交的交流绕组通电后产生的旋转磁场在空间上相当于一对极性相反的永久磁铁围绕笼形转子旋转，如图 4-53 所示。

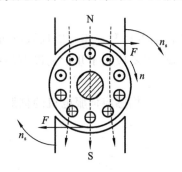

如果永久磁铁沿顺时针方向以 n_s 的转速旋转，那么它的磁力线沿顺时针方向先后切割转子导条。相对于磁场，转子导条沿逆时针方向切割磁力线，转子导条中从而产生感应电势。根据右手定则，N 极下导条的感应电势方向都是垂直地从纸面出来，用 ⊙ 表示，而 S 极下导条的感应电势方向都是垂直地进入纸面，用 ⊕ 表示。

由于笼形转子的导条都是通过短路环连接起来的，因此在感应电势的作用下，转子导条中有电流流过，根据通电导体在磁场中的受力原理，转子载流导条与磁场相

图 4-53 笼形转子的受力和运动

互作用而产生电磁力，该电磁力作用在转子上，并对转轴形成电磁转矩。根据左手定则，转矩方向与磁铁转动的方向是一致的，也是顺时针方向，因此，笼形转子便在电磁转矩作用下沿磁铁旋转的方向转动起来。

两相感应伺服电机的基本工作原理是：两相正交的交流绕组通电后，产生旋转磁场，旋转磁场切割转子导条，转子导条中产生感应电势和电流。转子导条中的电流与旋转磁场相互作用而产生力和转矩，转矩的方向和旋转磁场的转向相同，于是转子随着旋转磁场沿同一方向转动。

如果转子和定子磁场的旋转速度相同，转子和定子磁场间没有相对运动，将不会产生感生电压，电机就不能继续运动。因此，转子的旋转速度要略小于定子磁场的旋转速度，它们之间的差值称为转差。转差率可用下面的公式表示：

$$s = \frac{n_s - n}{n_s} \tag{4-59}$$

式中：n_s 为定子磁场的速度，即同步速；n 为转子的实际速度。

当电机启动时，转子还没有动，$n=0$，转差率 $s=1.0(100\%)$，启动电流称为堵转电流，通常非常大，甚至可以达到满载电流的 6 倍。

交流伺服电机在没有控制电压时，气隙中只有励磁绕组产生的脉动磁场，转子上因没有

启动转矩而静止不动;在有控制电压,且控制绕组电流和励磁绕组电流不同相时,气隙中产生旋转磁场及电磁转矩,使转子沿旋转磁场的方向旋转。

对交流伺服电机的要求是:在静止状态下,能服从控制信号的命令而转动;在电机运行状态下,如果控制电压变为零,则电机应立即停转。如果控制电压消失后,伺服电机像一般单相异步电机那样继续转动,则会出现失控现象,这种因失控而自行旋转的现象称为自转。

如果将转子的电阻增大到极大值,当控制电压 $U_c = 0$ 时,电机可以立即停转。

4.4.2 两相感应伺服电机的控制

这里以两相异步交流伺服电机为例说明其控制方式。两相异步交流伺服电机运行时,励磁绕组接至电压值恒定的励磁电源,控制绕组上所加的控制电压是变化的。

如果这两个绕组的脉动磁势幅值相同,且时间上相差 90°电角度,则气隙中将形成圆形旋转磁场,电机便会在最佳工作状态下运行。

如果控制绕组电压的幅值或者其与励磁绕组间的相位发生变化,电机气隙磁场的椭圆度将发生变化,电机输出转矩也会发生变化,这能够影响电机的工作状态,达到控制电机的目的。

一般采用以下几种控制方式对交流伺服电机进行控制。

1. 幅值控制

保持励磁电压的幅值和相位不变,通过调节控制电压的大小来调节电机的转速,从而使控制电压 $\dot{U}_c$ 与励磁电压 $\dot{U}_f$ 之间一直保持 90°电角度的相位差。图 4-54 所示为幅值控制的电路原理图和电压相量图。

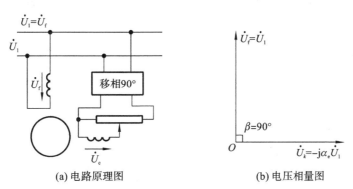

(a) 电路原理图 (b) 电压相量图

图 4-54 幅值控制

$\dot{U}_c$ 的有效值可以表示为

$$U_c = k_e U_1$$

式中:k_e 为有效信号系数,$0 \leqslant k_e \leqslant 1$。

当 $k_e = 0$ 时,控制绕组没有外施电压,仅励磁绕组一相供电,定子电流产生脉振磁动势。如果转子电阻足够大,则电机停转。

当 $0 < k_e < 1$ 时,励磁绕组和控制绕组的磁动势幅值不等,相应的气隙合成磁场为椭圆形旋转磁场。

当 $k_e = 1$,即当励磁绕组与控制绕组的外施电压均为额定值时,两者磁动势幅值应相等,相应的气隙合成磁场为圆形旋转磁场，这时电机产生最大的电磁转矩。

2. 相位控制

采用相位控制时，控制绕组和励磁绕组的电压幅值保持不变，通过改变控制电压相对于励磁电压的相位差 β 来实现对电机的控制，如图 4-55 所示。

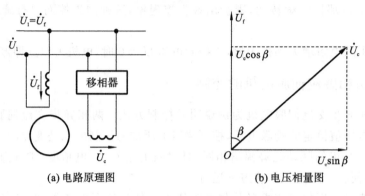

(a) 电路原理图 (b) 电压相量图

图 4-55 相位控制

当 $\beta=0°$ 时，电机气隙中为脉振磁场，电机停转；当 $\beta=90°$ 时，电机气隙中为圆形旋转磁场，电机转速最大；当 $0°<\beta<90°$ 时，电机气隙中为椭圆形旋转磁场，通过改变 β 实现电机转速的调节；当控制电压相对于励磁电压的相位差由滞后变为超前即 β 正负符号改变时，电机的旋转方向改变。

3. 电容控制

电容控制也称为幅值-相位控制，将励磁绕组串联电容，接到交流电源 $\dot{U}_1$ 上，而控制绕组电压 $\dot{U}_c$ 的相位始终与 $\dot{U}_1$ 的相同，通过调节控制电压的幅值来改变电机的转速，如图 4-56 所示。

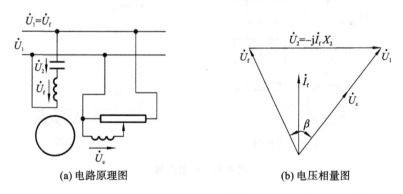

(a) 电路原理图 (b) 电压相量图

图 4-56 电容控制

采用幅值-相位控制时，励磁绕组电压 $\dot{U}_f=\dot{U}_1-\dot{U}_2$。当通过调节控制绕组电压 $\dot{U}_c$ 的幅值改变电机的转速时，由于转子绕组的耦合作用，励磁绕组电流 $\dot{I}_f$ 发生变化，使励磁绕组电压 $\dot{U}_f$ 及串联电容上的电压 $\dot{U}_2$ 也随之改变，因此励磁绕组电压 $\dot{U}_f$ 的大小及其与控制绕组电压 $\dot{U}_c$ 之间的相位角 β 都随之改变。该控制方式利用串联电容在单相交流电源上实现控制绕组电压和励磁绕组电压的分相。在该控制方式中，设备简单、成本较低，因此在实际应用中，其为最常用的控制方式。

4.4.3　三相感应伺服电机的控制

以前,三相感应电机由于调速性能不佳,主要应用于普通的恒速驱动场合。随着变频调速技术的发展,特别是矢量控制技术的应用和日渐成熟,三相感应电机的伺服性能大大提高。目前,采用矢量控制的三相感应电机伺服驱动系统,无论是静态性能,还是动态性能,都已经达到甚至超过直流伺服系统。

对于三相感应电机,当三相绕组采用正弦电流供电时,会产生一个旋转的恒幅值合成磁场。该磁场的旋转速度(即同步速)$n_s = \dfrac{60f}{p}$,式中 p 为极对数,而转子的转速 $n = (1-s)n_s$。正常运行时,由于转差率 s 很小,$n \approx n_s$,因此,通过改变定子绕组的供电频率调节电机的同步速,可以达到调速的目的。

值得注意的是,定子绕组电压和频率之间存在如下关系:

$$V_s \approx 4.44fNk\Phi_m$$

从上式可以看出,如果保持定子电压 V_s 不变,改变定子绕组电压的频率 f,则电机的气隙磁通 Φ_m 会相应地发生变化。

但是,在电机调速过程中,我们总是希望 Φ_m 保持额定值不变。如果 Φ_m 减小,则意味着铁芯没有得到充分利用;如果 Φ_m 过大,则意味着励磁电流分量急剧增大,导致功率因数减小、损耗增加、电机过热等。因此,在三相感应电机变频调速过程中,采取的协调控制方式是使 $\dfrac{V_s}{f}$ = 常数,即恒压频比控制。在 $\dfrac{V_s}{f}$ = 常数的情况下,三相感应电机变频运行时的转矩-转速特性如图 4-57 所示。

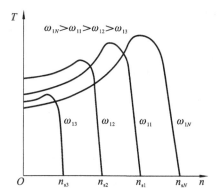

图 4-57　三相感应电机变频运行时的转矩-转速特性($\dfrac{V_s}{f}$=常数)

从图 4-57 中可以看出,当 $\dfrac{V_s}{f}$ = 常数时,电磁转矩的最大值随着频率的减小而减小(受定子电阻 R_a 的影响)。对于恒转矩负载,往往要求在整个调速范围内过载能力不变,因此在变频运行时,希望最大转矩保持不变。为此,通常需要在低频时进行电压补偿,即在 $\dfrac{V_s}{f}$ = 常数的基础上,适当增大低频时的电压,以补偿定子电阻压降的影响,典型的电压-频率特性曲线如图 4-58 所示。

变频运行过程中,当运行频率达到额定频率(基频)时,电压达到额定值。频率再增大时,电压也不会增大。超过基频时,气隙磁通将随着频率增大而近似成反比例下降,电机进入弱磁调速阶段。在该阶段由于空隙磁通降低,电机的最大转矩随频率增大而减小,具有近似恒功率特性。图 4-59 所示为低频补偿时的转矩-转速特性。

变频调速方法虽然能实现三相感应电机的变速驱动,但其动态性能不够理想,原因在于普通的变频调速方法无法对三相感应电机的动态转矩进行有效控制,而动态转矩的控制是决定动态性能的关键。

就动态性能而言,直流伺服电机明显优于普通变频控制的感应电机,原因在于它能够对

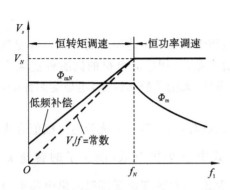

图 4-58　典型的电压-频率特性曲线

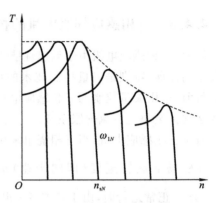

图 4-59　低频补偿时的转矩-转速特性

动态转矩进行控制，直流伺服电机电磁转矩公式为

$$T = C_t \Phi i_a$$

式中：C_t 为转矩系数。

主磁通 Φ 与电枢电流 i_a 所产生的电枢反应磁场在空间上相互垂直。当 Φ 保持恒定时，控制电枢电流 i_a 即可实现对动态转矩 T 的有效控制，因此直流电机具有良好的动态性能。

感应电机的电磁转矩和定子电流的大小不成正比，因为其定子电流中既有产生转矩的有功分量，又有产生磁场的励磁分量，二者耦合在一起，且随着运动状态的改变而不断变化，因此在动态过程中准确地控制感应电机的电磁转矩就十分困难。矢量控制理论是解决这一问题的有效方法。

矢量控制理论的基本思想是：通过坐标变换，把三相感应电机等效成旋转坐标系中的直流电机。三相感应电机定子电流中的转矩分量与励磁分量实现解耦，分别相当于直流电机中的电枢电流和励磁电流。这样，在旋转坐标系中，感应电机可以像直流电机一样进行控制，以获得理想的动态性能。

若对三相对称静止绕组通入频率为 ω_1 的三相对称电流 i_a、i_b、i_c，则可产生在空间以电角速度 ω_1 旋转的旋转磁动势 F，如图 4-60(a)所示；若对两相对称静止绕组通入频率为 ω_1 的三相对称电流 i_α、i_β，也可产生在空间以电角速度 ω_1 旋转的旋转磁动势 F，如图 4-60(b)所示；若对两个匝数相同，且在空间上相差 90°电角度的绕组 M、T，分别通以直流电流 i_m、i_t，则在空间上产生一个相对于绕组 M、T 静止的磁动势 F。如果绕组 M、T 在空间以电角速度 ω_1 旋转，则磁动势 F 也变成了转速为 ω_1 的旋转磁动势。

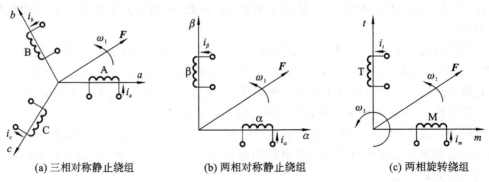

(a) 三相对称静止绕组　　　　(b) 两相对称静止绕组　　　　(c) 两相旋转绕组

图 4-60　不同结构的绕组产生等效磁场

在一定条件下,上述三种绕组可以产生大小相等,转速、转向相同的磁场。从磁场的角度看,它们是相互等效的。对于绕组中的其他量,如电压、磁链等,其坐标变换关系与电流的相同。

4.4.4 交流感应伺服电机的机械特性曲线

交流感应伺服电机在矢量控制驱动下的机械特性曲线如图 4-61 所示。

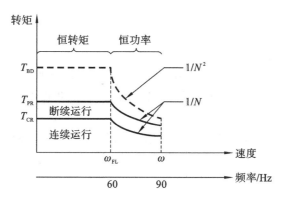

图 4-61 交流感应伺服电机在矢量控制驱动下的机械特性曲线

满载速度是电机在满载条件下的速度。这个速度在输入电压频率为 60 Hz 时得到,其频率称为基频。常规感应电机就是在 60 Hz 的公网电源下直接启动运行的。满载转矩是电机在额定功率及满载速度下产生的转矩。临界转矩是电机在额定电压下旋转可产生的最大转矩。如果负载转矩超过临界转矩,电机将停止旋转。

采用矢量控制驱动的感应电机可以在零至额定速度之间产生恒转矩。这部分机械特性区间称为恒转矩区。驱动器通过调节输入电压和频率保持两者的比值(V/f)为常数,实现恒转矩调速。

如果输入频率超过基频,电机端加额定电压,电压值将为常数。V/f 的值随频率增大而减小,超过基频的这个区域称为恒功率区。电机产生的功率 P 为

$$P = T_{FL}\omega_{FL}$$

式中:T_{FL} 为电机的满载转矩;ω_{FL} 为电机的满载速度。

但当速度超过额定值时,转矩必须减小,从而使功率保持不变:

$$P = T_{FL}\omega_{FL} = T\omega \tag{4-60}$$

超过额定速度后,转矩 T 为

$$T = \frac{T_{FL}\omega_{FL}}{\omega} \tag{4-61}$$

因为满载速度时频率为基频 N_b,设超过基频的频率为 N,则上式可以写成:

$$T = \frac{T_{FL}N_b}{N} \tag{4-62}$$

大多数感应电机可以在恒功率区达到 1.5 倍的基频(90 Hz)。

驱动器设计有电机电流限制以保护电机和驱动器的功率电子设备,从而在运动控制中,驱动器和电机共同决定可获得的连续转矩和峰值转矩。

因为驱动器对连续电流的限制,可获得的额定连续转矩 T_{CR} 比电机的满载转矩或由驱

动器与电机组合的连续转矩小。

同理，因为驱动器对峰值电流的限制，可获取的额定峰值转矩 T_{PR} 比电机的临界转矩 T_{BD} 或由驱动器与电机组合的峰值转矩更小。因为超过临界转矩时，电机会停下来，驱动器提供的转矩应不超过电机的临界转矩。

因此，临界转矩形成对电机绝对最大转矩的限制，在临界转矩下，电机可间歇短时间工作而不过热。在超过基频条件下，临界转矩会以 $1/N^2$ 的比例下降，此处 N 为对应的变频电源频率。

习题与思考题

4-1　简述三相反应式步进电机的结构特点和基本工作原理。

4-2　一台三相反应式步进电机的转子齿数为 50，试求步进电机三相三状态和三相六状态运行时的步距角。

4-3　一台五相十拍运行的步进电机的转子齿数为 48，在 A 相中测得电流频率为 600 Hz，试求：

（1）电机的步距角；

（2）转速；

（3）设单相通电时矩角特性为正弦波形，其幅值为 50 N·m，求三相同时通电时的最大静转矩。

4-4　一个数控的 PCB 钻孔机床使用步进电机定位。机床工作台由滚珠丝杠驱动，丝杠螺距为 12 mm，工作台以 480 mm/min 的线速度移动了 36 mm 的距离。如果步进电机有 180 个步距角，求：

（1）步进电机的速度；

（2）将机床工作台移动到指定位置所需的脉冲数。

4-5　一台直流电机的额定电压为 110 V，额定电枢电流为 0.5 A，额定转速为 4 000 r/min，电枢电阻为 100 Ω，空载转矩为 0.02 N·m，求电机的额定负载转矩。

4-6　直流伺服电机的静态特性和动态特性是怎样的？

4-7　何为 PWM？简述 PWM 调速的基本原理。

4-8　简述三相感应型交流伺服电机和永磁同步电机的区别。

4-9　简述矢量控制的思想。

4-10　某个圆柱坐标机器人的机械臂由一台直流电机驱动，所需扭矩为 15 N·m。直流电机的扭矩常量为 0.45 N·m/A。求最大载荷下驱动该机械臂所需的电流大小。

第 5 章
可编程序控制器

5.1　PLC 的结构与工作原理

PLC(programmable logic controller)最早是可编程逻辑控制器的简称。早期可编程逻辑控制器仅能代替继电器,实现逻辑控制。后来,随着技术的发展,其功能大大超过逻辑控制的范围,人们把它称为可编程序控制器(programmable controller),为避免与个人计算机(personal computer)的简称 PC 相混淆,仍将可编程序控制器简称为 PLC。

当前用于工业控制的计算机有可编程序控制器、基于 PC 总线的工业控制计算机、基于单片机的测控装置、用于模拟量闭环控制的可编程调节器、集散控制系统(distributed control system,DCS)和现场总线控制系统(fieldbus control system,FCS)等。可编程序控制器是应用面最广的通用工业控制装置。

可编程序控制器是给机电系统提供控制的一种通用工业控制计算机,它既可以控制运动控制系统中电动机的启动、制动、正反转、调速,又可以控制过程控制系统中管路的通断,还可以控制电热器件、照明器件等。总之,一切由电路通断来控制的对象都可以用可编程序控制器实现。

可编程序控制器是一种数字运算操作的电子系统,专为在工业环境下应用而设计。它采用可编程序的存储器,用来在其内部存储执行逻辑运算、顺序控制、定时、计数和算术运算等操作的命令,并通过数字式或模拟式的输入和输出,控制各种类型的机械或生产过程。

PLC 的发展经历了五个重要时期。

(1) 从产生到 20 世纪 70 年代初期。中央处理器(CPU)由中小规模数字集成电路组成,存储器为磁芯存储器,控制功能比较简单。

(2) 20 世纪 70 年代末期。CPU 采用微处理器,存储器采用半导体存储器,体积减小,数据处理能力有很大提高。

(3) 20 世纪 70 年代末期到 80 年代中期。PLC 开始采用 8 位和 16 位微处理器,数据处理能力和速度大大提高。

(4) 20 世纪 80 年代中期到 90 年代中期。超大规模集成电路促使 PLC 完全计算机化,CPU 已经开始采用 32 位微处理器。

（5）20世纪90年代中期至今。PLC采用16位和32位微处理器,出现了智能化模块,可以实现对各种复杂系统的控制。

PLC的应用领域已经覆盖了所有工业企业,其应用范围大致可归纳为以下几种。

（1）开关量的逻辑控制。

逻辑控制功能实际上就是位处理功能,是PLC最基本的功能之一,用来取代继电接触器控制系统,实现逻辑控制和顺序控制。PLC根据外部现场（开关、按钮或其他传感器）的状态,按照指定的逻辑进行运算处理后,控制机械运动部件进行相应的操作。另外,在PLC中可以无限制地使用一个逻辑位的状态,修改和变更逻辑关系也十分方便。

（2）模拟量控制（A/D和D/A控制）。

大多数PLC具有模数转换（A/D）、数模转换（D/A）功能,可以方便地完成对温度、压力、流量、液位等模拟量的控制和调节。一般情况下,模拟量为4～20 mA的电流或0～10 V的电压;数字量为8位或12位的二进制数。

（3）定时和计数控制。

PLC可以为用户提供数十个甚至上百个定时器和计数器。对于定时器,用户可设置计时指令,定时器的设定值可以在编程时设定,也可以在运行过程中根据需要修改,使用方便灵活。同时PLC还提供了高精度的时钟脉冲,用于准确地实时控制。计数器计数到某一数值时,产生一个状态计数器信号,利用该信号可实现对某个操作的计数控制。计数器计数值可以在编程时设定,也可以在运行过程中根据需要修改。

（4）步进控制。

PLC为用户提供了若干个移位寄存器,可以实现以时间、计数或其他指定逻辑信号为转步条件的步进控制,即在一道工序完成以后,在转步条件控制下,自动进行下一道工序。有些PLC还专门设置了用于步进控制的步进指令,编程和使用都很方便。

（5）运动控制。

PLC使用专用的运动控制模块,可对直线运动或圆周运动的位置、速度和加速度进行控制,实现单轴、双轴和多轴位置控制,并使运动控制和顺序控制功能有机结合在一起。PLC的运动控制功能广泛用于各种机床、机器人和机械手等设备的运动控制。

（6）数据处理。

PLC具有数学运算（包括矩阵运算、函数运算、逻辑运算）、数据传递、排序和查表、位操作等功能;可以实现数据的采集、分析和处理,可以与存储器中存储的参考数据进行比较,也可以传送给其他智能装置。

（7）通信联网。

PLC具有通信联网功能,可以实现远程输入/输出（I/O）控制、多台PLC之间的同位链接、PLC与计算机之间的通信等。利用PLC同位链接,可以使各台PLC的I/O状态相互透明。采用PLC与计算机之间的通信连接,可以用计算机作为上位机,下面连接数十台PLC作为现场控制机,构成"集中管理、分散控制"的分布式控制系统,以完成较大规模的复杂控制。

5.1.1 PLC的硬件组成

PLC实质上是一种专用于工业控制的微机。对于不同型号的可编程序控制器,其内部结构和功能不尽相同,但主体结构形式大体相同。

PLC 的硬件系统由主机、I/O 扩展接口及外部设备组成。主机和 I/O 扩展接口采用微机的结构形式,其内部由运算器、控制器、存储器、输入单元、输出单元及接口等部分组成,如图5-1所示。

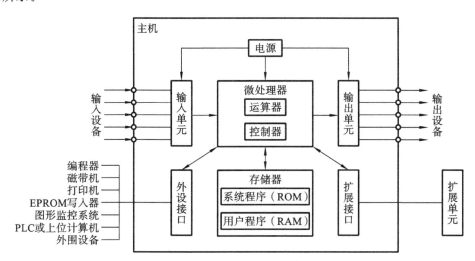

图 5-1 PLC 硬件结构框图

注:EPROM 为可擦编程只读存储器的英文简称;ROM 为只读存储器的英文简称;RAM 为随机存储器的英文简称。

1) CPU

CPU 是可编程序控制器的核心,一般由控制器、运算器和寄存器组成。它是 PLC 的运算、控制中心,用来实现逻辑运算、算术运算,并对全机进行控制。

CPU 在系统程序的配合下,主要完成以下几方面的工作。

(1) 接收并存储用户程序和数据。

(2) 以扫描方式接收输入,并存入输入映像寄存器或数据寄存器中。

(3) 执行用户程序,按指令规定的操作产生相应的控制信号,完成用户程序要求的逻辑运算或算术运算,并将运算结果存入输出映像寄存器或数据寄存器。

(4) 根据输出映像寄存器或数据寄存器中的内容,实现输出控制或数据通信等。

(5) 诊断电源电路及可编程序控制器的工作状况。

不同种类的可编程序控制器所采用的 CPU 芯片也不尽相同,CPU 芯片通常有三种类型,即通用微处理器,如 8086、80286、80386;单片机芯片,如 8031、8096;位片式微处理器,如 AMD-2900、S5-1500。

小型 PLC 多采用 8 位微处理器或单片机作为 CPU;中型 PLC 多采用 16 位微处理器或单片机作为 CPU;大型 PLC 多采用高速位片式微处理器。

2) 存储器

PLC 常用的存储器有随机存储器(RAM)和只读存储器(ROM、EPROM 等)两种。RAM 又称为读写存储器,具有易失性,切断电源后存储信息丢失。其优点是工作速度快,价格低,修改方便。为防止断电后用户数据丢失,现在的 PLC 为 RAM 配备了后备电池。RAM 用来存储各种暂存数据、中间结果、用户正调试的程序。I/O 状态、中间开关量状态,以及定时器、计数器的设定值等工作数据存放在 RAM 中。

ROM 用来存放系统程序和已调试好的用户程序。系统程序，如监控程序、命令解释程序、管理程序等，由生产厂家设定，并固化在 ROM 内，内容只能读出，不能写入。用户程序由用户设定，用户编好程序后，先输入 RAM 中，经调试修改后，可以固化到 EPROM 中长期使用。EPROM 具有非易失性，但是可以用编程器对它进行编程，兼有 ROM 和 RAM 的优点，但是写入信息时间比 RAM 的长得多。

3）I/O 接口

I/O 单元是 PLC 与工业现场信号联系并完成电平转换的桥梁。PLC 的 CPU 所处理的信号只能是标准电平信号，而实际生产中信号电平是多样的，外部执行机构所需电平也各不相同。因此，作为 CPU 与现场 I/O 设备或其他外部设备之间的连接部件，I/O 模块需要实现这些电平信号的转换。

I/O 模块具有良好的电隔离和滤波作用。连接到 PLC 输入端的输入器件是各种开关、传感器等，接口电路将这些开关信号转换为 CPU 能够识别和处理的信号，并送入输入映像寄存器。运行时，CPU 从输入映像寄存器中读取输入信息，将处理结果送入输出映像寄存器。I/O 映像寄存器由相应的 I/O 触发器组成，输出接口将其弱电控制转换为现场所需要的强电信号输出，驱动显示灯、电磁阀、继电器、接触器等各种执行器件。

PLC 的输入接口通常有直流输入、交流输入和交直流输入三种方式，输出接口有继电器输出、晶体管输出、晶闸管输出三种方式。其中继电器输出可以带交流、直流两种负载。晶体管输出可以带直流负载，晶闸管输出可以带交流负载。

PLC 的 I/O 部分因用户的需求不同有各种不同的组合方式。通常以模块的形式提供，一般分为开关量 I/O 模块、数字量 I/O 模块、模拟量 I/O 模块、位置控制模块、PID 调节模块、热电偶输入模块、步进电机驱动模块等。

4）电源单元

PLC 的电源用于将外部交流电源转换成供 CPU、存储器、I/O 接口电路等使用的直流电源，以保证 PLC 正常工作。有的 PLC 还向外提供 24 V 直流电源，为输入单元所连接的外部开关或传感器供电。

对于箱式 PLC，电源一般封装在基本单元的机壳内部；模块式 PLC 则采用独立的电源模块。停机或突然失电时，为保证 RAM 中数据不丢失，一般采用锂电池作为后备电池。

5）编程器

编程器用于用户程序的编制、编辑、调试和监视，还可以通过其键盘去调用和显示 PLC 的一些内部状态和系统参数。常见的编程器为手持式编程器，它经过接口与 CPU 相连，即可完成人机对话连接。也可以在个人计算机中安装相应的编程软件，PLC 通过通信电缆（如 S7-200 PLC 的 PC/PPI 电缆）与个人计算机的串口相连。

5.1.2 PLC 的软件组成

1. PLC 的软件系统

可编程序控制器的硬件系统和软件系统相互结合才能构成一个完整的可编程序控制器控制系统，完成各种复杂的控制功能。PLC 的软件系统由系统程序（系统软件）和用户程序（应用软件）组成。

系统程序一般由 PLC 采用的微处理器的相应汇编语言编写,由厂家设计和提供,并固化在 EPROM 中,用户一般不能直接读写和更改。系统程序包括管理程序、用户指令解释程序及供系统调用的专用标准程序模块等。管理程序用于运行管理、存储空间分配管理和系统的自检,控制整个系统的运行;用户指令解释程序用于把输入的应用程序(梯形图)翻译成机器能够识别的机器语言;专用标准程序模块由许多独立的程序块组成,这些独立的程序块能完成不同的功能。

用户程序是指用户为达到某种控制目的,利用 PLC 厂家提供的编程语言自主编制指令序列。用户通过编程器或计算机将用户程序写入 PLC 的 RAM 中,并可以对其进行修改和更新,当 PLC 断电时,写入的内容可以通过锂电池有效保存。

2. PLC 的编程语言

由于 PLC 是专门为工业控制而开发的装置,其编程语言比通用计算机语言简单、易懂和形象。根据国际电工委员会制定的工业控制编程语言标准(IEC1131-3),PLC 编程语言有五种形式:梯形图(ladder diagram,LAD)语言、语句表(statement list,STL)语言、顺序功能图(sequential function chart,SFC)语言、功能块图(function block diagram,FBD)语言和结构化文本(structured text,ST)语言。

梯形图在形式上类似于继电器控制电路。它是一种图形语言,由各种图形符号连接而成,沿用传统控制图中的继电器触点、线圈、串联等术语和一些图形符号。左、右竖线称为母线,右边的母线经常省去。

常开触点、常闭触点指令用触点表示。触点可以属于 PLC 的输入继电器,也可以属于内部继电器或其他继电器。触点可以任意并联连接、串联连接,但线圈只能并联连接。内部继电器、计数器、定时器均不能控制外部负载,只能用作中间结果供 CPU 使用。

PLC 采用循环扫描的方式,沿梯形图先后顺序执行程序。梯形图直观易懂,是应用最多的一种编程语言。

图 5-2 所示为典型的电机正反转梯形图。左边一条垂直的实线称为左母线,右边一条垂直的虚线称为右母线。母线之间是触点的逻辑连接和线圈的输出。

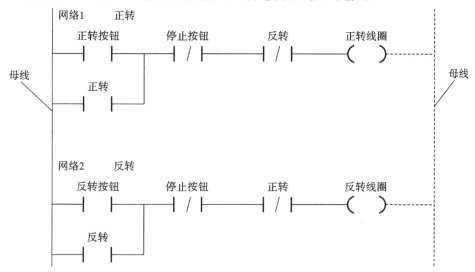

图 5-2 典型的电机正反转梯形图

梯形图有如下特点。

(1)"从上到下"按行绘制,每一行又"从左到右"绘制,最左侧是输入接点,最右侧为输出元素。

(2)梯形图的左、右母线是界限线,不加电压。支路(逻辑行)接通时,没有电流产生。

(3)梯形图中的输入接点、输出线圈等不是物理接点和线圈,而是输入、输出存储器中输入、输出点的状态。

(4)梯形图中的 PLC 内部器件,不是真的电器元件,但具有相应的功能。图中每个继电器和触点均为 PLC 存储器中的一位。

(5)梯形图中的继电器触点既可常开,又可常闭。其常开、常闭触点的数目是无限的(但受存储容量限制)。

(6)PLC 采用循环扫描方式工作,样形图中各元件按扫描顺序依次执行,该方式是一种串行处理方式。

梯形图编程需要遵循一定的规则,基本规则如下。

(1)从左至右。梯形图的各类继电器触点要以左母线为起点,各类继电器线圈以右母线为终点(右母线可省略)。从左至右分行画出,每一逻辑行构成一个梯级,每行开始的触点组构成输入组合逻辑(逻辑控制条件),最右边的线圈表示输出函数(逻辑控制的结果)。

(2)从上到下。各梯级从上到下依次排列。

(3)每个逻辑行上,多条串联支路并联,串联触点多的安排在上面;多条并联支路串联,并联触点多的安排在左边,如图 5-3 所示。

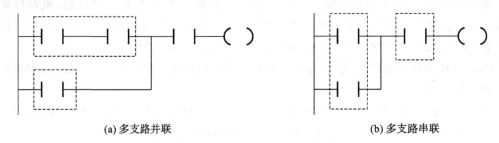

(a)多支路并联　　　　　　(b)多支路串联

图 5-3　梯形图的基本规则示意一

(4)触点应画在水平支路上;不包含触点的支路应画在垂直方向上,不应画在水平方向上。如图 5-4 所示,①和②处都是不允许的。

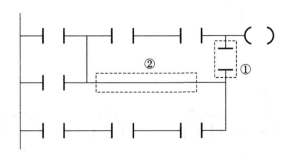

图 5-4　梯形图的基本规则示意二

(5)一个触点上不应有双向电流通过,如图 5-5(a)中的元件 3。应进行适当变换,变换后的梯形图如图 5-5(b)所示。

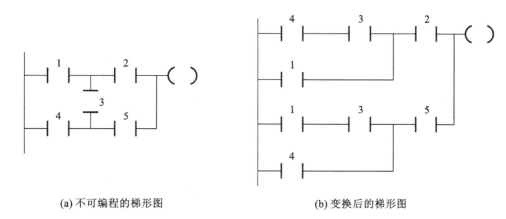

(a) 不可编程的梯形图　　　　　　　　　(b) 变换后的梯形图

图 5-5　梯形图的基本规则示意三

（6）如果两个逻辑行之间互有牵连，逻辑关系又不清晰，应进行变换，以便于编程。图 5-6(a)所示的梯形图可变换为图 5-6(b)所示的梯形图。

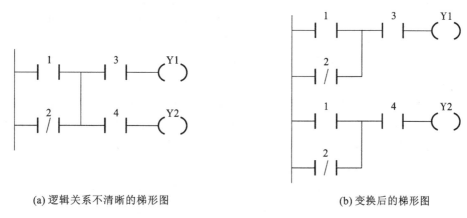

(a) 逻辑关系不清晰的梯形图　　　　　　　(b) 变换后的梯形图

图 5-6　梯形图的基本规则示意四

（7）梯形图中任一支路上的串联触点、并联触点及内部并联线圈的个数一般不受限制。在中小型 PLC 中，由于堆栈层次一般为 8 层，因此连续进行并联支路块串联操作、串联支路块并联操作等的次数，一般不应超过 8 次。

S7-200 的程序结构一般由三部分构成：用户程序、数据块和系统块。用户程序作为程序块是程序的必选项。一个完整的用户程序由可执行代码和注释组成。可执行代码由主程序和若干子程序或中断服务程序组成。主程序是应用程序中的必选组件，CPU 在每一个扫描周期中顺序执行这些指令。主程序可表示为 OB1。子程序是应用程序中的可选组件。只有被主程序、中断服务程序或者其他子程序调用时，子程序才会执行。中断服务程序也是应用程序中的可选组件。当特定的中断事件发生时，中断服务程序执行。数据块为可选部分，又称为 DB1，它存放控制程序运行所需的数据。系统块为可选部分，它存放 CPU 组态数据。

5.1.3　PLC 的工作原理

PLC 是一种工业控制计算机，它的工作原理和计算机的工作原理基本一致。不同的是，计算机一般采用消息机制，以及等待命令的工作方式，而 PLC 则采用循环扫描的工作方式。

PLC 有运行（RUN）与停止（STOP）两种基本工作模式，如图 5-7 所示。当处于停止工作模式时，PLC 只进行内部处理和通信服务等。当处于运行工作模式时，PLC 要经过内部处理、通信服务、输入处理、程序执行、输出处理 5 个阶段，然后按上述顺序循环扫描工作。

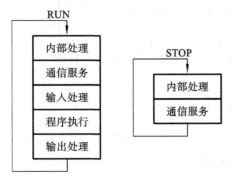

图 5-7　PLC 的基本工作模式

（1）内部处理。在内部处理阶段，PLC 检查 CPU 内部的硬件是否正常，将监控定时器复位，以及完成一些其他内部工作。

（2）通信服务。在通信服务阶段，PLC 与其他的智能装置通信，响应编程器键入的命令，更新编程器的显示内容。当 PLC 处于停止工作模式时，只执行内部处理和通信服务两个阶段的操作；当 PLC 处于运行工作模式时，还要完成下面三个阶段的操作。

（3）输入处理。在 PLC 的存储器中，设置了一片区域用来存放输入信号和输出信号的状态，它们分别称为输入映像寄存器和输出映像寄存器。PLC 梯形图中的其他元件也有对应的映像存储区，它们统称为元件映像寄存器。在输入处理阶段，CPU 从输入电路中读取各输入点的状态，并将这些状态写入输入映像寄存器中。自此，输入映像寄存器与外界隔离，输入映像寄存器的内容保持不变，一直到下一个扫描周期的 I/O 刷新阶段，才会写进新内容。

（4）程序执行。在程序执行阶段，CPU 对用户程序按"先左后右、先上后下"的顺序逐条进行解释和执行。CPU 从输入映像寄存器和元件映像寄存器中读取对应寄存器的当前状态，根据用户程序给出的逻辑关系进行逻辑运算，将运算结果写入元件映像寄存器中。

（5）输出处理。在输出处理阶段，PLC 将所有输出映像寄存器的状态传送到相应的输出锁存电路中，再经输出电路的隔离和功率放大传送到 PLC 的输出端，驱动外部执行元件动作。输入采样和输出刷新的时间长短取决于 PLC 的 I/O 点数。

PLC 的输入处理、程序执行和输出处理的工作方式如图 5-8 所示。PLC 是"串行"工作的，这和传统的继电器控制系统的"并行"工作有质的区别。PLC 的串行工作方式避免了继电器控制系统中触点竞争和时序失配的问题。由于 PLC 是扫描工作的，在程序执行阶段，即使输入信号的状态发生了变化，输入映像寄存器的内容也不会发生变化，要等到下一周期的输入处理阶段才能改变。

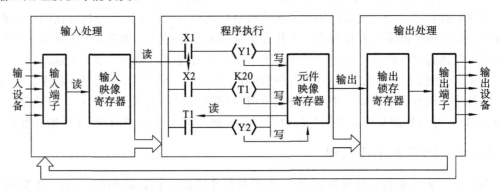

图 5-8　PLC 的输入处理、程序执行和输出处理的工作方式

5.1.4　S7-200 PLC 的基本构成

S7-200 PLC 是西门子公司推出的一种小型 PLC。它以紧凑的结构、良好的扩展性、强大的指令功能、低廉的价格,已经成为目前各种小型控制工程的理想控制器。S7-200 PLC 的基本开发环境由基本单元(S7-200 CPU 模块)、个人计算机或编程器、STEP 7-Micro/Win32 编程软件、通信电缆、人机界面、接口模块等构成。同时,可根据系统要求,增加附加功能模块。

1) S7-200 CPU 模块

S7-200 PLC 采用整体式结构,可由主机(基本单元)加扩展单元构成。其外形及扩展连接如图 5-9 所示。

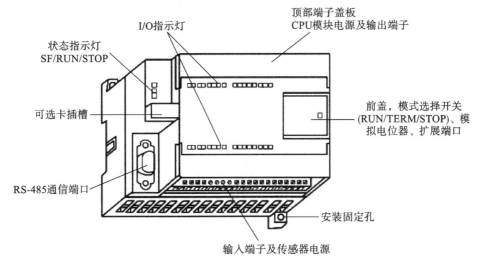

图 5-9　S7-200 PLC 外形及扩展连接

整体式 PLC 将 CPU 模块、I/O 模块和电源装在一个箱型机壳内。CPU 模块的顶部端子盖内有电源与输出端子;底部端子盖内有输入端子与传感器电源;中部右侧前盖内有模式选择开关、模拟电位器和扩展端口;左侧有状态指示灯、可选卡插槽和 RS-485 通信端口。

S7-200 PLC 有 CPU21X、CPU22X 系列,其中 CPU22X 系列包含 6 种型号:CPU221、CPU222、CPU224、CPU224XP、CPU226、CPU226XM。对于不同型号的 CPU,其外观结构基本相同,但具有不同的技术参数。CPU22X 系列的主要技术数据见表 5-1。

表 5-1　CPU22X 系列的主要技术数据

	CPU221	CPU222	CPU224	CPU224XP	CPU226
本机数字量 I/O	6 入/4 出	8 入/6 出	14 入/10 出	14 入/10 出	24 入/16 出
本机数字量输入地址	I0.0—I0.5	I0.0—I0.7	I0.0—I1.5	I0.0—I1.5	I0.0—I2.7
本机数字量输出地址	Q0.0—Q0.3	Q0.0—Q0.5	Q0.0—Q1.1	Q0.0—Q1.1	Q0.0—Q1.7
最大数字量 I/O	6 入/4 出	40 入/38 出	168 路	168 路	248 路
本机模拟量 I/O	—	—	—	2 入/1 出	—

续表

	CPU221	CPU222	CPU224	CPU224XP	CPU226
本机模拟量 I/O 地址	—	—	—	AIW0、AIW2/AQW0	—
最大模拟量 I/O	—	10 路	35 路	38 路	35 路
扩展模块	—	2 个	7 个	7 个	7 个
数字量 I/O 映像区	128 入/128 出	128 入/128 出	128 入/128 出	128 入/128 出	128 入/128 出
模拟量 I/O 映像区	—	16 入/16 出	32 入/32 出	32 入/32 出	32 入/32 出
程序、数据存储空间/kB	6	6	16	22	26
PID 控制器	—	有	有	有	有
脉冲捕捉输入	6 个	8 个	14 个	14 个	14 个
高速计数器	4 个	4 个	6 个	6 个	6 个
脉冲输出端	2 个	2 个	2 个	2 个	2 个
RS-485 通信端口	1 个	1 个	1 个	2 个	2 个
模拟电位器	1 个 8 位分辨率	1 个 8 位分辨率	2 个 8 位分辨率	2 个 8 位分辨率	2 个 8 位分辨率
布尔量运算执行速度	0.22 μs/指令	0.22 μs/指令	0.22 μs/指令	0.22 μs/指令	0.22 μs/指令

CPU 的前面板即可选卡插槽的上部,有 3 盏状态指示灯显示当前工作方式。指示灯为绿色时,表示运行状态;指示灯为红色时,表示停止状态;标有"SF"的灯亮表示系统故障,PLC 停止工作。

(1) CPU22X 的输入端子的接线。

S7-200 系列 CPU 的输入端必须接入直流电源。

下面以 CPU226 模块为例介绍输入/输出端的接线。CPU226 模块的 I/O 总数为 40 点,其中输入点为 24 点,输出点为 16 点,可带 7 个扩展模块;内置高速计数器和 PID 控制器;还有 2 个脉冲输出端和 2 个 RS-485 通信端口,具有 PPI、MPI 通信协议和自由口协议的通信能力。

输入端子是 PLC 与外部信号联系的窗口。24 个数字量输入点分成两组,如图 5-10 所示。第一组输入端子由 I0.0~I0.7、I1.0~I1.4 共 13 个输入点组成,每个外部输入的开关信号均由各输入端子接出,经过一个直流电源至公共端 1M。第二组输入端子由 I1.5~I1.7、I2.0~I2.7 共 11 个输入点组成,每个外部输入的开关信号均由各输入端子接出,经过一个直流电源至公共端 2M。

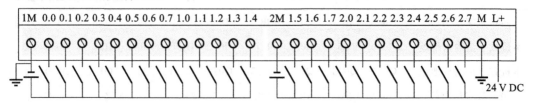

图 5-10　CPU226 PLC 输入端子的接线图

（2）CPU22X 的输出端子的接线。

输出端子是 PLC 与外部负载联系的窗口。16 个数字量输出点分成三组，如图 5-11 所示。

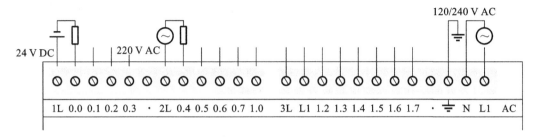

图 5-11 CPU226 PLC 输出端子的接线图

第一组输出端子由 4 个输出点（Q0.0～Q0.3）与公共端 1L 组成；第二组输出端子由 5 个输出点（Q0.4～Q0.7、Q1.0）与公共端 2L 组成；第三组输出端子由 7 个输出点（L1、Q1.2～Q1.7）与公共端 3L 组成。

每个负载的一端与输出点相连，另一端经过电源与公共端相连。继电器型输出既可带直流负载，又可带交流负载。在图 5-11 中，输出端子 Q0.0 带 24 V DC 负载，输出端子 Q0.4 带 220 V AC 负载。

（3）交流电源输入端子。

输出端子排的右端 N、L1 端子是交流电源 120/240 V 输入端，如图 5-11 所示。该电源电压的允许范围是 85～264 V。

（4）直流电源输出端子。

输入端子排的右端 M、L+ 两个端子提供 24 V、400 mA 传感器电源，如图 5-10 所示，该电源还可以作为输入端的检测电源。

（5）状态指示灯。

状态指示灯指示 CPU 的工作模式、主机 I/O 的当前状态及系统错误状态。

（6）存储器卡。

存储器卡（EEPROM 卡）可以存储 CPU 程序。其中，EEPROM 是电可擦编程只读存储器的英文简称。

（7）RS-485 通信端口。

RS-485 通信端口的功能包括串行/并行数据的转换、通信格式的识别、数据传输的出错检验、信号电平的转换等。

（8）I/O 扩展接口。

I/O 扩展接口是 PLC 主机扩展 I/O 点数和类型的部件，有并行接口、串行接口、双口存储器接口等多种形式。

2）个人计算机或编程器

个人计算机或编程器上装有 STEP 7-Micro/Win32 编程软件，方便用户进行控制程序的编制、编辑、调试和监视等。

3）STEP 7-Micro/Win32 编程软件

STEP 7-Micro/Win32 编程软件是西门子公司专为 S7-200 系列可编程序控制器研制开

发的编程软件，它是基于 Windows 的应用软件，功能强大，既可用于开发用户程序，又可实时监控用户程序的执行状态。它的基本功能是创建、编辑和调试用户程序、组态系统等。

4）通信电缆

通信电缆是 PLC 用来与计算机进行通信的，有点对点通信（PPI）、多点通信（MPI）两种电缆。

5）人机界面

人机界面主要指专用操作员界面，如操作员面板、触摸屏、文本显示器等，这些设备可以使用户通过友好的操作界面完成参数设置和控制任务。

6）接口模块

S7-200 PLC 的接口模块有数字量模块、模拟量模块和智能模块。

5.1.5　S7-200 PLC 的系统配置

S7-200 PLC 采用配置模式，任一型号的主机都可单独构成基本配置，作为一个独立的控制系统。它们具有固定的 I/O 地址，I/O 配置是固定的。

基于配置设定的思想，可以采用主机再配置扩展模块的方法来扩展 S7-200 PLC 的系统配置。采用数字量模块或模拟量模块可扩展系统的控制规模；采用智能模块可扩展系统的控制功能。但是，S7-200 主机带扩展模块进行扩展配置时，需要注意以下几点。

（1）主机所带扩展模块数量的限制。

不同类别的主机可带扩展模块的数量不同。CPU221 模块不允许带扩展模块；CPU222 模块最多可带 2 个扩展模块；CPU224 模块、CPU226 模块最多可带 7 个扩展模块，且 7 个扩展模块中最多只能有 2 个智能扩展模块。

（2）数字量 I/O 映像区大小的限制。

S7-200 PLC 主机最多提供 128 个输入映像寄存器（I0.0～I15.7）和 128 个输出映像寄存器（Q0.0～Q15.7）。PLC 系统配置时，要对各类输入、输出模块的输入、输出点进行编址。主机提供的 I/O 具有固定的 I/O 地址。扩展模块的地址由 I/O 模块类型及模块在 I/O 链中的位置决定。按照同类型的模块对各输入点（或输出点）顺序进行编址。数字量输入、输出映像区的逻辑空间是以 8 位（1 个字节）为递增的。编址时，对数字量模块物理点也是按 8 点来分配地址的。即使模块的端子数不是 8 的整数倍，仍需以 8 点来分配地址。例如，4 入/4 出模块也占用 8 个输入点和 8 个输出点的地址。

（3）模拟量 I/O 映像区大小的限制。

主机提供的模拟量 I/O 映像区最多的区域数为：CPU222 模块，16 入/16 出；CPU224 模块和 CPU226 模块，32 入/32 出。模拟量扩展模块总是以 2 个字节递增的方式来分配空间。

（4）内部电源的负载能力规格。

S7-200 PLC 内部提供 DC 5 V 和 DC 24 V 两种规格的电源。

DC 5 V 电源为 CPU 模块和扩展模块的工作电源。其中扩展模块所需的 DC 5 V 电源是由 CPU 模块通过总线连接器提供的。CPU 模块向其总线扩展接口提供的电流值是有限制的。所以，在配置扩展模块时，应注意 CPU 模块所提供的 DC 5 V 电源的负载能力。

S7-200 内部还提供 DC 24 V 电源，它可以为 CPU 模块和扩展模块所用。如果用户在系统中使用了传感器，其也可作为传感器的电源。CPU 模块和扩展模块的输入、输出点所用的 DC 24 V 电源一般由用户外部提供。如果必须使用 CPU 模块内部的 DC 24 V 电源，则要对该 DC 24 V 电源的负载能力进行校验，使 CPU 模块和扩展模块所消耗的电流总和不超过该内部 DC 24 V 电源所提供的最大电流(400 mA)。

5.2　S7-200 系列 PLC 的存储器区域

在探讨 PLC 的指令系统之前，需要先了解 S7-200 PLC 的数据类型和存储方式。

5.2.1　数据存储区的地址表示格式

S7-200 PLC 的指令参数所用的基本数据类型有 1 位布尔型(BOOL)、8 位字节型(BYTE)、16 位无符号整数(WORD)、16 位有符号整数(INT)、32 位无符号双字整数(DWORD)、32 位有符号双字整数(DINT)和 32 位实数型(REAL)。

CPU 存储器中存放的数据类型可分为 BOOL、BYTE、WORD、INT、DWORD、DINT、REAL。不同的数据类型具有不同的数据长度和数值范围。在上述数据类型中，可用字节(B)型、字(W)型、双字(D)型分别表示 8 位、16 位、32 位数据的数据长度。

存储器是由许多存储单元组成的，每个存储单元都有唯一的地址，可以依据存储器地址来存取数据。数据区存储器地址的表示格式有位、字节、字、双字地址格式和其他地址格式。

(1) 位地址格式。

数据区存储器区域的某一位的地址由[存储区域标识符][字节地址].[位号]组成，格式为 Ax.y，如 I4.5。

图 5-12 中黑色标记的位地址表示 I4.5。I 是存储区域标识符，4 是字节地址，5 是位号，在字节地址 4 与位号 5 之间用间隔符号"."隔开。一般用 MSB 表示最高位，用 LSB 表示最低位。

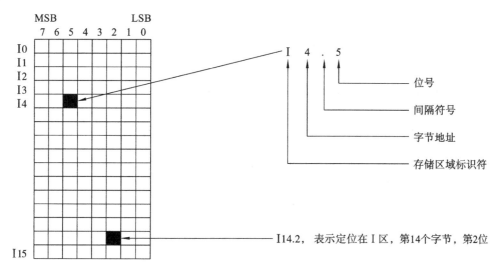

图 5-12　位地址格式

（2）字节、字、双字地址格式。

数据区存储器区域的字节、字、双字地址由［存储区域标识符］［数据长度］［字节地址］组成。

格式：ATx；

示例：VB100、VW100、VD100。

如图 5-13 所示，VW100 由 VB100、VB101 两个字节组成；VD100 由 VB100～VB103 四个字节组成。

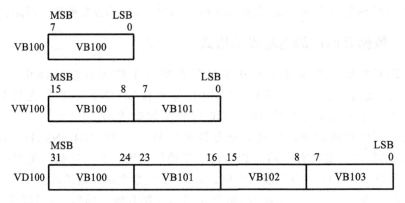

图 5-13　字节、字、双字地址格式

（3）其他地址格式。

数据区存储器区域还包括定时器（T）、计数器（C）、累加器（AC）和高速计数器（HC）等，它们用于模拟相关的电器元件。它们的地址由存储区域标识符和元件号组成，格式为 Ay，如 T24。

S7-200 PLC 的寻址方式有立即寻址、直接寻址和间接寻址三种方式。

5.2.2　数据的存储区域

各种类型的数据存放在数据区。数据区是 S7-200 CPU 提供的存储器（EEPROM 或 RAM）的特定区域，是用户程序执行过程中的内部工作区域，用于存储输入、输出数据。

数据的存储区域包括输入映像寄存器（I）、输出映像寄存器（Q）、内部标志位存储器（M）、变量存储器（V）、局部存储器（L）、顺序控制继电器存储器（S）、定时器（T）、计数器（C）、模拟量输入映像寄存器（AI）、模拟量输出映像寄存器（AQ）、累加器（AC）、特殊标志位存储器（SM）等。

（1）输入映像寄存器（I）。

输入端子是 PLC 从外部接收输入信号的窗口。每一个输入端子与输入映像寄存器的特定位相对应。

在每次扫描周期开始（或结束）时对输入点的状态进行采样，并将采样值存于输入映像寄存器，作为程序处理时输入点状态的依据。

输入映像寄存器的状态只能由外部输入信号驱动，而不能在内部由程序指令来改变。

位地址格式：I［字节地址］.［位地址］；

示例：I0.1（注意位地址用"."隔开）。

字节、字、双字地址格式：I［数据长度］［起始字节地址］；

示例：IB4、IW6、ID10。

CPU226 模块输入映像寄存器的有效地址范围为 I(0.0~15.7)共 128 点；IB(0~15)共 16 个字节；IW(0~14)共 8 个字；ID(0~12)共 4 个双字。

（2）输出映像寄存器（Q）。

输出端子与输出映像寄存器的特定位相对应。CPU 将输出判断结果存放在输出映像寄存器中，在扫描周期的结尾，以批处理方式将输出映像寄存器的数值复制到相应的输出端子上，通过输出模块将输出信号传送给外部负载。

位地址格式：Q[字节地址].[位地址]；

示例：Q1.1。

字节、字、双字地址格式：Q[数据长度][起始字节地址]；

示例：QB5、QW8、QD11。

CPU226 模块输出映像寄存器的有效地址范围为 Q(0.0~15.7)共 128 点；QB(0~15)共 16 个字节；QW(0~14)共 8 个字；QD(0~12)共 4 个双字。

I/O 映像区实际上就是外部输入、输出设备状态的映像区，PLC 通过 I/O 映像区的各个位与外部物理设备建立联系。I/O 映像区的每个位都可以映像输入、输出单元上的每个端子状态。

PLC 执行程序时，对输入或输出的存取通常通过映像寄存器，而不通过实际的输入、输出端子。

（3）内部标志位存储器（M）。

内部标志位存储器是 S7-200 CPU 为保存标志位数据而建立的一个存储区。它存放中间操作状态，或存储其他相关的数据。内部标志位存储器以位为单位使用，也可以字节、字、双字为单位使用。

位地址格式：M[字节地址].[位地址]；

示例：M26.7。

字节、字、双字地址格式：M[数据长度][起始字节地址]；

示例：MB11、MW23、MD26。

CPU226 模块内部标志位存储器的有效地址范围为 M(0.0~31.7)共 256 点；MB(0~31)共 32 个字节；MW(0~30)共 16 个字；MD(0~28)共 8 个双字。

（4）变量存储器（V）。

在 PLC 程序的执行过程中，会有一些设定值或中间数据等。变量存储器就是用来存放全局变量、中间结果或其他相关的数据的。变量存储器是全局有效的。全局有效是指同一个存储器可以在任一程序分区（主程序、子程序、中断程序）被访问。

位地址格式：V[字节地址].[位地址]；

示例：V10.2。

字节、字、双字地址格式：V[数据长度][起始字节地址]；

示例：VB20、VW100、VD320。

CPU226 模块变量存储器的有效地址范围为 V(0.0~5119.7)共 40969 点；VB(0~5119)共 5120 个字节；VW(0~5118)共 2560 个字；VD(0~5116)共 1280 个双字。

（5）局部存储器（L）。

局部存储器用来存放局部变量。局部存储器是局部有效的，局部有效是指某一局部存储器只能在某一程序分区(主程序、子程序、中断程序)中使用。局部存储器可用作暂时存储器或为子程序传递参数。

位地址格式:L[字节地址].[位地址];

示例:L0.0。

字节、字、双字地址格式:L[数据长度][起始字节地址];

示例:LB33、LW44、LD55。

CPU226 模块局部存储器的有效地址范围为 L(0.0～63.7);LB(0～63);LW(0～62);LD(0～60)。

(6) 顺序控制继电器存储器(S)。

顺序控制继电器存储器用于顺序控制(或步进控制)。

位地址格式:S[字节地址].[位地址];

示例:S3.1。

字节、字、双字地址格式:S[数据长度][起始字节地址];

示例:SB4、SW10、SD21。

CPU226 模块顺序控制继电器存储器的有效地址范围为 S(0.0～31.7);SB(0～31);SW(0～30);SD(0～28)。

(7) 定时器(T)。

定时器相当于继电器控制系统中的时间继电器。S7-200 PLC 定时器的时基有三种:1 ms、10 ms 和 100 ms。通常定时器的设定值由程序赋予,需要时也可在外部设定。

格式:T[定时器号];

示例:T24。

S7-200 PLC 定时器的有效地址范围为 T(0～255)。

(8) 计数器(C)。

计数器累计其计数输入端脉冲电平由低到高变化的次数,有三种类型:增计数器、减计数器和增减计数器。通常计数器的设定值由程序赋予,需要时也可在外部设定。

格式:C[计数器号];

示例:C3。

S7-200 PLC 计数器的有效地址范围为 C(0～255)。

(9) 模拟量输入映像寄存器(AI)。

模拟量输入模块将外部输入的模拟信号的模拟量转换成 1 个字长的数字量,存放在模拟量输入映像寄存器中,供 CPU 运算处理。模拟量输入值为只读值。

格式:AIW[起始字节地址];

示例:AIW4。

模拟量输入映像寄存器的有效地址范围为 AIW(0～62)。

(10) 模拟量输出映像寄存器(AQ)。

CPU 运算的相关结果存放在模拟量输出映像寄存器中,供数模转换器将 1 个字长的数字量转换为模拟量,以驱动外部模拟量控制的设备。模拟量输出映像寄存器中的数字量为只写值。

格式:AQW[起始字节地址];

示例:AQW10。

模拟量输出映像寄存器的有效地址范围为 AQW(0～62)。

(11) 累加器(AC)。

累加器是用来暂时存储计算中间值的存储器,也可向子程序传递参数或返回参数。S7-200 CPU 提供了 4 个 32 位累加器(AC0、AC1、AC2、AC3)。

格式:AC[累加器号];

示例:AC0。

CPU226 模块累加器的有效地址范围为 AC(0～3)。

(12) 特殊标志位存储器(SM)。

特殊标志位即特殊内部线圈。它是用户程序与系统程序之间的界面,为用户提供一些特殊的控制功能及系统信息,用户对操作的一些特殊要求也通过特殊标志位通知系统。特殊标志位区域分为只读区域(SM0.0～SM29.7,头 30 个字节为只读区)和可读写区域,在只读区特殊标志位,用户只能利用其触头。SM 区是基于位存取的,但也可以按字节、字、双字来存取数据。

位地址格式:SM[字节地址].[位地址];

示例:SM0.1。

字节、字、双字地址格式:SM[数据长度][起始字节地址];

示例:SMB86、SMW100、SMD12。

CPU226 模块特殊标志位存储器的有效地址范围为 SM(0.0～549.7);SMB(0～549);SMW(0～548);SMD(0～546)。

5.3　S7-200 系列 PLC 的基本指令

语句指令(STL)由一个操作码和一个操作数组成,如 A I1.0。梯形逻辑指令(LAD)用图形元素表示 PLC 要完成的操作,如图 5-14 所示。

操作数由操作数标识符和参数组成。操作数标识符由主标识符和辅助标识符组成。主标识符有:I、Q、V、M、T、C、AC、SM、L、AI、AQ 等。辅助标识符有:X、B、W、D。

操作数的表示法有物理地址(绝对地址)表示法和符号地址表示法。

寻址方式有 CPU 存储区域的间接寻址和直接寻址两种方式。其中直接寻址包括位寻址格式、特殊器件的寻址格式,以及字节、字和双字的寻址格式。

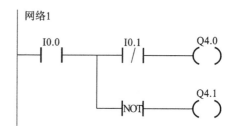

图 5-14　梯形逻辑指令

基本指令主要包括触点指令、线圈指令、RS 触发器指令、逻辑堆栈指令、定时器指令和计数器指令。

5.3.1　触点指令

1) 标准触点指令

标准触点指令包括常开触点和常闭触点指令。标准触点指令从存储器中得到参考值,在逻辑堆栈中对存储器地址位进行操作。图 5-15 所示为标准触点指令在梯形图中的表示符号。

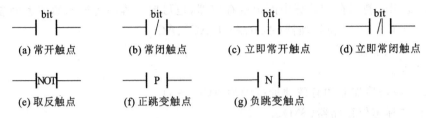

(a) 常开触点   (b) 常闭触点   (c) 立即常开触点   (d) 立即常闭触点

(e) 取反触点   (f) 正跳变触点   (g) 负跳变触点

图 5-15　标准触点指令在梯形图中的表示符号

(1) 装载常开触点指令(load,LD):左母线开始的单一逻辑行、程序块开始的输入端必须使用 LD 或 LDN。

格式:LD bit;

示例:LD I0.7。

(2) 装载常闭触点指令(load not,LDN):每个以常闭触点开始的逻辑行使用。

格式:LDN bit;

示例:LDN I0.1。

(3) 与常开触点指令(and,A):串联一个常开触点指令。

格式:A bit;

示例:A M2.3。

(4) 与常闭触点指令(and not,AN):串联一个常闭触点指令。

格式:AN bit;

示例:AN M2.4。

(5) 或常开触点指令(or,O):并联一个常开触点指令。

格式:O bit;

示例:O M2.5。

(6) 或常闭触点指令(or not,ON):并联一个常闭触点指令。

格式:ON bit;

示例:ON M2.6。

例 5-1　一个带自锁功能的电动机启停控制线路,其中启动按钮和停止按钮分别接 I0.0、I0.1 输入端子,电动机线圈接输出端子 Q0.1。控制梯形图与指令表如图 5-16 所示。

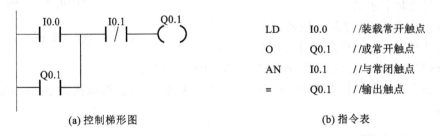

(a) 控制梯形图   (b) 指令表

图 5-16　标准触点指令的应用

2) 立即触点指令

立即触点的刷新并不依赖于 CPU 的扫描周期,它会立即刷新。在程序执行过程中,常开立即触点指令(LDI、AI、OI)和常闭立即触点指令(LDNI、ANI、ONI)立即得到物理输入值,但过程映像寄存器并不刷新,指令中“I”表示“立即”的意思。只有输入继电器 I 和输出继电器 Q 才能使用立即触点指令。

以 LDI 为例对立即触点指令的格式进行简单介绍。

格式:LDI bit;

示例:LDI I0.7。

3) 取、反指令

取、反指令在梯形图中用来改变“能流”的输入状态,即将栈顶值由 0 变为 1,或者由 1 变为 0。

格式:NOT(NOT 指令无操作数)。

4) 正、负跳变指令。

正、负跳变指令在梯形图中以触点形式被使用。用于检测脉冲的正跳变(上升沿)或负跳变(下降沿),利用跳变让能流接通一个扫描周期。

正跳变指令一旦发现有正跳变发生,应将栈顶值置为 1,否则置为 0。

格式:EU(无操作数)。

负跳变指令一旦发现有负跳变发生,应将栈顶值置为 1,否则置为 0。

格式:ED(无操作数)。

5.3.2 线圈指令

线圈指令在梯形图中的表示符号如图 5-17 所示。

1) 标准输出线圈指令(=)

标准输出线圈指令将新值写入物理输出点的过程映像寄存器。当该指令执行时,输出过程映像寄存器中的位被接通或者断开。

格式:= bit;

示例:= Q0.5。

例 5-2 一个按键开关的一组动合触头接 PLC 的 I0.2 输入端子,两指示灯分别接 Q0.0、Q0.1 两个输出端子。要求:当按下按键开关时 Q0.0 灯亮,未按下按键开关时 Q0.1 灯亮。控制梯形图与指令表如图 5-18 所示。

bit
I
S
N
R
SI
RI
(a) 标准输出线圈
(b) 立即输出线圈
(c) 置位线圈
(d) 复位线圈
(e) 立即置位线圈
(f) 立即复位线圈

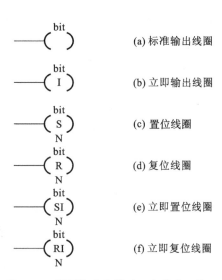

图 5-17 线圈指令在梯形图中的表示符号

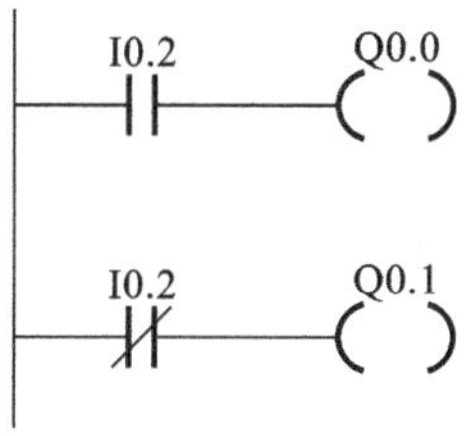

I0.2
Q0.0
I0.2
Q0.1

(a) 控制梯形图

LD	I0.2
=	Q0.0
LDN	I0.2
=	Q0.1

(b) 指令表

图 5-18 标准输出线圈指令的应用

2）立即输出线圈指令（＝I）

立即输出线圈指令将新值同时写入物理输出点和相应的过程映像寄存器。

格式：＝I bit；

示例：＝I Q0.3。

3）置位线圈指令（S）和复位线圈指令（R）

执行置位线圈指令和复位线圈指令时，将从指定地址开始的 N 个物理输出点置位或者复位，可以一次置位或者复位 1～255 个点。如果复位线圈指令指定的是定时器（T）或者计数器（C），该指令不但服务定时器或者计数器，而且清除它们的当前值。

置位线圈指令的格式及示例如下。

格式：S bit，N；

示例：S Q0.3,1。

复位线圈指令的格式及示例如下。

格式：R bit，N；

示例：R Q0.1,2。

4）立即置位线圈指令（SI）和立即复位线圈指令（RI）

立即置位线圈指令和立即复位线圈指令将从指定地址开始的 N 个物理输出点立即置位或者立即复位，可以一次立即置位或者立即复位 1～128 个点。当指令执行时，新值会同时被写入物理输出点和相应的过程映像寄存器。这一点不同于非立即指令，其只把新值写入过程映像寄存器。

立即置位线圈指令的格式及示例如下。

格式：SI bit，N；

示例：SI Q0.1,2。

立即复位线圈指令的格式及示例如下。

格式：RI bit，N；

示例：RI Q0.4,1。

5.3.3 RS 触发器指令

RS 触发器梯形图方块指令表示如表 5-2 所示，梯形图中标有一个置位输入端（S）、一个复位输入端（R），输出端为 OUT。如果置位输入为 1，则触发器被置位。置位后，即使置位输入为 0，触发器也保持置位不变。如果复位输入为 1，则触发器被复位。复位后，即使复位输入为 0，触发器也保持复位不变。

RS 触发器分为置位优先型和复位优先型两种。置位优先型 RS 触发器置位端为 S，复位端为 R1，当两个输入端都为 1 时，置位输入优先，触发器或被置位或者保持置位不变。复位优先型 RS 触发器置位端为 S1，复位端为 R，当两个输入端都为 1 时，复位输入优先，触发器或被复位或者保持复位不变。

5.3.4 逻辑堆栈指令

逻辑堆栈指令主要用来描述对触点进行的复杂连接，还可以实现对逻辑堆栈的复杂操作。

表 5-2 RS 触发器梯形图方块指令表示

类　型	梯形图符号	数据类型	操　作　数	指　令　功　能
复位优先型 RS 触发器	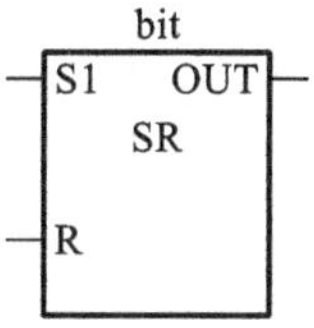 bit S1　OUT SR R			当置位信号和复位信号都有效时，置位信号优先，输出线圈不接通
		BOOL	Q、M、SM、T、C、V、S、L	
置位优先型 RS 触发器	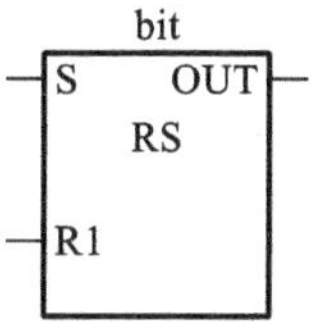 bit S　OUT RS R1			当置位信号和复位信号都有效时，置位信号优先，输出线圈接通

（1）栈装载与指令。

栈装载与指令（ALD）采用逻辑 AND（与）操作将堆栈第一级和第二级中的数值作"与"操作，并将结果载入堆栈顶部。执行 ALD 后，堆栈深度减 1。在梯形图中，该指令用于将并联电路块串联起来。

（2）栈装载或指令。

栈装载或指令（OLD）采用逻辑 OR（或）操作将堆栈第一级和第二级中的数值作"或"操作，并将结果载入堆栈顶部，执行 OLD 后，堆栈深度减 1。在梯形图中，该指令用于将串联电路块并联起来。

（3）逻辑进栈指令。

逻辑进栈指令（LPS）复制堆栈顶值并使该数值进栈，堆栈底值被推出并丢失。在梯形图的分支结构中，该指令用于生成一条新母线，左侧为主控逻辑块时，第一个完整的从逻辑行从此处开始。

（4）逻辑出栈指令。

逻辑出栈指令（LPP）使堆栈中各层的数据依次向上移动一层，第二层的数据成为堆栈新顶值，栈顶原来的数据从栈内消失。在梯形图中，该指令用于对 LPS 指令生成的一条新的母线进行恢复。

（5）逻辑读栈指令。

逻辑读栈指令（LRD）将堆栈中第二层数据复制到栈顶。不执行进栈或出栈，但旧的堆栈顶值被复制破坏。在梯形图的分支结构中，当左侧为主控逻辑块时，第二个和后边更多的从逻辑块从此处开始。

（6）载入堆栈指令。

载入堆栈指令（LDS）复制堆栈内第 n 层的值到栈顶。堆栈中原来的数值依次向下一层推移，堆栈底值被推出并丢失。

5.3.5　定时器指令

S7-200 PLC 的定时器为增量型定时器，用于实现时间控制，可以按照工作方式和时间基准分类。按照工作方式，定时器可分为通电延时型（TON）、有记忆的通电延时型

（TONR）、断电延时型（TOF）三种类型。按照分辨率（时间基准），定时器可分为 1 ms、10 ms、100 ms 三种类型。分辨率是指定时器中能够区分的最小时间增量，即精度。

定时器具体的定时时间 T 由预置值 PT 和分辨率的乘积决定。例如，设置预置值 PT＝1000，选用的定时器的分辨率为 10 ms，则定时时间 T＝10 ms×1 000＝10 s。

（1）通电延时型定时器指令的格式及示例如下，该定时器如图 5-19 所示。

格式：TON Txxx，PT；

示例：TON T35，＋4。

（2）有记忆的通电延时型定时器指令的格式及示例如下，该定时器如图 5-20 所示。

格式：TONR Txxx，PT；

示例：TONR T2，＋10。

（3）断电延时型定时器指令的格式及示例如下，该定时器如图 5-21 所示。

格式：TOF Txxx，PT；

示例：TOF T36，＋3。

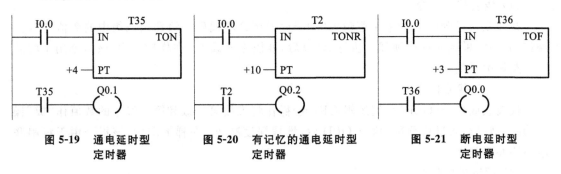

图 5-19 通电延时型定时器　　图 5-20 有记忆的通电延时型定时器　　图 5-21 断电延时型定时器

5.3.6 计数器指令

定时器对时间的计量是通过对 PLC 内部时钟脉冲进行计数实现的。计数器的运行原理和定时器的基本相同，只是计数器是对外部或内部由程序产生的计数脉冲进行计数的。在运行时，首先为计数器设置预置值 PV，计数器检测输入端信号的正跳变个数，当计数器当前值与预置值相等时，计数器发生动作，完成相应控制任务。

S7-200 PLC 提供了 3 种类型的计数器：增计数器（CTU）、增/减计数器（CTUD）和减计数器（CTD），共 256 个。

计数器编号由计数器名称和常数（0～255）组成，表示方法为 Cn，如 C8。3 种计数器使用同样的编号，所以在使用中要注意：同一个程序中每个计数器编号只能出现一次。

计数器编号包括两个变量信息：计数器当前值和计数器位。计数器当前值用于存储计数器当前所累计的脉冲数。它是一个 16 位的存储器，存储 16 位带符号的整数，最大计数值为 32767。

对于增计数器来说，当计数器的当前值大于或等于预置值时，该计数器位被置为 1，即所对应的计数器触点闭合；对于减计数器来说，当计数器当前值减为 0 时，该计数器位被置为 1。

（1）增计数器指令的格式及示例如下，该计数器如图 5-22 所示。

格式：CTU Cxxx，PV；

示例：CTU C30，＋4。

（2）减计数器指令的格式及示例如下，该计数器如图 5-23 所示。

格式：CTD Cxxx，PV；

示例：CTD C40，+6。

（3）增/减计数器指令的格式及示例如下，该计数器如图 5-24 所示。

格式：CTUD Cxxx，PV；

示例：CTUD C30，+6。

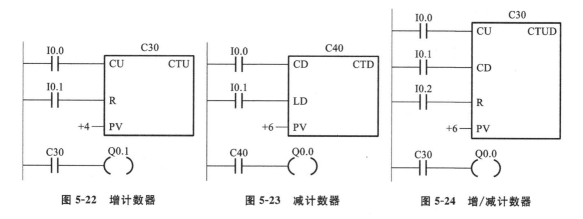

图 5-22 增计数器   图 5-23 减计数器   图 5-24 增/减计数器

5.4 S7-200 系列 PLC 的功能指令

功能指令又称为应用指令，其种类繁多，主要包括移位指令、比较指令、数字运算指令、数据传送指令、逻辑操作指令、表指令、转换指令、中断指令及高速处理指令等。本节重点介绍前四类指令，其他功能指令请参考 S7-200 相关手册。

5.4.1 移位指令

移位指令是对无符号数进行操作，移位时只需考虑要移位的存储单元的每一位数字状态，而不用管数据的值的大小。

1）常规移位

常规移位可分为左移和右移。根据所移位数的长度的不同，左移和右移又可分为字节型（SLB、SRB）、字型（SLW、SRW）、双字型（SLD、SRD）三种类型。它们的名称不同，其他部分基本相同。

以字节型左移（SLB）为例进行说明，L 代表左移，B 代表字节型。

格式：SLB OUT，N；

示例：SLB MB0，3。

如果地址 MB0 处的字节数据为 10000101，则经过三次左移后，三个零去掉，右端三位数字补零，得到地址 MB0 处的字节数据为 10101000。图 5-25 所示为字节型左移指令符号。

2）循环移位

常规移位移出的部分离开原生地址，而循环移位将移出的部分填充到 OUT 存储单元中。循环移位可分为循环左移和循环右移。循环左移和循环右移又可分为字节型（RLB、RRB）、字型（RLW、RRW）、双字型（RLD、RRD）三种类型。

以字型循环右移(RRW)为例进行说明,第一个 R 代表循环移位,第二个 R 代表右移,W 代表字型。

格式:RRW OUT,N;

示例:RRW LW0,3。

如果地址 LW0 处的字节数据为 1011010100110110,则经过三次右移后,右端三位数字依次移到 LW0 的左端,得到地址 MB0 处的字节数据为 1101011010100110。图 5-26 所示为字型循环右移指令符号。

3) 移位寄存器指令

移位寄存器指令(SHRB)符号如图 5-27 所示,它在梯形图中有 3 个数据输入端:DATA 为数值输入,S_BIT 为移位寄存器的最低位端,N 指定移位寄存器的长度。

每次使能输入有效时,整个移位寄存器移动 1 位。

格式:SHRB DATA,S_BIT,N;

示例:SHRB I0.5,V20.0,5。

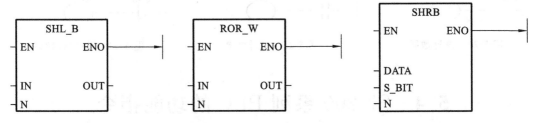

图 5-25 字节型左移指令符号　　图 5-26 字型循环右移指令符号　　图 5-27 移位寄存器指令符号

5.4.2 比较指令

比较指令用于比较两个有符号数或无符号数的大小,包括字节比较、整数比较、双字整数比较和实数比较 4 种类型。

采用的比较运算符有 6 种,即＝、＞＝、＜＝、＞、＜和＜＞。

1) 字节比较指令

字节比较指令用于比较两个无符号字节型整数的大小,比较式由 LDB、AB 或 OB 和比较运算符构成。所比较的整数的寻址范围包括 VB、IB、QB、MB、SB、SMB、LB、＊VD、＊AC、＊LD 和常数。

指令格式:LDB＝ VB11,VB12。

2) 整数比较指令

整数比较指令用于比较两个有符号整数的大小,比较式由 LDW、AW 或 OW 和比较运算符构成。整数 IN1 和 IN2 的寻址范围为:VW、IW、QW、MW、SW、SMW、LW、AIW、T、C、AC、＊VD、＊AC、＊LD 和常数。

指令格式:AW＜＞ MW2,MW4。

3) 双字整数比较指令

双字整数比较指令用于比较两个有符号双字整数的大小,比较式由 LDD、AD 或 OD 和比较运算符构成。双字整数 IN1 和 IN2 的寻址范围为:VD、ID、QD、MD、SD、SMD、LD、HC、AC、＊VD、＊AC、＊LD 和常数。

指令格式:OD<= AC0,1860。

4）实数比较指令

实数比较指令用于比较两个有符号双字实数的大小,比较式由 LDR、AR 或 OR 和比较运算符构成。整数 IN1 和 IN2 的寻址范围为:VD、ID、QD、MD、SD、SMD、LD、AC、* VD、* AC、*LD 和常数。

指令格式:LDR= VD15,VD18。

5.4.3　数学运算指令

1）加法运算指令

加法运算指令是对有符号数进行相加的操作,包括整数加法(+I)、双整数加法(+D)和实数加法(+R)三种类型。

整数加法运算指令如图 5-28 所示,当使能输入有效时,可将两个单字长(16 位)的符号整数 IN1 和 IN2 相加,产生一个 16 位整数结果 OUT。

在梯形图中,加法运算指令执行以下运算:IN1+IN2→OUT。IN1 和 IN2 的寻址范围为:VW、IW、QW、MW、SW、SMW、LW、AIW、T、C、AC、* AC、* VD、*LD和常量。OUT 的寻址范围为:VW、IW、QW、MW、SW、SMW、LW、T、C、AC、* AC、* VD、* LD。

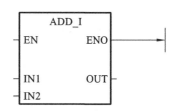

图 5-28　整数加法运算指令

在图 5-29 中,整数加法运算指令中 IN2(VW2)与 OUT(VW4)不共用同一地址单元。操作时,先用 MOVW 指令将 IN1 传送到 OUT,再执行整数加法操作。

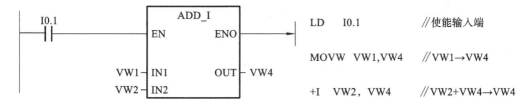

图 5-29　整数加法示例

双整数加法运算指令和实数加法运算指令与整数加法运算指令类似。当使能输入端 EN 有效时,双整数加法运算指令可将两个双字长(32 位)的符号整数 IN1 和 IN2 相加,产生一个 32 位整数结果 OUT。当使能输入端 EN 有效时,实数加法运算指令可将两个双字长 (32 位)的实数 IN1 和 IN2 相加,产生一个 32 位整数结果 OUT。

2）减法运算指令

与加法运算指令相对应,减法指令是对有符号数进行相减的操作,包括整数减法(−I)、双整数减法(−D)和实数减法(−R)三种类型。

整数减法运算指令如图 5-30 所示,整数减法示例如图 5-31 所示。

在梯形图中,执行以下运算:IN1−IN2→OUT。

指令格式:−I　　IN2,OUT　//整数减法,OUT−IN2→OUT

　　　　　−D　　IN2,OUT　//双整数减法

　　　　　−R　　IN2,OUT　//实数减法

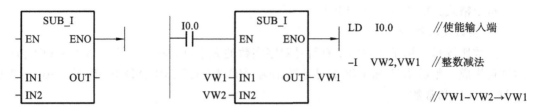

图 5-30　整数减法运算指令　　　　　　　　图 5-31　整数减法示例

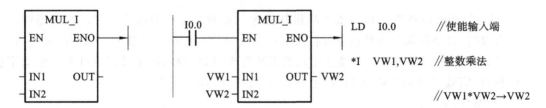

图 5-32　除法运算指令

3）除法运算指令

除法运算指令是对有符号数进行相除的操作，包括整数除法、双整数除法和实数除法三种类型。

除法运算指令如图 5-32 所示。

在梯形图中，执行运算：IN1/IN2→OUT。在语句表中，通常将 IN1 与 OUT 共用一个地址单元，执行运算：OUT/IN2→OUT。

指令格式：/I　　IN2，OUT　　//整数除法，OUT/IN2→OUT。

　　　　　/D　　IN2，OUT　　//双整数除法

　　　　　/R　　IN2，OUT　　//实数除法

4）乘法运算指令

乘法运算指令是对有符号数进行相乘的操作，包括整数乘法（＊I）、完全整数乘法（MUL）、双整数乘法（＊D）和实数乘法（＊R）四种类型。

整数乘法运算指令如图 5-33 所示，当使能输入端 EN 有效时，将两个单字长（16 位）的符号整数 IN1 和 IN2 相乘，产生一个 16 位整数结果 OUT。

在梯形图中，执行运算：IN1＊IN2→OUT。在语句表中，执行运算：IN1＊OUT→OUT。

IN1 和 IN2 的寻址范围为：VW、IW、QW、MW、SW、SMW、LW、AIW、T、C、AC、＊AC、＊VD、＊LD 和常量。OUT 的寻址范围为：VW、IW、QW、MW、SW、SMW、LW、T、C、AC、＊VD、＊LD、＊AC。

整数乘法示例如图 5-34 所示。

图 5-33　整数乘法运算指令　　　　　　　　图 5-34　整数乘法示例

当使能输入端 EN 有效时，双整数乘法运算指令将两个双字长（32 位）的符号整数 IN1 和 IN2 相乘，产生一个 32 位整数结果 OUT。当使能输入端 EN 有效时，完全整数乘法运算指令将两个单字长（16 位）的符号整数 IN1 和 IN2 相乘，产生一个 32 位双整数结果 OUT。当使能输入端 EN 有效时，实数乘法运算指令将两个双字长（32 位）的符号整数 IN1 和 IN2 相乘，产生一个 32 位整数结果 OUT。

5）数学函数指令

数学函数指令用于完成特定的数学运算功能，主要包括平方根（SQRT）、自然对数（LN）、指数（EXP）、三角函数（SIN、COS、TAN）等几个常用的函数指令。

平方根指令如图 5-35 所示，它将一个双字长（32 位）的实数 IN 开方，得到 32 位的实数结果 OUT，即 $\sqrt{IN}=OUT$。

在梯形图中，执行运算：SQRT(IN)→OUT。在语句表中，执行运算：SQRT(IN)→OUT。

指令格式：SQRT IN,OUT。其他语句的指令格式与此类似，如：SIN IN,OUT。

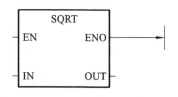

图 5-35 平方根指令

数学函数指令中的 IN 寻址范围为：VD、ID、QD、MD、SMD、SD、LD、AC、* VD、* LD、* AC 和常量。OUT 的寻址范围为：VD、ID、QD、MD、SMD、SD、LD、AC、* VD、* LD、* AC。

6）增减指令

增减指令用于对无符号或有符号整数进行自动加 1 或减 1 的操作，数据类型有字节、字、双字三种类型。

当使能输入端 EN 有效时，字节型增减指令（INCB，DECB）把一字节长的无符号输入数 IN 加 1 或减 1，得到一字节长的无符号输出结果 OUT。

在梯形图中，执行运算：IN＋1→OUT 和 IN－1→OUT。在语句表中，执行运算：OUT＋1→OUT 和 OUT－1→OUT。

指令格式：INCB   OUT

          DECB   OUT

字型增减指令（INCW，DECW）的格式如下。

指令格式：INCW   OUT

          DECW   OUT

双字型增减指令（INCD，DECD）的格式如下。

指令格式：INCD   OUT

          DECD   OUT

5.4.4 数据传送指令

传送类指令可把单个或多个数据（IN）传送到输出端，传送过程不改变数据原值。按照一次所传送的数据的个数，传送类指令可分为单一传送指令和块传送指令两种类型。

1）单一传送指令

单一传送指令用来完成一个数据的传送，数据类型可以是字节、字、双字和实数。

字节型传送指令如图 5-36 所示，当使能输入端 EN 有效时，该指令把一个单字节无符号数据传送到输出端所指的字节存储单元。

在图 5-37 中，当 I0.0 接通时，字节型传送指令将数据 255 传给 VB2。传送后，VB2＝255，此后即使 I0.0 断开，VB2 保存的数据也不会变。

在梯形图中，执行运算：IN→OUT。在语句表中，执行运算：IN→OUT。

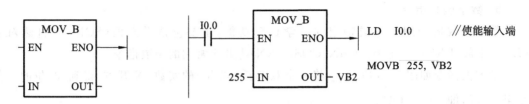

图 5-36　字节型传送指令　　　　　　　图 5-37　字节型传送示例

字节型传送指令(MOVB)的格式:MOVB　IN,OUT。

IN 的寻址范围为 VB、IB、QB、MB、SB、SMB、LB 及常量。OUT 的寻址范围为 VB、IB、QB、MB、SB、SMB、LB、AC。

字型传送指令(MOVW)的格式:MOVW　IN,OUT。

双字型传送指令(MOVD)的格式:MOVD　IN,OUT。

实数型传送指令(MOVR)的格式:MOVR　IN,OUT。

2) 块传送指令

块传送指令可将从地址 IN 开始的 N(1~255)个数据传送到从地址 OUT 开始的 N(1~255)个单元,数据块类型可以是字节块、字块和双字块。

字节块型传送指令如图 5-38 所示,当使能输入端 EN 有效时,该指令把从输入字节 IN 开始的 N 个字节型数据传送到从 OUT 开始的 N 个字节存储单元。图 5-39 所示为字节块型传送示例。

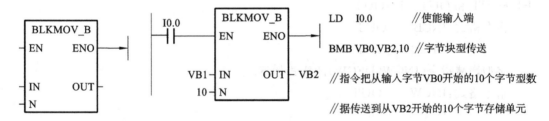

图 5-38　字节块型传送指令　　　　　　图 5-39　字节块型传送示例

字节块型传送指令(BMB)的格式:BMB　IN,OUT,N。

IN 的寻址范围为:VB、IB、QB、MB、SB、SMB、LB、* VD、* AC、* LD。OUT 的寻址范围为:VB、IB、QB、MB、SB、SMB、LB、* VD、* AC、* LD。

字块型传送指令(BMW)的格式:BMW　IN,OUT,N。

双字块型传送指令(BMD)的格式:BMD　IN,OUT,N。

5.5　PLC 系统设计应用案例

5.5.1　交通信号灯的 PLC 控制

十字路口交通灯控制系统的信号灯分东西、南北两组,有"红""黄""绿"三种颜色。东西和南北方向的红灯、黄灯、绿灯同时动作,如图 5-40 所示。

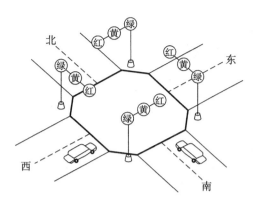

图 5-40 交通信号灯示意图

1）控制要求

两个方向的灯点亮完成周期要 50 s。当系统工作时，首先南北方向红灯亮 25 s，东西方向绿灯亮 20 s，黄灯亮 5 s；然后东西方向红灯亮 25 s，南北方向绿灯亮 20 s，黄灯亮 5 s，并不断循环反复。十字路口交通信号灯运行规律如表 5-3 所示。

表 5-3 十字路口交通信号灯运行规律

南北方向	类别	绿灯	黄灯	红灯	
	时间	20 s	5 s	25 s	
东西方向	类别	红灯		绿灯	黄灯
	时间	25 s		20 s	5 s

2）I/O 地址分配表

根据控制要求，在进行任务分析后，对输入量、输出量进行分配，启动按钮设为 I0.0，停止按钮设为 I0.1。南北红灯、南北绿灯、南北黄灯、东西红灯、东西绿灯和东西黄灯分别设为 Q0.0～Q0.5，具体如表 5-4 所示。

表 5-4 I/O 地址分配表

输入信号（IN）		输出信号（OUT）	
功能	输入点	功能	输出点
启动按钮	I0.0	南北红灯	Q0.0
停止按钮	I0.1	南北绿灯	Q0.1
		南北黄灯	Q0.2
		东西红灯	Q0.3
		东西绿灯	Q0.4
		东西黄灯	Q0.5

3）I/O 接线图

十字路口交通信号灯 PLC 控制的 I/O 接线图如图 5-41 所示。

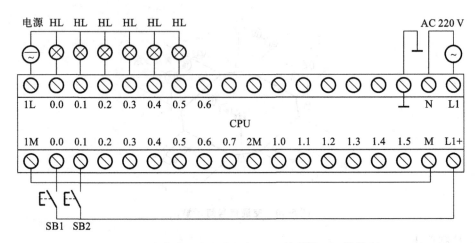

图 5-41 十字路口交通信号灯 PLC 控制的 I/O 接线图

4) 程序编制

根据控制要求及交通信号灯时序图设计程序,选用 S7-200 的 CPU224 模块控制交通信号灯。用基本逻辑指令设计的信号灯控制梯形图如图 5-42 所示。

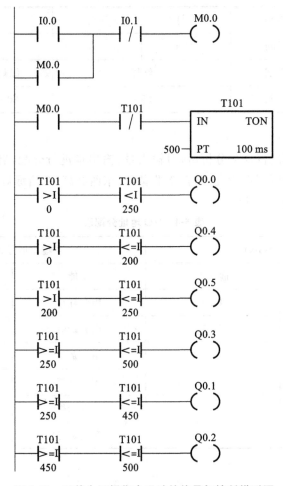

图 5-42 用基本逻辑指令设计的信号灯控制梯形图

需要说明的是,T101 为通电延时型定时器,定时器每隔 100 ms 刷新一次,预置值 PT 为 500,一个周期为 50 s,如果 I0.0 得电,则在此周期内有:

(1) $0 < t < 25$,Q0.0 接通,南北红灯亮;

(2) $0 < t < 20$,Q0.4 接通,东西绿灯亮;

(3) $20 < t < 25$,Q0.5 接通,东西黄灯亮;

(4) $25 < t < 50$,Q0.3 接通,东西红灯亮;

(5) $25 < t < 45$,Q0.1 接通,南北绿灯亮;

(6) $45 < t < 50$,Q0.2 接通,南北黄灯亮。

5.5.2 电机正反转控制

三相异步电机的正反转可以通过继电器控制实现,电机正反转控制电路如图 5-43 所示。分别接通主回路中的 KM1 和 KM2 主触点,就可实现三相电源的两相对调。

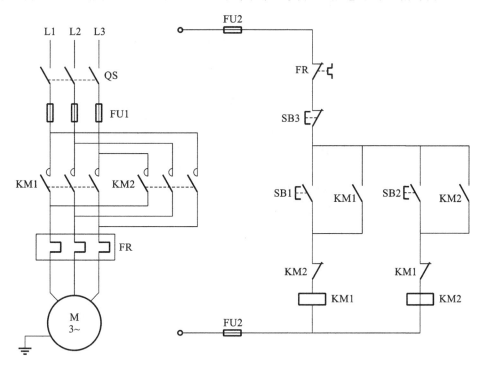

图 5-43 电机正反转控制电路

1) 控制要求

正向启动过程中,按下启动按钮 SB1,KM1 得电,KM1 主触点在自锁的作用下持续闭合,电机连续正向运转,同时 KM2 在互锁的作用下无法得电。

停止过程中,按下停止按钮 SB3,KM1 断电,KM1 主触点断开,电机停转。

反向启动过程中,按下启动按钮 SB2,KM2 主触点在自锁作用下持续闭合,电机反向运转,KM1 在互锁的作用下无法得电。

停止过程同上。

2) I/O 地址分配表

根据控制要求,PLC 设定 4 个输入点,2 个输出点,I/O 地址分配表如表 5-5 所示。

表 5-5 I/O 地址分配表

输入信号(IN)		输出信号(OUT)	
功能	输入点	功能	输出点
正转启动按钮 SB1	I0.0	正转控制接触器 KM1	Q0.0
反转启动按钮 SB2	I0.1	反转控制接触器 KM2	Q0.1
停止按钮 SB3	I0.2		
过载热继电器 FR	I0.3		

3) I/O 接线图

电机正反转控制 I/O 接线图如图 5-44 所示。

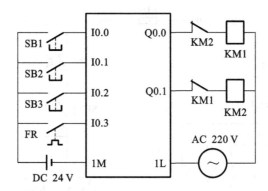

图 5-44 电机正反转控制 I/O 接线图

4) 程序编制

根据控制要求,电机正反转控制的梯形图如图 5-45 所示。

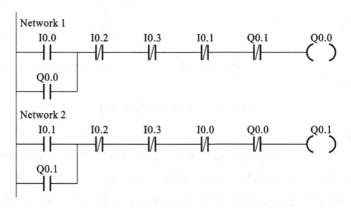

图 5-45 电机正反转控制的梯形图

习题与思考题

5-1 楼道中有一盏照明灯,楼上有两个按钮,即用于启动灯的 SB1 和用于关闭灯的 SB2;楼下也有两个按钮,即用于启动灯的 SB3 和用于关闭灯的 SB4。要求能在任一处点亮或熄灭楼道的照明灯,请设计这个控制系统。

(1) 列出 I/O 地址分配表。

(2) 绘制 PLC 接线图。

(3) 编制 PLC 程序(梯形图)。

5-2 有两台电机,分别为 M1 和 M2。要求在 M1 启动后,M2 才能启动;任一台电机过载时,两台电机均停止;按下停止按钮时,两台电机同时停止。

(1) 列出 I/O 地址分配表。

(2) 绘制 PLC 接线图。

(3) 编制 PLC 程序(梯形图)

5-3 电机反复运行试验如下。按下启动按钮,电机向左运行 7 s 后停止 10 s,然后向右运行 7 s 后再停止 10 s,反复运行 1 h 后停止运行,并报警。

(1) 列出 I/O 地址分配表。

(2) 绘制 PLC 接线图。

(3) 编制 PLC 程序(状态转移图或梯形图)。

5-4 自动线装卸操作过程如下。料车开始时在原位,按下启动按钮后,装料漏斗自动加料 20 s 后关闭,延时 5 s 后,料车前行至卸料位,停止 1 s,料车自动卸料 15 s 后回到原位并停止,等待下次装料。

(1) 列出 I/O 地址分配表。

(2) 绘制 PLC 接线图。

(3) 编制 PLC 程序(状态转移图或梯形图)

5-5 三台电机相隔 5 s 分别启动,各运行 20 s,循环往复。使用移位指令和比较指令完成控制要求。

5-6 现有三台电机 M1、M2、M3,要求按下启动按钮 I0.0 后,电机按顺序启动(M1 启动,接着 M2 启动,最后 M3 启动),按下停止按钮 I0.1 后,电机按顺序停止(M3 停止,接着 M2 停止,最后 M1 停止)。试设计其梯形图并写出指令表。

5-7 如图 5-46 所示,一台工业机器人执行机床的装卸操作,PLC 用作机器人的单元控制器,该单元执行的控制如下:

(1) 工人将一个工件放入一个箱内;

(2) 机器人手臂伸到箱子上方,取出工件,接着将一个感应加热线圈放在上面;

(3) 线圈加热 10 s;

(4) 机器人取出零件,将其放到输出传送带上。

常开的限位开关 X1 安装在箱子上面,表示在步骤(1)时存在零件;输出触点 Y1 用来表示机器人完成了步骤(2)的工作循环,这是一个 PLC 的输出触点,而且机器人控制的输入内锁;计时器 T1 用来提供步骤(3)中 10 s 的停顿时间,输出触点 Y2 用来表示机器人执行了步骤(4)。试为该系统写出低级语言的语句表。

5-8 如图 5-47 所示,小车开始时停在左边,限位开关 I0.0 为 1 状态。按下启动按钮后,小车按图中的箭头方向运动,最后返回并停在限位开关 I0.0 处。请画出顺序控制功能图和梯形图。

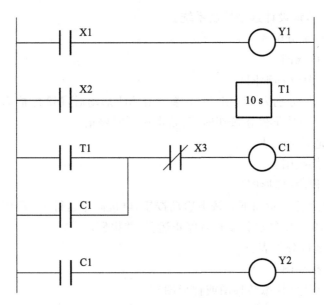

图 5-46　工业机器人执行机床的装卸操作

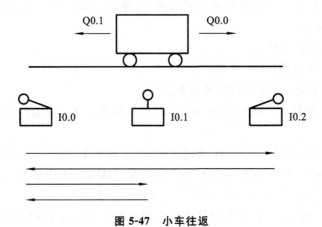

图 5-47　小车往返

第6章

系统分析与校正

在控制系统设计过程中,需要考虑很多性能指标。总体来看,控制系统的基本要求集中体现在稳、准、快三个方面。

6.1　系统的稳定性

6.1.1　稳定性的基本概念

系统的稳定性是系统最重要的性能指标,因为不稳定的系统是无法使用的。稳定的系统具有这样的特征,即输入有界,输出一定有界。

如图 6-1 所示,曲面轨道上有三个小球,分别处于 A、B、C 三个平衡点位置,除了 C 点有摩擦力以外,不存在其他阻力。

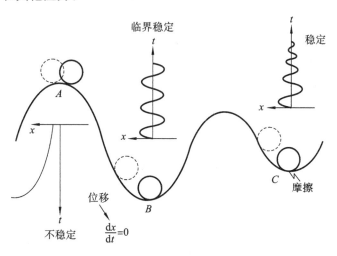

图 6-1　系统的三种状态

当三个小球处于平衡点静止状态时,如果碰撞一下小球(类似输入为脉冲扰动),则三个小球的状态各不相同:

(1) 左边小球偏离 A 点越来越远,最后趋向无穷,称为不稳定;

（2）中间小球在 B 点来回振荡，振幅不变，称为临界稳定；

（3）右边小球受阻尼影响，振幅越来越小，最后稳定在 C 点，称为稳定状态。

稳定性是系统去掉扰动后本身自由运动的性质，是系统的一种固有特性。对于线性系统，其固有特性只与系统的结构参数有关，而与初始条件及干扰作用无关。

对于线性系统，在零初始条件下，系统输入为理想脉冲函数 $\delta(t)$，即系统在零平衡状态下受到一个脉冲扰动；系统输出为单位脉冲响应函数 $x_0(t)$。

如果 $\lim\limits_{t\to\infty}x_0(t)=0$，则系统稳定；如果 $\lim\limits_{t\to\infty}x_0(t)=\infty$，则系统不稳定。

6.1.2　系统稳定的基本条件

系统的传递函数代表系统的固有特性。图 6-2 所示为基本反馈系统框图。

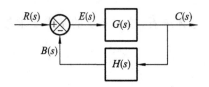

图 6-2　基本反馈系统框图

反馈信号 $B(s)=H(s)C(s)$，当反馈系统断开，不接入系统时，开环传递函数可以用于描述系统偏差 $E(s)$ 与反馈信号 $B(s)$ 之间的关系。开环传递函数表示为

$$G_k(s)=\frac{B(s)}{E(s)}=\frac{E(s)G(s)H(s)}{E(s)}=G(s)H(s)$$

（6-1）

闭环传递函数表示为

$$G_b(s)=\frac{C(s)}{R(s)}=\frac{E(s)G(s)}{E(s)+B(s)}$$
$$=\frac{E(s)G(s)}{E(s)+E(s)G(s)H(s)}$$
$$=\frac{G(s)}{1+G(s)H(s)}$$

（6-2）

系统的特征方程为

$$1+G(s)H(s)=0$$

（6-3）

此方程的根为系统的特征根。

以某系统为例，输入信号为脉冲信号，其传递函数为

$$G(s)=\frac{1}{s^2+s-12}=\frac{1}{(s+4)(s-3)}$$

特征方程为

$$(s+4)(s-3)=0$$

可以推出，系统的特征根为

$$p_1=-4,\quad p_2=3$$

系统的输出为

$$C(s)=\delta(s)G(s)=1\cdot G(s)$$
$$=\frac{1}{(s+4)(s-3)}$$

上式可以化简成如下形式：

$$C(s)=\frac{c_1}{(s+p_1)}+\frac{c_2}{(s+p_2)}$$

即

$$C(s) = \frac{c_1}{(s+4)} + \frac{c_2}{(s-3)}$$

对上式进行拉氏逆变换，可得输出，为

$$c(t) = L^{-1}[C(s)] = c_1 e^{-4t} + c_2 e^{3t}$$

上式中，$c_1 e^{-4t}$、$c_2 e^{3t}$ 和 $c(t)$ 的图形如图 6-3 所示。从图中可以看出，系统不稳定，主要原因是系统的特征根之一 p_2 等于 3，这使得系统发散，即 $\lim\limits_{t \to \infty} c(t) = \infty$，而系统稳定的条件必须是 $\lim\limits_{t \to \infty} c(t) = 0$。

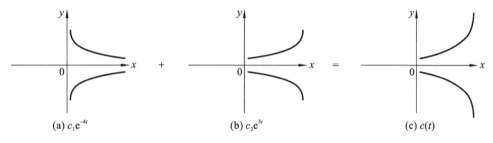

图 6-3 $c_1 e^{-4t}$、$c_2 e^{3t}$ 和 $c(t)$ 的图形

上面讨论的是系统的特征根为实数的情况，下面分析特征根为复数的情况。

假设传递函数为

$$G(s) = \frac{1}{s^2 + 2s + 3}$$

则系统的特征方程为

$$s^2 + 2s + 3 = 0$$

可以推出，系统的特征根为一对共轭复根，即

$$p_1 = -1 + \sqrt{2}i, \quad p_2 = -1 - \sqrt{2}i$$

同上，进行拉氏逆变换后，通过欧拉公式 $e^{it} = \cos t + i\sin t$，可得输出，为

$$c(t) = L^{-1}[C(s)] = c_1 e^{(-1+\sqrt{2}i)t} + c_2 e^{(-1-\sqrt{2}i)t}$$

$$= c_3 e^{-t} \sin(\sqrt{2}t + \phi)$$

需要注意的是，当 $t \to \infty$ 时，$c_3 e^{-t}$ 收敛，$\sin(\sqrt{2}t + \phi)$ 等幅振荡，两者相乘后得到系统输出 $c(t)$，$\lim\limits_{t \to \infty} c(t) = 0$，如图 6-4(a) 所示，$c_3 e^{-t}$ 收敛的原因是特征根的实部为 -1，小于 0。如果特征根的实部大于零，则 $c_3 e^{\mathrm{Re}(p_1)t}$ 是发散的，系统输出 $c(t)$ 发散，即 $\lim\limits_{t \to \infty} c(t) = \infty$，如图 6-4(b) 所示。如果特征根的实部等于零，则 $c_3 e^{\mathrm{Re}(p_1)t}$ 等于恒定值 c_3，系统输出 $c(t)$ 处于临界稳定状态，如图 6-4(c) 所示。

系统的稳定性取决于系统特征根在 $[s]$ 平面上的位置。如图 6-5 所示，从极点对应的函数图形可以看出，系统的稳定性有以下五种情况：

(1) 极点 A 位于正实轴上，系统逐渐发散，见子图(a)；

(2) 极点 B 位于负实轴上，系统逐渐收敛，见子图(b)；

(3) 极点 C 关于正实轴对称分布，随着振荡，振幅逐渐增大，系统发散，见子图(c)；

(4) 极点 D 关于负实轴对称分布，随着振荡，振幅逐渐减小，系统收敛，见子图(d)；

(5) 极点 E 沿虚轴对称分布，振幅不变，见子图(e)。

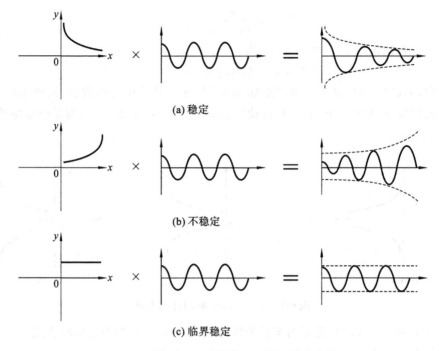

(a) 稳定

(b) 不稳定

(c) 临界稳定

图 6-4　特征方程为共轭复根时的系统稳定性

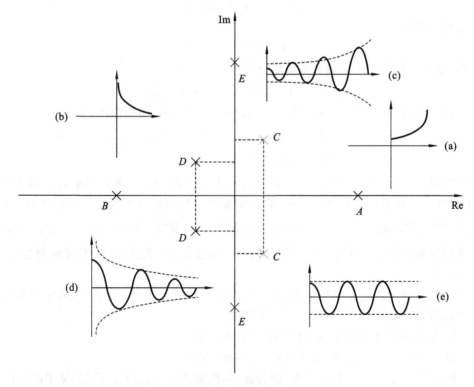

图 6-5　极点位置与系统稳定性的关系

从图 6-5 中可以看出,极点实部位于复平面右侧时,系统处于不稳定状态;极点实部处于复平面左侧时,系统处于稳定状态。

下面证明稳定条件。对图 6-2 所示的系统施加单位脉冲响应,输出为

$$C(s) = \delta(s)G_b(s) = 1 \cdot \frac{G(s)}{1+G(s)H(s)} = \frac{G(s)}{(s-p_1)(s-p_2)\cdots(s-p_n)} \tag{6-4}$$

式中:$p_i(i=1,2,\cdots,n)$ 为系统的特征根,也称为系统的闭环极点。

将式(6-4)分解成部分分式之和,即

$$C(s) = \frac{c_1}{(s-p_1)} + \frac{c_2}{(s-p_2)} + \cdots + \frac{c_n}{(s-p_n)} = \sum_{i=1}^{n} \frac{c_i}{(s-p_i)} \tag{6-5}$$

式中:$c_i(i=1,2,\cdots,n)$ 为待定系数。

根据拉氏逆变换公式 $L^{-1}\left[\dfrac{1}{s-a}\right] = e^{at}$,对式(6-5)进行拉氏逆变换,得到系统的时域脉冲响应,为

$$c(t) = \sum_{i=1}^{n} c_i e^{p_i t} \tag{6-6}$$

根据系统稳定的定义,并结合上文的讨论,若想满足 $\lim\limits_{t\to\infty} c(t)=0$,则系统的特征根 $p_i(i=1,2,\cdots,n)$ 要全部具有负实部。如果其中有正实部的特征根,则 $\lim\limits_{t\to\infty} c(t) = \infty$,系统必定不稳定。

系统的开环传递函数用零点、极点形式表示为

$$G(s) = \frac{K(s-z_1)(s-z_2)\cdots(s-z_m)}{(s-p_1)(s-p_2)\cdots(s-p_n)}, \quad n \geqslant m \tag{6-7}$$

式中:$K>0$;$z_1,z_2,\cdots,z_m$ 为零点;$p_1,p_2,\cdots,p_n$ 为极点(系统的极点用×表示)。传递函数的极点就是特征方程的根。

系统稳定的充要条件可以描述为:系统传递函数的极点全部位于复平面的左半平面。图 6-6 所示为极点与系统稳定性的关系。

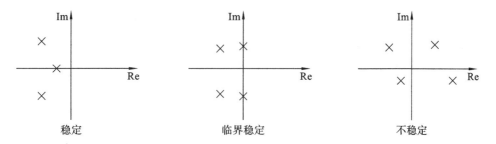

图 6-6　极点与系统稳定性的关系

常见的几种开环极点-零点配置及其对应的根轨迹如图 6-7 所示。根轨迹的模式仅取决于开环极点和零点的相对位置。如果开环极点个数超过有限零点个数 3 个或更多,则存在根轨迹进入[s]平面右半平面的可能,系统变得不稳定,一个稳定系统的所有闭环极点必须在[s]平面左半平面上。

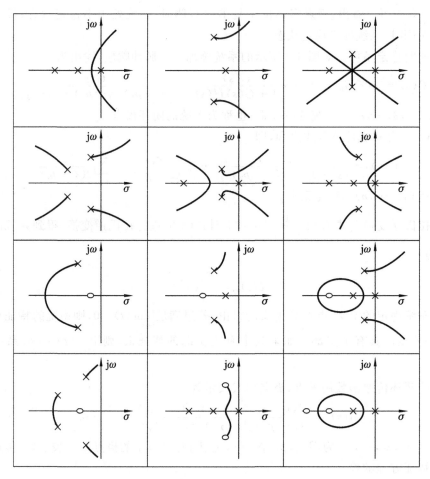

图 6-7 开环极点-零点配置及其对应的根轨迹

6.1.3 系统的相对稳定性

有时,我们不仅要判断系统的稳定性,还要知道系统的稳定程度。如果系统的稳定裕度小,那么系统受到干扰时,可能成为不稳定系统,因此,需要对系统的稳定性进行定量分析。

小相位系统开环传递函数在$[s]$平面右半平面无极点,如果闭环系统是稳定的,则其开环传递函数的像轨迹不包围$[L(s)]$平面上的点$(-1,0)$,并且像轨迹离点$(-1,0)$越远,系统的稳定性越高,稳定裕度越大。通常,用相位稳定裕度和幅值稳定裕度描述系统的稳定程度。

图 6-8 所示为稳定系统和不稳定系统的伯德(Bode)图和奈奎斯特(Nyquist)图。$[L(s)]$平面上的单位圆对应伯德图上的零分贝(0 dB)线;$[L(s)]$平面上的负实轴对应伯德图上的$-180°$线。左图是稳定系统,因为在频率ω_c处,其相位稳定裕度 PM>0;在频率ω_p处,其幅值稳定裕度 GM>0。右图是不稳定系统,因为在频率ω_c处,其相位稳定裕度 PM<0;在频率ω_p处,其幅值稳定裕度 GM<0。

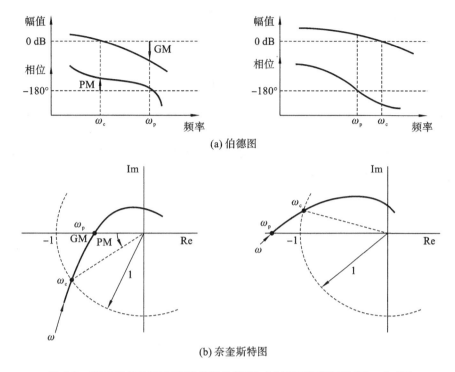

(a) 伯德图

(b) 奈奎斯特图

图 6-8   稳定系统和不稳定系统的伯德(Bode)图和奈奎斯特(Nyquist)图

6.2   系统的精确度

控制系统的精确度用误差的大小来衡量。在过渡过程结束后,系统输出量的状态一般用稳态特性来描述。稳态误差的大小反映了系统稳态特性的好坏。

稳态误差越小,系统稳态特性越好,意味着控制精度越高。控制系统,只有在满足系统要求的控制精度这一前提条件下,才有工程意义。

如图 6-9 所示,以误差(偏差)信号 $E(s)$ 为输出量、以 $R(s)$ 为输入量的传递函数称为误差传递函数,用 $\phi_e(s)$ 表示如下:

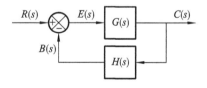

图 6-9   基本反馈系统

$$\phi_e(s) = \frac{E(s)}{R(s)} = \frac{1}{1+G(s)H(s)} \qquad (6\text{-}8)$$

易得

$$E(s) = \frac{1}{1+G(s)H(s)} R(s)$$

精确度(稳态误差)是系统在稳定工作状态下存在的误差,用 e_{ss} 表示,即

$$e_{ss} = \lim_{s \to 0} sE(s) = \lim_{s \to 0} \frac{sR(s)}{1+G(s)H(s)} \qquad (6\text{-}9)$$

从式(6-9)中可以看出,系统的精确度(稳态误差)与系统开环传递函数的结构和输入信号的形式有关。当输入信号一定时,系统的稳态误差取决于开环传递函数所描述的系统结构。

系统的开环传递函数 $G(s)H(s)$ 也可以写成如下形式:

$$G(s)H(s) = \frac{K\prod\limits_{i=1}^{m}(\tau_i s + 1)}{s^\lambda \prod\limits_{j=1}^{n-\lambda}(T_j s + 1)} \tag{6-10}$$

式中:K 为系统的开环增益;$\tau_i(i=1,2,\cdots,m)$,$T_j(j=1,2,\cdots,n-\lambda)$ 分别为各环节的时间常数;λ 为开环系统中积分环节的个数。

稳态误差与系统开环传递函数中所含积分环节的个数密切相关,系统一般按开环传递函数中所含积分环节的个数进行分类:

(1) $\lambda=0$ 时,系统称为 0 型系统;

(2) $\lambda=1$ 时,系统称为 1 型系统;

(3) $\lambda=2$ 时,系统称为 2 型系统。

令 $G_0(s)H_0(s) = \dfrac{\prod\limits_{i=1}^{m}(\tau_i s + 1)}{\prod\limits_{j=1}^{n-\lambda}(T_j s + 1)}$,则式(6-10)可改写成:

$$G(s)H(s) = G_0(s)H_0(s)\frac{K}{s^\lambda} \tag{6-11}$$

当 $s \to 0$ 时,$G_0(s)H_0(s) \to 1$,$G(s)H(s) = \dfrac{K}{s^\lambda}$,将其代入式(6-9)中,则系统的稳态误差为

$$e_{\text{ss}} = \lim_{s\to 0}\frac{sR(s)}{1+G(s)H(s)} = \lim_{s\to 0}\frac{sR(s)}{1+\dfrac{K}{s^\lambda}} \tag{6-12}$$

从式(6-12)中可以看出,系统的稳态误差与开环增益 K、系统类型及输入信号 $R(s)$ 有关。

如果输入 $r(t)=r$(常数),通过拉氏变换得到 $R(s) = L[r(t)] = \dfrac{r}{s}$,将其代入式(6-12)中,得到

$$e_{\text{ss}} = \lim_{s\to 0}\frac{sR(s)}{1+G(s)H(s)} = \lim_{s\to 0}\frac{s\dfrac{r}{s}}{1+\dfrac{K}{s^\lambda}} = \frac{1}{1+K}r \tag{6-13}$$

K 越小,e_{ss} 越大;K 越大,e_{ss} 越小。但是 K 过大会导致输入过大,带来其他问题。所以,单独使用比例控制,无法消除稳态误差。

有三类所期望的输入信号可用来确定系统的精确度,即阶跃信号、斜坡信号和加速度信号。图 6-10 所示为三类信号的精确度衡量方式。

系统对单位阶跃输入引起的稳态误差称为静态位置误差;对单位斜坡输入引起的误差称为静态速度误差;对单位加速度输入引起的稳态误差称为静态加速度误差。

对所期望的输入信号用上述三类信号中一种或者几种进行组合定义,根据以下三个步骤,可以计算出系统的稳态误差。

(1) 将系统改成 s 域内的 $G(s)H(s)$ 形式。

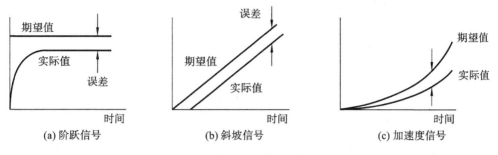

图 6-10 三类信号的精确度衡量方式

（2）计算位置误差系数 K_p、速度误差系数 K_v 和加速度误差系数 K_a。

位置误差系数为

$$K_p = \lim_{s \to 0} G(s)H(s) \qquad (6\text{-}14)$$

速度误差系数为

$$K_v = \lim_{s \to 0} sG(s)H(s) \qquad (6\text{-}15)$$

加速度误差系数为

$$K_a = \lim_{s \to 0} s^2 G(s)H(s) \qquad (6\text{-}16)$$

（3）用误差系数的函数表示和计算稳态误差。

单位阶跃误差为

$$e_{ss} = \frac{1}{1 + K_p} \qquad (6\text{-}17)$$

单位斜坡误差为

$$e_{ss} = \frac{1}{K_v} \qquad (6\text{-}18)$$

单位加速度误差为

$$e_{ss} = \frac{1}{K_a} \qquad (6\text{-}19)$$

典型输入信号下，各型系统的稳态误差如表 6-1 所示。

表 6-1 各型系统的稳态误差

	单位阶跃输入	单位斜坡输入	单位加速度输入
0 型系统	$\dfrac{1}{1+K}$	∞	∞
1 型系统	0	$\dfrac{1}{K}$	∞
2 型系统	0	0	$\dfrac{1}{K}$

例 6-1 某负反馈系统的开环传递函数为

$$G(s)H(s) = \frac{20H_0}{s+1}$$

当 $H_0 = 0.05$ 时，求系统在单位阶跃信号下的稳态误差。

解： 开环系统中积分环节的个数 $\lambda = 0$，该系统为 0 型系统。系统的开环增益 $K = 20H_0$，

根据式(6-17),系统对单位阶跃输入引起的稳态误差为

$$e_{ss} = \frac{1}{1+K} = \frac{1}{1+20H_0} = \frac{1}{1+20\times 0.05} = 0.5$$

6.3 系统的动态特性

一个稳定系统的时间响应等于稳态响应和瞬态响应的叠加。稳态响应不随时间的延长而衰减和消失;瞬态响应随着时间的延长而衰减,时间趋于无穷大时而消失。瞬态响应包含系统的稳定性、响应速度和阻尼情况等信息,反映系统的动态特性。稳态响应反映系统的稳态特性,也称为静态特性。稳态响应包含系统稳态误差信息。

系统性能三要素(稳、准、快)中的"快"与系统的动态特性紧密相关。系统的动态特性可以通过其输入信号的响应过程来评价。系统的时间响应过程不仅与系统本身的特性有关,还与外加的输入信号类型有关。通常以单位阶跃信号作为典型输入信号进行时域分析。

6.3.1 一阶系统的时间响应

输出信号 $C(s)$ 与输入信号 $R(s)$ 之间的关系可用一阶微分方程描述,用一阶微分方程描述的控制系统称为一阶系统。一阶系统的惯性较大,其也称为惯性系统,如图 6-11 所示。

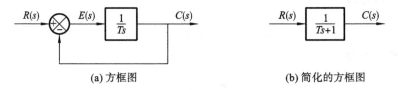

(a) 方框图   (b) 简化的方框图

图 6-11 一阶系统

一阶系统的传递函数为

$$G(s) = \frac{1}{Ts+1} \tag{6-20}$$

如果输入为单位阶跃信号,$r(t)=1(t)$,则 $1(t)$ 的拉氏变换为 $R(s)=1/s$,于是有

$$C(s) = R(s)G(s) = \frac{1}{s}\frac{1}{Ts+1} = \frac{1}{s} - \frac{1}{s+(1/T)} \tag{6-21}$$

对式(6-21)进行拉氏逆变换,可求得系统的单位阶跃响应,为

$$c(t) = 1 - e^{-t/T}, \quad t \geqslant 0 \tag{6-22}$$

由式(6-22)可知,一阶系统的单位阶跃响应中的稳态项为1,瞬态项为 $e^{-t/T}$,其单位阶跃响应曲线如图 6-12 所示。

由图 6-12 可知,一阶系统的单位阶跃响应曲线是一条初始值为 0 的单调上升曲线,稳态值为 1。当 $t=T$ 时,响应值达到稳态值的 63.2%,将 $t=T$ 代入式(6-22)中,得到

$$c(T) = 1 - e^{-1} = 0.632$$

时间常数 T 越小,系统响应越快,这是一阶系统的单位阶跃响应曲线的一个重要特征;另一个重要特征是在 $t=0$ 处,曲线的斜率为 $1/T$,即

$$\frac{dc}{dt}\bigg|_{t=0} = \frac{1}{T}e^{-t/T}\bigg|_{t=0} = \frac{1}{T} \tag{6-23}$$

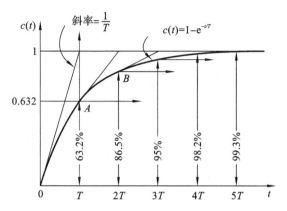

图 6-12 一阶系统的单位阶跃响应曲线

当响应值达到稳态值的 98% 时,所对应的时间大约等于 $4T$,即系统过渡过程时间等于 $4T$。

6.3.2 二阶系统的时间响应

如图 6-13(a)所示,伺服系统由比例控制器和负载元件(惯性和黏性摩擦元件)组成。要求根据输入位置 r 来控制输出位置 c。

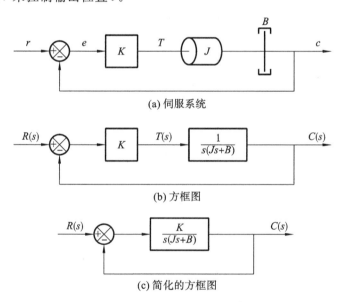

(a) 伺服系统

(b) 方框图

(c) 简化的方框图

图 6-13 伺服系统及其方框图和简化的方框图

负载元件的方程式为

$$J \frac{\mathrm{d}^2 c}{\mathrm{d}t} + J \frac{\mathrm{d}c}{\mathrm{d}t} = T \tag{6-24}$$

式中:T 为增益为 K 的比例控制器产生的转矩。

对式(6-24)两边进行拉氏变换,假设初始条件为零,得到

$$s^2 C(s) J + s C(s) B(s) = T(s)$$

如图 6-13(b)所示,在 $C(s)$ 和 $T(s)$ 之间的传递函数为

$$G(s) = \frac{C(s)}{T(s)} = \frac{1}{s(Js + B)} \tag{6-25}$$

如图 6-13(c)所示,系统的闭环传递函数为

$$G_b(s) = \frac{C(s)}{R(s)} = \frac{K}{Js^2 + Bs + K} = \frac{K/J}{s^2 + (B/J)s + K/J}$$

$$= \frac{\dfrac{K}{J}}{\left[s + \dfrac{B}{2J} + \sqrt{\left(\dfrac{B}{2J}\right)^2 - \dfrac{K}{J}}\right]\left[s + \dfrac{B}{2J} - \sqrt{\left(\dfrac{B}{2J}\right)^2 - \dfrac{K}{J}}\right]} \tag{6-26}$$

当 $B^2 - 4JK < 0$ 时,闭环极点是复根;当 $B^2 - 4JK \geqslant 0$ 时,闭环极点是实根。

令

$$\frac{K}{J} = \omega_n^2, \quad \frac{B}{J} = 2\xi\omega_n = 2\sigma$$

式中:σ 为衰减系数;ω_n 为无阻尼固有频率;ξ 为系统阻尼比。ξ 是实际阻尼 B 与临界阻尼 B_c($B_c = 2\sqrt{JK}$)的比值,即

$$\xi = \frac{B}{B_c} = \frac{B}{2\sqrt{JK}} \tag{6-27}$$

则图 6-13(c)所示的系统可以转换成图 6-14 所示的系统。

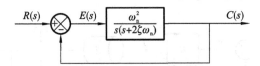

图 6-14 二阶系统

在图 6-14 中,闭环传递函数 $C(s)/R(s)$ 可以写成

$$G_b(s) = \frac{C(s)}{R(s)} = \frac{\omega_n^2}{s^2 + 2\xi\omega_n s + \omega_n^2} \tag{6-28}$$

二阶系统的特征方程为

$$s^2 + 2\xi\omega_n s + \omega_n^2 = 0 \tag{6-29}$$

求得

$$s_{1,2} = -\xi\omega_n \pm \omega_n\sqrt{\xi^2 - 1}$$

两个特征根在复平面上的位置不同,系统的时间响应也不相同,如图 6-15 所示。

阻尼比 ξ 不同,二阶系统的特征根不同,系统的动态特性也会发生变化。

下面分析输入为单位阶跃函数 $r(t) = 1$ 时,二阶系统的动态特性。

(1) 当 $0 < \xi < 1$ 时,系统为欠阻尼系统,式(6-28)可写成

$$G_b(s) = \frac{C(s)}{R(s)} = \frac{\omega_n^2}{(s + \xi\omega_n + j\omega_d)(s + \xi\omega_n - j\omega_d)} \tag{6-30}$$

式中:$\omega_d = \omega_n\sqrt{1 - \xi^2}$,为有阻尼固有频率。

如果系统的输入信号为单位阶跃函数,则 $R(s) = \dfrac{1}{s}$,二阶系统的阶跃响应函数的拉氏变换为

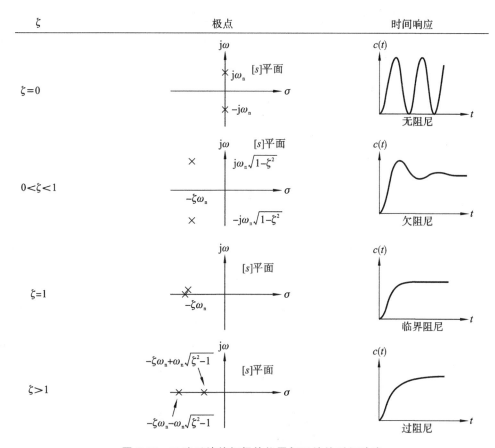

图 6-15　二阶系统特征根的位置与系统的时间响应

$$C(s) = \frac{1}{s} \frac{\omega_n^2}{s^2 + 2\xi\omega_n s + \omega_n^2}$$

$$= \frac{1}{s} - \frac{s + 2\xi\omega_n}{s^2 + 2\xi\omega_n s + \omega_n^2} \qquad (6\text{-}31)$$

$$= \frac{1}{s} - \frac{s + \xi\omega_n}{(s + \xi\omega_n)^2 + \omega_d^2} - \frac{\xi\omega_n}{(s + \xi\omega_n)^2 + \omega_d^2}$$

根据拉氏逆变换公式,有

$$L^{-1}\left[\frac{s + \xi\omega_n}{(s + \xi\omega_n)^2 + \omega_d^2}\right] = e^{-\xi\omega_n t}\cos\omega_d t$$

$$L^{-1}\left[\frac{\omega_d}{(s + \xi\omega_n)^2 + \omega_d^2}\right] = e^{-\xi\omega_n t}\sin\omega_d t$$

因此,式(6-31)的拉氏逆变换为

$$L^{-1}[C(s)] = c(t) = 1 - e^{-\xi\omega_n t}\left(\cos\omega_d t + \frac{\xi}{\sqrt{1-\xi^2}}\sin\omega_d t\right)$$

$$= 1 - \frac{e^{-\xi\omega_n t}}{\sqrt{1-\xi^2}}\sin\left(\omega_d t + \arctan\frac{\sqrt{1-\xi^2}}{\xi}\right) \qquad (6\text{-}32)$$

由式(6-32)可知,欠阻尼系统的单位阶跃响应是减幅正弦振荡函数,稳态值为1。它的振幅随着时间的延长而减小;随着 ξ 的减小而增大。在 $t \to \infty$ 时,稳态误差为零。

（2）当 $\xi=0$ 时，系统为无阻尼系统。将 $\xi=0$ 代入式(6-32)中可得

$$c(t) = 1 - \cos\omega_n t \tag{6-33}$$

（3）当 $\xi=1$ 时，系统为临界阻尼系统，两个极点相等。

$$C(s) = \frac{1}{s}\,\frac{\omega_n^2}{s^2 + 2\xi\omega_n s + \omega_n^2} = \frac{\omega_n^2}{s(s+\omega_n)^2}$$

经过拉氏逆变换，可得

$$c(t) = 1 - e^{-\omega_n t}(1 + \omega_n t) \tag{6-34}$$

（4）当 $\xi>1$ 时，系统为过阻尼系统。两个极点有负实部，并且不相等。

$$G(s) = \frac{\omega_n^2}{(s + \xi\omega_n + j\omega_d)(s + \xi\omega_n - j\omega_d)} \tag{6-35}$$

经过拉氏逆变换，可得

$$c(t) = 1 + \frac{\omega_n}{2\sqrt{\xi^2-1}}\left(\frac{e^{-s_1 t}}{s_1} - \frac{e^{-s_2 t}}{s_2}\right) \tag{6-36}$$

式中：$s_1 = (\xi + \sqrt{\xi^2-1})\omega_n$；$s_2 = (\xi - \sqrt{\xi^2-1})\omega_n$。

以上四种情况的单位阶跃响应曲线如图 6-16 所示。由图可知，随着阻尼比 ξ 的减小，二阶系统的过渡过程的振荡特性越来越明显，但仍为衰减振荡；当 $\xi=0$ 时，达到等幅振荡；当 $\xi \geqslant 1$ 时，二阶系统的过渡过程具有单调上升的特性。二阶系统工作在 $\xi=0.4 \sim 0.8$ 的欠阻尼状态时，振荡适度而且持续时间较短。过渡过程振荡特性是由系统本身特性决定的，选择合适的过渡过程，实际上就是选择合适的参数 ξ、ω_n。

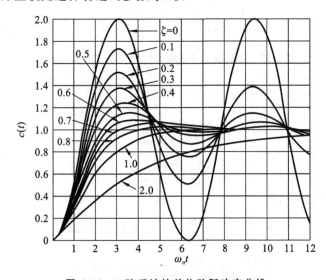

图 6-16 二阶系统的单位阶跃响应曲线

与一阶系统相比，二阶系统具有较短的过渡过程时间，并且同时满足振荡性能的要求。所以，在根据给定性能指标进行系统设计时，通常选择二阶系统，而不用一阶系统。

设计二阶系统时，通常允许有适度振荡，这是因为完全无振荡单调过程的过渡时间太长。一般设计和讨论的系统都在欠阻尼状态下工作。二阶系统时间响应的性能指标如下。

（1）最大超调量 M_p。

最大超调量 $M_p = e^{-(\xi/\sqrt{1-\xi^2})\pi} \times 100\%$。从公式中可以看出，最大超调量 M_p 只与阻尼比

ξ 有关,而与无阻尼固有频率 ω_n 无关。当 $\xi=0.4\sim0.8$ 时,最大超调量 $M_p=1.5\%\sim25\%$。

（2）调整时间 t_s。

调整时间 $t_s\approx\dfrac{4}{\xi\omega_n}(\Delta=0.02)$。在具体设计系统时,一般根据要求的最大超调量 M_p 确定阻尼比 ξ,ξ 确定后,调整时间 t_s 就由系统的无阻尼固有频率 ω_n 决定。

（3）上升时间 t_r。

上升时间 $t_r=\dfrac{\pi-\beta}{\omega_n\sqrt{1-\xi^2}}(\beta=\arctan\dfrac{\sqrt{1-\xi^2}}{\xi})$,表示第一次到达稳态值的时间。当 ξ 一定时,ω_n 增大,上升时间 t_r 减小;当 ω_n 一定时,ξ 增大,上升时间 t_r 增大。

（4）峰值时间 t_p。

响应曲线达到第一个峰值所需的时间为峰值时间。其计算公式为

$$t_p=\frac{\pi}{\omega_d}=\frac{\pi}{\omega_n\sqrt{1-\xi^2}}$$

由上式可知,峰值时间是有阻尼振荡周期 $\dfrac{2\pi}{\omega_d}$ 的一半。当 ξ 一定时,ω_n 增大,峰值时间 t_p 减小;当 ω_n 一定时,ξ 增大,峰值时间 t_p 增大。其变化情况与上升时间 t_r 的变化情况相同。

二阶系统单位阶跃响应性能指标如图 6-17 所示。系统的响应速度和振荡性能之间存在矛盾。由图 6-17 可知,阻尼比 ξ 减小,最大超调量 M_p 增大,无阻尼固有频率 ω_n 减小,调整时间 t_s 增大;阻尼比 ξ 增大,最大超调量 M_p 减小,但上升时间 t_r 和峰值时间 t_p 都会增大。

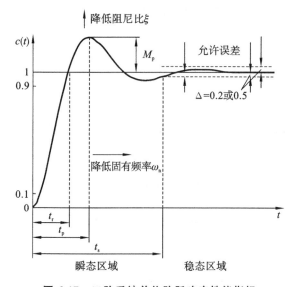

图 6-17 二阶系统单位阶跃响应性能指标

一般取 $\xi=0.707$,这时调整时间 t_s 最小,最大超调量 M_p 也不大。

例 6-2 位置随动系统方框图如图 6-18 所示,其中 $K=4$。

（1）求该系统的无阻尼固有频率和阻尼比;

（2）求该系统的最大超调量和调整时间;

（3）若要阻尼比等于 0.707,应怎样改变 K?

解：（1）系统的闭环传递函数为

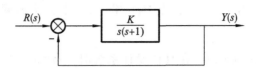

$$R(s) \quad \frac{K}{s(s+1)} \quad Y(s)$$

图 6-18　位置随动系统方框图

$$G_b(s) = \frac{4}{s^2 + s + 4}$$

写成标准形式:

$$G_b(s) = \frac{\omega_n^2}{s^2 + 2\xi\omega_n s + \omega_n^2}$$

通过对比,可得方程组:

$$\begin{cases} \omega_n^2 = 4 \\ 2\xi\omega_n = 1 \end{cases}$$

解方程组可得

$$\omega_n = 2, \quad \xi = 0.25$$

(2) 将阻尼比和无阻尼固有频率代入最大超调量 M_p 和调整时间 t_s 的计算公式中,可得

$$M_p = e^{-\frac{\xi\pi}{\sqrt{1-\xi^2}}} \times 100\% = 44\%$$

$$t_s(5\%) = \frac{4}{\xi\omega_n} = 8 \text{ s}$$

(3) 若要求 $\xi = 0.707$,即 $\xi = \frac{\sqrt{2}}{2}$,则超调量必须为 4%,又因为 $2\xi\omega_n = 1$,则

$$\omega_n = \frac{1}{2\xi} = \frac{1}{\sqrt{2}}(\text{rad/s})$$

$$K = \omega_n^2 = 0.5$$

6.4　基于根轨迹法的校正

根轨迹就是闭环系统某一参数(如开环增益 K)由零至无穷大变化时,闭环系统特征根在复平面上移动的轨迹。系统特性主要取决于其特征根在复平面上的分布。通过根轨迹研究系统特性参数(主要为开环增益)变化规律的方法称为根轨迹法。

考虑一个设计问题,其中原始系统对于所有增益值都是不稳定的,或者是稳定的,但是有不希望的瞬态响应特征。在这种情况下,需要在对根轨迹进行整形,以使闭环极点处于期望的复平面位置。这一问题可以通过加入适当的超前补偿器和前馈传递函数解决。

根轨迹法就是根据控制系统开环与闭环传递函数之间的内在联系,在[s]平面上由开环零、极点确定闭环零、极点的方法。进行系统设计时,可在系统中加入校正装置,即加入新的开环零、极点,以改变原有系统的闭环根轨迹,即改变闭环极点,从而改善系统的性能。通过增加开环零、极点使闭环零、极点重新分布,可满足闭环系统的性能要求。

6.4.1　根的位置与响应函数的关系

根轨迹里面的"根"和控制系统中的"极点"的概念是一样。下面举例说明根的位置对系统输出的影响。

对于一个一阶系统，如图 6-19 所示，设传递函数 $G(s) = \dfrac{1}{s+a}$，受到一个冲击 $U(t) = \delta(t)$，因为 $\delta(t)$ 的拉氏变换为 1，所以系统的输出可以表示为

$$X(s) = G(s)U(s) = \frac{1}{s+a} \cdot 1 = \frac{1}{s+a} \tag{6-37}$$

系统的特征方程为

$$s + a = 0$$

它的根为

$$p = -a$$

对式(6-37)进行拉氏逆变换，可得系统输出的时间函数，为

$$x(t) = \mathrm{e}^{pt} = \mathrm{e}^{-at} \tag{6-38}$$

注意，式(6-38)中，$-a$ 为特征方程的根。当 $a>0$ 时，输出 $x(t)$ 在时间轴上表现为递减，如图 6-20(a)所示。把根放在复平面内，一阶系统的根都在实轴上。如果根 p 在实轴右半部，e^{pt} 的指数大于零，则系统的输出函数是发散的；如果根 p 在实轴左半部，e^{pt} 的指数小于零，则系统的输出函数是收敛的，而且根 p 越靠近虚轴，收敛速度越慢，如图 6-20(b)所示。

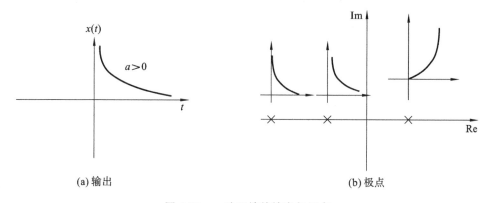

(a) 输出   (b) 极点

图 6-20 一阶系统的输出与极点

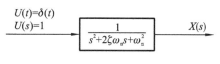

图 6-21 二阶系统

对于一个二阶系统，如图 6-21 所示，设传递函数 $G(s) = \dfrac{1}{s^2 + 2\xi\omega_n s + \omega_n^2}$，受到一个冲击 $U(t) = \delta(t)$，因为 $\delta(t)$ 的拉氏变换为 1，所以系统的输出可以表示为

$$X(s) = G(s)U(s) = \frac{1}{s^2 + 2\xi\omega_n s + \omega_n^2} \cdot 1 = \frac{1}{(s-p_1)(s-p_2)} \tag{6-39}$$

令 $s^2 + 2\xi\omega_n s + \omega_n^2 = 0$，可得

$$p_1 = -\xi\omega_n + \omega_n\sqrt{\xi^2-1}, \quad p_2 = -\xi\omega_n - \omega_n\sqrt{\xi^2-1}$$

(1) 当 $\xi>1$ 时，$\sqrt{\xi^2-1}>0$，p_1、p_2 为实根，则

$$X(s) = \frac{1}{(s-p_1)(s-p_2)} = \frac{C_1}{s-p_1} - \frac{C_2}{s-p_2} \tag{6-40}$$

对式(6-40)进行拉氏逆变换,可得

$$x(t) = C_1 e^{p_1 t} + C_2 e^{p_2 t} \quad (p_1 < 0, p_2 < 0) \tag{6-41}$$

两个极点在复平面的位置及响应的指数曲线如图 6-22 所示。p_1、p_2 对应的曲线 $C_1 e^{p_1 t}$、$C_2 e^{p_2 t}$ 都是收敛的,极点越靠近虚轴,收敛速度越慢。系统的输出是两者的叠加,但受到靠近虚轴极点(图中 p_1 点)的影响更大。

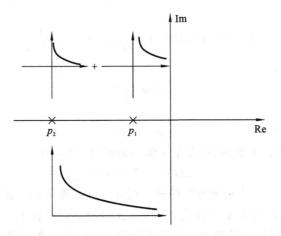

图 6-22 $\xi > 1$ 时两个极点在复平面的位置及响应的指数曲线

(2) 当 $\xi = 0$ 时,特征方程的根为

$$p_1 = \omega_n \sqrt{-1} = \omega_n i, \quad p_2 = -\omega_n \sqrt{-1} = -\omega_n i$$

系统的输出可以表示为

$$X(s) = \frac{1}{(s - p_1)(s - p_2)} = \frac{1}{(s - i\omega_n)(s + i\omega_n)} = \frac{1}{s^2 + \omega_n^2} \tag{6-42}$$
$$= \frac{1}{\omega_n} \frac{\omega_n}{s^2 + \omega_n^2}$$

对式(6-42)进行拉氏逆变换,可得

$$x(t) = \frac{1}{\omega_n} \sin(\omega_n t) \tag{6-43}$$

这两个根在复平面上体现出来的时间函数如图 6-23 所示,是以 ω_n 为频率的振荡。

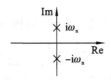 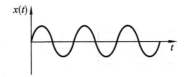

图 6-23 $\xi = 0$ 时的时间函数

(3) 当 $0 < \xi < 1$ 时,特征方程的根为

$$p_1 = -\xi\omega_n + i\omega_n \sqrt{1 - \xi^2}, \quad p_2 = -\xi\omega_n - i\omega_n \sqrt{1 - \xi^2}$$

令 $\omega_d = \omega_n \sqrt{1 - \xi^2}$,系统的输出可表示为

$$X(s) = \frac{1}{(s + \xi\omega_n + j\omega_d)(s + \xi\omega_n - j\omega_d)} = \frac{1}{(s + \xi\omega_n)^2 + \omega_d^2} \tag{6-44}$$
$$= \frac{1}{\omega_d} \frac{\omega_d}{(s + \xi\omega_n)^2 + \omega_d^2}$$

对式(6-44)进行拉氏逆变换,可得

$$x(t) = \frac{1}{\omega_d} e^{-\xi\omega_n t} \sin(\omega_d t) \tag{6-45}$$

这两个共轭复根在复平面上体现出来的时间函数如图 6-24(a)所示,是以 $\frac{1}{\omega_d} e^{-\xi\omega_n t}$ 为渐近线,ω_d 为频率,周期为 $\frac{2\pi}{\omega_d}$,振幅不断缩小的振荡。

在图 6-24(a)中,上面的复根 $p_1 = -\xi\omega_n + i\omega_n \sqrt{1-\xi^2}$,令 d_1、d_2 分别为其实部和虚部的值,即

$$d_1 = -\xi\omega_n, \quad d_2 = \omega_d = \omega_n \sqrt{1-\xi^2}$$

则有

$$d = \sqrt{d_1^2 + d_2^2} = \omega_n$$

$$\cos\phi = \frac{|d_1|}{d} = \frac{\xi\omega_n}{\omega_n} = \xi$$

如果将极点向左平移,即 d_2 不变,d_1 的绝对值增大,则有阻尼固有频率 ω_d 保持不变,$\xi\omega_n$ 增大,在 $x(t) = \frac{1}{\omega_d} e^{-\xi\omega_n t} \sin(\omega_d t)$ 中,$e^{-\xi\omega_n t}$ 随着时间的增加,收敛速度变快,而振动周期和频率不变。这与极点离虚轴越远,收敛速度越快一致,如图 6-24(b)所示。

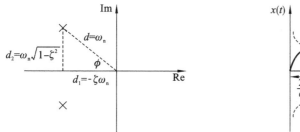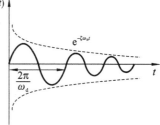

(a) 时间函数

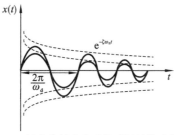

(b) 极点位置改变后的时间函数对比

图 6-24 $0<\xi<1$ 时的时间函数及极点位置改变后的时间函数对比

例 6-3 某反馈系统的方框图如图 6-25 所示,其开环传递函数 $G(s) = \dfrac{K(s+3)}{s(s+1)(s^2+4s+16)}$,求其零点和极点,并绘制其根轨迹。

解:设定如下。

$$a = s(s+1): \qquad a = [1 \quad 1 \quad 0]$$
$$b = s^2 + 4s + 16: \qquad b = [1 \quad 4 \quad 16]$$

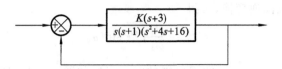

图 6-25 某反馈系统的方框图

使用命令 conv( ) 求得 c＝conv(a,b)。

将 a,b 代入上式,可得

$$a= \begin{bmatrix} 1 & 1 & 0 \end{bmatrix};$$
$$b= \begin{bmatrix} 1 & 4 & 16 \end{bmatrix};$$
$$c= conv(a,b)$$
$$c=$$
$$\quad 1 \quad 5 \quad 20 \quad 16 \quad 0$$

分母多项式为

$$den= \begin{bmatrix} 1 & 5 & 20 & 16 & 0 \end{bmatrix}$$

用下面的求根命令,可以求出开环节点的共轭复根($s^2+4s+16=0$ 的根)。

$$r= roots(b)$$
$$r=$$
$$\quad - 2.0000+ 3.4641i$$
$$\quad - 2.0000 - 3.4641i$$

这样,可得开环系统的零点和极点。

开环零点为

$$s= - 3$$

开环极点为

$$s= 0, s= -1, s= - 2+ 3.4641j, s= - 2 - 3.4641j$$

MATLAB 程序如下。

```
%   求根轨迹
```

——————————————————————————————————

```
num= [1  3];
den= [1  5  20  16  0];
rlocus(num,den)
v= [- 6  6  - 6  6]
axis(v);
grid;
title('Root-Locus Plot of G(s)= K(s+ 3)/[s(s+ 1)(s^2+ 4s+ 6)]')
```

用 MATLAB 编程绘制出来的根轨迹图形如图 6-26 所示。

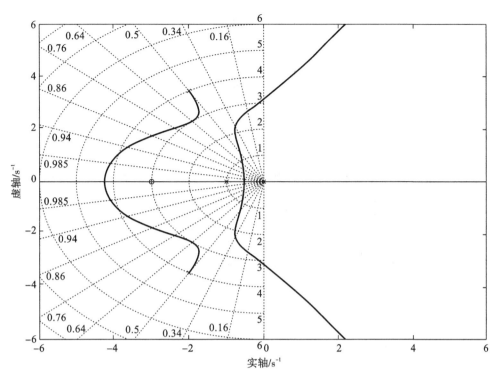

图 6-26 根轨迹图形

6.4.2 根轨迹的幅相条件

两个复数 $z_1 = \sigma_1 + \mathrm{j}\omega_1 = r_1 \mathrm{e}^{\mathrm{i}\theta_1}$，$z_2 = \sigma_2 + \mathrm{j}\omega_2 = r_2 \mathrm{e}^{\mathrm{i}\theta_2}$，根据复数的运算规则，有

$$z_1 \cdot z_2 = r_1 r_2 \mathrm{e}^{\mathrm{i}(\theta_1 + \theta_2)}$$
$$z_1 / z_2 = (r_1 / r_2) \mathrm{e}^{\mathrm{i}(\theta_1 - \theta_2)}$$

下面分析将 $s = \sigma + \mathrm{j}\omega$ 代入开环传递函数 $G(s)H(s) = \dfrac{KN(s)}{D(s)}$ 中 $N(s)$ 的情况。

先假设 $N(s) = s + 3$，将 $s = 2 + 2\mathrm{j}$ 代入 $N(s)$，可得 $N(s) = 5 + 2\mathrm{j}$，如图 6-27 所示，它的模和幅角分别为 r_2、θ_2。令 $s + 3 = 0$，可得零点 $z_1 = -3$，连接 s 点和零点 z_1，可得 $s - z_1 = 5 + 2\mathrm{j}$，它的模和幅角分别为 r_1、θ_1。

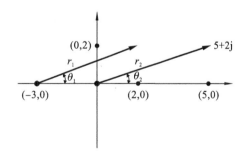

图 6-27 复数的性质

很明显 $r_1 = r_2$、$\theta_1 = \theta_2$。这说明并不需要将 s 代入 $N(s)$ 中计算，只需要知道系统的零点，写出 s 点到零点 z_1 的矢量，即 $\overrightarrow{s - z_1}$，就方便地得出 $N(s)$ 了。

如果有多个零点和多个极点，情况也类似。将 $s = \sigma + \mathrm{j}\omega$ 代入 $G(s)H(s) = \dfrac{KN(s)}{D(s)}$，根据复数的乘法和除法运算规则，可得

$$G(s)H(s) = \frac{K \prod\limits_{j=1}^{m}(s-z_j)}{\prod\limits_{i=1}^{n}(s-p_i)}$$

$G(s)H(s)$ 的模等于 s 点到各零点的模除以它到各极点的模，即

$$|G(s)H(s)| = \frac{K \left| \prod\limits_{j=1}^{m} \text{ZeroLength} \right|}{\left| \prod\limits_{i=1}^{n} \text{PoleLength} \right|} = \frac{K \left| \prod\limits_{j=1}^{m}(s-z_j) \right|}{\left| \prod\limits_{i=1}^{n}(s-p_i) \right|} \tag{6-46}$$

$G(s)H(s)$ 的相角等于 s 点与各零点的夹角减去其与各极点的夹角，即

$$\angle G(s)H(s) = \sum \text{ZeroAngle} - \sum \text{PoleAngle}$$
$$= \sum_{j=1}^{m} \angle(s-z_j) - \sum_{i=1}^{n} \angle(s-p_i) \tag{6-47}$$

举例说明，如图 6-28 所示，假设一个系统的开环传递函数为

$$G(s)H(s) = \frac{K(s+z_1)}{(s+p_1)(s+p_2)(s+p_3)(s+p_4)}$$

根据上面的公式，有

$$\angle G = \phi_1 - \theta_1 - \theta_2 - \theta_3 - \theta_4$$
$$|G| = \frac{KB_1}{A_1 A_2 A_3 A_4}$$

式中：A_1、A_2、A_3、A_4、B_1 分别为复数 $s+p_1$、$s+p_2$、$s+p_3$、$s+p_4$、$s+z_1$ 的幅值；θ_1、θ_2、θ_3、θ_4、ϕ_1 分别为各复数的相角；K 为根轨迹增益（图中是首 1 形式；如果将开环传递函数写成典型环节的形式，即尾 1 形式，K 就是开环增益）。

控制系统闭环传递函数的特征方程为

$$1 + G(s)H(s) = 0$$

闭环极点就是闭环特征方程的根，表示如下：

$$G(s)H(s) = -1$$

$G(s)H(s)$ 在复平面表示幅值为 1，相角为 $-\pi$ 的复数，如图 6-29 所示。

将式（6-46）、式（6-47）代入上式，可得相角方程和幅值方程。

相角方程为

$$\angle G(s)H(s) = \sum \text{ZeroAngle} - \sum \text{PoleAngle}$$
$$= \sum_{j=1}^{m} \angle(s-z_j) - \sum_{i=1}^{n} \angle(s-p_i) \tag{6-48}$$
$$= (2k+1)\pi, k = 0, \pm 1, \pm 2, \cdots$$

幅值方程为

$$|G(s)H(s)| = \frac{K \left| \prod\limits_{j=1}^{m}(s-z_j) \right|}{\left| \prod\limits_{i=1}^{n}(s-p_i) \right|} = 1 \tag{6-49}$$

符合幅值方程和相角方程两个条件，即可判断测试点在根轨迹上。如果其不在根轨迹上，也可以通过调整根的位置，使其满足两个条件，从而在根轨迹上。

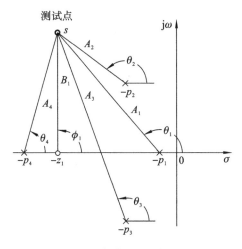

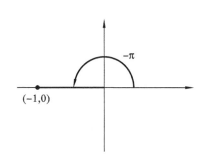

图 6-28 开环传递函数的幅值和相角   图 6-29 $G(s)H(s)=-1$ 在复平面的表示

请注意,这里研究的对象是闭环传递函数,但是采取的方法是分析开环传递函数,这是因为闭环传递函数的根到开环传递函数极点、零点的相角和幅值满足式(6-48)和式(6-49)。

从幅值方程和相角方程中可以看出,幅值方程不但与开环传递函数的零点、极点相关,而且与开环根轨迹增益相关;相角方程只与其零点、极点相关。相角方程是决定闭环系统根轨迹的充分必要条件。在实际应用中,相角方程用来绘制根轨迹,而幅值方程主要用来确定已知根轨迹上某一点的根轨迹增益。

6.4.3 基于根轨迹法的超前补偿器

根轨迹法的设计思想是:通过向系统的开环传递函数增加极点和零点,重塑系统的根轨迹,并迫使根轨迹通过系统中期望的闭环极点。

向开环传递函数中增加极点,会将根轨迹向右拉,从而降低系统的相对稳定性,并减缓响应的稳定。增加极点对根轨迹的影响如图 6-30 所示。如果开环增益过大,闭环系统的根轨迹将出现在复平面右侧,系统出现不稳定的情况。

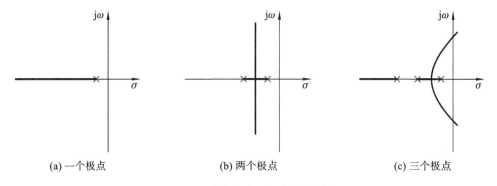

图 6-30 增加极点对根轨迹的影响

在开环传递函数中增加一个零点,会将根轨迹向左拉,有助于系统更加稳定,并加快响应的建立(物理上,在前馈传递函数中增加一个零点,意味着给系统加微分控制。这种控制的效果是在系统中引入一定程度的预期,并加快瞬态响应)。

图 6-31(a)所示为系统的根轨迹,在这种情况下,系统对于小增益是稳定的,但是对于大增益是不稳定的。图 6-31(b)、(c)和(d)分别所示为在不同位置向开环传递函数中加入零点后系统的根轨迹。请注意,当在图 6-31(a)的系统中增加一个零点时,该系统对所有增益值都可以变得稳定。

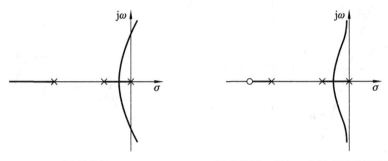

(a) 根轨迹   (b) 在位置一增加一个零点后的根轨迹

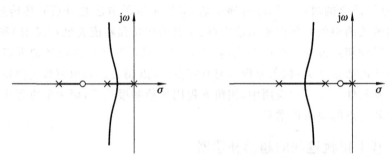

(c) 在位置二增加一个零点后的根轨迹   (d) 在位置三增加一个零点后的根轨迹

图 6-31 增加零点对根轨迹的影响

下面再看一个例子,如图 6-32(a)所示,某系统开环传递函数为 $G(s) = \dfrac{1}{s(s+2)}$,增益为 K,两个极点分别为 $(0,0)$ 和 $(-2,0)$,根轨迹如图 6-32(b)所示。

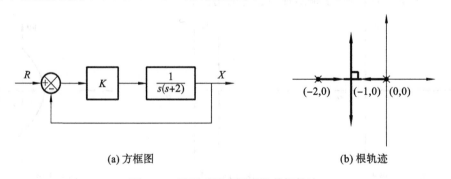

(a) 方框图   (b) 根轨迹

图 6-32 开环系统方框图及其根轨迹

给图 6-32 所示的系统施加一个单位冲击 $\delta(t)$,当 K 比较小时,有两个实根 p_1、p_2,其中,$-2 < p_1 < -1$,$-1 < p_2 < 0$。

如图 6-33(a)所示,系统的时间响应为

$$x(t) = C_1 \mathrm{e}^{p_1 t} + C_2 \mathrm{e}^{p_2 t}$$

将 $C_1 e^{p_1 t}$、$C_2 e^{p_2 t}$、$x(t)$ 三项在图中表示出来，$x(t)$ 是前两项的叠加，如图 6-33（b）所示。因为 $-2 < p_1 < -1, -1 < p_2 < 0, |p_1| > |p_2|$，所以 $C_1 e^{p_1 t}$ 收敛速度比较快，$C_2 e^{p_2 t}$ 收敛速度比较慢，而 $x(t)$ 的收敛速度由收敛慢的曲线决定。更靠近虚轴的极点 p_2 称为主导极点。

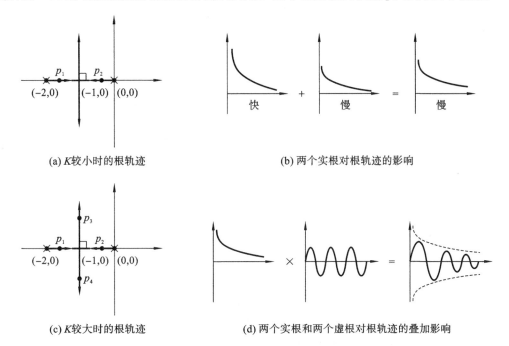

(a) K 较小时的根轨迹　　　　　　(b) 两个实根对根轨迹的影响

(c) K 较大时的根轨迹　　　(d) 两个实根和两个虚根对根轨迹的叠加影响

图 6-33　K 值大小对根轨迹的影响

随着 K 的增大，根轨迹会出现在复平面上。具体来说，以共轭复根 p_3、p_4 的形式出现在 $s = -1$ 这条线上，如图 6-33（c）所示。

设 $p_3 = \sigma + \omega_n i$，$p_4 = \sigma - \omega_n i$，根据欧拉公式 $e^{it} = \cos t + i \sin t$，系统的时间响应可以表示为

$$x(t) = C_1 e^{p_3 t} + C_2 e^{p_4 t} = C e^{\sigma t} \sin \omega_n t \tag{6-50}$$

式中：σ 为根的实部，即 $\sigma = -1$，将其代入式（6-50）中，可得

$$x(t) = C e^{-t} \sin \omega_n t$$

将 $C e^{-t}$、$\sin \omega_n t$、$x(t)$ 三项在图中表示出来，$C e^{-t}$ 递减，$\sin \omega_n t$ 等幅振荡，$x(t)$ 是前两项的相乘叠加，$x(t)$ 一边振荡，一边收敛，如图 6-33（d）所示。

从图 6-33（d）中可以看出，无论怎样调整 K 值，都无法改变系统的收敛速度，根轨迹总是在 $s = -1$ 这条线上。收敛速度由 $C e^{\sigma t}$ 决定，具体来说，是由 σ 决定的，而 $\sigma = -1$。改变 K 值，无法影响 σ 值。

如果需要改善系统，加快收敛速度，则可以改变根轨迹。既然收敛速度由 $C e^{\sigma t}$ 决定，根据指数曲线的性质，显然根的实部在复平面越靠近左边，系统收敛速度越快。

如果将根的实部从 -1 移动到 -2，假定点 $s = -2 + 2\sqrt{3} j$。将此点与两个极点 $p_1 = 0$，$p_2 = -2$ 连线，如图 6-34（a）所示。

根据式（6-48）的相角方程，$\angle G(s) H(s)$ 应该等于 $-180°$。因为系统没有零点，所以零点到根的夹角为 $0°$，两个极点到根的夹角分别为 $90°$、$120°$。

$$\angle G(s) H(s) = 0° - 90° - 120° = -210° \neq -180°$$

很显然，点 $s=-2+2\sqrt{3}j$ 不满足相角条件，它就不在 $G(s)=\dfrac{1}{s(s+2)}$ 的根轨迹上。因为 $\angle G(s)H(s)$ 比相角条件 $-180°$ 少了 $30°$，即 $-180°-(-210°)=30°$。为此，增加一个零点 $z_1=-8$，该零点与点 $s=-2+2\sqrt{3}j$ 的夹角为 $30°$，满足相角条件，如图 6-34(b) 所示。

此时，$\angle G(s)H(s)=30°-90°-120°=-180°$。

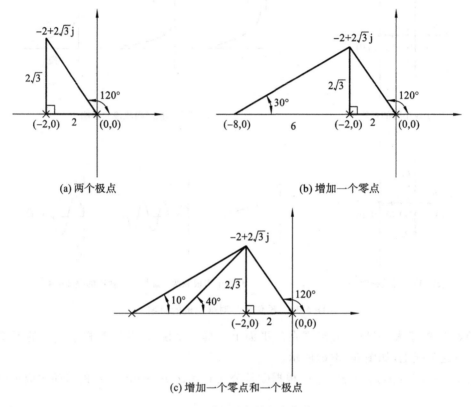

(a) 两个极点 (b) 增加一个零点

(c) 增加一个零点和一个极点

图 6-34 增加零点的相角条件

把增加的零点 $z_1=-8$ 写成传递函数的形式，即 $H(s)=s+8$，系统方框图由图 6-32(a) 所示的形式变成了图 6-35 所示的形式。

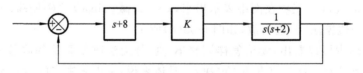

图 6-35 PD 控制系统方框图

在 $H(s)=s+8$ 中，s 是微分控制，8 是比例控制，属于比例微分(PD)控制。PD 补偿对高频噪声敏感，而且需要额外的能量来源。实际工作中常用超前补偿器来替代。

超前补偿器的表达形式是 $H(s)=\dfrac{s-z}{s-p}$，其设计思路是：在增加一个零点的同时，增加一个极点，确保 $|z|<|p|$，使得零点在极点的右边，如图 6-33(c) 所示，零点 z 与点 s 的夹角为 $40°$，极点 p 与点 s 的夹角为 $10°$，两者的差仍然为 $30°$。这样，点 $s=-2+2\sqrt{3}j$ 在根轨迹上，而且收敛速度比以前更快了，达到了改善系统性能的目的。

此时，渐近线 $\sigma_a = \dfrac{p+(-2)+0-z}{2} = \dfrac{p-z}{2} - 1 < -1$，说明增加零点后，线 $x=-1$ 的位置向左移动，达到了改善系统性能的目的。

上面介绍了基于根轨迹法的超前补偿技术的原理，下面以图 6-36 为例介绍具体的操作方法。基于根轨迹法设计超前补偿器的程序如下。

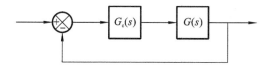

图 6-36　基于根轨迹法的控制系统分析

(1) 根据性能指标，确定主闭环极点的期望位置。

(2) 绘制无补偿系统（原始系统）的根轨迹图，确定单独调整增益是否能产生系统稳定所需的闭环极点。如果不能，则计算超前角 φ。如果新的根轨迹要通过主闭环极点的期望位置，则该角必须由超前补偿器贡献。

(3) 选择超前补偿器 $G_c(s)$：

$$G_c(s) = K_c a \frac{Ts+1}{aTs+1} = K_c \frac{s+\dfrac{1}{T}}{s+\dfrac{1}{aT}}, \quad 0 < a < 1 \tag{6-51}$$

式中：a、T 由不足的角决定；K_c 由开环增益决定。显然增加的补偿器极点为 $-\dfrac{1}{aT}$，零点为 $-\dfrac{1}{T}$。

(4) 如果未规定静态误差常数，则应确定超前补偿器的极点和零点位置，以便超前补偿器提供必要的角 φ。a 值越大，通常会导致期望的 K_v 值越大：

$$K_v = \lim_{s \to 0} s G_c(s) G(s) = K_c a \lim_{s \to 0} G_c(s)$$

(5) 根据幅值条件确定超前补偿器的 K_c 值。

设计出超前补偿器后，检查其是否满足所有性能规范。如果其不满足性能规范，则重复设计程序，调整超前补偿器极点和零点位置，直到其满足所有性能规范。

例 6-4　某开环系统的方框图如图 6-37(a)所示，前向通道传递函数为 $G(s) = \dfrac{10}{s(s+1)}$。该系统的根轨迹如图 6-37(b)所示，设计一个超前补偿器修改其性能，使其满足 $\xi \geqslant 0.5$。

解： 该系统的闭环传递函数为

$$\frac{C(s)}{R(s)} = \frac{10}{s^2 + s + 10}$$

$$= \frac{10}{(s+0.5+3.1225\text{j})(s+0.5-3.1225\text{j})}$$

闭环系统的极点为

$$s = -0.5 \pm \text{j}3.1225$$

闭环极点的阻尼比 $\xi = (1/2)/\sqrt{10} = 0.1581$，无阻尼固有频率 $\omega_n = \sqrt{10} = 3.1623$ rad/s。因为阻尼比比较小，对于阶跃响应，系统将有较大的超调量。

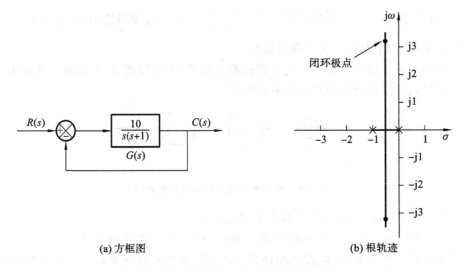

(a) 方框图	(b) 根轨迹

图 6-37 开环系统的方框图及其根轨迹

为了减小超调量，可以增加超前补偿器 $G_c(s)$，如图 6-38(a) 所示，主闭环极点阻尼比 $\xi=$ 0.5，无阻尼固有频率 $\omega_n=3$ rad/s。主导极点的位置将由以下表达式决定：

$$s^2+2\xi\omega_n s+\omega_n^2=s^2+3s+9$$
$$=(s+1.5+j2.598\,1)(s+1.5-j2.598\,1)$$

可得

$$s=-1.5\pm j2.598\,1$$

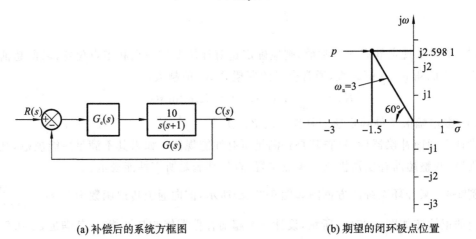

(a) 补偿后的系统方框图	(b) 期望的闭环极点位置

图 6-38 补偿后的系统

在前向通道中插入一个超前补偿器。确定超前补偿器的步骤如下：求出其中一个主闭环极点与原系统的开环极点和零点在期望位置的夹角之和，并确定所需添加的角 φ，使这些角之和等于 $\pm180°(2k+1)$，即满足相角条件。

假设超前补偿器的传递函数如下：

$$G_c(s)=K_c a\frac{Ts+1}{aTs+1}=K_c\frac{s+\dfrac{1}{T}}{s+\dfrac{1}{aT}},\quad 0<a<1$$

位于原点的极点与 $s=-1.5+\mathrm{j}2.598\ 1$ 处的理想主导极点之间的夹角为 120°。$s=-1$ 处极点与所需闭环极点之间的夹角为 100.894°。期望闭环极点处的 $G(s)$ 相角为

$$\angle \frac{10}{s(s+1)}\bigg|_{s=-1.5+\mathrm{j}2.598\ 1} = -220.894° \neq -180°$$

不足的角 $\varphi=180°-120°-100.894°=-40.894°$，该角需要用超前补偿器来提供。

下面介绍一种方法，期望获得 a 的最大值（a 越大，K_v 越大）。大多数情况下，K_v 越大，系统性能越好。

首先，过 P 点画一条水平线 PA，这是主极点之一所需的位置，如图 6-39 中的线 PA 所示。同时画一条连接点 P 和原点 O 的线。平分线 PA 和线 PO 的夹角，平分线为线 PB。

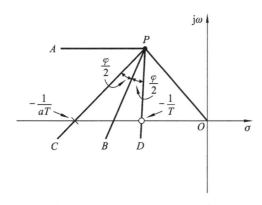

图 6-39 超前补偿器的零点和极点

线 PC 和线 PD 与平分线 PB 成 $\varphi/2$ 角度。线 PC 和线 PD 与负实轴的交点分别为超前补偿器的极点和零点。

参考图 6-39，如果平分 $\angle CPD$，每边取 $40.894°/2$，则零点和极点的位置分别为：零点 $s=-1.943\ 2$，极点 $s=-4.645\ 8$。

这样，超前补偿器的传递函数为

$$G_c(s) = K_c a \frac{Ts+1}{aTs+1} = K_c \frac{s+1.943\ 2}{s+4.645\ 8}$$

式中：$a=1.943\ 2/4.645\ 8=0.418$。

超前补偿器的增益 K_c 由幅值条件决定，即

$$\left| K_c \frac{s+1.943\ 2}{s+4.645\ 8} \frac{10}{s(s+1)} \right|_{s=-1.5+\mathrm{j}2.598\ 1} = 1$$

移项变换后，可得

$$K_c = \left| \frac{(s+4.645\ 8)s(s+1)}{10(s+1.943\ 2)} \right|_{s=-1.5+\mathrm{j}2.598\ 1} = 1.228\ 7$$

因此，超前补偿器为

$$G_c(s) = 1.228\ 7 \frac{s+1.943\ 2}{s+4.645\ 8}$$

开环传递函数为

$$G_c(s)G(s) = 1.228\ 7 \left(\frac{s+1.943\ 2}{s+4.645\ 8} \right) \frac{10}{s(s+1)}$$

闭环传递函数为

$$\frac{C(s)}{R(s)} = \frac{12.287(s+1.943\,2)}{s(s+1)(s+4.645\,8)+1.228\,7(s+1.943\,2)}$$

$$= \frac{12.287s+23.876}{s^3+5.646s^2+5.875s+2.387\,6}$$

超前补偿器的零点和极点及新设计系统的根轨迹如图 6-40 所示。

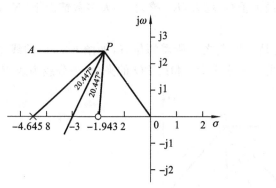

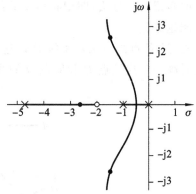

(a) 超前补偿器的零点和极点   (b) 新设计系统的根轨迹

图 6-40　超前补偿器的零点和极点及新设计系统的根轨迹

根据闭环系统特征方程,可以得到第三个闭环极点:

$$s^3+5.646s^2+16.933s+23.876 = (s+1.5+2.598\,1\mathrm{j})(s+1.5-2.598\,1\mathrm{j})(s+2.65)$$

上述超前补偿方法将闭环极点放在复平面期望的位置上。在 $s=-2.65$ 处的第三个极点接近于 $s=-1.943\,2$ 处增加的零点,因此,该极点对瞬态响应的影响相对较小。

计算单位阶跃响应曲线的 MATLAB 程序如下,其中 num1 和 den1 表示补偿系统的分子和分母,num 和 den 表示无补偿系统的分子和分母。

```
% * * * * * Unit-Step Response of Compensated and Uncompensated Systems
* * * * *
num1= [12.287  23.876];
den1= [1  5.646  16.933  23.876];
num= [10];
den= [1  1  10];
t= 0:0.05:5;
c1= step(num1,den1,t);
c= step(num,den,t);
plot(t,c1,'-',t,c,'x')
grid title('Unit-Step Responses of Compensated Systems and Uncompensated
System')xlabel('t Sec')
ylabel('Outputs c1,and c')
text(1.8,1.1,'Compensated System')
text(2.3,0.7,'Uncompensated System')
```

单位阶跃响应曲线的对比如图 6-41 所示。

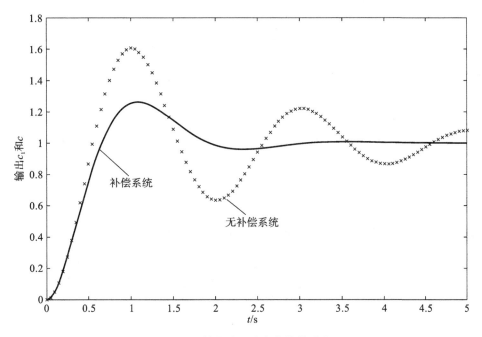

图 6-41 单位阶跃响应曲线的对比

6.4.4 基于根轨迹法的滞后补偿器

在讨论滞后补偿器之前,我们先讨论系统的稳态误差,再设计滞后补偿器来消除稳态误差。

如图 6-42 所示,开环传递函数 $G(s) = \dfrac{N(s)}{D(s)}$,开环增益为 K。

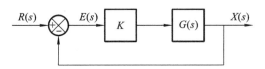

图 6-42 某控制系统方框图

上述控制系统的稳态误差为

$$E(s) = R(s) - X(s) = R(s) - KG(s)E(s)$$
$$E(s)[1 + KG(s)] = R(s)$$

解得

$$E(s) = R(s)\frac{1}{1 + KG(s)}$$

如果输入为单位阶跃函数,$R(s) = \dfrac{1}{s}$,同时将已知的 $G(s) = \dfrac{N(s)}{D(s)}$ 一起代入上式,可得

$$E(s) = \frac{1}{s}\frac{1}{1 + K\dfrac{N(s)}{D(s)}} \tag{6-52}$$

根据终值定理,稳态误差为

$$e_{ss} = \lim_{t \to \infty} e(t) = \lim_{s \to 0} sE(s)$$

将式(6-52)代入上式,可得

$$e_{ss} = \lim_{s \to 0} sE(s) = \lim_{s \to 0} s \frac{1}{s} \frac{1}{1 + K\dfrac{N(s)}{D(s)}} = \frac{1}{1 + K\dfrac{N(0)}{D(0)}} = \frac{D(0)}{D(0) + KN(0)} \quad (6\text{-}53)$$

假如有一系统,其开环传递函数为 $G(s) = \dfrac{1}{(s+2)(s+3)}$,显然有

$$N(s) = 1, \quad N(0) = 1$$

$$D(s) = (s+2)(s+3), \quad D(0) = (0+2)(0+3) = 6$$

将 $N(0) = 1, D(0) = 6$ 代入式(6-53)中可得误差,为

$$e_{ss} = \frac{D(0)}{D(0) + KN(0)} = \frac{6}{6+K}$$

如果令 $K = 4$,可得 $e_{ss} = \dfrac{6}{6+4} = 0.6$。

通过 Simulink 分析发现,稳态误差为 0.6,如图 6-43 所示。

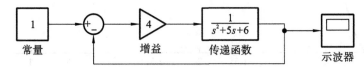

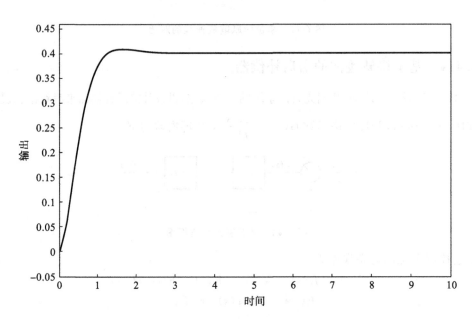

图 6-43 Simulink **误差分析结果**

为了消除稳态误差,给控制系统增加一个补偿器 $\dfrac{s+z}{s+p}$,如图 6-44 所示。

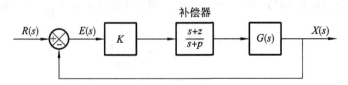

图 6-44 增加补偿器后的系统

增加补偿器后的稳态误差为

$$E(s) = R(s) - X(s) = R(s) - KG(s)E(s)\frac{s+z}{s+p}$$

方法同上,补偿系统的误差 e_{ssb} 为

$$
\begin{aligned}
e_{ssb} &= \lim_{s \to 0} sE(s) = \lim_{s \to 0} s\frac{1}{s}\frac{1}{1+K\dfrac{N(s)}{D(s)}\dfrac{s+z}{s+p}} \\
&= \frac{1}{1+K\dfrac{N(0)}{D(0)}\dfrac{z}{p}} \qquad\qquad (6\text{-}54) \\
&= \frac{D(0)}{D(0)+KN(0)\dfrac{z}{p}}
\end{aligned}
$$

通过比较式(6-53)和式(6-54),发现分母有差异,一个包含 $KN(0)$,一个包含 $KN(0)\dfrac{z}{p}$。设计补偿器的目标是减小稳态误差,即要使 $e_{ssb} < e_{ss}$,因此只需要满足:

$$KN(0) < KN(0)\frac{z}{p}$$

即 $\dfrac{z}{p} > 1$(零点和极点都为负数,$|z| > |p|$)。

如果补偿器 $H(s) = \dfrac{s+z}{s+p}$,$|z| > |p|$,则它的极点和零点在复平面上的位置如图 6-45 所示。

补偿器 $H(s) = \dfrac{s+z}{s+p}$ 为滞后补偿器。如果 $p = 0$,那么 $\dfrac{z}{p} \to \infty$,补偿系统的误差 $e_{ssb} = \dfrac{D(0)}{D(0)+KN(0)\dfrac{z}{p}} = 0$。$H(s) = \dfrac{s+z}{s+p} = 1 + \dfrac{z}{s}$,前项是比例控制,后项是积分控制,属于 PI 控制。

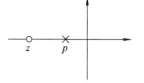

**图 6-45　补偿器的极点和零点
在复平面上的位置**

由图 6-43 可知,补偿前,系统的稳态误差 $e_{ss} = 0.6$,如果希望补偿后的误差 $e_{ssb} = 0.2$,即

$$e_{ssb} = \frac{D(0)}{D(0)+KN(0)\dfrac{z}{p}} = \frac{6}{6+4\dfrac{z}{p}} = 0.2$$

则可得

$$\frac{z}{p} = 6$$

满足 $\dfrac{z}{p} = 6$ 的方案有很多,这里对两种方案进行比较,如表 6-2 所示。

表 6-2　满足 $\dfrac{z}{p} = 6$ 的方案 A、B

	p	z
方案 A	1	6
方案 B	0.1	0.6

根据方案 A、B，进行 Simulink 分析，发现稳态误差都为 0.2，如图 6-46 所示。但方案 B 的瞬态属性与无补偿系统的更接近，这是因为补偿器的零点和极点更接近虚轴，它们对原有系统不会产生太大的影响。

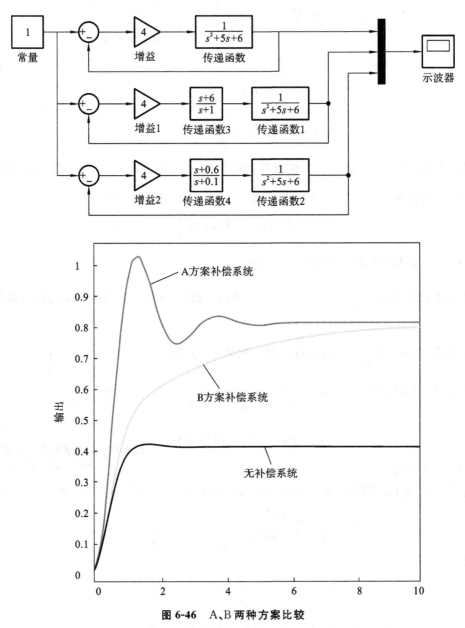

图 6-46　A、B 两种方案比较

6.4.5　基于根轨迹法的滞后-超前补偿器

超前校正主要用于增大系统的稳定裕度，改善系统响应的动态性能。滞后校正主要用于增大系统的开环增益，改善系统的静态性能。滞后-超前校正网络兼有滞后和超前两种校正网络的基本特性。

当期望的闭环主导极点 s_d 位于未校正系统根轨迹的左方时，如果只用单一超前网络对系统进行校正,虽然也能使得校正后系统的根轨迹通过闭环主导极点 s_d,但无法使系统在该点具有较大的开环增益,以满足静态性能的需要。此时,通常采用滞后-超前校正网络。其传递函数为

$$G_c(s) = G_{c_1}(s)G_{c_2}(s) = \frac{\left(s + \dfrac{1}{T_1}\right)}{\left(s + \dfrac{\beta}{T_1}\right)} \frac{\left(s + \dfrac{1}{T_2}\right)}{\left(s + \dfrac{1}{\beta T_2}\right)}$$

式中:$T_2 > T_1$;$\beta = \dfrac{z_1}{p_1} = \dfrac{p_2}{z_2} > 1$。

其中,$G_{c_1}(s)$ 起超前校正作用,利用它产生的相位超前角 φ_1 使得根轨迹向左倾斜,并通过期望的闭环主导极点 s_d;$G_{c_2}(s)$ 起滞后校正作用,它使系统在 s_d 点处的开环增益有较大幅度的增大,以满足静态性能的需要。

滞后-超前校正网络传递函数的零点和极点分布如图 6-47 所示。这与超前校正网络加上滞后校正网络的零点和极点分布类似。为了改善系统的稳态性能,校正装置滞后部分的零点必须靠近复平面的坐标原点。

用根轨迹法进行滞后-超前校正的一般步骤如下。

(1)根据系统性能指标的要求,确定期望的闭环主导极点 s_d 的位置。

(2)设计校正装置的超前部分 $G_{c_1}(s)$,使 $G_{c_1}(s)$ 在闭环主导极点 s_d 的位置具有的相位超前角 φ_1 满

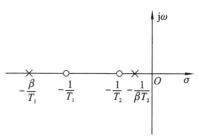

图 6-47 滞后-超前校正网络传递函数的零点和极点分布

足 s_d 点的相角条件,同时使得零点和极点的比值 $\beta = \dfrac{z_1}{p_1}$ 尽量大,以满足滞后部分使系统在 s_d 点开环增益有较大幅度增大的需要。

(3)将上一步确定的 β,代入滞后部分,设计滞后的 $G_{c_2}(s)$。

(4)画出校正后的根轨迹。根据根轨迹的幅值条件,计算 s_d 点的静态误差。如果其小于给定值,则增大 β,重置设计。反复验证,直到满足要求为止。

例 6-5 某一控制系统的开环传递函数 $G(s) = \dfrac{4}{s(s+0.5)}$,试设计校正装置,使得校正后的系统 $K_v = 50 \text{ s}^{-1}$,$\omega_n = 5 \text{ rad/s}$,$\zeta = 0.5$。

解:(1)确定闭环主导极点 s_d 的位置。

未校正系统的闭环传递函数为

$$\frac{C(s)}{R(s)} = \frac{G(s)}{1 + G(s)} = \frac{4}{s^2 + 0.5s + 4}$$

闭环传递函数的两个根 $s_{1,2} = -0.25 \pm j1.984$。

对照标准形式:

$$\frac{C(s)}{R(s)} = \frac{\omega_n^2}{s^2 + 2\zeta\omega_n s + \omega_n^2}$$

可得方程组

$$\begin{cases} 2\zeta\omega_n = 0.5 \\ \omega_n^2 = 4 \end{cases}$$

解得

$$\omega_n = 2 \text{ rad/s}, \quad \xi = 0.125$$

将 $\omega_n = 5 \text{ rad/s}, \xi = 0.5$ 代入极点公式可得主导极点

$s_d = -\zeta\omega_n \pm j\omega_n\sqrt{1-\zeta^2} = -2.5 \pm j4.33$，如图 6-48 所示。

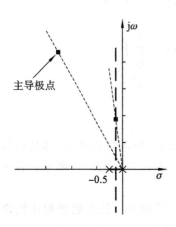

（2）计算 s_d 处相角的缺额。

$$\arg[G_p(s_d)] = \arg\left[\frac{1}{s(s+0.5)}\right]_{s=s_d}$$

$$= 0 - \left(180° + \arctan\frac{4.33}{-2.5}\right) - \left(180° + \arctan\frac{4.33}{-2.5+0.5}\right)$$

$$= -120° - 114.8°$$

$$= -234.8°$$

图 6-48 确定期望的闭环主导极点 s_d

需要的超前角 $\varphi = -180° - (-234.8°) \approx 55°$

补偿器的传递函数为

$$G_c(s) = K_c \frac{\left(s+\dfrac{1}{T_1}\right)}{\left(s+\dfrac{\beta}{T_1}\right)} \frac{\left(s+\dfrac{1}{T_2}\right)}{\left(s+\dfrac{1}{\beta T_2}\right)}$$

$$K_v = \lim_{s\to 0} sG(s)G_c(s)$$

$$= \lim_{s\to 0} sG_p(s)K_c$$

$$= 8K_c = 50$$

解得：$K_c = 6.25$。

（3）确定 T_1、β 的值。

假设 $T_2 \gg 1$，那么

$$\left|\frac{s_d+\dfrac{1}{T_2}}{s_d+\dfrac{1}{\beta T_2}}\right| \approx 1$$

根据幅值条件有

$$|G(s_d)G_c(s_d)| \approx |G(s_d)| \cdot K_c \cdot \left|\frac{s_d+\dfrac{1}{T_1}}{s_d+\dfrac{\beta}{T_1}}\right|$$

$$= \frac{4 \times 6.25}{|s_d||s_d+0.5|} \cdot \left|\frac{s_d+\dfrac{1}{T_1}}{s_d+\dfrac{\beta}{T_1}}\right|$$

$$= \frac{5}{4.77} \cdot \left|\frac{s_d+\dfrac{1}{T_1}}{s_d+\dfrac{\beta}{T_1}}\right| = 1$$

即

$$\left| \frac{s_{\mathrm{d}} + \dfrac{1}{T_1}}{s_{\mathrm{d}} + \dfrac{\beta}{T_1}} \right| = \frac{4.77}{5}$$

由图 6-49 可知，$\angle DPC = 55°$，$\dfrac{|\overline{PC}|}{|\overline{PD}|} = \dfrac{4.77}{5}$，

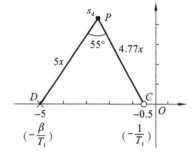

可得：

$$|\overline{CO}| = 0.5, \quad |\overline{DO}| = 5$$

因此有

$$-\frac{1}{T_1} = -0.5, \ -\frac{\beta}{T_1} = -5\left(-\frac{1}{T_1} \ \text{正好消除了一}\right.$$

个极点）

解得

图 6-49 确定 T_1、β 的值

$$T_1 = 2, \quad \beta = 10$$

（4）根据 β 值选取 T_2。

$$\left| \frac{s_{\mathrm{d}} + \dfrac{1}{T_2}}{s_{\mathrm{d}} + \dfrac{1}{\beta T_2}} \right| \approx 1, \quad \text{则} \ -3° < \arg\left[\frac{s_{\mathrm{d}} + \dfrac{1}{T_2}}{s_{\mathrm{d}} + \dfrac{1}{\beta T_2}} \right] < 0°$$

选取 $T_2 = 10$，则

$$\left| \frac{s_{\mathrm{d}} + 0.1}{s_{\mathrm{d}} + 0.01} \right| \approx 0.9911, \quad \text{则} \ \arg\left[\frac{s_{\mathrm{d}} + 0.1}{s_{\mathrm{d}} + 0.01} \right] = -0.9°$$

（5）最后得到校正环节的传递函数。

$$G_{\mathrm{c}}(s) = 6.25 \frac{(s + 0.5)(s + 0.1)}{(s + 5)(s + 0.01)}$$

（6）验证，画出系统的根轨迹。

$$G(s)G_{\mathrm{c}}(s) = \frac{25(s + 0.1)}{s(s + 5)(s + 0.01)}$$

校正后系统的主导极点移动到 $s_{\mathrm{d}} = -2.454 \pm \mathrm{j}4.304$，$s_3 = -0.1018 \approx -1/T_2$，$K_{\mathrm{v}} = 50$ s^{-1}，满足性能要求。

6.5 基于伯德图的校正

伯德图提供了另一种设计和分析控制系统的方法。根轨迹法是复数变量法，伯德图法是基于频率的方法，大多数信号都可以在频率内等价表示，因此伯德图法也常常用来设计控制系统。

6.5.1 基于伯德图的相位超前补偿器

相位超前环节的传递函数为

$$G_{\mathrm{c}} = \frac{1 + aTs}{1 + Ts}, \quad a > 1$$

该环节的频率特性曲线如图 6-50 所示。

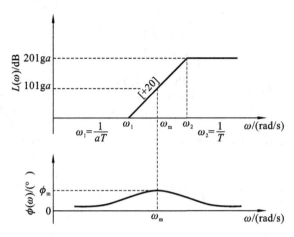

图 6-50 相位超前环节的频率特性曲线

此校正环节的相频特性为

$$\phi(\omega) = \arctan(aT\omega) - \arctan(T\omega) = \arctan\frac{aT\omega - T\omega}{1 + aT^2\omega^2}$$

最大超前相角为

$$\phi_m = \arctan\frac{a-1}{2\sqrt{a}} = \arcsin\frac{a-1}{a+1}$$

由此可得,当参数 $a = \dfrac{1+\sin\phi_m}{1-\sin\phi_m}$ 时,$L(\omega_m) = 10\lg a$。

相位超前校正装置的作用在于:

(1) 使校正后系统的截止频率增大,通频带变宽,响应的速度加快;

(2) 使校正后系统的相角稳定裕度增大,相对稳定性提高。

串联超前校正的步骤如下。

(1) 根据系统误差要求 $\overset{*}{e}_{ss}$ 确定其开环增益 K。

(2) 绘制待校正系统的对数频率特性曲线 $L(\omega)$ 和 $\phi(\omega)$,并确定其穿越频率 ω_{c0} 和相位稳定裕度 γ_0,如果 ω_{c0} 和 γ_0 均不足,则应首先考虑采用超前校正网络。

(3) 根据性能指标要求的相位裕度 $\overset{*}{\gamma}$ 和实际系统的相位裕度 γ,确定最大超前相角 $\phi_m = \overset{*}{\gamma} - \gamma_0 + \Delta$($\Delta$ 取 5°~12°)。

(4) 根据 $a = \dfrac{1+\sin\phi_m}{1-\sin\phi_m}$,计算出 a 值。

(5) 在 $L(\omega)$ 上找到幅频值为 $-10\lg a$ 的点处的频率作为超前校正装置的 ω_m。

(6) 根据选定的 ω_m 确定校正装置的转折频率:$\omega_2 = \dfrac{1}{T} = \omega_m\sqrt{a}$,$\omega_1 = \dfrac{1}{aT} = \dfrac{\omega_m}{\sqrt{a}}$。画出校正装置的对数频率特性曲线。

(7) 画出校正后系统对数频率特性曲线 $L(\omega)$,并校验系统的相位裕度 γ。如果不满足要求,则增大 Δ,从步骤(3)开始重新计算。

例 6-6 设某单位反馈开环传递函数 $G(s) = \dfrac{K}{s(0.1s+1)(0.001s+1)}$,要求 $K_v \geqslant$

$1\,000,\overset{*}{\lambda}>45°$,请问如何设计超前校正装置的参数?

解:(1)首先确定开环增益,取 $K=K_v=1\,000$,系统的开环传递函数为

$$G(s)=\frac{1\,000}{s(0.1s+1)(0.001s+1)}$$

(2)确定穿越频率 ω_{c0} 和相位稳定裕度 γ_0。先绘制出待校正系统的对数频率特性曲线 $L(\omega)$ 和 $\phi(\omega)$,如图 6-51 所示。

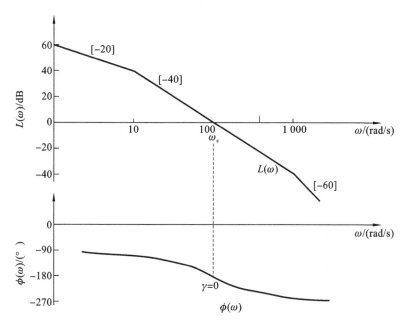

图 6-51 对数频率特性曲线

(3)计算 $\phi_m=\overset{*}{\gamma}-\gamma_0+\Delta=45°-0°+5°=50°$。

(4)计算 $a=\dfrac{1+\sin\phi_m}{1-\sin\phi_m}=\dfrac{1+\sin50°}{1-\sin50°}=7.5$。

(5)在 $L(\omega)$ 上找到幅频值为 $-10\lg a$ 的点处的频率,作为超前校正装置的 ω_m。$L_c(\omega)=-10\lg a=-10\lg7.5=-8.75$ dB,对应的频率 $\omega_m=164.5$ rad/s。

(6)确定校正装置的转折频率:

$$\omega_2=\frac{1}{T}=\omega_m\sqrt{a}=164.5\times\sqrt{7.5}=450, \quad \omega_1=\frac{1}{aT}=\frac{\omega_m}{\sqrt{a}}=\frac{164.5}{\sqrt{7.5}}=60$$

画出校正装置的对数频率特性曲线,如图 6-52 所示。

校正装置为

$$G_c(s)=\frac{1+\dfrac{s}{\omega_1}}{1+\dfrac{s}{\omega_2}}=\frac{1+\dfrac{s}{60}}{1+\dfrac{s}{450}}=\frac{1+0.016\,7s}{1+0.002\,2s}$$

校正后系统为

$$G'(s)=G_c(s)G(s)=\frac{1\,000(1+0.016\,7s)}{s(1+0.1s)(1+0.002\,2s)(1+0.001s)}$$

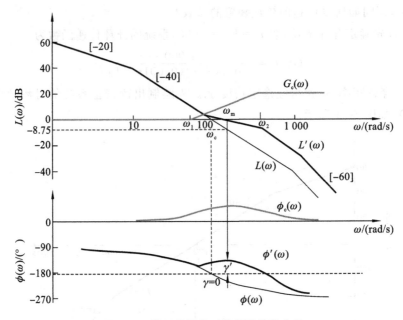

图 6-52 校正装置的对数频率特性曲线

6.5.2 基于伯德图的相位滞后补偿器

相位滞后环节的传递函数为

$$G_c(s) = \frac{1 + bTs}{1 + Ts}, \quad b < 1$$

其对数频率特性曲线如图 6-53 所示。

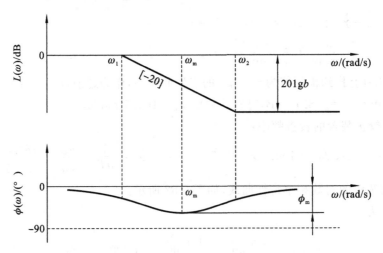

图 6-53 相位滞后环节的对数频率特性曲线

相位滞后环节的频率特性为

$$\phi(\omega) = \arctan \frac{bT\omega - T\omega}{1 + bT^2\omega^2}$$

$$|G_c(j\omega)| = \sqrt{\frac{1 + \omega^2 T^2}{1 + (b\omega T)^2}}$$

图 6-53 中，$\omega_1 = \dfrac{1}{T}$，$\omega_2 = \dfrac{1}{bT}$，$\omega_m = \dfrac{1}{T\sqrt{b}} = \sqrt{\omega_1\omega_2}$，最大滞后相角 $\phi_m = \arctan\dfrac{1-b}{2\sqrt{b}} = \arcsin\dfrac{1-b}{1+b}$。

滞后校正网络对低频有用信号没有衰减作用，而对高频噪声有一定的衰减作用，最大的幅值衰减为 $20\lg b$，b 值越大，抑制高频噪声的能力越强。

设计滞后校正装置的步骤如下。

（1）根据系统误差要求 $\overset{*}{e}_{ss}$ 确定其开环增益 K。

（2）绘制待校正系统的对数频率特性曲线 $L(\omega)$ 和 $\phi(\omega)$，并确定其穿越频率 ω_{c0} 和相位稳定裕度 γ_0，如果 ω_{c0} 有余，而 γ_0 不足，则应首先考虑采用滞后校正网络。

（3）根据性能指标要求的相位裕度 $\overset{*}{\gamma}$ 和实际系统的相位裕度 γ，确定最大滞后相角 $\phi(\omega_c) = -180° + \overset{*}{\gamma} + \Delta$（$\Delta$ 取 $5°\sim12°$），计算校正后系统的穿越频率 ω_c。

（4）根据 $20\lg b + L(\omega_c) = 0$，确定参数 b 值。

（5）一般选取 $\omega_2 = (0.1\sim0.05)\omega_c$，则 $\omega_1 = b\omega_2$，并画出校正装置的对数频率特性曲线。

（6）画出校正后系统对数频率特性曲线 $L(\omega)$，并校验系统的相位裕度 γ。如果不满足要求，需适当放大参数裕量，重新选择参数，重复以上步骤。

例 6-7 设某单位反馈开环传递函数 $G(s) = \dfrac{K}{s(s+1)(0.5s+1)}$，经过校正，使得校正后系统的开环增益 $K=5$，幅值裕度 $h \geqslant 10$ dB，$\gamma \geqslant 40°$，请问如何设计滞后校正装置的参数？

解：（1）由题目要求可知，开环增益 $K=5$，所以校正前开环传递函数为

$$G(s) = \dfrac{5}{s(s+1)(0.5s+1)}$$

（2）绘制待校正系统的对数频率特性曲线 $L(\omega)$ 和 $\phi(\omega)$，如图 6-54 所示。

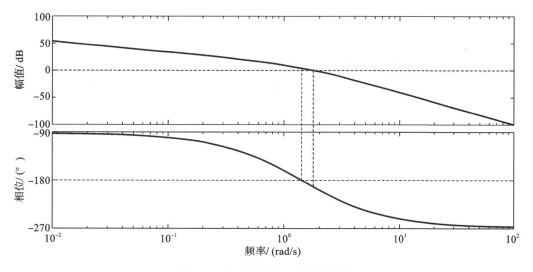

图 6-54 校正前开环系统的伯德图

从图中可以看出穿越频率 $\omega_c = 1.41$ rad/s，相位裕度 $\gamma = -13°$，说明系统不稳定，不满足要求。

（3）相位裕度 $\gamma < 0$，所以选用滞后校正装置。

为使校正后系统具有大于 40°的相位裕度，再考虑到相位滞后校正在校正后截止频率处将有 5°左右的相位滞后影响，从原系统相频特性曲线上找出相位稳定裕度为 45°处的频率，可以得出 $\omega'_c \approx 0.5$ rad/s，将该频率作为校正后系统截止频率。

（4）在原系统的对数幅频特性曲线上查出相应于新的截止频率处的幅值为 20 dB，此处的幅值在通过补偿器补偿后，使得截止频率处渐近线穿越零分贝线，即 $20\lg b = -20$ dB。也可以直接将 $\omega'_c \approx 0.5$ rad/s 代入方程 $20\lg b + L(\omega'_c) = 0$ 中，确定参数 $b = 0.1$。

（5）根据 $\omega_2 = \dfrac{1}{bT} = \dfrac{1}{10}\omega'_c$，可得 $\omega_2 = 0.1\,\omega'_c$，$\omega_1 = b\omega_2$。由此可以求得 $\omega_1 = 0.005$ rad/s，$\omega_2 = 0.05$ rad/s。则校正装置为

$$G_c(s) = \frac{1 + \dfrac{s}{\omega_2}}{1 + \dfrac{s}{\omega_1}} = \frac{1 + 20s}{1 + 200s}$$

6.5.3　基于伯德图的相位滞后-超前补偿器

单纯地采用相位超前校正或者相位滞后校正只能改善某一方面的性能。如果希望系统同时具有较好的动态性能和静态性能，一般采用相位滞后-超前校正的方法。

相位滞后-超前环节的传递函数为

$$G(s) = \frac{1 + bT_1 s}{1 + T_1 s}\frac{1 + aT_2 s}{1 + T_2 s} = \frac{(1 + bT_1 s)(1 + aT_2 s)}{(1 + T_1 s)(1 + T_2 s)}, \quad T_1 > bT_1 > aT_2 > T_2$$

相位滞后-超前环节的频率特性曲线如图 6-55 所示。从图中可以看出，在 $\omega < \omega_0$ 的频段范围内，频率特性具有负斜率、负相移，起滞后校正作用；在 $\omega > \omega_0$ 的频段范围内，频率特性具有正斜率、正相移，起超前校正作用。

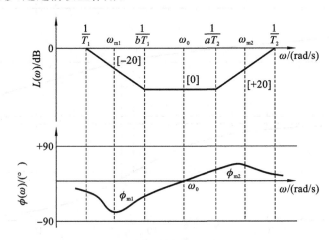

图 6-55　相位滞后-超前环节的频率特性曲线

相位超前校正可以扩大频带宽度，提高系统的快速性，增加稳定裕量；相位滞后校正可以提高系统的稳态精度，改善系统稳定性，但使系统频带宽度缩小，系统响应变慢。相位滞后-超前校正兼有滞后、超前两种校正方法的优点。

设计相位滞后-超前校正装置的步骤如下。

（1）根据系统误差 e_{ss}^{*} 要求确定其开环增益 K。

（2）绘制待校正系统的对数频率特性曲线 $L(\omega)$ 和 $\phi(\omega)$，并确定其穿越频率 ω_c 和相位稳定裕度 γ。

（3）选取待校正系统上 $\gamma=0$ 时的 ω 值，将此频率作为校正后系统的穿越频率 ω_c'。

（4）按滞后校正的方法确定校正环节中滞后部分参数，滞后部分的转折频率为 $\omega_2 = \left(\dfrac{1}{5} - \dfrac{1}{10}\right)\omega_c' = \dfrac{1}{T_2}$，选取 $b=0.1$，确定参数 $\omega_1 = b\omega_2 = \dfrac{1}{T_1}$。

（5）保证对数幅频特性在 0 dB 附近的斜率为 -20 dB/dec，确定校正环节中超前部分参数。过 $(\omega_c', -L(\omega_c'))$ 点作 $[+20]$ 的斜线，分别交滞后校正装置的频率特性曲线和横轴（ω 轴）于两点，此两个交点所对应的频率即为相位超前校正装置的两个转折频率 ω_3、ω_4。

（6）绘制校正后开环对数频率特性曲线，并检验系统指标。若不满足要求，重复上述步骤。

例 6-8 某单位反馈开环传递函数 $G(s) = \dfrac{K}{s(s+1)(s+2)}$，经过校正，使得校正后系统 $K_v = 10, h' = 6$ dB，$\gamma' \geqslant 40°$，请问如何设计串联校正装置？

解：（1）根据系统稳态精度要求，取 $K = K_v = 10$，系统的开环传递函数为

$$G_0(s) = \frac{10}{s(s+1)(s+2)}$$

（2）绘制待校正系统的对数频率特性曲线 $L(\omega)$ 和 $\phi(\omega)$，如图 6-56 所示。

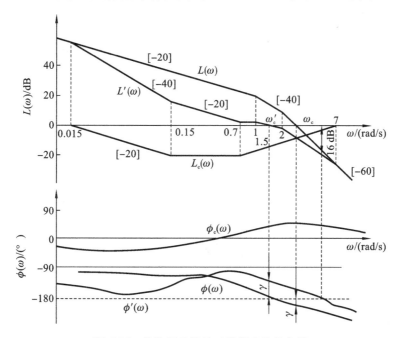

图 6-56 待校正系统的对数频率特性曲线

从图中，可以确定其穿越频率 $\omega_c \approx 2.7$ rad/s，相位稳定裕度 $\gamma < 0$。

（3）选取待校正系统上 $\gamma=0$ 时的 ω，将此频率作为校正后系统的穿越频率 ω_c'。

$$\gamma = 180° + \phi(\omega_c') = 180° - 90° + \arctan \omega_c' - \arctan 0.5\omega_c' = 0$$

解得：$\omega_c' = 1.5 \text{ rad/s}$。

（4）按滞后校正的方法确定校正环节中滞后部分参数。

$$\omega_2 = 0.1 \, \omega_c' = 0.15 \text{ rad/s}$$

$$b = 0.1, \quad \omega_1 = b\omega_2 = 0.015 \text{ rad/s}$$

（5）确定校正环节中超前部分参数。

$20\lg|G(\omega_c')| = -13 \text{ dB}$，过 $(1.5, -13)$ 点作 $[+20]$ 的斜线，分别交滞后校正装置的频率特性曲线和横轴（ω 轴）于两点，得到

$$\omega_3 = 0.7 \text{ rad/s} \rightarrow T_2 = 1.43 \text{ s}$$

$$\omega_4 = 7 \text{ rad/s} \rightarrow aT_2 = 0.143 \text{ s}$$

（6）校正环节的传递函数为

$$G_c(s) = \frac{(1 + 6.67s)(1 + 0.143s)}{(1 + 66.7s)(1 + 1.43s)}$$

校正后系统的开环传递函数为

$$G'(s) = G_c(s)G_0(s) = \frac{10(1 + 6.67s)(1 + 0.143s)}{s(1+s)(2+s)(1+66.7s)(1+1.43s)}$$

检验系统指标为

$$\gamma' = 180° + \phi'(\omega_c') = 44.6° > 40°$$

$$\phi'(\omega_g') = -180° \rightarrow \omega_g' = 4 \rightarrow h' = 16 \text{ dB} > 6 \text{ dB}$$

校正后系统符合本题要求。

习题与思考题

6-1　已知某系统 $G(s) = \dfrac{1}{s+1}$ 和 $H(s) = \dfrac{s+1}{s+10}$，求其稳态阶跃误差。

6-2　已知某系统 $G(s) = \dfrac{100}{s^2}$ 和 $H(s) = 1$，求其稳态加速度误差。

6-3　已知某系统 $G_x(s) = \dfrac{10}{s(s^2 + 10s + 30)}$，请使用根轨迹法，设计一个滞后控制器，使其满足如下条件：

（1）e_{ss}（阶跃）$=0$；

（2）e_{ss}（斜坡）$=0.01$；

（3）系统稳定。

6-4　已知某系统 $G_x(s) = \dfrac{100}{s^2 + 100}$，请使用根轨迹法，设计一个超前控制器，使其满足如下条件：

（1）$\xi \geqslant 0.707$；

（2）$\tau \leqslant 0.1 \text{ s}$；

（3）系统稳定。

6-5　已知某系统 $G_x(s) = \dfrac{10}{s(s+2)}$，请使用伯德图法，设计一个超前控制器，使其满足如下条件：

（1）$\xi = 0.5$；

（2）$\tau = 0.1$ s；

（3）系统稳定。

6-6　已知某系统 $G_x(s) = \dfrac{2}{s^3}$，请使用伯德图法，设计一个超前控制器，使其满足如下条件：

（1）$\xi = 0.5$；

（2）$\tau = 0.1$ s；

（3）系统稳定。

第 7 章
PID 控制技术

比例积分微分(proportional integral differential,PID)控制是按偏差的比例、积分和微分进行控制的简称。PID 控制技术因结构简单、稳定性高、工作可靠、调整方便而成为工业控制的主要技术之一。

在机电一体化系统中,控制对象的模型一般较为复杂,系统参数经常会随着环境变化而变化,采用其他方法很难处理这类问题。而采用 PID 控制器,算法简单,工作量较小,其比例系数 K_P、积分时间常数 T_I、微分时间常数 T_D 相互独立,设计人员根据经验进行在线整定非常方便,容易推广和实施。

在机电一体化系统中,数字 PID 控制算法已经得到广泛应用,各大公司均开发了具有PID 参数自整定功能的智能控制器,其中 PID 控制器参数的自动调整是通过智能化调整或自校正、自适应算法来实现的。PID 控制应用形式多样,有利用 PID 控制实现的压力、温度、流量和液位控制器,有能实现 PID 控制功能的可编程序控制器,还有可实现 PID 控制的 PC系统。PID 控制是应用最广泛的基本控制方式,占整个工业过程控制算法的85%～90%。

7.1 PID 控制原理

在控制系统中,当不能完全掌握控制对象的结构和参数,或得不到精确的数学模型,难以采用控制理论的其他技术时,系统控制器的结构和参数必须依靠经验和现场调试来确定,这时应用 PID 控制技术最为方便。换句话说,如果我们不完全了解一个系统和控制对象,或不能通过有效的测量手段来获得系统参数,则最适合采用 PID 控制技术。那么,PID 控制原理是什么呢?

为了便于读者弄清楚 PID 控制原理,我们从一个实例入手,以离散化数据为对象,逐步阐述数字 PID 控制的内涵。

在日常生活中,可以看到很多控制的例子,最简单的控制方法是位式控制算法。例如,电取暖器、电炉或电熨斗这类设备,通常采用位式控制算法,如图 7-1 所示。

在位式控制算法中,用户只需要设定一个目标温度,这里用 S_v 表示;将其与传感器检测到的控制对象的实际温度(这里用 P_v 表示)进行对比。如果 $P_v > S_v$,位式控制算法输出"H"信号,代表温度高了;如果 $P_v < S_v$,位式控制算法输出"L"信号,代表温度没有达到目标温度。

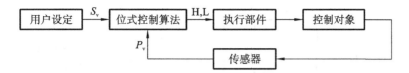

图 7-1　温度控制的位式控制算法框图

假如用户设定电炉目标温度 $S_v = 1\ 000\ ℃$，通过传感器检测到的电炉的实际温度 $P_v = 1\ 080\ ℃$，实际温度比目标温度高，系统就关断（OFF）电炉丝的电源。如果实际温度比目标温度低，系统就接通（ON）电炉丝的电源。位式控制温度的变化如图 7-2 所示。

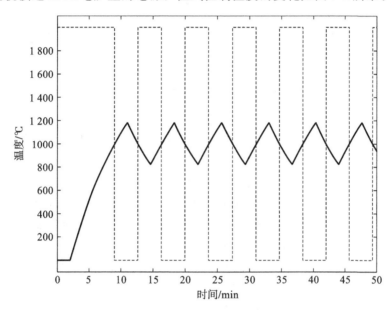

图 7-2　位式控制温度的变化

在以上过程中，对于目标温度来说，根据实际温度的高低进行 OFF/ON 的控制称为位式控制，或称为开关（ON/OFF）控制。位式控制虽然比较简单，但是它只能输出开或关两种物理量，控制对象时高时低，还会出现振荡的现象。它只考虑当前控制对象的实际值是否与目标值绝对一致，不计算累计历史偏差，也不判断偏差变化的趋势。它的动作非常刚性，不管偏差的大小，动作要么开，要么关。

PID 控制与位式控制不一样，它会判断偏差的大小、最近偏差变化的趋势，计算累计历史偏差等，能输出多种物理量，很好地解决机电一体化系统中的控制问题。PID 控制温度的系统框图如图 7-3 所示。

（1）比例控制。

比例控制根据偏差的比例进行控制。假定自系统启动以来，传感器的所有采样点的数据序列如下：

$$X_1, X_2, X_3, \cdots, X_{k-2}, X_{k-1}, X_k$$

其中，X_k 为当前检测到的数据，X_{k-1} 为上一次检测到的数据。则当前偏差 E_k 为

$$E_k = S_v - X_k$$

E_k 会出现以下三种情况。

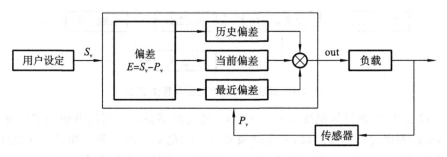

图 7-3 PID 控制温度的系统框图

①$E_k>0$：当前未达标。

②$E_k=0$：正好。

③$E_k<0$：当前超标。

请注意，与位式控制只关注 P_v、S_v 的偏差值是否为零不同，PID 控制关注的是当前偏差 E_k 的大小。

如果当前偏差 E_k 很大，则输出 out 就大一点，因为离目标值太远。输出 out 大一点，可以快速接近目标值。

如果当前偏差 E_k 很小，说明快达到目标值了，则输出 out 就小一点。此时，如果输出 out 仍然很大行不行呢？不行，因为容易出现超调现象。例如，当实际温度低于目标温度 2 ℃时，如果输出 out 很大，由于惯性作用，下个采样周期可能会发现实际温度又高了 15 ℃。因此，当当前偏差 E_k 很小时，输出 out 应该小一点。

这种根据当前偏差的大小进行控制的方法，称为比例控制，表示如下：

$$P_{out} = K_P E_k$$

式中：P_{out} 为比例控制的输出；K_P 为比例系数。

在上面的位式控制例子中，系统一旦发现实际值与目标值不一样，输出 out 会输出开或关两种物理量中的一种。

在比例控制中，当系统存在偏差时，输出 out 的大小是通过 PWM 来控制的。PWM 控制通过对一系列脉冲的宽度进行调制，等效出所需要的波形（包含形状及幅值），对模拟信号电平进行数字编码，也就是说通过调节占空比的变化来调节信号、能量等的变化。占空比是指在一个周期内，信号处于高电平的时间占整个信号周期的百分比，例如方波的占空比就是 50%。可把 PWM 看成一种特殊的开关。

比例控制绝对依赖于当前偏差。当前偏差越大，输出 out 就越大，以便快速达到目标值。比例控制的优点是及时、快速。但是，比例控制总是简单地乘以当前偏差，有时候被控参数不能完全恢复到用户设定的目标值，即存在一定的静差，因此控制精度不高，比例控制又称为"粗调"。

（2）积分控制。

在上面的比例控制例子中，测得了系统的每次采样数据。如果把用户设定的目标值与每次采样数据相减，得到每一次的偏差（$E_i = S_v - X_i$），则所有历史偏差序列可表示如下：

$$E_1, E_2, E_3, \cdots, E_{k-2}, E_{k-1}, E_k$$

那么，可以计算累计历史偏差 S_k：

$$S_k = E_1 + E_2 + E_3 + \cdots + E_{k-2} + E_{k-1} + E_k = \sum_{i=1}^{k} E_i$$

S_k 会出现以下三种情况。

①$S_k > 0$：历史上，大多数时间未达标（排除极端异常值）。

②$S_k = 0$：总体均衡。

③$S_k < 0$：历史上，大多数时间都超标。

根据累计历史偏差，调整输出的控制方式，称为积分控制，表示如下：

$$I_{out} = K_I S_k$$

式中：I_{out} 为积分控制的输出；K_I 为积分系数。

积分控制的特点是考虑累计历史偏差，能够解决比例控制不能解决的静差问题。

（3）微分控制。

无论是比例控制，还是积分控制，都是滞后的控制。现在，我们来观察最近两次偏差的变化趋势，来预测下一步的输出。

设最近两次偏差的变化 D_k 为

$$D_k = E_k - E_{k-1}$$

D_k 会出现以下三种情况。

①$D_k > 0$：偏差越来越大了。

②$D_k = 0$：偏差变化率没有变化。

③$D_k < 0$：偏差越来越小了。

这种根据偏差变化趋势进行控制的方法，称为微分控制，表示如下：

$$D_{out} = K_D D_k$$

式中：D_{out} 为微分控制的输出；K_D 为微分系数。

微分控制的特点是根据被控参数的变化趋势进行控制，可解决被控参数滞后的问题。

7.2 模拟 PID 控制

PID 控制根据系统的偏差，利用偏差的比例、积分、微分的不同组合计算出控制量。图7-4 所示为常规 PID 控制系统的原理框图。

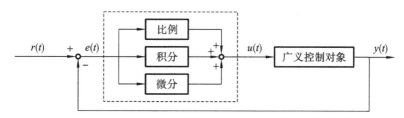

图 7-4 常规 PID 控制系统的原理框图

其中，广义控制对象包括执行元件和测量变送元件等；虚线框内部分是 PID 控制器，其输入为设定值 $r(t)$ 与被调量实测值 $y(t)$ 构成的控制偏差 $e(t)$，表达式如下：

$$e(t) = r(t) - y(t)$$

PID 控制器是一种线性控制器，它将偏差 $e(t)$ 的比例、积分和微分通过线性组合构成控

制量,对控制对象进行控制。其控制规律为

$$u(t) = K_P \left[e(t) + \frac{1}{T_I} \int_0^t e(t)\,\mathrm{d}t + T_D \frac{\mathrm{d}e(t)}{\mathrm{d}t} \right] \tag{7-1}$$

式中：$u(t)$为控制量；K_P为比例系数；T_I为积分时间常数；T_D为微分时间常数。

模拟 PID 控制的传递函数为

$$D(s) = \frac{U(s)}{E(s)} = K_P \left(1 + \frac{1}{T_I s} + T_D s \right) \tag{7-2}$$

PID 控制器的作用如下。

（1）比例环节：主要用于即时、快速地反映控制系统的偏差信号,从而减小偏差。但不能消除偏差,比例系数过大会导致系统不稳定。

（2）积分环节：主要用于消除稳态误差。积分作用的强弱取决于积分时间常数 T_I,T_I 越大,积分作用越弱,反之越强。最早时间段的历史偏差可能没有意义,如果去掉这部分偏差,以后期偏差为主,积分作用就明显。

（3）微分环节：反映偏差信号的变化趋势（变化率）,主要作用是克服被控参数的滞后。为减小滞后,可根据被控参数的变化趋势来进行控制,并能在偏差信号变得太大之前,向系统引入一个有效的早期修正信号,从而加快系统的动作速度,减少调节时间。

7.3　数字 PID 控制算法

7.3.1　位置式 PID 控制算法

在计算控制系统中,主要采用数字 PID 控制器。数字 PID 控制器的设计,实际上是计算机算法的设计。为了用计算机实现 PID 控制规律,需要将式(7-1)离散化,变换成差分方程。

首先,将连续的时间 t 离散化（Δt）为一系列采样时刻点 T_k（k 为采样序号,T 为采样周期）,在第 k 个采样时刻数据分别用 $e(k)$、$r(k)$、$y(k)$ 表示,于是第 k 次的偏差为

$$e(k) = r(k) - y(k)$$

然后以求和取代积分［当采样周期 T 很小时,$\mathrm{d}t$ 可以用 T 近似代替,$\mathrm{d}e(t)$ 可以用 $e(k)$－$e(k-1)$ 近似代替］,以向后差分取代微分,可得

$$\int_0^t e(t)\,\mathrm{d}t \approx \sum_{i=0}^k e(i) \Delta t = \sum_{i=0}^k e(i) T \tag{7-3}$$

$$\frac{\mathrm{d}e(t)}{\mathrm{d}t} \approx \frac{e(k) - e(k-1)}{\Delta t} = \frac{e(k) - e(k-1)}{T} \tag{7-4}$$

将式(7-3)、式(7-4)代入式(7-1)中,得

$$u(k) = K_P \left[e(k) + \frac{T}{T_I} \sum_{i=0}^k e(i) + T_D \frac{e(k) - e(k-1)}{T} \right] \tag{7-5}$$

式中：k 为采样序号；$u(k)$ 为在第 k 个采样时刻计算机输出值；$e(k)$ 为在第 k 个采样时刻输入的偏差值；$e(k-1)$ 为在第 $k-1$ 个采样时刻输入的偏差值；T 为采样周期,应使 T 足够小,才能保证精度。

式(7-5)称为数字 PID 控制算法,其示意图如图 7-5 所示。

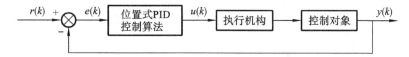

图 7-5　数字 PID 控制算法示意图

式(7-5)中的输出量 $u(k)$ 为全量输出,对应于控制对象的执行机构在每个采样时刻应达到的位置,如阀门开度、电机转速等,即输出值与阀门开度(或电机转速)一一对应,该算法又称为位置式 PID 控制算法。

式(7-5)中的输出值与过去所有状态有关,计算时需要占用计算机大量内存,计算时间较长,这对于实时控制的控制器来说,实用性不高。为此,将式(7-5)改写成递推形式,以保证其更有实用性。

根据式(7-5),在第 $k-1$ 个采样时刻,输出值为

$$u(k-1) = K_{\mathrm{P}}\Big[e(k-1) + \frac{T}{T_{\mathrm{I}}}\sum_{i=0}^{k-1}e(i) + T_{\mathrm{D}}\frac{e(k-1)-e(k-2)}{T}\Big] \tag{7-6}$$

在第 k 个采样时刻计算机输出偏差为

$$
\begin{aligned}
\Delta u(k) &= u(k) - u(k-1)\\
&= K_{\mathrm{P}}\Big[e(k) + \frac{T}{T_{\mathrm{I}}}\sum_{i=0}^{k}e(i) + T_{\mathrm{D}}\frac{e(k)-e(k-1)}{T}\Big] - \\
&\quad\ K_{\mathrm{P}}\Big[e(k-1) + \frac{T}{T_{\mathrm{I}}}\sum_{i=0}^{k-1}e(i) + T_{\mathrm{D}}\frac{e(k-1)-e(k-2)}{T}\Big]\\
&= K_{\mathrm{P}}\Big\{e(k)-e(k-1) + \frac{T}{T_{\mathrm{I}}}e(k) + \frac{T_{\mathrm{D}}}{T}\big[e(k)-2e(k-1)+e(k-2)\big]\Big\}
\end{aligned}
\tag{7-7}
$$

在第 k 个采样时刻计算机输出值为

$$
\begin{aligned}
u(k) &= u(k-1) + \Delta u(k)\\
&= u(k-1) + K_{\mathrm{P}}\Big\{e(k)-e(k-1) + \frac{T}{T_{\mathrm{I}}}e(k) + \frac{T_{\mathrm{D}}}{T}\big[e(k)-2e(k-1)+e(k-2)\big]\Big\}\\
&= u(k-1) + K_{\mathrm{P}}\Big(1 + \frac{T}{T_{\mathrm{I}}} + \frac{T_{\mathrm{D}}}{T}\Big)e(k) - K_{\mathrm{P}}\Big(1 + \frac{2T_{\mathrm{D}}}{T}\Big)e(k-1) + K_{\mathrm{P}}\frac{T_{\mathrm{D}}}{T}e(k-2)\\
&= u(k-1) + a_0 e(k) - a_1 e(k-1) + a_2 e(k-2)
\end{aligned}
\tag{7-8}
$$

式中:$a_0 = K_{\mathrm{P}}\Big(1 + \dfrac{T}{T_{\mathrm{I}}} + \dfrac{T_{\mathrm{D}}}{T}\Big)$;$a_1 = K_{\mathrm{P}}\Big(1 + \dfrac{2T_{\mathrm{D}}}{T}\Big)$;$a_2 = K_{\mathrm{P}}\dfrac{T_{\mathrm{D}}}{T}$。

由式(7-8)可知,如果计算机控制系统采用恒定的采样周期 T,那么在确定 a_0、a_1、a_2 后,只要使用最后三次测量的偏差值,就可以求出控制量 $u(k)$。位置式 PID 控制算法程序流程图如图 7-6 所示。

7.3.2　增量式 PID 控制算法

使用位置式 PID 控制算法时,需要对 $e(k)$ 进行累加,需要保存过去所有状态,这会占用计算机大量内存,也会增大计算机运算工作量。

由于计算机输出值 $u(k)$ 直接对应执行机构的实际位置,因此系统一旦出现差错,就会

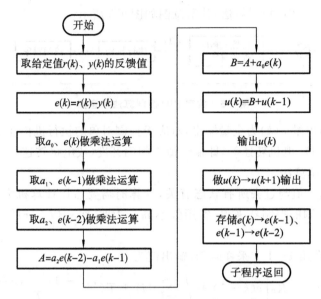

图 7-6 位置式 PID 控制算法程序流程图

使 $u(k)$ 发生大幅度变化,必会导致执行机构发生大幅度变化,在某些场合甚至会造成重大的生产事故,这在生产实践中是不允许的。

有些执行机构(如步进电机)要求控制器的输出为增量形式,位置式 PID 控制算法不适用于这种情况,因此对位置式 PID 控制算法进行改进,引入增量式 PID 控制算法。

由式(7-8)可得

$$\Delta u(k) = a_0 e(k) - a_1 e(k-1) + a_2 e(k-2) \tag{7-9}$$

式(7-9)也是一种数字 PID 控制算法,称为增量式 PID 控制算法。

按式(7-9)计算的第 k 个采样时刻的输出值 $u(k)$,只用到第 k、$k-1$、$k-2$ 个采样时刻的偏差值 $e(k)$、$e(k-1)$、$e(k-2)$,以及上一次的计算机输出值 $u(k-1)$。与位置式 PID 控制算法相比,该算法大大减小了计算量,节省了计算机内存,缩短了计算时间,因此在实际工作中得到广泛应用。

例如,执行机构本身具有累积或记忆功能,步进电机作为执行元件具有保持历史位置的功能。根据式(7-9),控制器给出一个增量信号,执行机构在原来位置的基础上前进或后退若干步即可达到新的位置。

增量式 PID 控制算法程序流程图如图 7-7 所示。在实际编程中,可以先算出 a_0、a_1、a_2,并存入固定的单元,设 $e(k-1)$、$e(k-2)$ 初值为 0。

增量式 PID 控制算法有以下优点。

(1) 位置式 PID 控制算法中每次的输出值与过去所有状态有关,计算时要用到累计历史偏差,容易产生较大的积累偏差。增量式 PID 控制算法只与最近几次的偏差值有关,故不易产生积累偏差,控制效果好。

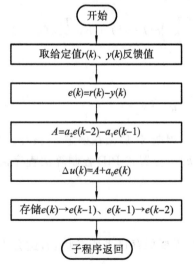

图 7-7 增量式 PID 控制算法程序流程图

（2）增量式 PID 控制算法只输出控制增量，偏差动作影响小。

（3）对于位置式 PID 控制算法，控制从手动换到自动时，需要设置计算机的初始输出值 u_0，以避免出现冲击。在增量式 PID 控制算法中，不会出现 u_0 项，对于执行机构来说，其具有保持作用，易于实现手动与自动之间的无扰动切换，能够在切换时平滑过渡。

若执行机构不带积分部件（如电液伺服阀），其位置与计算机输出值一一对应，则采用位置式 PID 控制算法。若执行机构带积分部件（如步进电机），则采用增量式 PID 控制算法。

7.4 PID 各环节对控制系统的影响

在实际的控制系统中，由于环境中存在各种扰动因素，被控参数可能会偏离用户设定的目标值，产生一定的偏差。一旦检测到偏差，自动控制系统的调节单元及时动作，将来自变送器的实际值与目标值进行比较，然后对产生的偏差进行比例、积分、微分运算，并输出统一标准信号，来控制执行机构的动作，以实现对温度、压力、流量、液位及其他工艺参数的自动控制。

7.4.1 比例控制

比例控制的作用是对偏差瞬间做出反应。一旦有偏差产生，控制器立即发挥控制作用，使控制量向减小偏差的方向变化。比例系数过大，会导致系统不稳定。

比例控制能对偏差做出迅速反应，从而减小稳态误差。但是，比例控制不能消除稳态误差（如果偏差为零，即 $E_k = S_v - X_k = 0$，则表明系统没有偏差，输出为 0；如果输出为 0，则意味着控制对象不再执行动作了）。

如图 7-8 所示，控制作用的强弱取决于比例系数 K_P，比例系数 K_P 越大，控制作用越强，过渡过程时间越短，控制过程的稳态误差就越小（图中 $K_P = 8$ 最大，稳态误差最小）。但是

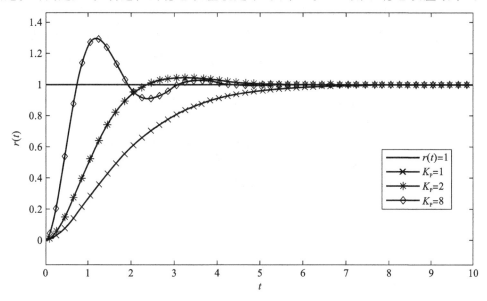

图 7-8 比例控制阶跃响应

K_P 越大，控制过程越容易产生振荡，系统的稳定性越容易遭到破坏（图中 $K_P=8$ 时控制作用最强，初期振幅最大）。因此，必须恰当选择比例系数 K_P，才能保证过渡过程时间短，获得稳态误差小而系统又稳定的效果。

7.4.2　积分控制

在积分控制中，输出与输入偏差信号的积分成正比关系。

为了减小稳态误差，通常在控制器中加入积分项，积分项可看成累计历史偏差，是各次偏差的代数和。这样，比例控制中存在的稳态误差会被积分环节感知，即使稳态误差很小，积分项也会随着时间的增加而增大，积分控制器的输出增大，使得稳态误差进一步减小，直到稳态误差等于零或者趋近于零。

但是，积分控制也有不足。积分控制器的输出是随着时间的增加而逐渐增大的，如果单独使用积分控制器，系统的调节动作就会比较缓慢，造成系统调节不迅速。当系统中被控参数突然出现一个偏差时，积分控制器不能像比例控制器一样，迅速改变控制对象。积分控制器的积分作用不及时，控制过程缓慢，且波动会变大，从而导致系统不易变得稳定。积分控制和比例控制的比较如图 7-9 所示。另外，积分控制虽然能实现无静差控制，但是，在控制过程中会出现超调现象，甚至引起被控参数的振荡，如图 7-10 所示。

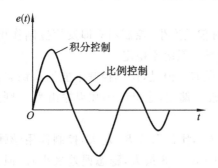

图 7-9　积分控制和比例控制的比较

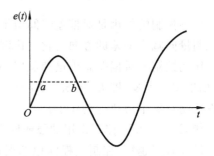

图 7-10　积分控制超调

造成积分控制超调的根本原因是积分控制只考虑被控参数变化的大小和方向，不考虑被控参数变化速度的大小和方向。如果积分控制仍以同样大小的速度去调整控制对象，则会产生超调现象。

比例控制动作及时，但有稳态误差；积分控制虽能消除稳态误差，但是其控制过程容易产生振荡，且时间长，被控参数波动幅度也较大。在实际应用中，总是将它们结合起来，取其所长，组成一个以比例控制为主、积分控制为辅的控制器。这种控制器称为比例积分（PI）控制器。用它实现的控制称为比例积分控制，简称 PI 控制。PI 控制是在比例控制实现粗调的基础上，增加一个消除前者遗留的稳态误差的积分控制。

如图 7-11 所示，PI 控制消除了单独使用比例控制时存在的稳态误差。

7.4.3　微分控制

在微分控制中，输出与输入偏差信号的微分（即偏差的变化率）成正比关系。

对于一个固定不变的偏差来说，无论偏差多大，偏差的变化率为零，微分控制器的输出为零。这是微分控制器的一个突出特点。

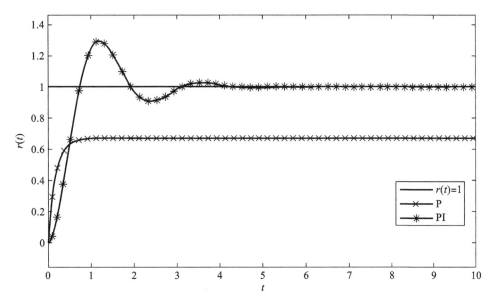

图 7-11 比例(P)控制和比例积分(PI)控制阶跃响应

微分环节的作用是阻止被控参数发生变化,力图使偏差不变。该环节根据偏差的变化趋势(变化速度)进行控制,减小被控参数的动态偏差,有抑制振荡、提高系统稳定性的作用。偏差变化得越快,微分控制器的输出就越大,并能在偏差变大之前进行修正。引入微分控制,将有助于减小超调量,克服振荡,使系统趋于稳定,特别是对高阶系统非常有利,它增大了系统的跟踪速度。

微分控制也存在不足,微分控制只在被控参数发生变化时起作用,而且不允许被控参数的信号中含有干扰成分,因为微分控制对干扰很敏感、反应快,很容易造成调节阀的误动作,因此,比例微分(PD)控制器常应用于延迟较大的温度调节中。对于那些噪声较大的系统,一般不用微分控制,或在微分控制起作用之前先对输入信号进行滤波。

一般情况下,采用 PI 控制器基本上能满足各项控制要求,但对于大延迟对象,其仍不能满足要求,为此,还需加入微分控制。将系统偏差的比例、积分、微分线性组合构成的控制称为比例积分微分(PID)控制。

7.5 数字 PID 控制算法的改进

在计算机控制系统中,PID 控制是用计算机程序来实现的,其优点是灵活性高,一些原来使用模拟 PID 控制难以解决的问题,用数字 PID 控制可以很好地解决。在数字 PID 控制算法的基础上,产生了一系列改进算法,以满足不同控制系统的需要。本节介绍几种常用的改进算法。

7.5.1 积分分离 PID 控制算法

如前所述,在 PID 控制中引入积分项的目的是消除系统的稳态误差,提高精度。但是在过程的启动、结束或大幅度增减目标值时,短时间内系统输出有很大的偏差,积分作用过强会产生超调现象,甚至出现积分饱和现象,这是控制系统不允许的。

在这种情况下,引进积分分离 PID 控制算法,既保持了积分作用,又减小了超调量,保证了系统的精度和相对稳定性,使得控制性能得到较大的改善。

该算法的主要思想是:

(1) 给偏差 $e(k)$ 设定一阈值 $\varepsilon(\varepsilon>0)$;

(2) 当 $|e(k)|\leqslant\varepsilon$(偏差较小)时,采用 PID 控制,保证系统的精度;

(3) 当 $|e(k)|>\varepsilon$(偏差较大)时,去掉积分控制,仅采用 PD 控制,使系统的超调量大幅减小,又使系统有较快的响应。

该算法的表达式为

$$u(k) = K_P\left[e(k) + \beta\frac{T}{T_I}\sum_{i=0}^{k}e(i) + T_D\frac{e(k)-e(k-1)}{T}\right] \tag{7-10}$$

式中:β 为积分项前面的系数,其取值为

$$\beta = \begin{cases} 0, & |e(k)| > \varepsilon \\ 1, & |e(k)| \leqslant \varepsilon \end{cases}$$

下面分两种情况推导该算法。

(1) 当 $|e(k)|>\varepsilon$ 时,$\beta=0$,进行 PD 控制,控制算法为

$$\begin{aligned} u(k) &= K_P\left[e(k) + 0\cdot\frac{T}{T_I}\sum_{i=0}^{k}e(i) + T_D\frac{e(k)-e(k-1)}{T}\right] \\ &= K_P\left(1+\frac{T_D}{T}\right)e(k) - K_P\frac{T_D}{T}e(k-1) \\ &= a_0'e(k) - a_1'e(k-1) \\ &= a_0'e(k) - f(k-1) \end{aligned} \tag{7-11}$$

式中:$a_0' = K_P\left(1+\dfrac{T_D}{T}\right)$;$a_1' = K_P\dfrac{T_D}{T}$;$f(k-1) = a_1'e(k-1)$。

(2) 当 $|e(k)|\leqslant\varepsilon$ 时,$\beta=1$,进行 PID 控制,控制算法为

$$u(k) = K_P\left[e(k) + \frac{T}{T_I}\sum_{i=0}^{k}e(i) + T_D\frac{e(k)-e(k-1)}{T}\right]$$

由式(7-8)可知:

$$u(k) = a_0 e(k) + u(k-1) - a_1 e(k-1) + a_2 e(k-2)$$

化简得

$$u(k) = a_0 e(k) + g(k-1) \tag{7-12}$$

式中:$g(k-1) = u(k-1) - a_1 e(k-1) + a_2 e(k-2)$。

积分分离 PID 控制算法程序框图如图 7-12 所示。

图 7-13 所示为采用普通 PID 控制算法和采用积分分离 PID 控制算法的曲线比较示意图,曲线 a 表示采用普通 PID 控制算法的控制过程,曲线 b 表示采用积分分离 PID 控制算法的控制过程。通过比较可以发现,采用积分分离 PID 控制算法,可显著减小超调量,缩短调节时间。

7.5.2 遇限削弱积分 PID 控制算法

积分分离 PID 控制算法在开始时不积分(初始累计偏差一般较大),而遇限削弱积分 PID 控制算法从开始就积分,在累计偏差进入限制范围后便停止积分。其基本思想是:在控

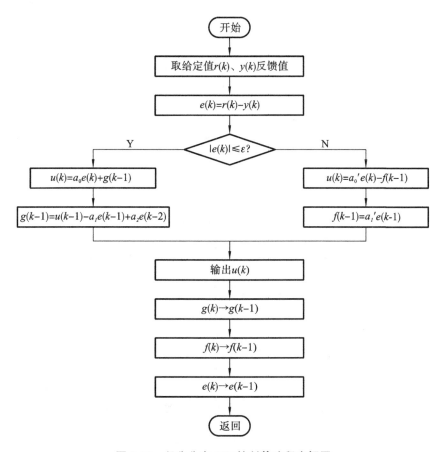

图 7-12 积分分离 PID 控制算法程序框图

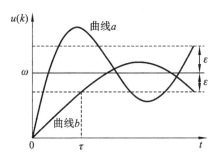

图 7-13 PID 控制效果比较

制进入饱和区后，便不再进行积分项的累加，而只执行削弱积分的运算。即计算 $u(k)$ 时，先判断 $u(k-1)$ 是否超出限制值。若 $u(k-1) > u_{max}$，则只累加负偏差；若 $u(k-1) < u_{max}$，则只累加正偏差。

遇限削弱积分 PID 控制算法程序框图如图 7-14 所示。该算法可以避免控制量长时间停留在饱和区。

7.5.3 变速积分 PID 控制算法

位置式 PID 控制算法的表达式为

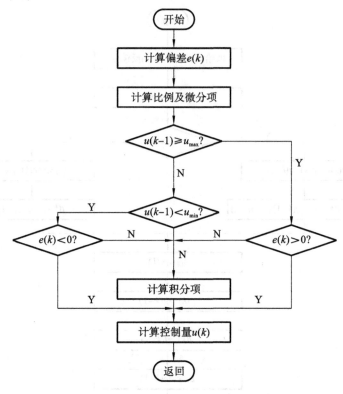

图7-14 遇限削弱积分PID控制算法程序框图

$$u(k) = K_P \left[e(k) + \frac{T}{T_I} \sum_{i=0}^{k} e(i) + T_D \frac{e(k) - e(k-1)}{T} \right]$$

上式中,积分项的系数为常数,这意味着控制过程中积分增量不变。

然而,理想的控制情况是:系统偏差大时能减弱甚至消除积分作用;系统偏差小时能加强积分作用,以尽快消除偏差。为达到这一目的,可以采用变速积分PID控制算法。

变速积分PID控制算法与积分项的累加速度、偏差大小相对应。偏差大时积分累加慢,偏差小时积分累加快,表达式如下:

$$u(k) = K_P \frac{T}{T_I} \left\{ \sum_{i=0}^{k-1} e(i) + f[e(k)]e(k) \right\} \tag{7-13}$$

其中,$f[e(k)]$满足:

$$f[e(k)] = \begin{cases} 0, & |e(k)| > A+B \\ A^{-1}(A - |e(k)| + B), & B < |e(k)| \leqslant A+B \\ 1, & |e(k)| \leqslant B \end{cases}$$

式中:A、B为常数。

(1) 当偏差$|e(k)|$大于$A+B$时,关闭积分控制器,不再进行累加。

(2) 当偏差$|e(k)|$在B和$A+B$之间时,适当减弱积分作用,累加部分当前值。

(3) 当偏差$|e(k)|$小于或等于B时,积分控制器做完全积分,与常规PID的积分项相同。

变速积分PID控制算法是一种新型的PID算法,它使数字PID积分的性能大大提高,可以避免常规数字PID控制算法存在的积分饱和现象,并使超调量大大减小,有很强的适应能力。

7.5.4 不完全微分 PID 控制算法

不同的控制器有不同的特点。引入微分控制,虽然改善了系统的动态特性,但是它对高频干扰很敏感,容易引起系统振荡。

微分项与最后两次的偏差有关,表达式如下:

$$u_D(k) = K_P \frac{T_D}{T}[e(k) - e(k-1)] \tag{7-14}$$
$$= K_D[e(k) - e(k-1)]$$

如果 $e(k)$ 为阶跃函数,则 $u_D(k)$ 输出为

$$u_D(0) = K_D, \quad u_D(1) = u_D(2) = \cdots = 0$$

上式表明,$e(k)$ 为阶跃函数时,仅有一个周期有输出[因为其他周期的 $e(k)-e(k-1)$ 总是等于 0,没有变化],且幅值为 $K_D = K_P \dfrac{T_D}{T}$,以后均为零。其输出的缺点如下。

(1) 微分项的输出仅在第一个周期起激励作用,如果系统的时间常数较大,其调节作用很弱,难以实现超前控制偏差的目的。

(2) $u_D(k)$ 的幅值 K_D 一般较大,容易造成数据溢出。另外,$u_D(k)$ 变化过大或过快,也会对执行机构造成不利的影响。

为了克服上述缺点,通常采取的方式是:在 PID 控制算法中串联一个低通滤波器,即一阶惯性环节。这种算法称为不完全微分 PID 控制算法。如图 7-15 所示,低通滤波器传递函数为

$$G_f(s) = \frac{U(s)}{U'(s)} = \frac{1}{T_f(s) + 1} \tag{7-15}$$

式中:T_f 为低通滤波器时间常数。

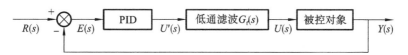

图 7-15 不完全微分 PID 控制系统框图

还有一种方法是将低通滤波器直接加在微分环节上,如图 7-16 所示,传递函数为

$$U(s) = \left(K_P + \frac{K_P}{T_I s} + \frac{K_P T_D s}{T_f s + 1}\right)E(s)$$
$$= U_P(s) + U_I(s) + U_D(s) \tag{7-16}$$

式(7-16)的离散化表达形式为

$$u(k) = u_P(k) + u_I(k) + u_D(k) \tag{7-17}$$

由此可见,$u_P(k)$、$u_I(k)$ 与模拟 PID 控制算法中的比例项、积分项参数完全一样,但微分项参数 $u_D(k)$ 不一样。

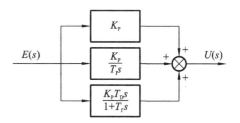

图 7-16 低通滤波器直接加在微分环节上的 PID 算法结构图

根据式(7-16),可得

$$U_D(s) = \frac{K_P T_D s}{T_f s + 1}E(s) \tag{7-18}$$

式(7-18)的微分方程形式为

$$u_D(t) + T_f \frac{du_D(t)}{dt} = K_P T_D \frac{de(t)}{dt} \tag{7-19}$$

将式(7-19)离散化,可得

$$u_D(k) + T_f \frac{u_D(k) - u_D(k-1)}{T} = K_P T_D \frac{e(k) - e(k-1)}{T}$$

对上式进行移项整理,可得

$$u_D(k) = \frac{T_f}{T + T_f} u_D(k-1) + \frac{K_P T_D}{T + T_f} [e(k) - e(k-1)] \tag{7-20}$$

式(7-20)中,令 $a = \dfrac{T_f}{T + T_f}(a < 1)$,则有

$$1 - a = 1 - \frac{T_f}{T + T_f} = \frac{T}{T + T_f}$$

将 a、$(1-a)$ 代入式(7-20)中,可得

$$u_D(k) = a u_D(k-1) + K_D(1-a)[e(k) - e(k-1)] \tag{7-21}$$

式中:$K_D = K_P \dfrac{T_D}{T}$。

将式(7-21)展开并合并,整理后可得

$$\begin{aligned}
u_D(k) &= a u_D(k-1) + K_D(1-a)e(k) - K_D(1-a)e(k-1) \\
&= K_D(1-a)e(k) + H(k-1)
\end{aligned} \tag{7-22}$$

式中:$H(k-1) = a u_D(k-1) - K_D(1-a)e(k-1)$。

当 $e(k)$ 为阶跃序列,即输入 $e(k)=1(k=0,1,2,\cdots)$ 时,有

$$u_D(0) = K_D(1-a)[e(0) - e(-1)] + a u_D(-1) = K_D(1-a)$$
$$u_D(1) = K_D(1-a)[e(1) - e(0)] + a u_D(0) = a u_D(0)$$
$$u_D(2) = a u_D(1) = a^2 u_D(0)$$
$$\vdots$$
$$u_D(k) = a u_D(k-1) = a^k u_D(0)$$

从上面的公式中可以看出,引入不完全微分 PID 控制后,微分输出在第一个采样周期内的脉冲高度下降,此后按 $a^k u_D(0)(a < 1)$ 的规律逐渐衰减。这是不完全微分 PID 控制比较理想的控制特性(见图 7-17)。

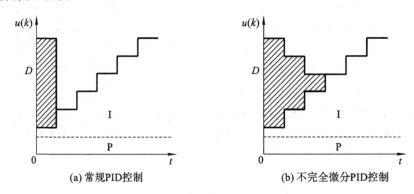

图 7-17　不完全微分 PID 控制与常规 PID 控制的比较

从图 7-17 中可以看出,当输入为单位阶跃序列时,在常规 PID 控制中,微分环节仅在第一个采样周期中起作用。不完全微分 PID 控制器的输出比常规数字 PID 控制器的输出小得多。在随后的采样周期中,不完全微分 PID 控制器仍有微分作用,所以不完全微分 PID 控制算法具有较理想的调节性能。不完全微分 PID 控制算法程序框图如图 7-18 所示。

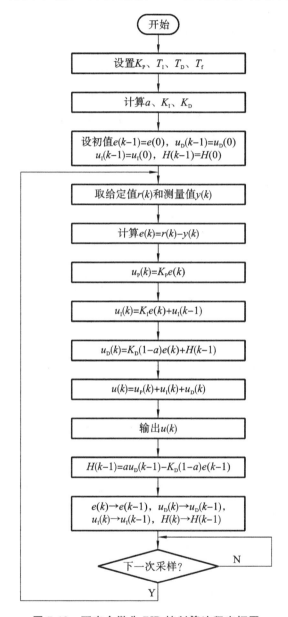

图 7-18　不完全微分 PID 控制算法程序框图

7.6　数字 PID 控制器的参数整定

数字 PID 控制算法很多,在实际系统的开发中,如何确定算法中比例系数 K_P、积分时间

常数 T_I、微分时间常数 T_D 及采样周期 T 等参数的具体值,以使系统全面满足各项控制指标呢? 这要根据具体过程的要求来分析。

一方面,被控过程必须是稳定的,要能迅速、准确地跟踪给定值的变化,而且超调量小;另一方面,在不同干扰环境下,系统输出应能保持在给定值,操作变量不宜过大,在系统和环境参数发生变化时控制应保持稳定。同时满足上述各项要求通常有一定难度,必须根据具体过程的要求,满足主要方面,并兼顾其他方面。

调整比例系数 K_P、积分时间常数 T_I、微分时间常数 T_D 和采样周期 T 等参数,以使系统全面满足各项控制指标的过程,称为数字 PID 控制器的参数整定。

PID 控制器的参数整定方法很多,大致可以分为理论计算法和工程整定法两类。用理论计算法设计 PID 控制器的前提是能获得准确的控制对象的数学模型,这在工业过程中一般较难做到,因此,实际中用得较多的还是工程整定法。这种方法最大优点就是整定参数时不依赖控制对象的数学模型,简单易行。

7.6.1　采样周期选择

模拟 PID 控制器的参数整定主要是确定 K_P、T_I、T_D 三个参数。数字 PID 控制器的参数整定除了需要确定 K_P、T_I、T_D 三个参数以外,还需要确定采样周期 T。

数字 PID 控制器的采样周期与系统时间常数相比小很多,选择该参数时可以利用模拟 PID 控制器的相关方法。采样周期 T 的选择主要依据采样定理,即

$$T \leqslant \frac{1}{2f_{max}} \tag{7-23}$$

式中:f_{max} 为输入信号的最高频率。

采样定理规定了采样周期的上限,在实际应用中,还要综合考虑其他各种因素来选择采样周期。主要有如下几种因素。

（1）系统稳定性。

采样周期 T 对系统稳定性有直接影响,为保证系统稳定性,应在满足系统稳定的条件下,尽量选择最大采样周期。

（2）计算机精度。

采样周期的选择与计算机精度有关。如果采样周期太小,则前后两次采样数值之差有可能因计算机精度不高而无法反映出来,使积分和微分作用不明显。

（3）控制回路数。

系统控制回路数越多,采样周期应越大,以便每个回路的控制算法都有足够的时间完成;反之,控制回路数越少,采样周期应越小。

多回路控制采样周期应满足如下条件:

$$T \geqslant N\tau_s$$

式中:N 为回路数;τ_s 为采样时间。

（4）给定值和扰动信号频率。

采样周期越小,控制系统实时性越好,改变给定值可以迅速地通过采样得到反映,控制系统延迟就会很少。如果存在低频扰动,系统输出中包含扰动信号,通过反馈可以及时抑制扰动影响,采样周期的大小对系统的抗扰动性能影响不大;如果存在高频扰动,由于系统的惯性较大,系统本身具有一定的滤波作用,高频扰动对系统的输出影响不大。一般

地,作用于系统的扰动信号频率越高,采样频率也越高,采样周期 T 应越小,这样可以尽快抑制干扰。

（5）执行机构的惯性。

执行机构的惯性也是比较重要的因素,采样周期的大小要与之相匹配。执行机构的惯性越大,采样周期就要越大。否则,由于计算机精度等因素,积分和微分作用可能会不明显。

（6）闭环系统的采样频率的范围。

设闭环系统要求的频带为 ω_b,则该系统的采样频率的范围为

$$\omega_s > (25 \sim 100)\omega_b \tag{7-24}$$

式中:ω_s 为采样频率。

7.6.2 扩充临界比例度整定法

扩充临界比例度整定法是在模拟 PID 控制器使用的临界比例度整定法的基础上扩充而成的,它是数字 PID 控制器的一种参数整定方法。这种方法适用于有自平衡特性的控制对象。

使用该方法整定数字 PID 控制器的参数的步骤如下。

（1）选择足够小的采样周期 T。

首先要选择合适的采样周期 T。一般采样周期为控制对象纯滞后时间的十分之一以下。

（2）确定比例度。

用选定的采样周期使系统工作。去掉积分和微分控制,使比例积分微分控制器成为纯比例控制器。

逐渐减小比例度 $\delta\left(\delta = \dfrac{1}{K}\right)$,系统将产生等幅振荡,相应的振荡周期称为临界振荡周期 T_k,则比例度称为临界比例度 δ_k。

记录 δ_k 和 T_k 的值,画出扩充临界比例度试验曲线,如图 7-19 所示。

（3）选择控制度。

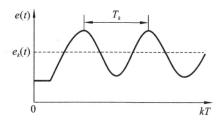

图 7-19 扩充临界比例度试验曲线

以模拟 PID 控制器为基准,对数字 PID 控制器的控制效果和模拟 PID 控制器的控制效果进行比较,可得控制度:

$$控制度 = \frac{\left[\displaystyle\int_0^\infty e^2(t)\,\mathrm{d}t\right]_{数字}}{\left[\displaystyle\int_0^\infty e^2(t)\,\mathrm{d}t\right]_{模拟}} \tag{7-25}$$

控制效果的评价函数通常用 $\displaystyle\int_0^\infty e^2(t)\,\mathrm{d}t$ 来表示。在实际应用中,并不需要进行具体计算,控制度仅表示控制效果的物理概念。当控制度为 1.05 时,数字 PID 控制器和模拟 PID 控制器的控制效果相当;当控制度为 2 时,数字 PID 控制器比模拟 PID 控制器的控制效果差。

（4）参数整定。

根据选定的控制度,查表 7-1,可得到 K_P、T_I、T_D 和 T 四个参数的值。

表 7-1 扩充临界比例度整定法的 PID 参数整定

控制度 δ	控制规律	$T(T_k)$	$K_P(\delta_k)$	$T_I(T_k)$	$T_D(T_k)$
1.05	PI	0.03	0.53	0.88	—
	PID	0.014	0.63	0.49	0.14
1.2	PI	0.05	0.49	0.91	—
	PID	0.043	0.47	0.47	0.16
1.5	PI	0.14	0.42	0.99	—
	PID	0.09	0.34	0.43	0.20
2.0	PI	0.22	0.36	1.05	—
	PID	0.16	0.27	0.40	0.22

使用扩充临界比例度整定法的优点是事先不需要控制对象的特性，可以直接进行参数整定。

7.6.3 经验法

经验法是依靠工作人员的经验及对工艺的熟悉程度，参考测量值跟踪与设定值曲线，来调整 PID 参数的大小的。常用的参数整定步骤如下。

（1）设定积分系数 $K_I=0$，实际微分系数 $K_D=0$，控制系统投入闭环运行。然后按从小到大的顺序改变比例系数 K_P，使扰动信号发生阶跃变化，观察控制过程，直至获得满意的控制过程为止。

（2）设定比例系数 K_P 为当前的值乘以 0.83，按由小到大的顺序改变积分系数 K_I，使扰动信号发生阶跃变化，直至获得满意的控制过程。

（3）令积分系数 K_I 保持不变，改变比例系数 K_P，观察控制过程有无改善，如果有改善，则继续调整，直到满意为止。否则，增大原比例系数 K_P，然后调整积分系数 K_I，再观察控制过程有无改善。反复调试，直至找到满意的比例系数 K_P 和积分系数 K_I 为止。

（4）引入实际微分系数 K_D 和实际微分时间常数 T_D，此时可适当增大比例系数 K_P 和积分系数 K_I。反复调试，观察控制过程的效果，直至获得满意的控制过程为止。

7.7 PID 控制应用案例

PID 校正是工程领域中应用最为广泛的一种基本控制方法。它的结构如下：

$$u(t) = K_P e(t) + K_I \int e(t) \mathrm{d}t + K_D \frac{\mathrm{d}e(t)}{\mathrm{d}t}$$

式中：$u(t)$ 为控制量，作用于控制对象，并引起输出量的变化；$e(t)$ 为偏差，即输出量与设定值之间的差值；K_P 为控制器比例部分的增益系数，其影响稳态误差的大小和响应曲线上升的快慢；K_I 为控制器积分部分的增益系数，其主要作用是用来消除稳态误差；K_D 为控制器微分部分的增益系数，其主要作用是提高系统的稳定性，减少过渡过程时间，减小超调量。

PID 控制器的三个参数是相互关联、相互影响的。在设计过程中需要综合考虑。PID 控制器的参数可基于经验进行设计,也可根据适当的性能指标进行设计,本节介绍基于性能指标的设计方法。

(1) 由稳态误差确定控制器积分部分的增益系数 K_I。

设系统开环传递函数为 $G(s)$,有 N 个积分环节($N=0,1,2$),则 PID 控制系统的开环传递函数为

$$G_k(s) = \left(K_P + \frac{K_I}{s} + K_D s\right)G(s)$$

因此,系统 $G_k(s)$ 为 ($N+1$) 型系统。

对于单位反馈系统,其稳态误差为

$$E_{ess} = \lim_{s \to 0} s \frac{1}{1+G_k(s)} X_i(s) = \lim_{s \to 0} \frac{1}{s^{N+1} G_k(s)} = \frac{1}{K_{N+1}}$$

式中:X_i 为系统的输入;K_{N+1} 为系统的误差系数。

$$K_{N+1} = \lim_{s \to 0} s^{N+1} \left(K_P + \frac{K_I}{s} + K_D s\right)G(s) = \lim_{s \to 0} s^N K_I G(s)$$

根据以上两个方程,可确定 K_I。

(2) 由幅值穿越频率和相位裕度确定控制器比例和微分部分的增益系数 K_P、K_D。

设校正后系统 $G_k(s)$ 在幅值穿越频率 ω_c 处期望的相位裕度为 $\phi(\omega_c)$,则

$$G_k(j\omega_c) = \left(K_P + \frac{K_I}{j\omega_c} + K_D j\omega_c\right)G(j\omega_c) = e^{j\phi(\omega_c)}$$

$$K_P + K_D j\omega_c = \frac{e^{j\phi(\omega_c)}}{G(j\omega_c)} + j\frac{K_I}{\omega_c} = Re + jIm$$

通过上式求得

$$K_P = Re, \quad K_D = \frac{Im}{\omega_c}$$

例 7-1 已知一系统的开环传递函数为 $G(s) = \dfrac{1}{s(0.5s+1)(0.2s+1)}$,试设计 PID 控制器,使得系统的加速度误差系数 $K_a \geqslant 10$,幅值穿越频率 $\omega_c \geqslant 4 \text{ rad/s}$,相位裕度 $\phi(\omega_c) \geqslant 50°$。

解:由开环传递函数分母表达式可以看出,这是一个 I 型系统,根据公式 $K_{N+1} = \lim\limits_{s \to 0} s^{N+1} \left(K_P + \dfrac{K_I}{s} + K_D s\right)G(s) = \lim\limits_{s \to 0} s^N K_I G(s)$,有

$$K_a = \lim_{s \to 0} s K_I G(s)$$

即

$$K_I = \frac{K_a}{\lim\limits_{s \to 0} s G(s)}$$

MATLAB 程序如下。

```
Ka= 10;
set(gca,'FontName','Times New Roman','FontSize',20);
G= zpk([],[0 - 2 - 5],10);          % 建立系统开环传递函数模型
```

```
Ki= Ka/dcgain(G* tf([1  0],1))          % 计算积分增益系数
wc= 4.1;
[num,den]= tfdata(G,'v');
numc= polyval(num,1i* wc);
denc= polyval(den,1i* wc);
Gjwc= numc/denc;                        % 校正前系统开环频率特性模型
theta= (- 180+ 50.1)* pi/180;
Ejwc= cos(theta)+ 1i* sin(theta);       % 计算 e^{jφ(ω_c)}
sum= Ejwc/Gjwc+ 1i* Ki/wc;
Kp= real(sum)                           % 计算比例增益系数
Kd= imag(sum)/wc                        % 计算微分增益系数
Gc= tf([Kd  Kp  Ki],[1  0]);            % 校正装置传递函数
figure(1);
bode(Gc),grid                           % 绘制校正装置的伯德图
figure(2);
bode(G,G* Gc),grid                      % 绘制校正前、后系统开环伯德图
[Kg,ph,wp,wc]= margin(G* Gc)            % 计算幅值裕度、相位裕度、相位穿越频率
                                          和幅值穿越频率
text(1.3,0.8,'校正前  \rightarrow')
text(2.3,- 200.8,'\leftarrow  校正后')
```

如图 7-20 所示，PID 校正装置类似于滞后-超前校正。由计算结果和图 7-21 可知，经过校正后，系统的各项设计指标均达到要求。

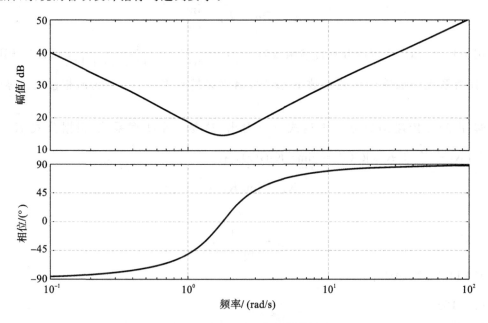

图 7-20 PID 控制器的伯德图

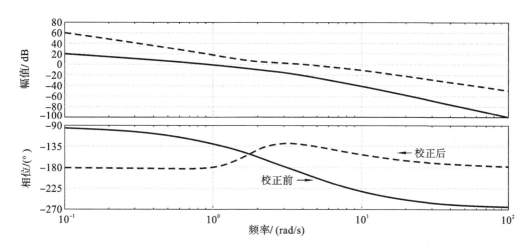

图 7-21 校正前、后系统开环伯德图

例 7-2 某阀控液压马达速度控制系统框图如图 7-22 所示,其液压马达传递函数为

$$G_1(s) = \cfrac{1.2 \times 10^6}{\cfrac{s^2}{160\,000} + \cfrac{1}{200}s + 1}, \text{伺服阀的传递函数为} G_2(s) = \cfrac{30.0 \times 10^{-6}}{\cfrac{s^2}{360\,000} + \cfrac{1}{600}s + 1}, \text{反馈环节}$$

$H(s) = 0.5$。请设计 PID 控制器 $G_c(s)$,使得系统对单位斜坡输入的稳态误差为 0.01,开环幅值穿越频率 $\omega_c \geqslant 500$ rad/s,相位裕度 $\phi(\omega_c) \geqslant 50°$。

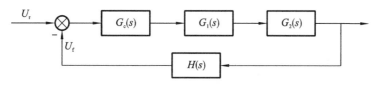

图 7-22 某阀控液压马达速度控制系统框图

解: 由稳态误差确定 K_I。

由系统传递函数可知,系统为 0 型系统,该系统对斜坡输入的稳态误差为

$$E_{ess} = \lim_{s \to 0} \frac{1}{sG_c(s)G_1(s)G_2(s)H(s)}$$

根据公式 $K_{N+1} = \lim_{s \to 0} s^{N+1} \left(K_P + \dfrac{K_I}{s} + K_D s \right) G(s) = \lim_{s \to 0} s^N K_I G(s)$,有

$$K_I = \frac{1}{\lim_{s \to 0} G_c(s)G_1(s)G_2(s)H(s)} \frac{1}{E_{ess}}$$

MATLAB 程序如下。

```
G1= tf(1.2e6,[1/400^2,2/400,1]);        % 液压马达模型
G2= tf(30.0e-6,[1/600^2,1/600,1]);      % 伺服阀模型
Kh= 0.5;                                % 反馈增益
Ess= 0.01;                              % 校正前开环传递函数模型
G= G1* G2* Kh;                          % 校正前开环传递函数模型
Ki= 1/dcgain(G)/Ess                     % 得到积分增益系数
wc= 500;
[num,den]= tfdata(G,'v');
```

```
numc= polyval(num,1i* wc);
denc= polyval(den,1i* wc);
Gjwc= numc/denc;                       % 校正前系统的开环频率特性
theta= (- 180+ 50)* pi/180;
Ejwc= cos(theta)+ 1i* sin(theta);
sum= Ejwc/Gjwc+ 1i* Ki/wc;
Kp= real(sum)                          % 得到比例增益系数
Kd= imag(sum)/wc                       % 得到微分增益系数
Gc= tf([Kd Kp  Ki],[1  0]);
bode(G,G* Gc),grid                     % 绘制校正前、后系统开环伯德图
text(700,- 300,'校正前  \rightarrow')
text(750.,- 200,'\leftarrow  校正后')
```

如图 7-23 所示，未校正的系统是不稳定的。经过 PID 校正后，系统的动、静态性能指标均达到设计要求。

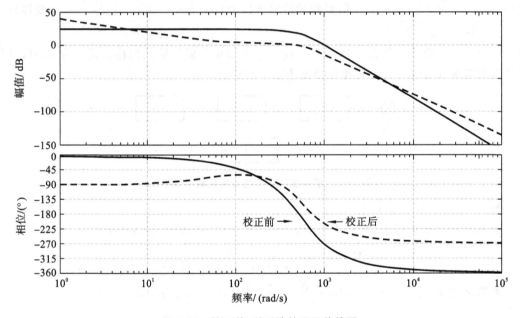

图 7-23   校正前、后系统的开环伯德图

习题与思考题

7-1   什么是位置式 PID 控制算法和增量式 PID 控制算法？它们的特点分别是什么？

7-2   偏差的比例控制、积分控制和微分控制对系统控制的影响是怎样的？

7-3   PID 控制器的参数 K_P、K_I、K_D 对控制质量各有何影响？使用扩充临界比例度整定法整定数字 PID 控制器的参数的步骤是怎样的？

7-4   采样周期的选择与哪些因素有关？

7-5   不完全微分 PID 控制算法的思想是怎样的？试编写相应的程序。

7-6   计算例 7-2 中阀控液压马达速度控制系统在 PID 校正前、后的幅值和相位裕度。

第 8 章
分数阶 $\mathrm{PI}^\lambda\mathrm{D}^\mu$ 控制技术

在传统控制理论中,用微分方程描述控制系统,这些方程通常为整数阶方程。实际上,分数阶概念更加接近于真实世界,因为现实系统通常是分数阶或者更接近于分数阶。对于本身具有分数阶特性的系统,采用分数阶的描述更能揭示系统的本质特性和行为。

本章首先阐述了研究分数阶系统的分数阶微分和积分的几种定义,并对其进行了比较和分析;然后介绍了分数阶系统和分数阶控制器设计的几种典型方法,并以其中一种方法为例,设计了一个分数阶控制器,以全面介绍分数阶控制器设计的规范和过程,并验证了同样条件下分数阶控制器的性能优于整数阶控制器的性能;最后以超精密磁盘伺服驱动控制和小型无人机飞行控制两个案例,展示了分数阶控制器的设计、实现、调整和实验效果。

分数阶导数实质上是任意阶的微积分。数学家从不同角度入手,以基本函数为基础,给分数阶导数以不同的定义。下面先讨论相关基本函数,再阐述三种分数阶导数的定义。

8.1　基　本　函　数

分数阶微积分的定义和运算会用到 Gamma、Beta、Mittag-Leffler 等基本函数,这些函数是分数阶微积分方程的基础。它们之间存在一定的联系,每个函数也有各自的性质。

8.1.1　Gamma 函数

Gamma 函数 $\Gamma(z)$ 是分数阶微积分的基本函数,它是用 $n!$ 的形式来表示的,n 可以取实数或者复数。

Gamma 函数的极限形式为

$$\Gamma(z) = \lim_{n\to\infty} \frac{n!\,n^z}{(z+1)(z+2)\cdots(z+n)} \tag{8-1}$$

式中:$\mathrm{Re}(z)>0$,在复平面右半平面收敛。

Gamma 函数的积分形式为

$$\Gamma(z) = \int_0^\infty \mathrm{e}^{-t} t^{z-1} \mathrm{d}t \tag{8-2}$$

式中:$\mathrm{Re}(z)>0$。

Gamma 函数具有如下性质:

(1) $\Gamma(z+1)=z\Gamma(z)$;

(2) $\Gamma(z)=(z-1)!,z\in\mathbf{N}$;

(3) $\Gamma(1)=1,\Gamma(0)=\pm\infty,\Gamma(1/2)=\sqrt{\pi}$。

8.1.2 Beta 函数

Beta 函数是 Gamma 函数的特殊组合形式,在某些情况下,使用 Beta 函数比使用 Gamma 函数更方便、更快捷。

Beta 函数可以表示为

$$B(z,\omega) = \int_0^1 \tau^{z-1}(1-\tau)^{\omega-1}\mathrm{d}\tau \tag{8-3}$$

式中:$\mathrm{Re}(z)>0$,$\mathrm{Re}(\omega)>0$。

用拉氏变换建立 Beta 函数和 Gamma 函数之间的关系,表示如下:

$$B(z,\omega) = \frac{\Gamma(z)\Gamma(\omega)}{\Gamma(z+\omega)} \tag{8-4}$$

可以发现:

$$B(z,\omega) = B(\omega,z) \tag{8-5}$$

8.1.3 Mittag-Leffler 函数

指数函数 e^z 在整数阶微分方程中起着非常重要的作用,Mittag-Leffler 函数也是一种特殊的指数函数,它在分数阶微分方程中扮演着同样重要的角色。可以将指数函数 e^z 看成 Mittag-Leffler 函数的特殊情况。

根据 Mittag-Leffler 函数含有的参数的个数,该函数可分为单参数、双参数等形式。

单参数 Mittag-Leffler 函数的表达形式为

$$E_\alpha(z) = \sum_{j=0}^\infty \frac{z^j}{\Gamma(\alpha j+1)}, \quad \alpha>0 \tag{8-6}$$

双参数 Mittag-Leffler 函数的表达形式为

$$E_{\alpha,\beta}(z) = \sum_{j=0}^\infty \frac{z^j}{\Gamma(\alpha j+\beta)}, \quad \alpha>0, \quad \beta>0 \tag{8-7}$$

在式(8-6)中,令 $\alpha=1$,则有

$$E_\alpha(z) = \sum_{j=0}^\infty \frac{z^j}{\Gamma(j+1)} = \sum_{j=0}^\infty \frac{z^j}{j!} = \mathrm{e}^z \tag{8-8}$$

在式(8-7)中,令 $\alpha=1,\beta=1$,可得

$$E_{1,1}(z) = \sum_{j=0}^\infty \frac{z^j}{\Gamma(j+1)} = \sum_{j=0}^\infty \frac{z^j}{j!} = \mathrm{e}^z \tag{8-9}$$

双参数 Mittag-Leffler 函数的 k 阶导数为

$$E_{\alpha,\beta}^{(k)}(z) = \sum_{j=0}^\infty \frac{(k+j)!z^j}{j!\Gamma[(k+j)\alpha+\beta]}, \quad k=0,1,2,\cdots \tag{8-10}$$

简洁起见,引入新的函数:

$$\varepsilon_k(t,y;\alpha,\beta) = t^{\alpha k+\beta-1}E_{\alpha,\beta}^{(k)}(yt^\alpha), \quad k=0,1,2,\cdots \tag{8-11}$$

对式(8-11)进行拉氏变换,得

$$\int_0^\infty \varepsilon_k(t,y;\alpha,\beta)\mathrm{e}^{-st}\,\mathrm{d}t = \frac{k!\,s^{\alpha-\beta}}{(s^\alpha \mp a)^{k+1}}, \quad k = 0,1,2,\cdots \tag{8-12}$$

对 $\varepsilon_k(t,y;\alpha,\beta)$ 求导,得

$$_0D_t^\lambda\varepsilon_k(t,y;\alpha,\beta) = \varepsilon_k(t,y;\alpha,\beta-\lambda), \quad \lambda < \beta \tag{8-13}$$

8.2 分数阶微积分定义

分数阶微积分是关于任意微分和积分的理论,这与整数阶微积分是一致的。分数微积分是整数阶微积分的推广。

分数阶微积分的操作算子为

$$_aD_t^\alpha = \begin{cases} \dfrac{\mathrm{d}^\alpha}{\mathrm{d}t^\alpha}, \mathrm{Re}(\alpha) > 0 \\[2mm] 1, \mathrm{Re}(\alpha) = 0 \\[2mm] \displaystyle\int_a^t (\mathrm{d}\tau)^{-\alpha}, \mathrm{Re}(\alpha) < 0 \end{cases} \tag{8-14}$$

式中:$_aD_t^\alpha$ 为分数阶微积分操作算子;a、t 为操作算子的上、下限;α 为微积分的阶次,可以为实数或者复数。

通过引入分数阶微积分的操作算子 $_aD_t^\alpha$,积分和微分可以被统一在一起。

关于分数阶微积分的定义有很多,最有影响力的是 Grünwald-Letnikov(GL)定义、Riemann-Liouville(RL)定义和 Caputo 定义。

8.2.1 Grünwald-Letnikov(GL)定义

分数阶微积分的 GL 定义是连续函数经典整数阶微积分的延展,即阶次从整数推广到分数。

设 $f(t)$ 为可导函数,则其一阶、二阶和三阶导数分别为

$$f'(t) = \lim_{h\to 0}\frac{f(t+h) - f(t)}{h}$$

$$f''(t) = \lim_{h\to 0}\frac{f(t+2h) - 2f(t+h) + f(t)}{h^2}$$

$$f'''(t) = \lim_{h\to 0}\frac{f(t+3h) - 3f(t+2h) + 3f(t+h) - f(t)}{h^3}$$

由此,可以归纳出函数 $f(t)$ 的 $n(n\in\mathbf{N})$ 阶导数公式,即

$$f^{(n)}(t) = \frac{\mathrm{d}^n f}{\mathrm{d}t^n} = \lim_{h\to 0}h^{-n}\sum_{r=0}^{[(t-a)/h]}(-1)^r\binom{n}{r}f(t-rh)$$

式中:$\displaystyle\binom{n}{r} = \frac{n(n-1)\cdots(n-r+1)}{r!} = \frac{n!}{r!(n-r)!}$。

对于任意的实数 α,记 α 的整数部分为 $[\alpha]$,假如函数 $f(t)$ 在区间 $[a,t]$ 上有 $m+1$ 阶连续导数;$\alpha > 0$ 时,m 至少取 $[\alpha]$,则定义分数阶 α 阶导数为

$$_aD_t^\alpha f(t) = \lim_{h\to 0}\frac{1}{h^\alpha}\sum_{r=0}^{[(t-a)/h]}(-1)^r\binom{\alpha}{r}f(t-rh) \tag{8-15}$$

式中：$\binom{\alpha}{r} = \dfrac{\alpha(\alpha-1)\cdots(\alpha-r+1)}{r!} = \dfrac{\alpha!}{r!(\alpha-r)!}$。

亦即

$$_aD_t^\alpha f(t) = \sum_{k=0}^{n} \frac{f^{(k)}(a)(t-a)^{(-\alpha+k)}}{\Gamma(-\alpha+k+1)} + \frac{1}{\Gamma(-\alpha+n+1)}\int_a^t (t-\tau)^{n-\alpha} f^{(n+1)}(\tau)\mathrm{d}\tau \tag{8-16}$$

式中：$n \leqslant \alpha < n+1$。

8.2.2 Riemann-Liouville(RL)定义

RL 定义是在 GL 定义基础上，通过简化计算得到的，则 RL 分数阶导数定义为

$$_aD_t^\alpha f(t) = \frac{1}{\Gamma(n-\alpha)} \frac{\mathrm{d}^n}{\mathrm{d}t^n} \int_a^t \frac{f(\tau)}{(t-\tau)^{\alpha-n+1}}\mathrm{d}\tau \tag{8-17}$$

式中：$n-1 < \alpha < n, n \in \mathbf{N}$。

8.2.3 Caputo 定义

Caputo 分数阶微积分统一定义为

$$_aD_t^\alpha f(t) = \frac{1}{\Gamma(n-\alpha)} \int_a^t \frac{f^{(n)}(\tau)}{(t-\tau)^{\alpha-n+1}}\mathrm{d}\tau \tag{8-18}$$

式中：$n-1 < \alpha < n, n \in \mathbf{N}$。

从以上定义可见，连续函数在某点上的分数阶微积分与整数阶微积分不同，它不是在该点处求极限，而是与初始时刻到该点以前的所有时刻的函数值有关，因此它具有记忆性。这些定义的合理性和科学性已在实践中得到检验。

8.2.4 分数阶导数三种定义的比较

Grünwald-Letnikov 定义是从整数阶微分的定义出发，归纳并扩展到分数阶而得到的分数阶微积分的统一表达式；Riemann-Liouville 定义先积再微，多积少微；Caputo 定义则先微再积，多微少积。不同的定义满足的条件不同，其应用范围也不同。

Riemann-Liouville 定义和 Caputo 定义是 Grünwald-Letnikov 定义的改进形式。它们之间有区别，也有联系。

（1）Grünwald-Letnikov 定义与 Riemann-Liouville 定义的比较。

由 Grünwald-Letnikov 定义可以推出 Riemann-Liouville 定义，在函数 $f(t)$ 具有 $m+1$ 阶连续导数，并且在 m 至少取 $[\alpha]=n-1$ 的条件下，Grünwald-Letnikov 定义与 Riemann-Liouville 定义等价。

条件不成立时，Riemann-Liouville 定义是 Grünwald-Letnikov 定义的补充，其应用范围更广。

（2）Grünwald-Letnikov 定义与 Caputo 定义的比较。

利用 Grünwald-Letnikov 定义的分数阶导数的性质，在函数 $f(t)$ 满足 $f^{(k)}(a)=0, k=0,1,2,\cdots,n-1$ 的条件下，有

$$_aD_t^\alpha f(t) = {_aD_t^{(\alpha-n)+n}} f(t) = {_aD_t^{\alpha-n}} ({_aD_t^n} f(t)), n \in \mathbf{N}$$

此外，在函数 $f(t)$ 具有 $m+1$ 阶连续导数，并且 m 至少取 $[\alpha]=n-1$ 的条件下，Grünwald-Letnikov 定义与 Caputo 定义等价。条件不成立时，不等价。

(3) Caputo 定义与 Riemann-Liouville 定义的比较。

这两种定义都是对 Grümwald-Letnikov 定义的改进。在阶次为负实数和正整数时,它们是等价的。在函数 $f(t)$ 具有 $m+1$ 阶连续导数,m 至少取 $[\alpha]=n-1$,且 $f^{(k)}(a)=0$, $k=0,1,2,\cdots,n-1$ 的条件下,Riemann-Liouville 定义与 Caputo 定义等价。条件不成立时,不等价。

总之,引入 Riemann-Liouville 定义,可以简化分数阶导数的计算;引入 Caputo 定义,可以使拉氏变换式更简洁,有利于分数阶微分方程的讨论;Grünwald-Letnikov 定义为离散化和数值计算提供了直接依据。在实际应用中,三者各有特点和优势。

8.2.5 分数阶微积分的性质

类似于整数阶微积分,分数阶微积分也有如下基本性质。

(1) 分数阶微积分的记忆性质。根据分数阶微分的定义,函数 $f(t)$ 在某一点上的分数阶微分,不是在此点处求极限,与起始点到当前点的所有函数值相关。整数阶微分是在当前点求极限,只与当前点的函数值相关,与此前的函数值无关。

(2) 分数阶微积分算子具有线性性质,即对任意常数 a、b,有

$$_0D_t^\alpha[af(t)+bg(t)] = a_0D_t^\alpha f(t) + b_0D_t^\alpha g(t) \tag{8-19}$$

(3) 分数阶微积分算子满足交换律,具有叠加性质,即

$$_0D_t^\alpha[_0D_t^\beta f(t)] = _0D_t^\beta[_0D_t^\alpha f(t)] = a_0D_t^{\alpha+\beta} f(t) \tag{8-20}$$

(4) 解析函数 $f(t)$ 的分数阶导数 $_0D_t^\alpha f(t)$ 对 t、α 均是可解析的。

(5) 当 $\alpha=n$,n 为整数时,分数阶微分的结果与整数阶 n 阶微分的结果相同。

(6) 当 $\alpha=0$ 时,有 $_0D_t^\alpha f(t) = f(t)$。

8.3 分数阶控制系统

目前,电化学、热力工程、声学、电磁场、机械、控制等不同领域中的学者都在研究用分数阶微分方程来建立系统的数学模型,以更好地描述系统的动态特性。能用分数阶微分方程精确地描述其动态性能的系统称为分数阶系统,整数阶系统是分数阶系统的特例。

分数阶控制系统是指控制系统或分数阶控制器由分数阶微分方程来描述。它的发展基于分数阶微积分理论,其数学上的核心问题是如何求解分数阶微分方程。求解方法有解析法和数值法两类:解析法主要利用数学变换法得到方程的解析解;数值法是基于对分数阶算子进行离散化运算来得到方程的近似数值解的。实际上,对控制系统而言,与具有理论分析价值的解析解相比,数值解更具工程实际意义。因此,基于数值算法的相关研究是目前的热点,有的已在工程中得到了成功应用。

对分数阶控制系统的研究主要包括两方面。

(1) 分数阶系统的建模。

分数阶微积分在辨识实际对象时,比整数阶微积分更加精确。

(2) 使用分数阶控制器优化控制系统。

分数阶控制器是整数阶控制器的扩展,拥有更广的参数域。因此,分数阶控制器适用性

更高，控制效果更优。

分数阶控制器具有两点优势：一是记忆特性加遗传特性，使其在描述具有记忆和遗传特性的状态的过程中极具优势；二是包含大部分整数阶控制器的特征，从而它的应用会赋予系统更优的控制性能。

对分数阶控制器的研究主要分为以下四个方向。

（1）TID 控制器。它是将 PID 中的 P 用分数阶积分项 T 取代，T 项的主要作用是消除静差，TID 由微分单元、积分单元和分数阶单元并联构成，具有系统参数少、控制器结构简单、易于调谐等特点。

（2）Oustaloup 提出的 CRONE 控制器。该控制器是最早得到广泛应用的分数阶控制器，现已形成了通用的 MATLAB 的 CRONE 工具箱，其性能良好，结构较为简单。

（3）Podlubny 提出的 $PI^\lambda D^\mu$ 控制器。虽然传统 PID 控制器在工程领域中具有压倒性优势，但是分数阶 $PI^\lambda D^\mu$ 控制器自出现以来便受到格外的重视，其精确的控制性能更是吸引了大量研究人员和工程技术人员的目光。该控制器参数较多，需要调节 3 个增益参数和 2 个阶次参数，调谐不易，为解决性能与复杂度之间的矛盾，大量研究人员做出了卓越的贡献。

（4）分数阶超前滞后校正补偿器。它使用扩展频率法对两类校正器（分数阶超前校正器和超前滞后校正器）重新建模，使得分数阶控制器在零点、极点取得意义和形式上的统一。

随着科技的发展，工业对控制系统的性能要求逐渐提高，常规 PID 控制已很难获得满意的控制效果。因此，有必要进行更深入的研究，以提高控制的品质和鲁棒性。作为传统整数阶 PID 控制器概念的扩展，$PI^\lambda D^\mu$ 控制器中的 λ 和 μ 可为有理数或无理数、正数或负数、实数或复数，整数阶 PID 控制器只是分数阶 PID 控制器的特例。

与传统整数阶 PID 控制器相比，分数阶 $PI^\lambda D^\mu$ 控制器增加了两个调节自由度，即积分项和微分项的阶次，因此它具有更大的调节范围，且其微分项也具有记忆功能，这种记忆功能可确保历史信息对现在和未来的影响，从而改善系统的控制品质；分数阶 $PI^\lambda D^\mu$ 控制器本身也是一个滤波器，能提高控制精度和系统的稳定性。

8.4　分数阶 $PI^\lambda D^\mu$ 控制器设计

1999 年，Podlubny 提出了分数阶 $PI^\lambda D^\mu$ 控制器。Podlubny 证实，在整数阶 PID 控制器的控制下，分数阶控制系统动态性能要比在分数阶 $PI^\lambda D^\mu$ 控制器的控制下的差，调节时间长、超调量大，并且对于参数的变化很敏感，参数稍有变化将影响系统特性，甚至会使整个控制系统不稳定，所以，要想更好地控制现实中的分数阶控制系统，应该采用与其特性相似的分数阶 $PI^\lambda D^\mu$ 控制器。

分数阶 $PI^\lambda D^\mu$ 控制器是整数阶 PID 控制器的扩展，它的传递函数为

$$G_c(s) = \frac{U(s)}{E(s)} = K_P + K_I s^{-\lambda} + K_D s^\mu \tag{8-21}$$

分数阶 $PI^\lambda D^\mu$ 控制器的控制结构如图 8-1 所示。

分数阶 $PI^\lambda D^\mu$ 控制器包含积分阶次 λ 和微分阶次 μ，比整数阶 PID 控制器多了两个可调参数。

分数阶控制系统的传递函数为

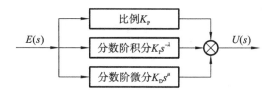

图 8-1 分数阶 $\mathrm{PI}^\lambda\mathrm{D}^\mu$ 控制器的控制结构

$$G_{\mathrm{fc}}(s) = \frac{Y(s)}{U(s)} = \frac{1}{a_n s^{\beta_n} + a_{n-1} s^{\beta_{n-1}} + \cdots + a_1 s^{\beta_1} + a_0 s^{\beta_0}} \tag{8-22}$$

根据式(8-21)和式(8-22),将图 8-1 所示控制系统转化为单位反馈的分数阶闭环控制系统,其结构如图 8-2 所示。

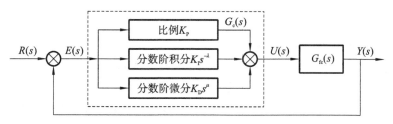

图 8-2 单位反馈的分数阶闭环控制系统的结构

由式(8-21)可知:当 $\mu=0$，$\lambda=0$ 时,得到传统整数阶 P 控制器 $G_{\mathrm{ic}}(s) = K_{\mathrm{P}}$；当 $\mu=0$，$\lambda=1$ 时,得到传统整数阶 PI 控制器 $G_{\mathrm{ic}}(s) = K_{\mathrm{P}} + K_{\mathrm{I}}\dfrac{1}{s}$；当 $\mu=1$，$\lambda=0$ 时,得到传统整数阶 PD 控制器 $G_{\mathrm{ic}}(s) = K_{\mathrm{P}} + K_{\mathrm{D}}s$；当 $\mu=1$，$\lambda=1$ 时,得到传统整数阶 PID 控制器 $G_{\mathrm{ic}}(s) = K_{\mathrm{P}} + K_{\mathrm{I}}\dfrac{1}{s} + K_{\mathrm{D}}s$；当 $\mu \notin \mathbf{N}$，$\lambda=0$ 时,得到分数阶 PD^μ 控制器 $G_{\mathrm{fc}}(s) = K_{\mathrm{P}} + K_{\mathrm{D}}s^\mu$；当 $\mu=0$，$\lambda \notin \mathbf{N}$ 时,得到分数阶 PI^λ 控制器 $G_{\mathrm{fc}}(s) = K_{\mathrm{P}} + K_{\mathrm{I}}s^{-\lambda}$。

因为分数阶 $\mathrm{PI}^\lambda\mathrm{D}^\mu$ 控制器的微分阶次 μ 和积分阶次 λ 是非负实数,所以传统整数阶 PID 控制器是分数阶 $\mathrm{PI}^\lambda\mathrm{D}^\mu$ 控制器的特例,分数阶 $\mathrm{PI}^\lambda\mathrm{D}^\mu$ 控制器是 PID 控制器的一般形式。

虽然分数阶 $\mathrm{PI}^\lambda\mathrm{D}^\mu$ 控制器更加复杂,但是由于 μ 和 λ 可以连续变化,因此分数阶 $\mathrm{PI}^\lambda\mathrm{D}^\mu$ 控制器更具有灵活性,与整数阶 PID 控制器相比,分数阶 $\mathrm{PI}^\lambda\mathrm{D}^\mu$ 控制器可以根据控制系统的不同阶次,选择合适的 μ 和 λ,能更好地调节分数阶闭环系统的动态性能,达到最佳控制效果。

由于多了两个参数(μ 和 λ),分数阶 $\mathrm{PI}^\lambda\mathrm{D}^\mu$ 控制器的参数整定变得复杂,传统的整数阶 PID 控制器的参数整定方法并不适用。目前,分数阶 $\mathrm{PI}^\lambda\mathrm{D}^\mu$ 控制器的参数整定方法主要有主导极点法、阶次搜索法、频域解析设计法、优化设计法等。

8.4.1 主导极点法

主导极点法是一种常用的控制器参数整定方法,它根据闭环系统的时域性能指标,如稳态误差与理想终值之比 E_{t}、调节时间 T_{s}、超调量 P_{r},或者根据稳定度 σ 和阻尼比 ξ 的要求,设计一对主导极点和比例增益 K_{P},再将它们带入闭环系统特征方程中,求解分数阶 $\mathrm{PI}^\lambda\mathrm{D}^\mu$ 控制器的其余参数。

利用主导极点法设计分数阶 $\mathrm{PI}^\lambda\mathrm{D}^\mu$ 控制器 $G_{\mathrm{fc}}(s)$ 步骤如下。

(1) 估计比例增益 K_P。

比例增益 K_P 影响系统的稳态误差 e_{ss},根据系统 E_t 的要求,估计参数 K_P 需要满足:

$$K_P \geqslant \frac{100}{E_t} - a_0 \qquad (8-23)$$

式中:a_0 为式(8-22)中的系数。

(2) 设计主导极点。

闭环主导极点在闭环系统的响应过程中起主导作用,当闭环系统具有一对主导极点,即其余极点对系统性能的影响较小时,可以参照二阶系统动态性能与极点之间的关系,利用该闭环系统的动态性能指标为该闭环系统设计主导极点。

设计的主导极点近似为

$$s_{1,2} = -\sigma \pm \frac{\sigma}{\xi}i \qquad (8-24)$$

式中:σ 为稳定度,即衰减系数;ξ 为阻尼比。

在一定范围内增大 σ 可以提高系统的稳定性。σ 过大,极点 $s_{1,2}$ 离虚轴过远,对系统性能的影响很小;而 σ 过小,极点 $s_{1,2}$ 离虚轴过近,系统很可能不稳定。

与其余极点相比,如果极点 $s_{1,2}$ 对系统性能的影响较大,那么 σ 主要影响系统的调节时间 T_s,ξ 则决定系统的阻尼程度和超调量。

当 $E_t=5$ 时,有

$$\sigma = \frac{3.5}{T_s} \qquad (8-25)$$

当 $E_t=2$ 时,有

$$\sigma = \frac{4}{T_s} \qquad (8-26)$$

图 8-3 所示为欠阻尼二阶系统阻尼比 ξ 和超调量 P_r 的关系曲线,通常取 $\xi=0.4\sim0.8$,$P_r=1.5\%\sim25.4\%$,此时超调量适当,调节时间较短。

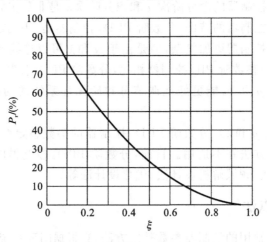

图 8-3 欠阻尼二阶系统阻尼比 ξ 和超调量 P_r 的关系曲线

(3) 计算参数 K_D、μ、K_I、λ。

将 K_P 和主导极点 $s_{1,2}$ 代入特征多项式中,得到特征方程:

$$\sum_{k=0}^{n} a_k + K_{\mathrm{P}} + K_{\mathrm{I}} s^{-\lambda} + K_{\mathrm{D}} s^{-\mu} = 0 \tag{8-27}$$

利用式(8-27)解出分数阶 $PI^{\lambda}D^{\mu}$ 控制器的其余参数。如果利用式(8-27)直接求解 K_{D}、μ、K_{I}、λ 四个参数比较困难,则可以利用该式设计分数阶 PI^{λ} 控制器、分数阶 PD^{μ} 控制器,或者已知两个参数的分数阶 $PI^{\lambda}D^{\mu}$ 控制器。

8.4.2 阶次搜索法

主导极点法是整定 PID 控制器参数的传统方法。将此方法用于计算分数阶 $PI^{\lambda}D^{\mu}$ 控制器参数时,存在两方面的问题。

一方面,如何根据分数阶控制系统自身的特性,设计一对稳定度和阻尼比均较好的极点。主导极点法直接根据系统的时域性能指标,计算稳定度与阻尼比,从而设计一对主导极点。由于其余极点和零点的影响,所设计出的这对极点可能并不是主导极点,不一定能使系统满足时域性能指标(如调节时间和超调量等)的要求。

另一方面,直接利用特征方程求解四个参数一般比较困难,通常采用主导极点法计算出两个参数。

针对上述问题,基于主导极点法,通过改进,得到阶次搜索法,该方法的设计步骤如下。

(1)估计比例增益 K_{P}。

当系统只在比例环节控制下时,K_{P} 可以影响系统的稳态误差 e_{ss}、上升时间 T_{r}(T_{r} 越小,响应速度越快)和超调量 P_{r}。

一般情况下,增大 K_{P} 可以减小上升时间 T_{r}(加快响应速度)和系统的稳态误差 e_{ss},从而提高系统的控制精度,但会降低系统的相对稳定性。

根据 K_{P} 与 e_{ss} 的关系,可以按照 E_{t} 的要求估计 K_{P} 的值:

$$K_{\mathrm{P}} = \left(\frac{100}{E_{\mathrm{t0}} \cdot y_{\mathrm{ideal}}} - 1 \right) a_0 \tag{8-28}$$

式中:$E_{\mathrm{t0}} = \begin{cases} (2 \sim 5) E_{\mathrm{t}}, E_{\mathrm{t}} < 1 \\ (1 \sim 2) E_{\mathrm{t}}, E_{\mathrm{t}} \geqslant 1 \end{cases}$,避免 K_{P} 过大,系统不稳定;a_0 为式(8-22)中的系数,并且 $G_{\mathrm{fc}}(s)$ 中的 $\beta_0 = 0$(因为只有 0 型系统的阶跃响应才存在稳态误差,Ⅰ、Ⅱ型系统的阶跃响应不存在稳态误差);y_{ideal} 为系统的理想输出,即系统输入的给定值。

(2)确定极点。

极点的稳定度 σ 和阻尼比 ξ 不是根据系统调节时间 T_{s} 和超调量 P_{r} 的要求直接确定的,而是估计 σ 和 ξ 的搜索范围,在此范围内,根据分数阶控制系统自身的特性搜索出 σ 和 ξ 取值较好的一对极点。

根据自动控制原理,设计一对极点形式为

$$s_{1,2} = \sigma \pm \frac{\sigma \sqrt{\xi^2 - 1}}{\xi} \tag{8-29}$$

式中:σ 为稳定度;ξ 为阻尼比。

鉴于主导极点法中 σ、ξ 对系统的影响,确定极点 $s_{1,2}$ 的方法如下。

估计 σ 的搜索范围为 $[0.3, 5]$,步长 $\Delta\sigma = 0.1$;ξ 的搜索范围为 $[0.4, 0.8]$,步长 $\Delta\xi = 0.1$。

当 $\mu = 1, \lambda = 1$ 时,将 K_{P}、μ、λ 代入特征方程:

$$\sum_{k=0}^{n} a_k + K_P + K_I s^{-\lambda} + K_D s^{-\mu} = 0$$

在 σ 和 ξ 的搜索范围内，系统性能的综合评价指标是分数阶闭环控制系统单位阶跃响应的时间平方加权误差平方积分（IST^2E），即 IST^2E 越小，分数阶闭环系统的输出与理想给定值的误差越小。因此，根据 $IST^2E(t) = \int_0^t [t^2 e(t)]^2 dt$ 最小原则，确定 σ、ξ、K_D、K_I。由于 ξ 的搜索范围较小，可以任取其中一值来简化整个搜索极点的过程，因此只需要确定 σ 的值。

若 σ 和 ξ 对应的分数阶闭环控制系统稳定，根据式（8-29），求出极点 $s_{1,2}$；若 σ 和 ξ 对应的分数阶闭环控制系统不稳定或者振荡过大，则适当减小 K_P，重复执行该步骤。确定好 K_P、$s_{1,2}$ 之后，采用阶次搜索法来计算分数阶 $PI^\lambda D^\mu$ 控制器的参数 μ、λ、K_D、K_I。

（3）确定 μ、λ 第 i（i 的初值为 1，$1 \leqslant i \leqslant 3$）次搜索范围。

当 $i=1$ 时，$\mu \in [0.1, 2]$，$\lambda \in [0.1, 1.5]$，步长 $\Delta_i = 0.1$。

当 $i>1$ 时，$\mu \in [\max(\Delta_i, \mu_{i-1} - 2\Delta_{i-1}), \mu_{i-1} + 2\Delta_{i-1}]$，$\lambda \in [\max(\Delta_i, \lambda_{i-1} - 2\Delta_{i-1}), \lambda_{i-1} + 2\Delta_{i-1}]$，$\Delta_i = \Delta_{i-1}/10$。

（4）计算第 i 次搜索范围中 μ、λ、K_D、K_I 的值。

将第 i 次搜索范围中的 K_P、$s_{1,2}$、μ、λ 依次代入特征方程：

$$\sum_{k=0}^{n} a_k + K_P + K_I s^{-\lambda} + K_D s^{-\mu} = 0$$

解出每组参数 μ、λ、K_D、K_I，分析分数阶控制系统的单位阶跃响应，以闭环控制系统的时域性能指标超调量 P_r、调节时间 T_s、E_t、IST^2E 等作为选择分数阶 $PI^\lambda D^\mu$ 控制器参数的依据，搜索结果分为以下两种。

①若找到一组满足分数阶控制系统的时域性能指标的参数 μ_i、λ_i、K_{Di}、K_{Ii}，则控制器参数求解过程结束。

②若没有找到满足分数阶控制系统的时域性能指标的参数，则记录第 i 次搜寻中最接近指标的 μ_i、λ_i 的值，计算 $i = i+1$，若 $i \leqslant 3$，返回步骤（3）。若 $i > 3$，执行步骤（5）。因为当阶次变化值 $|\Delta\mu| < 0.001$，$|\Delta\lambda| < 0.001$ 时，对系统的影响较小，所以阶次搜索到小数点后三位。

（5）重新搜索五个参数。

若分数阶控制系统单位阶跃响应的 IST^2E 较大或调节时间 T_s 较大，则适当增大 K_P；若分数阶控制系统单位阶跃响应的超调量 P_r 较大，则适当减小 K_P。重复执行步骤（2）、步骤（3）、步骤（4）。

阶次搜索法算法流程图如图 8-4 所示。

8.4.3 频域解析设计法

频域解析设计法也是一种常用的 PID 控制器参数整定方法，通过给定系统相位裕度与幅值裕度的要求，列出相位裕度与幅值裕度方程，求解 PID 控制器的参数。利用此方法可以设计分数阶 PI^λ 控制器或分数阶 PD^μ 控制器。

1. 频域解析设计法原理

频域的相对稳定性，即稳定裕度，常用相位裕度 ϕ_m 和幅值裕度 M_g 来度量。利用给定系统的性能指标，如相位裕度 ϕ_m、截止频率（剪切频率）ω_{cg} 和幅值裕度 M_g，可以列出如下四个

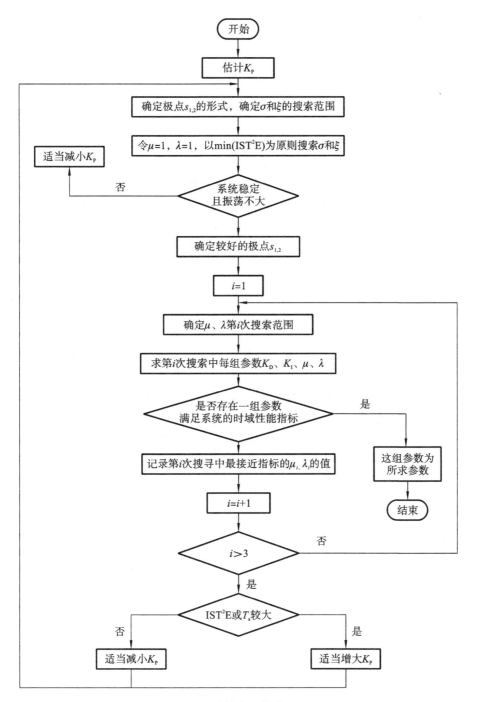

图 8-4　阶次搜索法算法流程图

方程,其中 ω_{cp} 为穿越频率。

$$\mathrm{Arg}[G_c(j\omega_{cg})G(j\omega_{cg})] = -\pi + \phi_m \tag{8-30}$$

$$|G_c(j\omega_{cg})G(j\omega_{cg})| = 0 \tag{8-31}$$

$$\mathrm{Arg}[G_c(j\omega_{cp})G(j\omega_{cp})] = -\pi \tag{8-32}$$

$$|G_c(j\omega_{cg})G(j\omega_{cg})| = 1/M_g \tag{8-33}$$

系统对于增益变化的鲁棒性为

$$\left(\frac{\mathrm{d}(\mathrm{Arg}[G_c(\mathrm{j}\omega)G(\mathrm{j}\omega)])}{\mathrm{d}\omega}\right)_{\omega=\omega_{cg}} = 0 \tag{8-34}$$

相位在 $\omega=\omega_{cg}$ 的小范围内保持不变，系统对增益变化具有较强的鲁棒性，系统响应的超调量基本没有变化。

2. 求解非线性方程

在 MATLAB 中，fmincon 函数可以求解带约束的非线性多变量函数（constrained nonlinear multivariable function）的最小值，即可以用来求解非线性规划问题。

下面借助 MATLAB 优化工具箱，利用 fmincon 函数，针对以上非线性方程，求解带约束的非线性多变量函数的最小值。

fmincon 函数被描述为

$$\min_x f(x) \text{ 寻找 } f(x) \text{ 的最小值}$$

约束条件为

$$\begin{cases} c(x) \leqslant 0 \\ c_{eq}(x) = 0 \\ lb \leqslant x \leqslant ub \end{cases} \tag{8-35}$$

式中：$c(x)$ 代表非线性不等式；$c_{eq}(x)$ 代表非线性等式；x 为需要求解的量；lb 为 x 的上界；ub 为 x 的下界。

在 fmincon 函数中，将式(8-31)看作目标函数 $f(x)$。其中，对于分数阶 PI^λ 控制器，$x = [K_P, K_I, \lambda, \omega_{cp}]$；对于分数阶 PD^μ 控制器，$x = [K_P, K_D, \mu, \omega_{cp}]$。

除了式(8-31)以外的其余三个方程作为 $f(x)$ 最小化的约束方程。利用 fmincon 函数，求解出使 $f(x)$ 最小的 x。

8.4.4　优化设计法

优化设计法也是一种可以对分数阶 $\mathrm{PI}^\lambda\mathrm{D}^\mu$ 控制器参数进行整定的方法。根据最优控制规则，先计算闭环系统的理想给定值与闭环系统的输出值的误差，再利用数学中的优化思想和优化工具，使绝对误差积分（IAE）最小，从而得到分数阶 $\mathrm{PI}^\lambda\mathrm{D}^\mu$ 控制器的一组参数 K_P、K_D、K_I、μ、λ。

用优化设计法求解分数阶 $\mathrm{PI}^\lambda\mathrm{D}^\mu$ 控制器参数的方法如下：

$$\mathrm{IAE}(t) = \int_0^t |e(t)| \, \mathrm{d}t = \int_0^t |r(t) - y(t)| \, \mathrm{d}t \to \min \tag{8-36}$$

式中：$r(t)$ 为闭环系统的理想给定值；$y(t)$ 为闭环系统的输出值。

目前常用的优化算法有粒子群优化算法（PSO）、遗传算法（GA）、模拟退火算法（SA）、交叉熵算法（CE）等。

8.4.5　分数阶控制器设计案例

本节根据频域解析设计法，讨论分数阶控制器的一个设计案例。该案例研究的分数阶系统是分数阶模型，具有以下形式：

$$P(s) = \frac{1}{s(Ts^\alpha + 1)} \tag{8-37}$$

1. 控制器定义

为了说明所设计的分数阶控制器的性能,选择另外两个常见的控制器进行对比。三个控制器分别定义如下。

第一个控制器是传统整数阶 IO-PID 控制器,定义如下:

$$C_1(s) = K_{P1}\left(1 + \frac{K_{I1}}{s} + K_{D1}s\right) \tag{8-38}$$

第二个控制器是普通的 FO-PD 控制器,定义如下:

$$C_2(s) = K_{P2}(1 + K_{D2}s^\lambda), \quad \lambda \in (0, 2) \tag{8-39}$$

显然,这是常见 $PI^\lambda D^\mu$ 控制器的一种特殊形式,其中包括 γ 阶积分器($\gamma = 0$)和 λ 阶微分器。

第三个控制器是本案例设计的 FO-[PD] 控制器,定义如下:

$$C_3(s) = K_{P3}(1 + K_{D3}s)^\mu, \quad \mu \in (0, 2) \tag{8-40}$$

针对分数阶模型 $P(s)$,运用上面三个控制器的广义形式 $C(s)$,系统的开环传递函数 $G(s)$ 表示如下:

$$G(s) = C(s)P(s) \tag{8-41}$$

2. 控制器设计规范

上述三个控制器要满足三个相同的设计规范。

(1) 相位裕度规范。

$$\text{Arg}[G(j\omega_c)] = \text{Arg}[C(j\omega_c)P(j\omega_c)] = -\pi + \phi_m \tag{8-42}$$

式中:ω_c 为增益穿越频率;ϕ_m 为所需的相位裕度。

(2) 水平相位规范。

$$\left(\frac{d(\text{Arg}(C(j\omega)P(j\omega)))}{d\omega}\right)_{\omega = \omega_c} = 0 \tag{8-43}$$

在增益穿越频率点,相位关于频率的导数为 0,即在增益穿频率点,相位伯德图是水平的。这意味着系统对增益变化具有较强的鲁棒性,响应的超调量几乎相同。

(3) 增益穿越频率规范。

在增益穿越频率点,开环传递函数的幅值为零,即

$$|G(j\omega_c)|_{dB} = |C(j\omega_c)P(j\omega_c)|_{dB} = 0 \tag{8-44}$$

3. 分数阶 FO-[PD] 控制器设计

本案例中分数阶控制器的设计采用的是频域解析设计法。

根据分数阶模型 $P(s)$,可知其在频域中的相位和增益分别如下:

$$\text{Arg}[p(j\omega)] = -\arctan\frac{T\omega^\alpha \sin\frac{\alpha\pi}{2}}{1 + T\omega^\alpha \cos\frac{\alpha\pi}{2}} - \frac{\pi}{2} \tag{8-45}$$

$$|p(j\omega)| = \frac{1}{M} \tag{8-46}$$

式中:

$$M = \sqrt{\left(T\omega^{\alpha+1}\sin\frac{\alpha\pi}{2}\right)^2 + \left(\omega + T\omega^{\alpha+1}\cos\frac{\alpha\pi}{2}\right)^2} \tag{8-47}$$

式(8-40)中的 FO-[PD] 模型可写为

$$C_3(\mathrm{j}\omega) = K_{\mathrm{P3}}(1 + K_{\mathrm{D3}}\mathrm{j}\omega)^\mu \tag{8-48}$$

由式(8-45)、式(8-46)可知,FO-[PD]模型在频域中的相位和增益分别如下:

$$\mathrm{Arg}[C_3(\mathrm{j}\omega)] = \mu\arctan(\omega K_{\mathrm{D3}}) \tag{8-49}$$

$$|C_3(\mathrm{j}\omega)| = K_{\mathrm{P3}}[1 + (K_{\mathrm{D3}}\omega)^2]^{\frac{\mu}{2}} \tag{8-50}$$

根据式(8-45)、式(8-49)可得,$G_3(s)$的相位为

$$\mathrm{Arg}[G_3(\mathrm{j}\omega)] = \mu\arctan(\omega K_{\mathrm{D3}}) - \arctan\left[\frac{T\omega^\alpha \sin\frac{\alpha\pi}{2}}{1 + T\omega^\alpha \cos\frac{\alpha\pi}{2}}\right] - \frac{\pi}{2} \tag{8-51}$$

1) 数值计算过程

根据 $G_3(s)$ 的相位描述,可以得到 K_{D3}、μ 两者的关系,即

$$K_{\mathrm{D3}} = \frac{1}{\omega_\mathrm{c}}\tan\left[\frac{1}{\mu}\left(\phi_\mathrm{m} - \frac{\pi}{2}\right) + \arctan\left[\frac{T\omega_\mathrm{c}^\alpha \sin\frac{\alpha\pi}{2}}{1 + T\omega_\mathrm{c}^\alpha \cos\frac{\alpha\pi}{2}}\right]\right] \tag{8-52}$$

水平相位规范要求:

$$\left(\frac{\mathrm{d}(\mathrm{Arg}(C(\mathrm{j}\omega)P(\mathrm{j}\omega)))}{\mathrm{d}\omega}\right)_{\omega = \omega_\mathrm{c}} = \frac{\mu K_{\mathrm{D3}}}{1 + (K_{\mathrm{D3}}\omega_\mathrm{c})^2} - \frac{\alpha T\omega_\mathrm{c}^{\alpha-1}\sin\frac{\alpha\pi}{2}}{\left(T\omega_\mathrm{c}^\alpha\sin\frac{\alpha\pi}{2}\right)^2 + \left(1 + T\omega_\mathrm{c}^\alpha\cos\frac{\alpha\pi}{2}\right)^2} = 0 \tag{8-53}$$

可以建立 K_{D3}、μ 两者的第二种关系,即

$$A_3\omega_\mathrm{c}^2 K_{\mathrm{D3}}^2 - \mu K_{\mathrm{D3}} + A_3 = 0 \tag{8-54}$$

解得

$$K_{\mathrm{D3}} = \frac{\mu \pm \sqrt{\mu^2 - 4A_3^2\omega_\mathrm{c}^2}}{2A_3\omega_\mathrm{c}^2} \tag{8-55}$$

其中,

$$A_3 = \frac{\alpha T\omega_\mathrm{c}^{\alpha-1}\sin\frac{\alpha\pi}{2}}{\left(T\omega_\mathrm{c}^\alpha\sin\frac{\alpha\pi}{2}\right)^2 + \left(1 + T\omega_\mathrm{c}^\alpha\cos\frac{\alpha\pi}{2}\right)^2}$$

根据增益穿越频率规范,建立 K_{P3}、K_{D3} 和 μ 之间的等式关系,即

$$|G(\mathrm{j}\omega_\mathrm{c})| = |C(\mathrm{j}\omega_\mathrm{c})P(\mathrm{j}\omega_\mathrm{c})| = \frac{K_{\mathrm{P3}}[1 + (K_{\mathrm{D3}}\omega)^2]^{\frac{\mu}{2}}}{N} = 1 \tag{8-56}$$

其中,

$$N = \sqrt{\left(T\omega^{\alpha+1}\sin\frac{\alpha\pi}{2}\right)^2 + \left(\omega + T\omega^{\alpha+1}\cos\frac{\alpha\pi}{2}\right)^2}$$

根据式(8-52)、式(8-55)、式(8-56),求解出 K_{P3}、K_{D3} 和 μ。

2) 控制器设计过程总结

图解法是获得 K_{P3}、K_{D3} 和 μ 的一种实用的方法。调整 FO-[PD]控制器参数的步骤如下:

(1) 给定待控制的分数阶控制系统的参数 α 和 t;

（2）给定增益穿越频率 ω_c；

（3）给定期望的相位裕度 ϕ_m；

（4）根据式(8-52)绘制出 K_{D3} 关于 μ 的曲线 1；

（5）根据式(8-55)绘制出 K_{D3} 关于 μ 的曲线 2；

（6）从两条曲线交点获得 K_{D3} 和 μ；

（7）由式(8-56)计算出 K_{P3}。

3）FO-[PD]控制器的设计实例与验证

式(8-37)中的时间常数 T 为 0.4 s,分数阶 α 为 1.4。控制设计规格设置为 $\omega_c = 10$ rad/s,$\phi_m = 70°$。

根据式(8-52)和式(8-55),从两条曲线的交点可得

$$K_{D3} = 0.943\ 5, \quad \mu = 1.205$$

根据式(8-56),计算可得

$$K_{P3} = 6.309\ 2$$

FO-[PD]控制器的伯德图如图 8-5 所示。从图中可以看出,根据控制器设计规范,相位从 ω_c 处开始保持不变。

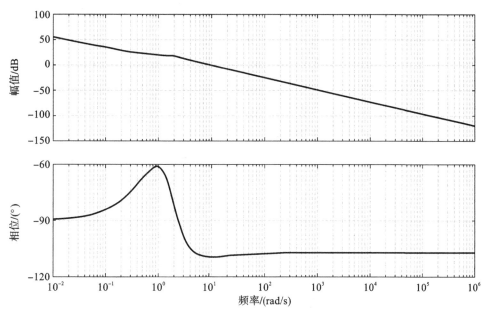

图 8-5 FO-[PD]控制器的伯德图

4. IO-PID 控制器和 FO-PD 控制器设计

IO-PID 控制器和 FO-PD 控制器的设计也遵循上述三个控制器设计规范,其设计过程与 FO-[PD]控制器的设计过程相似。待控制的分数阶控制系统的参数相同:$T = 0.4$ s,$\alpha = 1.4$。按照 FO-[PD]控制器的设计步骤对这两个控制器进行设计。

式(8-38)中,IO-PID 控制器的三个参数设计为

$$K_{P1} = 18.298\ 4, \quad K_{I1} = 42.45, \quad K_{D1} = -0.084\ 6$$

式(8-39)中,FO-PD 控制器的三个参数设计为

$$K_{P2} = 10.916, \quad K_{D2} = 0.613\ 8, \quad \lambda = 1.189$$

图 8-6 和图 8-7 所示分别为 IO-PID 控制器和 FO-PD 控制器的伯德图。可以看出,在两个伯德图中,三个控制器设计规范都得到满足。

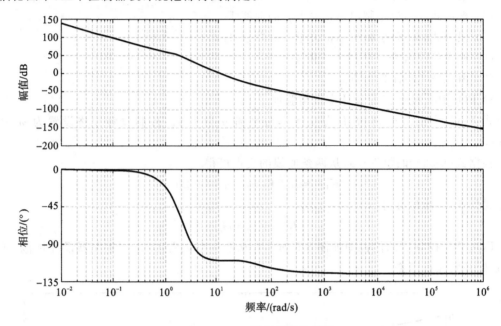

图 8-6 IO-PID 控制器的伯德图

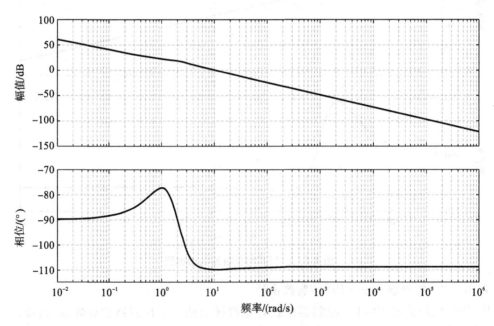

图 8-7 FO-PD 控制器的伯德图

5. 仿真效果比较

下面对以上三种控制器的调节过程进行验证。

FO-PD 控制器的分数阶算子 s^λ 和 FO-[PD]控制器的$(1+K_{D3}s)^\mu$ 通过脉冲响应不变法实现。

FO-PD 控制器的分数阶算子为 $s^\lambda(\lambda=1.189)$，其近似的高阶整数阶离散传递函数在采样周期为 0.01 s 时具有以下形式：

$$s^{1.189} \approx \frac{N_1}{D_1} \qquad (8\text{-}57)$$

式中：$N_1 = z^5 - 3.423z^4 + 4.428z^3 - 2.64z^2 + 0.692\,8z - 0.057\,11$；$D_1 = 0.003\,573z^5 - 0.007\,686z^4 + 0.005\,441z^3 - 0.001\,45z^2 + 0.000\,173\,4z - 2.468 \times 10^{-5}$。

FO-[PD]控制器的分数阶算子为 $(1+K_{D3}s)^\mu$（$K_{D3}=0.943\,5$，$\mu=1.205$），其近似的有限维离散传递函数在采样周期为 0.01 s 时具有以下形式：

$$(1+0.943\,5s)^{1.205} \approx \frac{N_2}{D_2} \qquad (8\text{-}58)$$

式中：$N_2 = z^5 - 3.392z^4 + 4.348z^3 - 2.57z^2 + 0.668\,5z - 0.054\,69$；$D_2 = 0.003\,513z^5 - 0.007\,414z^4 + 0.005\,137z^3 - 0.001\,348z^2 + 0.000\,172\,1z - 2.599 \times 10^{-5}$。

遵循相同的控制器设计规范和设计过程，分别计算出三个控制器的参数。需要注意的是，$K_{D1}=-0.084\,6<0$，说明使用 IO-PID 控制器的分数阶控制系统是不稳定的。IO-PID 控制器难以保证闭环控制系统的稳定性，并且不能在给定的增益穿越频率下实现相位水平。这表明分数阶控制器具有优于整数阶控制器的潜在优势。

图 8-8 所示为系统应用 FO-PD 控制器后，在单位阶跃响应下，开环设备比例增益 K_P 从 8.733 变化到 13.099（与期望值 10.916 在 20% 误差以内）的曲线。图 8-9 所示为系统应用 FO-[PD]控制器后，在单位阶跃响应下，开环设备比例增益 K_P 从 5.047 4 变化到 7.571 0（与期望值 6.309 2 在 20% 误差以内）的曲线。

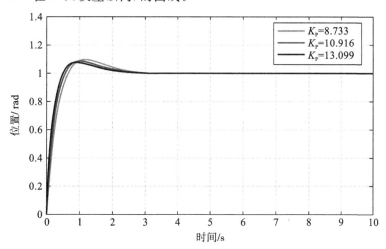

图 8-8 应用了 FO-PD 控制器的阶跃响应（时间为 0.4 s）

从图 8-8 和图 8-9 中可以看出，本案例设计的两个分数阶控制器均是有效的。阶跃响应的超调量在增益变化下几乎保持不变，即表现出等阻尼特性，这意味着系统对增益变化具有较强的鲁棒性。

此外，从图 8-10 中可以看出，系统应用 FO-[PD]控制器后，阶跃响应的超调量几乎为零，并且比应用 FO-PD 控制器的超调量小得多。由此可知，FO-[PD]控制器的性能优于 FO-PD 控制器的性能。

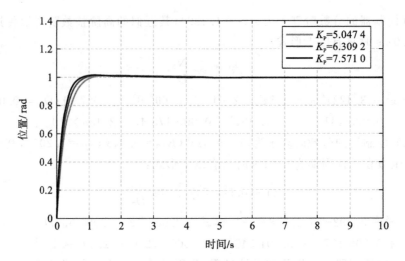

图 8-9　应用了 FO-[PD]控制器的阶跃响应(时间为 0.4 s)

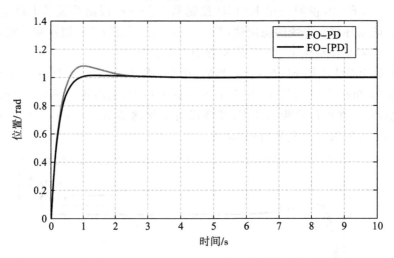

图 8-10　两个分数阶控制器在阶跃响应下的比较(时间为 0.4 s)

8.5　分数阶 $PI^\lambda D^\mu$ 控制器应用案例

8.5.1　超精密工业磁盘驱动控制

本案例基于硬盘驱动器伺服系统的频率响应数据模型,系统地设计了分数阶比例微分控制器。所设计的分数阶控制器的开环系统在增益穿越频率附近具有水平相位特征,满足水平相位规范。当环路增益改变时,即使与优化后的传统整数阶控制器相比,本案例所设计的分数阶控制器的控制性能更加一致。

1.磁盘驱动器伺服系统的跟踪性能要求

硬盘驱动器伺服系统是一个高精度控制系统,它在满足硬盘驱动器高密度和高性能要求中起着至关重要的作用。

在硬盘驱动器伺服系统中,音圈电机作为一种连接到磁头的制动器,可以激活磁头,使其水平移动到磁盘表面上的目标磁道,磁道用来记录介质,在那里可以执行数据读取和写入操作。

硬盘驱动器伺服系统的所有硬件组件都存在相位和增益变化,例如音圈电机和驱动器、组合电路、磁头和磁盘,以及磁盘上不同的磁道宽度,因此,动圈磁场与永磁体之间的磁力作用会发生变化。同时,外部干扰和温度变化等也会显著影响系统增益。

硬盘驱动器伺服系统的环路增益不是恒定的,跟踪控制性能很容易发生变化,甚至稳定裕度也不可靠,环路增益变化很大。因此,在硬盘驱动器伺服系统中必须抑制环路增益变化的影响,以保证在所有磁道位置实现一致的跟踪性能。

2. 分数阶控制器设计方法

针对基于频率响应数据模型的硬盘驱动器伺服系统,本案例介绍了一种比例微分控制器的设计方法。

硬盘驱动器伺服寻道控制过程中,其轨迹需要进行跟踪控制。分数阶控制器方程如下:

$$C(s) = K_P(1 + K_D s^r) \tag{8-59}$$

如果 $r \in (0, 2)$,则设计的分数阶控制器是分数阶 PD 控制器,如果 $r \in (-2, 0)$,则设计的分数阶控制器是分数阶 PI 控制器。

硬盘驱动器伺服系统的设备模型用 $P(s)$ 表示,图 8-11 所示为从真实硬盘驱动器测量得到的 FRD 模型。

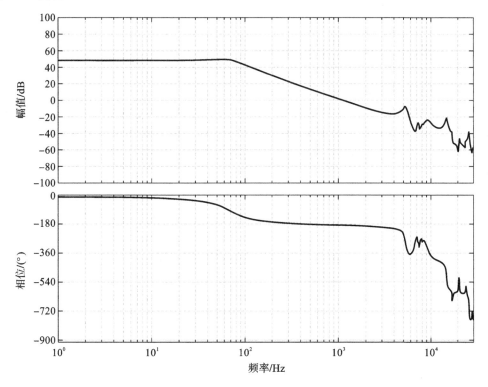

图 8-11 硬盘平台的实测 FRD 模型

分数阶控制器设计所遵循的设计规范与 8.4.5 节介绍的控制器设计规范相同。其初始设计过程如下:

（1）给定设备的参数或非参数模型 $P(s)$；

（2）给定增益穿越频率 ω_c；

（3）给定期望的相位裕度 ϕ_m；

（4）根据对象增益穿越频率处的相位 $\angle(P(j\omega_c))$，以及分数阶控制器增益穿越频率处的相位 $\angle(C(j\omega_c))$ 得到 K_D 与 r 的第一个关系式；

（5）依照水平相位规范，在增益穿越频率 ω_c 附近的开环系统的相位是水平的，得到 K_D 与 r 第二个关系式；

（6）根据步骤（4）、步骤（5）中 K_D 与 r 的两个关系式，分数阶控制器中的两个参数 K_D 与 r 理论上可以被解出，尽管很难得到解析解，但可以用数值方法来求解；

（7）由增益穿越频率 ω_c 点的设备增益 $|P(j\omega_c)|$ 和分数阶控制器的增益 $|C(j\omega_c)|$，得到 K_D、K_P、r 三者之间的关系式，即

$$K_P = \frac{1}{|P(j\omega_c)|\sqrt{1+K_D^2\omega_c^{2r}\cos\dfrac{r\pi}{2}}}$$

利用在步骤（6）中计算出的 K_D、r，解出第三个参数 K_P。

至此，获得具有开环系统所需水平相位特征的分数阶控制器的三个参数。

3. 分数阶控制器的实现

对于给定的对象模型，分数阶控制器可以按照控制器设计规范进行设计，满足所需的增益穿越频率、相位裕度和水平相位。所设计的分数阶控制器在实时伺服系统中对于实现预期的控制性能和效益至关重要。

分数阶控制器应用的关键是分数阶算子 s^r 的近似实现，其中 $r\in(-2,2)$。分数阶算子 s^r 由脉冲响应不变法实现，该方法可以避免频率范围的约束。

1）采样延迟造成相位损失

根据实现的分数阶算子 s^r 的伯德图，通过高阶传递函数的连续近似可以实现预期的增益和相位。然而，在离散化的过程中，所设计的分数阶控制器的相位会丢失，尤其是在接近奈奎斯特频率的高频范围内。由于采样时间延迟，从离散化理论来看，这种相位损失是不可避免的。

在此简述中，以下硬盘驱动器伺服系统的分数阶控制器设计示例旨在说明这一点。为了比较分数阶控制器与原始整数阶控制器，增益穿越频率设置为 $\omega_c=1\,400\,Hz$，相位裕度设置为 $\phi_m=35°$。

根据分数阶控制器的设计程序，分数阶控制器设计如下：

$$C(s) = 0.908\,14(1+9.539\,8\times10^{-5}\,s^{1.061\,1}) \tag{8-60}$$

分数阶 $r=1.061\,1\in(0,2)$，说明所设计的分数阶控制器是 FO-PD 控制器。

在连续时域中，绘制 FO-PD 控制器开环系统的伯德图，如图 8-12 所示。可以看出，增益穿越频率、相位裕度和水平相位满足设计规范。

在分数阶算子 $s^{1.061\,1}$ 的近似实现中，按照脉冲响应不变的实现方法，使用八阶传递函数，该传递函数表示如下：

$$G_s^{1.061\,1} = \frac{A_{sr}}{B_{sr}} \tag{8-61}$$

其中，

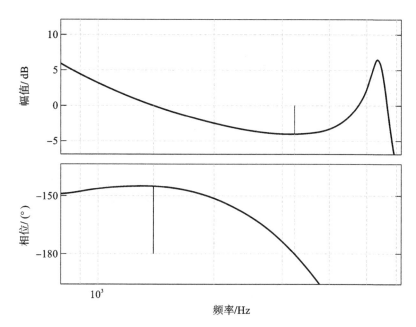

图 8-12 在连续时域中 FO-PD 控制器开环系统的伯德图

$$A_{sr} = z^8 - 5.26z^7 + 11.36z^6 - 13.99z^5 + 9.872z^4 - 4.097z^3 + 0.942\,7z^2 \tag{8-62}$$
$$- 0.102\,7z + 0.003\,426$$

$$B_{sr} = 1.961 \times 10^{-5}z^8 - 7.981 \times 10^{-5}z^7 + 12.97 \times 10^{-5}z^6 -$$
$$10.6 \times 10^{-5}z^5 + 4.442 \times 10^{-5}z^4 - 8.19 \times 10^{-6}z^3 + \tag{8-63}$$
$$1.123 \times 10^{-7}z^2 - 9.75 \times 10^{-8}z + 3.156 \times 10^{-9}$$

对设计的分数阶控制器进行离散化处理后,采样延迟被引入系统中,并且该分数阶控制器的相位被延迟。采样频率为 23.914 kHz,即采样周期为 $T_s = 0.041\,8$ ms。信号周期为 $T_p = 0.714\,3$ ms,离散化后分数阶算子 s^r 的失相可计算如下:

$$\frac{T_s}{T_p} \times \frac{2\pi}{2} = \frac{0.041\,8 \times 10^{-3}}{0.714\,3 \times 10^{-3}} \times \frac{360°}{2} = 10.533\,4° \tag{8-64}$$

对根据式(8-60)设计的分数阶控制器,连续真实和离散化近似分数阶算子 $s^{1.061\,1}$ 的伯德图比较如图 8-13 所示。可以看出,在 1.4 kHz 处,从连续真实分数阶算子到离散化近似分数阶算子的相位损失为 8.1°。该相位损失小于计算得到的 10.533\,4°,原因是 $s^{1.061\,1}$ 的离散增益略高于增益穿越频率附近的连续增益,相位延迟减少约 2.5°。

在图 8-13 中,连续真实和离散化近似分数阶算子之间的增益差几乎恒定在 0.2 dB。在所选择的增益穿越频率范围内,相位差为 2.5°。因此,分数阶算子在频率 ω 下的精确相位损失可以计算如下:

$$\phi_{loss} = \omega T_s \times \frac{360°}{2} - 2.5° \tag{8-65}$$

式中: T_s 为采样时间。

根据分数阶算子的相位损失,计算分数阶控制器在设计的增益穿越频率 ω_c 下的相位 θ。

连续型 FO-PD 控制器的频率响应为

$$C_1(j\omega) = K_P(1 + K_D A e^{j\alpha}) \tag{8-66}$$

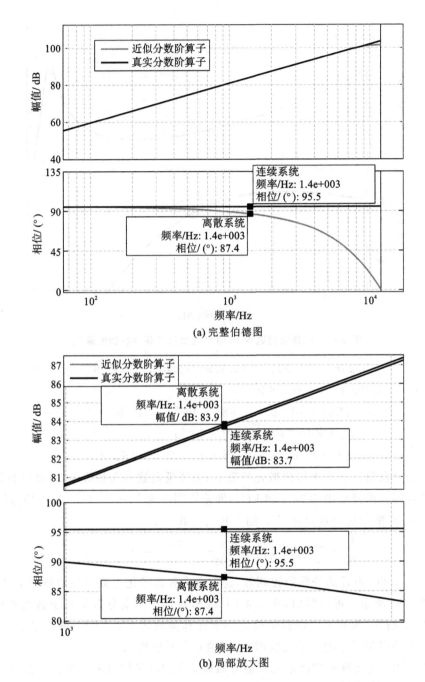

图 8-13 连续真实和离散化近似分数阶算子 $s^{1.0611}$ 的伯德图比较

式中:$A=\omega^{r}$;$\alpha=\pi r/2$。

C_1 的相位为

$$\theta_1 = \arctan\left(\frac{K_D A \sin\alpha}{1 + K_D A \cos\alpha}\right) \times \frac{180°}{\pi} \tag{8-67}$$

离散型 FO-PD 控制器的频率响应为

$$C_2(j\omega) = K_P\left[1 + K_D A e^{j(\alpha-\delta)}\right] \tag{8-68}$$

式中:$A = \omega^{r}$;$\alpha = \pi r/2$;$\delta = \phi_{loss}$。

C_2 的相位为

$$\theta_2 = \arctan\left[\frac{K_\text{D}A\sin(\alpha - \delta)}{1 + K_\text{D}A\cos(\alpha - \delta)}\right] \times \frac{180^\circ}{\pi} \tag{8-69}$$

由此可以计算出相位延迟 θ_d：

$$\theta_\text{d} = \theta_1 - \theta_2 \tag{8-70}$$

当 $\omega = 1\,400 \times 2\pi(\text{rad/s})$ 时，相位延迟为

$$\theta_\text{d} = 59.414\,9^\circ - 53.927\,1^\circ = 5.487\,8^\circ$$

图 8-14 中的模拟伯德图验证了这一计算结果。由于离散化造成的相位损失，开环伯德图无法满足增益穿越频率、相位裕度和水平相位规范。

2）离散化产生的增益偏差

在分数阶算子 s^r 的离散化过程中，不仅引入了相位延迟，而且相位延迟的幅度会略有提高。因此，可以计算离散化后的 FO-PD 控制器的增益变化。

C_1 的增益为

$$K_1 = 20\log_{10}\left[K_\text{P}\sqrt{(1 + K_\text{D}A_2\cos\alpha)^2 + (K_\text{D}A_2\sin\alpha)^2}\right] \tag{8-71}$$

C_2 的增益为

$$K_2 = 20\log_{10}\left[K_\text{P}\sqrt{(1 + K_\text{D}A_2\cos\beta)^2 + (K_\text{D}A_2\sin\beta)^2}\right] \tag{8-72}$$

式中：$A_2 = \omega^r \times 10^{K_\text{srd}/20}$，其中 $K_\text{srd} = 0.20$；$\alpha = \pi r/2$；$\beta = \alpha - \phi_\text{loss}$。

由此可以计算出增益变化 ΔK：

$$\Delta K = K_1 - K_2 \tag{8-73}$$

当 $\omega = 1\,400 \times 2\pi(\text{rad/s})$ 时，增益变化为 $\Delta K = 3.721\,1 - 4.436\,3 = -0.715\,2$。该计算结果在图 8-14 的模拟伯德图中得到验证。

4. 对设计的 FO-PD 控制器进行调整

1）利用相位损失预测进行相位裕度调整

已实现的 FO-PD 控制器或开环系统的相位延迟可以根据已实现的分数阶算子 s^r 的相位损失来计算，可以将相位损失算入 FO-PD 控制器设计过程中的相位裕度。所以相位裕度可以调整为

$$\phi_\text{m}' = \phi_\text{m} + \theta_\text{d} \tag{8-74}$$

如果 $\phi_\text{m} = 35^\circ$，$\theta_\text{d} = 5.4878^\circ$，则相位裕度需要设置为

$$\phi_\text{m}' = 35^\circ + 5.4878^\circ = 40.4878^\circ$$

2）利用增益变化预测进行增益穿越频率调整

上文计算出已实现的 FO-PD 控制器的增益变化为 $\Delta K = -0.715\,2$。在 1000～2000 Hz 频率范围内，开环幅值的斜率在 $0.006\,3$ dB/Hz 左右，如图 8-15 所示，由此可得频率偏移量 ω_os，为

$$\omega_\text{os} = -\frac{0.715\,2}{0.006\,3} = -113.5(\text{Hz}) \tag{8-75}$$

所以，为 FO-PD 控制器设置的增益穿越频率可以调整为

$$\omega_\text{c}' = \omega_\text{c} + \omega_\text{os} = 1\,400 - 113.5 = 1286.5(\text{Hz}) \tag{8-76}$$

3）利用相位损失斜率预测进行相位斜率调整

根据相位损失对频率 ω 的导数，计算出相位斜率：

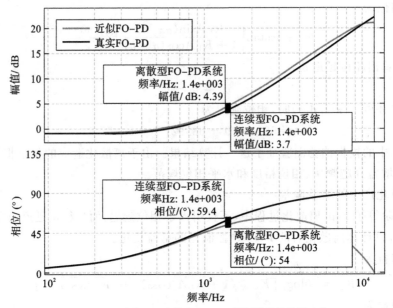

(a) 连续型和离散型 FO-PD 控制器的伯德图比较

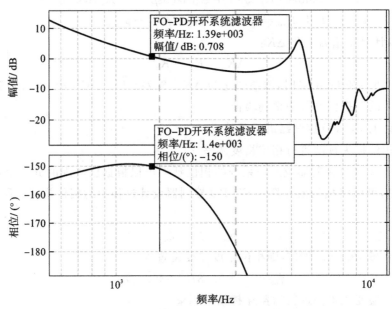

(b) 离散型 FO-PD 控制器开环伯德图

图 8-14　FO-PD 控制器开环伯德图的比较

$$\frac{\mathrm{d}\phi_{\mathrm{loss}}}{\mathrm{d}\omega} = \frac{\mathrm{d}\left(\omega T_s \times \dfrac{360°}{2} - 2.5°\right)}{\mathrm{d}\omega} = T_s \times \frac{360°}{2} = \frac{T_s}{2}(\mathrm{s}) \tag{8-77}$$

　　因此，相位导数在增益穿越频率处需要被设置为 $T_s \times \dfrac{360°}{2}$，而不是零，以补偿离散化过程中的相位损失。这种补偿可以保证用离散型 FO-PD 控制器实现的控制系统具有水平相位的特性。

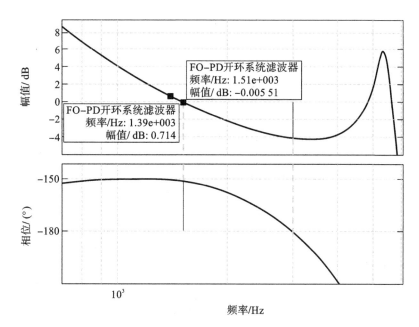

图 8-15 1000～2000 Hz 频率范围内离散型 FO-PD 控制器开环伯德图

根据相位裕度、增益穿越频率和相位斜率的调整，FO-PD 控制器可重新设计为

$$C_{re}(s) = 0.868\,78(1 + 4.755\,2 \times 10^{-5} s^{1.141\,1}) \tag{8-78}$$

对于分数阶算子 $s^{1.141\,1}$ 的近似实现，按照脉冲响应不变的实现方法，也使用八阶传递函数，该传递函数表达式如下：

$$G_{s^{1.141\,1}} = \frac{A_{srr}}{B_{srr}} \tag{8-79}$$

其中，

$$A_{srr} = z^8 - 5.299z^7 + 11.82z^6 - 14.35z^5 + 10.23z^4 - 4.3z^3 + 1.005z^2$$
$$- 0.111\,7z + 0.003\,846$$

$$B_{srr} = 8.653 \times 10^{-6} z^8 - 3.509 \times 10^{-5} z^7 + 5.707 \times 10^{-5} z^6 - 4.726 \times 10^{-5} z^5$$
$$+ 2.085 \times 10^{-5} z^4 - 4.69 \times 10^{-6} z^3 + 4.966 \times 10^{-7} z^2 - 3.556 \times 10^{-8} z$$
$$+ 2.752 \times 10^{-9}$$

调整后的 FO-PD 控制器伯德图如图 8-16 所示。可以看出，调整后的 FO-PD 控制器满足相位裕度、增益穿越频率和水平相位三个规范。

4）FO-PD 控制器设计和实现流程总结

根据分数阶控制器设计和实现细节，可将分数阶控制器的最终设计和实现流程总结如下：

（1）给定设备的参数或非参数模型 $P(s)$；

（2）给定增益穿越频率 ω_c；

（3）给定期望的相位裕度 ϕ_m；

（4）增益偏差预测后进行增益穿越频率调整；

（5）相位损失预测后进行相位裕度调整；

（6）相位斜率变化预测后进行相位斜率调整；

（7）根据设备的增益穿越频率处的相位$\angle(P(j\omega_c))$，以及分数阶控制器增益穿越频率处的相位$\angle(C(j\omega_c))$得到 K_D 和 r 的第一个关系式并绘制出图，如图 8-17 中浅灰色线所示；

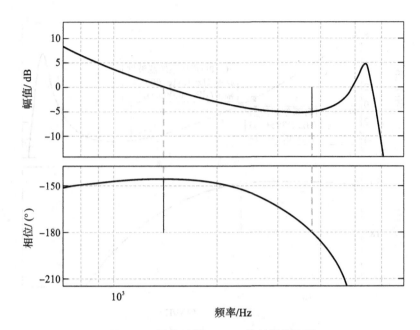

图 8-16 调整后的 FO-PD 控制器伯德图

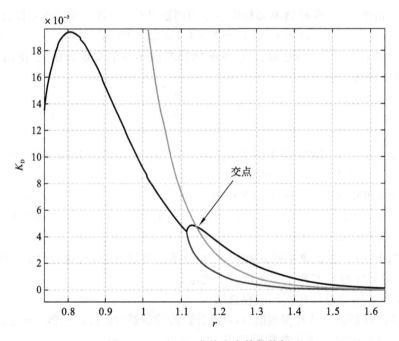

图 8-17 r 和 K_D 曲线交点的数值解

（8）依照水平相位规范，在增益穿越频率 ω_c 附近的开环系统的相位是水平的，得到 K_D 与 r 第二个关系式并绘制出图，如图 8-17 中深灰色线所示；

（9）根据图 8-17 中的交点确定 K_D 与 r；

（10）根据增益穿越频率规范及步骤（9）中得到的 K_D 与 r，计算出 K_P。

这样，在实际的硬盘驱动器伺服系统中，可以实现满足预选增益穿越频率、相位裕度和水平相位要求的 FO-PD 控制器。

5. 实验

为了验证设计的 FO-PD 控制器的性能,分别绘制设计的 FO-PD 控制器和原始整数阶控制器的开环伯德图,如图 8-18(a)所示,可以看出,设计的 FO-PD 控制器的开环系统具有

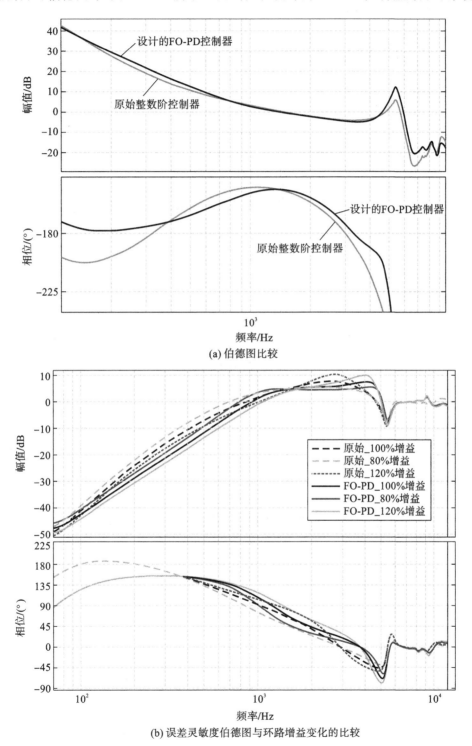

(a) 伯德图比较

(b) 误差灵敏度伯德图与环路增益变化的比较

图 8-18 设计的 FO-PD 控制器和原始整数阶控制器的伯德图的比较

平相特性。同时,从图 8-18(b)中可以看出,设计的 FO-PD 控制器相对于原始整数阶控制器具有更强的鲁棒性。

如图 8-19、图 8-20、表 8-1、表 8-2 所示,设计的 FO-PD 控制器的优点可以通过针对跟踪和吞吐量性能的实验演示得到验证。

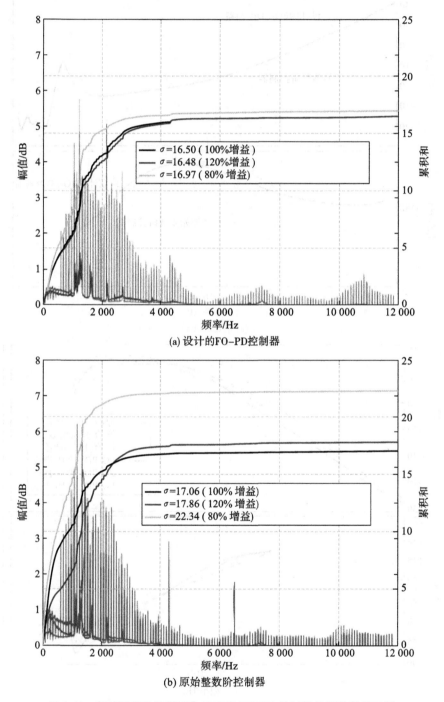

图 8-19   原始整数阶控制器和设计的 FO-PD 控制器的跟踪性能比较

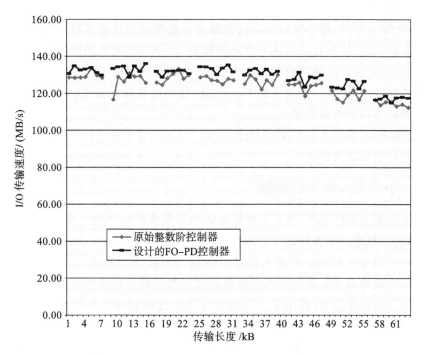

图 8-20　原始整数阶控制器与设计的 FO-PD 控制器的 I/O 传输性能比较

表 8-1　跟踪性能改进

	100％增益	120％增益	80％增益
TMR（原始）	13.53	12.59	18.60
TMR（FO-PD）	11.49	11.40	12.66
改进	15.05％	9.45％	31.94％

表 8-2　I/O 传输性能改进

	原始整数阶控制器	设计的 FO-PD 控制器	改进
I/O 传输平均值	124.5 IOPS	130.1 IOPS	5.6 IOPS(4.5％)

1）原始整数阶控制器设计

为了与设计的 FO-PD 控制器进行比较，采用随机邻域搜索法对原始整数阶控制器进行优化。其中，增益穿越频率和相位裕度与分数阶控制器的相同，即 $\omega_c = 1\,400\,\text{Hz}, \phi_m = 35°$。

2）跟踪性能

在硬盘驱动器伺服系统的磁道跟踪控制中，磁道跟踪误差（TMR）是利用图 8-19 中的设计的 FO-PD 控制器和原始整数阶控制器来测量的。很明显，设计的 FO-PD 控制器的跟踪性能比原始整数阶控制器的跟踪性能对环路增益变化具有更强的鲁棒性。设计的 FO-PD 控制器的这种性能优势源于开环平相"等阻尼"特性。

跟踪性能的详细数值如表 8-1 所示，可以看出，在环路增益变化的情况下，设计的 FO-PD 控制器比原始整数阶控制器的跟踪性能要好。

3）吞吐量性能

如图 8-19 所示,使用两个控制器来比较具有环路增益变化的 TMR。然而,环路增益变化是人为产生的,以简化和直接验证系统的鲁棒性,这不是硬盘驱动器操作中的真正环路增益变化。实际上,硬盘的环路增益变化很大,操作从磁头到磁头,从磁道到磁道。

为了验证设计的 FO-PD 控制器的真正优势,使用硬盘驱动器中读/写操作的实际环路增益变化来测试 I/O 吞吐量性能。

从表 8-2 中可以看出,I/O 传输性能提高了 4.5%。设计的 FO-PD 控制器的吞吐量性能明显优于原始整数阶控制器的。

8.5.2 小型无人机飞行控制

低成本小型无人机(UAV)吸引了世界各地的研究人员和开发人员,用于军事和民用领域。然而,在设计稳定的和鲁棒的飞行控制器方面存在挑战。

本案例主要研究小型固定翼无人机滚转通道分数阶比例积分飞行控制器的设计与实现。采用时域系统辨识方法获得无人机滚转通道的简单的带有外部输入的自回归(ARX)模型。基于辨识出的简单模型,提出了一种新的分数阶比例积分飞行控制器设计方法。由于引入了分数阶作为设计参数,分数阶 PI^λ 控制器优于优化后的传统整数阶 PID 控制器。仿真结果表明了所提控制器设计策略的有效性和分数阶 PI^λ 控制器在阵风和载荷变化条件下的鲁棒性,还提供了进一步的实际飞行试验结果,以显示所提出的分数阶 PI^λ 控制器的优点。

1. 无人机对控制精度的要求

近十年来,在军事和民用领域,无人机市场发展迅速。微型和小型无人机易于操纵和维护,它们在遥感、搜索和救援、环境监测等方面有很大的应用潜力。

在极低的海拔高度(如 100 m 左右),无人机比载人飞机具有明显的安全优势,因为自动驾驶仪可以代替飞行员用于自主导航。自动驾驶仪或飞行控制系统对飞行稳定性和导航起着关键作用,但微型和小型无人机自主飞行容易受到以下因素影响。

（1）风。阵风给低质量飞机的控制带来了巨大的挑战。

（2）飞行高度。无人机可能需要在很宽的高度范围内飞行,以执行不同的任务。

（3）有效载荷变化。一个好的无人机飞行控制器应该对有效载荷的变化具有鲁棒性,这样它就不会在很小的扰动下失速。

（4）制造变化和建模困难。这使得研究人员难以获得准确的动力学模型。

（5）资源限制。微型和小型无人机受到机载资源的限制,如机载惯性传感器的精度有限、计算能力有限、尺寸和重量有限等。

所有这些因素使得设计一个鲁棒性强、灵活度高的飞行控制器变得非常重要。许多研究人员研究了无人机建模和控制问题。

开环稳态飞行试验是针对副翼(滚转率)和升降舵(俯仰率)回路系统辨识而提出的。但开环系统辨识对无人机飞行稳定性有特殊要求,将滚转和俯仰参考信号限制到 0.02 rad。

无人机模型辨识试验也可以由操作员远程控制无人机进行。无人机以留待模式飞行时,不同类型的带有外部输入的自回归模型被识别。操作员可以产生开环响应,但对于一些特殊设计的参考,如伪随机二进制信号(PRBS),可能无法生成。其他研究人员也在无人直升机的分离通道上尝试闭环系统辨识方法。

设计无人机系统辨识试验时,需要权衡安全和机动等因素。系统辨识试验不容易重复,因为无人机系统很容易失速,给定的控制输入过于激进。另一方面,非常小的激励可能不足以激发系统动力学。

考虑到飞行稳定性和试验难度,本书采用闭环系统辨识方法。首先用一组足以保证水平飞行稳定性的初始比例积分微分参数对无人机进行粗略调整,然后对无人机的初始闭环模型进行辨识,并根据辨识出的模型设计控制器。

分数阶比例积分控制器是最简单的分数阶控制器之一,类似于经典的比例积分控制器。由于引入了分数阶算子,分数阶控制器与传统整数阶控制器相比具有一定的优势。为了简化飞行控制问题,选择副翼滚转回路作为分数阶 PI 控制器和整数阶 PID 控制器的比较对象。

在模拟和实际飞行试验中的阵风和有效载荷变化等条件下对所提出的控制器进行了测试。

2. 无人机飞行控制基础的预备知识

无人机动力学可以使用系统状态建模。

(1) 位置:如经度 p_e、纬度 p_n、高度 h。

(2) 速度:三轴 u、v、w。

(3) 姿态:滚转 ϕ、俯仰 θ、偏航 ψ。

(4) 陀螺速率:陀螺加速度 p、q、r。

(5) 加速度:加速度 a_x、a_y、a_z。

(6) 空气速度 v_a、地面速度 v_g、迎角 α 和滑动角 β。

无人机控制输入一般包括:副翼 δ_a、升降舵 δ_e、方向舵 δ_r 和油门 δ_t。升降副翼结合了副翼和升降舵的功能。升降副翼经常用在飞翼飞机上。不同类型的无人机可能有不同的操纵面组合,例如,有些三角翼无人机没有方向舵控制,只有升降舵、副翼和油门。

六自由度无人机动力学可以用一系列非线性方程来建模:

$$\dot{x} = f(x, u) \tag{8-80}$$

$$\boldsymbol{x} = \begin{bmatrix} p_n & p_e & h & u & v & w & \phi & \psi & p & q & r \end{bmatrix}^T \tag{8-81}$$

$$\boldsymbol{u} = \begin{bmatrix} \delta_a & \delta_e & \delta_r & \delta_t \end{bmatrix}^T \tag{8-82}$$

无人机飞行控制的最终目标是让无人机按照预先指定的三维轨迹和方向飞行。

控制器的设计一般分为基于精确模型的非线性控制器设计和基于飞行调谐的 PID 控制器设计。由于前者需要建立精确、完整的动力学模型,设计难度很大,因此,目前 90% 以上的工作控制器是 PID 控制器。大多数商用无人机自动驾驶仪使用级联的 PID 控制器进行自主飞行控制。

由于非线性动态模型可以在某个配平点附近线性化,并被视为一个简单的单输入单输出(SISO)或多输入多输出(MIMO)线性系统,因此级联的 PID 控制器可以用于无人机飞行控制。无人机动力学可以解耦为如下两种低水平控制模式。

(1) 纵向模式:俯仰回路。

(2) 横向模式:侧倾回路。

将三维刚体运动控制问题分成几个回路后,可以设计级联控制器来完成无人机的飞行控制任务。

本案例详细研究了侧倾回路控制问题。无人机的侧倾回路可视为一个围绕平衡点的 SISO（滚转-副翼）系统。稳态飞行意味着机身坐标系中的所有力和力矩分量都是常数或零。直观的控制器设计是使用如下经典的 PID 控制器结构，即

$$C(s) = K_P\left(1 + \frac{K_I}{s} + K_D s\right) \tag{8-83}$$

控制器参数（K_P、K_I、K_D）将通过离线或在线控制器整定试验来确定。

3. 侧倾通道系统辨识和控制

侧倾通道系统辨识最直观的方法是进行开环分析。然而，这种方法只能在参考值小、开环配置下难以保持无人机稳定等约束条件下使用。因此，本案例采用闭环系统辨识，因为它可以保证无人机飞行的稳定性。唯一的前提条件是在系统辨识试验之前必须进行粗略的 PID 参数整定。

如图 8-21 所示，FO-PI 飞行控制器设计过程包括无人机配平调整、确定 $C_0(s)$ 的粗略 PID 调整和具有预定激励的无人机系统辨识试验。

一旦系统模型被导出，另一个外环控制器将基于改进的 Ziegler-Nichols 整定算法或分数阶 PI^λ 控制器设计方法进行设计，如图 8-22 所示。

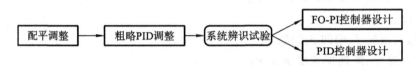

图 8-21　FO-PI 飞行控制器设计过程

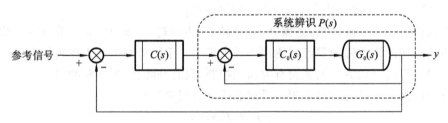

图 8-22　系统辨识过程

1）系统模型

对于系统模型，使用简单的 ARX 模型，因为一阶 ARX 模型可以为进一步的分数阶控制器设计提供便利。ARX 模型定义为

$$\frac{Y(z)}{R(z)} = \frac{a_0 + a_1 z^{-1} + \cdots + a_m z^{-m}}{b_0 + b_1 z^{-1} + \cdots + b_n z^{-n}} \tag{8-84}$$

式中：$Y(z)$ 为系统的输出，如侧倾角；$R(z)$ 为参考信号，如参考侧倾角。

为了进行比较，通过频域拟合，将高阶 ARX 模型简化为一阶加延时（FOPTD）模型，以应用修正的 Ziegler-Nichols PID 调谐规则：

$$P(s) = \frac{Y(s)}{R(s)} = \frac{K e^{-Ls}}{Ts + 1} \tag{8-85}$$

2）系统辨识的激励信号

系统辨识的激励信号可以是阶跃响应、方波响应、伪随机二进制序列或其他预先指定的

参考信号。系统的激励也需要仔细选择,因为输入参考信号的频率范围可能对最终的系统辨识结果有巨大的影响。选择两个参考信号:方波响应参考信号和伪随机二进制序列参考信号。但是本节选择伪随机二进制序列参考信号进行仿真研究,因为该信号在所有感兴趣的频率上都很丰富。

3)参数优化

最小二乘法用于模型与实际数据的拟合。假设 ARX 模型由式(8-84)给出,则

$$\hat{y}(k) = \frac{1}{b_0}\left[a_0 r(k) + \cdots + a_m r(k-m) - b_1 y(k-1) - \cdots - b_n y(k-n) + e(k)\right]$$

$$(8-86)$$

式中:$e(k)$ 为传感器测量产生的白噪声。

下面定义的评估函数用于使误差的最小二乘最小化:

$$V = \sum_{k=1}^{N} e^T(k) e(k)$$

$$(8-87)$$

式中:N 为总数据长度。

经典的最小二乘法可以用来获得最优的 ARX 模型参数。在 MATLAB 中,相关的函数叫作 arx。使用 getfoptd 函数可以将高阶 ARX 模型简化为 FOPTD 模型。

4. 分数阶控制器设计

基于所辨识的简单模型,设计了一种具有预定性能要求的 FO-PI 控制器。

1)FO-PI 控制器结构

FO-PI 控制器与整数阶 PID 控制器具有相同的整定参数,方便进行比较。本案例设计的 FO-PI 控制器具有以下形式的传递函数:

$$C(s) = K_P\left(1 + \frac{K_I}{s^{\lambda}}\right)$$

$$(8-88)$$

式中:$\lambda \in (0,2)$。

2)一阶系统的 FO-PI 控制器设计

为了简化表示,不失一般性,研究 $G(s)$ 的简单形式,因为任何复杂系统都可以简化为简单模型。

本节讨论的典型一阶控制系统具有以下形式的传递函数:

$$P(s) = \frac{K}{Ts+1}$$

$$(8-89)$$

注意,由于传递函数的比例因子可以并入控制器的比例系数中,因此式(8-89)中的设备增益 K 可以归一化为 1。

根据典型一阶系统的形式和所讨论的 FO-PI 控制器,可以按照控制器设计规范对 FO-PI 控制器进行系统设计。

FO-PI 控制器的开环传递函数为

$$G(s) = C(s)P(s)$$

FO-PI 控制器参数可通过以下步骤获得。

(1)根据 FO-PI 控制器传递函数,其频率响应为

$$C(j\omega) = K_P\left(1 + K_I \omega^{-\lambda}\cos\frac{\lambda\pi}{2} - jK_I \omega^{-\lambda}\sin\frac{\lambda\pi}{2}\right)$$

相位和增益分别为

$$\text{Arg}[C(j\omega)] = -\arctan \frac{K_I \omega^{-\lambda} \sin \frac{\lambda \pi}{2}}{1 + K_I \omega^{-\lambda} \cos \frac{\lambda \pi}{2}}$$

$$|C(j\omega)| = K_P J(\omega)$$

式中：$J(\omega) = \left[\left(1 + K_I \omega^{-\lambda} \cos \frac{\lambda \pi}{2}\right)^2 + \left(K_I \omega^{-\lambda} \sin \frac{\lambda \pi}{2}\right)^2\right]^{\frac{1}{2}}$。

（2）根据典型一阶控制系统的传递函数，其频率响应为

$$P(j\omega) = \frac{1}{T(j\omega) + 1}$$

相位和增益分别为

$$\text{Arg}[P(j\omega)] = -\arctan(\omega T)$$

$$|P(j\omega)| = \frac{1}{\sqrt{1 + (\omega T)^2}}$$

（3）开环频率响应 $G(j\omega)$ 为

$$G(j\omega) = P(j\omega)C(j\omega)$$

相位和增益分别为

$$\text{Arg}[G(j\omega)] = -\arctan \frac{K_I \omega^{-\lambda} \sin \frac{\lambda \pi}{2}}{1 + K_I \omega^{-\lambda} \cos \frac{\lambda \pi}{2}} - \arctan(\omega T)$$

$$|G(j\omega)| = \frac{K_P J(\omega)}{\sqrt{1 + (\omega T)^2}}$$

（4）根据相位裕度规范，$G(j\omega)$ 的相位为

$$\text{Arg}[G(j\omega_c)] = -\pi + \phi_m$$

根据上式，建立 K_I 和 λ 之间的关系，即

$$K_I = \frac{-\tan[\arctan(\omega_c T) + \phi_m]}{\omega_c^{-\lambda} \sin \frac{\lambda \pi}{2} + M} \tag{8-90}$$

式中：$M = \omega_c^{-\lambda} \cos \frac{\lambda \pi}{2} \tan[\arctan(\omega_c T) + \phi_m]$。

（5）根据水平相位规范，有

$$\left(\frac{d(\text{Arg}(C(j\omega)P(j\omega)))}{d\omega}\right)_{\omega=\omega_c}$$

$$= \frac{K_I \lambda \omega_c^{\lambda-1} \sin \frac{\lambda \pi}{2}}{\omega_c^{2\lambda} + 2K_I \lambda \omega_c^{\lambda} \cos \frac{\lambda \pi}{2} + K_I^2} - \frac{T}{1 + (T\omega_c)^2} = 0 \tag{8-91}$$

由式（8-91）可得，K_I 与 λ 之间的关系为

$$E\omega_c^{-2\lambda} K_I^2 + E + \left(2E\omega_c^{-\lambda} \cos \frac{\lambda \pi}{2} - \lambda \omega_c^{-\lambda-1} \sin \frac{\lambda \pi}{2}\right) K_I = 0$$

$$E\omega_c^{-2\lambda} K_I^2 + FK_I + E = 0$$

式中：$F = 2E\omega_c^{-\lambda} \cos \frac{\lambda \pi}{2} - \lambda \omega_c^{-\lambda-1} \sin \frac{\lambda \pi}{2}$；$E = T/[1 + (T\omega_c)^2]$。

解得

$$K_I = \frac{-F \pm \sqrt{F^2 - 4E^2\omega_c^{-2\lambda}}}{2E\omega_c^{-2\lambda}} \tag{8-92}$$

（6）根据增益穿越频率规范，可得 K_P 的关系式：

$$|G(j\omega_c)| = |C(j\omega_c)P(j\omega_c)| = \frac{K_P J(\omega_c)}{\sqrt{1 + (T\omega_c)^2}} = 1 \tag{8-93}$$

根据式（8-91）、式（8-92）、式（8-93），可解得 λ、K_I、K_P。

3）FOPTD 系统的 FO-PI 控制器设计

类似地，FO-PI 控制器可设计用于 FOPTD 系统。FOPTD 系统可以通过以下方式建模：

$$P(s) = \frac{1}{Ts + 1}e^{-Ls} \tag{8-94}$$

根据上述类似的推导，FO-PI 控制器的参数可由下列方程计算：

$$K_I = \frac{-\tan(\arctan(\omega_c T) + \phi_m + L\omega_c)}{W} \tag{8-95}$$

$$A\omega_c^{-2\lambda}K_I^2 + BK_I + A = 0 \tag{8-96}$$

$$K_P = \frac{\sqrt{1 + (T\omega_c)^2}}{J(\omega_c)} \tag{8-97}$$

式中：$W = \omega_c^{-\lambda}\sin\frac{\lambda\pi}{2} + \omega_c^{-\lambda}\cos\frac{\lambda\pi}{2}\tan[\arctan(\omega_c T) + \phi_m + L\omega_c]$；$A = \dfrac{T}{1 + (\omega_c T)^2} + L$；$B = 2A\omega_c^{-\lambda}\cos\dfrac{\lambda\pi}{2} - \lambda\omega_c^{-\lambda-1}\sin\dfrac{\lambda\pi}{2}$。

4）分数阶控制器实现

为了实现分数阶 PI^λ 控制器，必须使用近似值，这是因为分数阶算子具有无限维。这里采用 Oustaloup 近似法，它利用带通滤波器根据频域响应逼近分数阶控制器。

（1）Oustaloup 近似法。

采用 Oustaloup 近似法进行仿真的原因是：该方法易于适应 MATLAB 仿真环境。假设频率范围为 (ω_b, ω_h)，s^γ 算子的 Oustaloup 近似传递函数可推导如下：

$$G_{appr}(s) = V \prod_{k=-N}^{N} \frac{s + \omega_k'}{s + \omega_k} \tag{8-98}$$

式中：N 为预先指定的整数。

零点、极点和增益可以通过以下公式计算：

$$\omega_k' = \omega_b \left(\frac{\omega_h}{\omega_b}\right)^{\left[k+N+\frac{1}{2}(1-\gamma)\right]/(2N+1)} \tag{8-99}$$

$$\omega_k = \omega_b \left(\frac{\omega_h}{\omega_b}\right)^{\left[k+N+\frac{1}{2}(1+\gamma)\right]/(2N+1)} \tag{8-100}$$

$$V = \left(\frac{\omega_h}{\omega_b}\right)^{-\gamma/2} \prod_{k=-N}^{N} \frac{\omega_k}{\omega_k'} \tag{8-101}$$

（2）脉冲响应不变法。

然而，由于数字精度问题，Oustaloup 近似法不能直接用于数字控制。s^λ 也可以通过时域中的脉冲响应不变法来实现，其中，计算离散时间有限维传递函数以近似连续无理传递函数 s^λ，s 是拉氏变换变量，λ 是一个实数，其范围为 $(-1,1)$。如果 $0 < \lambda < 1$，s^λ 称为分数阶微

分算子,如果$-1<\lambda<0$,s^λ称为分数阶积分算子。这种近似使脉冲响应保持不变。

5. 仿真结果

本案例所提出的系统辨识算法和分数阶控制器设计技术,首先在一个完整的六自由度无人机动力学模型 Aerosim 仿真平台上进行了测试。为了进行比较,还采用改进的 Ziegler-Nichols 整定算法,设计了整数阶 PID 控制器。两种控制器都在包括阶跃响应、阵风响应和有效载荷变化情况的场景中进行了测试。仿真结果验证了分数阶控制器相对于传统 PID 控制器的优势。

1) Aerosim 仿真平台

Aerosim 是为空测无人机设计的非线性六自由度 MATLAB Simulink 模型,它由 Marius Niculescu 从 u-dynamics 开发,所有关键块通过动态链接库(dlls)实现。控制输入包括襟翼、副翼、升降舵、方向舵、油门和风;输出包括以下几个方面。

(1) 系统状态。如地面速度:v_n、v_e、v_d;角速度:p、q、r;四元数:q_0、q_1、q_2、q_3;位置:p_n、p_e、h 等。

(2) 传感器测量。如 GPS:p_n、p_e、h、v_n、v_e、v_d;惯性测量单元(IMU):a_x、a_y、a_z、p、q、r;风:v_n^w、v_e^w、v_d^w;磁性:h_x、h_y、h_z。

最小模拟时间步长为 0.02 s(50 Hz)。

2) 侧倾通过的系统辨识

根据图 8-21 所示的 FO-PI 飞行控制器设计过程,配平调整试验首先在开环条件下进行,以获得稳定飞行状态的控制输入配平。$\delta_a=0$,$\delta_e=-3$,油门设置为 0.7(Aerosim 不提供上述变量的单位)。需要指出的是,对于真正的无人机平台,由于制造精度的原因,δ_a 可能不是零。那么俯仰-升降舵回路和副翼-侧倾回路的 PID 控制器应该加上参考给定,如图 8-23 所示。为简单起见,参考给定俯仰角始终设置为 0。通过阶跃响应分析,粗略调整 PID 参数,以实现稳定飞行。

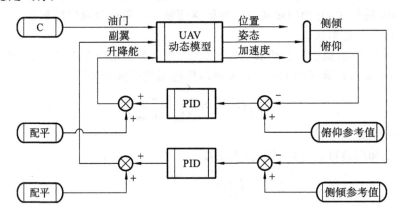

图 8-23　UAV 飞行控制器设计过程

选择方波作为参考输入,是因为在仿真中没有添加传感器噪声。用 Steiglitz-Mcbride 迭代法得到 ϕ_{ref}-ϕ 的 ARX 模型。在这里,选择时域系统辨识算法的原因是在分析飞行日志时难以选择可信任的频率范围。利用 MATLAB 函数 stmcb 得到的模型包括:一阶 ARX 模型、五阶 ARX 模型和由五阶 ARX 模型简化而来的一阶加延时(FOPTD)模型:

$$G_1(s) = \frac{13.86}{s+13.76} = \frac{1.007\,3}{0.072\,7s+1} \tag{8-102}$$

$$G_2(s) = \frac{N_1(s)}{D_1(s)} \tag{8-103}$$

$$G_3(s) = \frac{1.033\ 6e^{-0.049\ 1s}}{0.044\ 0s + 1} \tag{8-104}$$

式中：$N_1(s) = -9.393s^4 + 553.8s^3 + 952.8s^2 + 109\ 60s - 632.9$；$D_1(s) = s^5 + 21.15s^4 + 662.1s^3 + 170\ 5s^2 + 109\ 20s - 612.3$。

侧倾参考 $R(N)$ 和侧倾角 $Y(N)$ 基于辨识模型的方波响应如图 8-24 所示。可以看出，对于一阶和五阶 ARX 模型，模拟的时域响应都可以非常精确地匹配来自 Aerosim 非线性模型的输出。阶次五是由数值试验确定的。

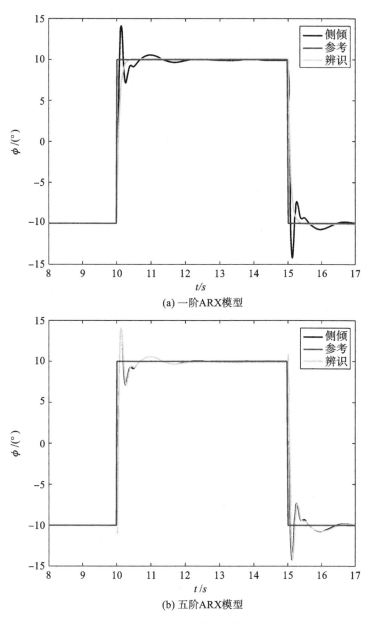

(a) 一阶ARX模型

(b) 五阶ARX模型

图 8-24　侧倾通道的系统辨识

3) FO-PI 控制器设计程序

式(8-89)中,$K=1.007\ 3\ rad^{-1}$,$T=0.072\ 7\ s$,则所设计的 FO-PI 飞行控制器如图 8-25 所示。

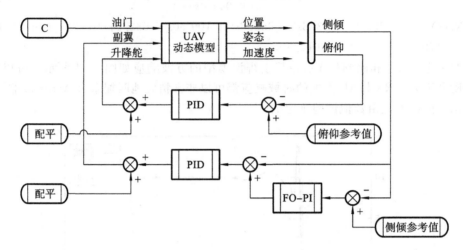

图 8-25　FO-PI 飞行控制器

参数选择过程总结如下。

(1) 控制器性能规格选择为 $\omega_c=10\ rad/s$,$\phi_m=70°$。

(2) 用图解法求解 FO-PI 参数。根据式(8-91)绘制 K_I 关于 λ 的曲线,根据式(8-92)绘制 K_I 关于 λ 的曲线。K_I 与 λ 的值通过两条曲线交点读出,$K_I=28.13\ rad^{-1}$,$\lambda=1.111$。

(3) 根据式(8-93),可得 $K_P=0.550\ 3\ rad^{-1}$。

(4) 设计的 FO-PI 控制器需要验证。图 8-26 所示为设计的 FO-PI 控制器的伯德图。可以看出,伯德图中相位是水平的,在增益穿越频率下,满足控制器设计规范。

在仿真中采用分数阶控制器的 Oustaloup 实现。相关参数是:$N=3$,$\omega_b=0.05\ rad/s$,$\omega_h=50\ rad/s$。

4) 整数阶 PID 控制器设计

改进的 Ziegler-Nichols(MZN)PID 整定规则是常用的 PID 控制器整定规则之一,本案例对采用该整定规则的 PID 控制器将与所设计的 FO-PI 控制器进行了比较。基于不同的系统动力学,MZN 整定规则将调优问题分为以下几种情况。

(1) 滞后主导动力学 $(L<0.1T)$:$K_P=(0.3T/K)/L$,$K_I=1/(8L)$。

(2) 平衡动力学 $(0.1T<L<2T)$:$K_P=(0.3T/K)/L$,$K_I=1/(0.8L)$。

(3) 延迟主导动力学 $(L>2T)$:$K_P=0.15/K$,$K_I=1/(0.4L)$。

一阶加时延(FOPTD)模型确定为 $L=0.049\ 1\ s$,$T=0.044\ 0\ s$。它属于平衡动力学范畴,因此,PID 参数可设计为 $K_P=(0.3T/K)/L$,$K_I=1/(0.8L)$,将 $L=0.049\ 1\ s$,$T=0.044\ 0\ s$ 代入,可得:$K_P=0.260\ 1\ rad^{-1}$,$K_I=28.409\ 1\ rad^{-1}$,$K_D=0$。

MZN PI 控制器和 FO-PI 控制器的阶跃响应比较($10°$ 用于滚动跟踪)如图 8-27 所示。可以观察到,设计的 FO-PI 控制器比 MZN PI 控制器响应更快,稳定更快。

5) 性能比较

为了证明 FO-PI 控制器相对于整数阶 PI 控制器的优势,通过两个试验来检验其鲁棒性。

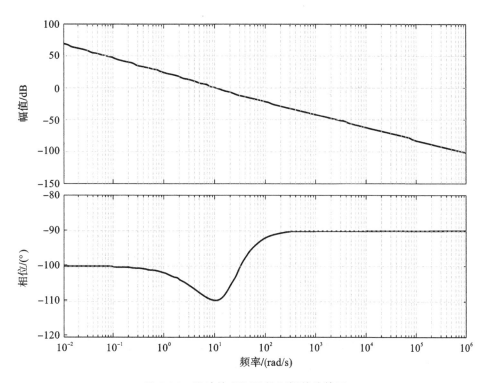

图 8-26 设计的 FO-PI 控制器的伯德图

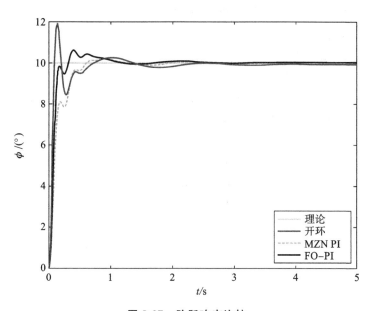

图 8-27 阶跃响应比较

阵风对飞行控制系统来说是常见且重要的干扰。尤其是对于微型和小型无人机,如果控制器设计不当,阵风会导致其坠毁,因此,在阵风风速达到 10 m/s 且持续 0.25 s 的极端条件下,对 FO-PI 控制器和 MZN PI 控制器进行了测试,结果如图 8-28 所示。可以看出,FO-PI 控制器比 MZN PI 控制器具有更小的超调量,并且更快地回到稳态。

有效载荷的变化对微型和小型无人机来说也是一个大问题,因为有效载荷会对飞行性

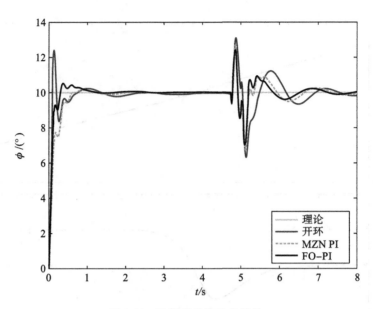

图 8-28 阵风干扰下的鲁棒性

能产生很大影响。如果控制器能够针对不同的传感器有效载荷进行自我调整,这将非常有用。当有效载荷变化时,使用对有效载荷变化具有鲁棒性的控制器可以为无人机终端用户节省大量时间。为验证对有效载荷鲁棒性,在 80%K 和120%K条件下测试了不同的控制器增益 $C_1(s)$。如图 8-29 所示,最终的阶跃响应曲线表明,与 MZN PI 控制器相比,FO-PI 控制器具有更强的鲁棒性。

6. 无人机飞行测试结果

1) 无人机平台 ChangeE

ChangE 是一个 AggieAir UAS 平台,是用于飞行控制器设计和验证的实验平台,如图 8-30 所示。无人机机载系统包括惯性传感器(Microstrain GX2 IMU 和 u-blox 5 GPS 接收机)、执行器(升降副翼和油门电机)、数据调制解调器、开源 Paparazzi Tiny Twog 自动驾驶仪和锂聚合物电池。Microstrain GX2 IMU 在动态条件下可以提供高达 100 Hz 的角度读数(ϕ,θ,ψ),精度为±2°。ChangE 无人机的主要规格如表 8-3 所示。

表 8-3 ChangeE 无人机的主要规格

ChangE 无人机	规 格
质量	约 2.49 kg
翼展	152.4 cm
控制输入	升降副翼和油门
飞行时间	≤1 h
航行速度	15 m/s
起飞	弹跳
操作范围	最大 5 mi

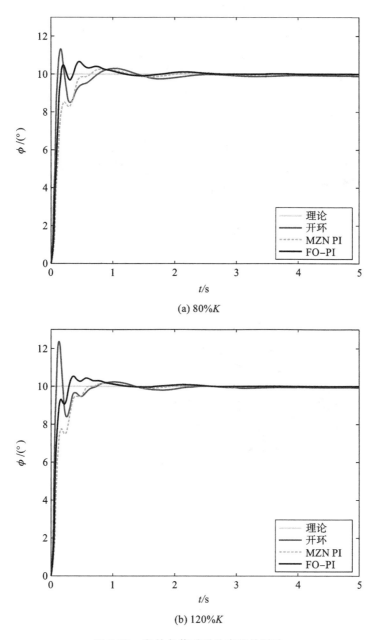

(a) 80%K

(b) 120%K

图 8-29 有效负载对增益变化的影响

ChangE 无人机既有手动遥控模式,又有自主控制模式。它通过 900 MHz 串行调制解调器与地面控制站(GCS)通信。导航航路点和飞行模式可以在 GCS 中实时改变,如图 8-31 所示。在紧急情况下,安全飞行员还可以通过遥控发射器在手动遥控和自动控制模式之间切换。此外,Paparazzi GCS 软件提供在线参数更改和绘图功能,可以很容易地在飞行中修改用户定义的控制器参数。

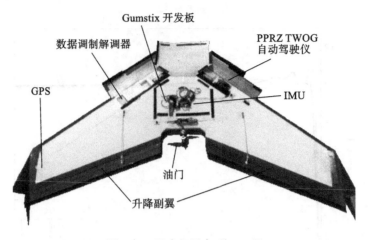

图 8-30　无人机平台 ChangeE

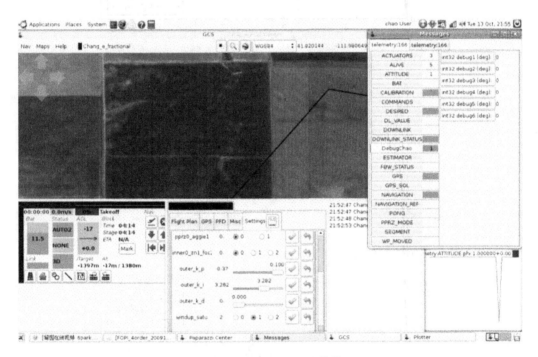

图 8-31　Paparazzi GCS 软件

2) 系统辨识

　　稳定飞行调谐是侧倾环系统辨识的第一步。无人机首先需要进行手动调谐,以在名义油门下实现升降副翼零配平的稳态飞行,基于遥控飞行经验,名义油门选择 70%。在 60 Hz 下,Paparazzi 飞行控制器被用户设计的飞行控制器(Aggie 控制器内环)取代。内侧侧倾和俯仰 PID 控制器都只包括比例部分。侧倾回路的内部 K_P 选择 10 038 计数/弧度,或为由遥控安全飞行员观察到的振动前的最大值。副翼控制输入限制在[−9 600,9 600]计数。平方响应([−20°,20°])用于系统辨识。基准俯仰角始终设置为零。系统响应(侧倾)和参考侧倾角如图 8-32 所示。

　　ϕ_{ref}-ϕ 的一阶 ARX 模型根据飞行数据记录(20 Hz)使用最小二乘法计算:

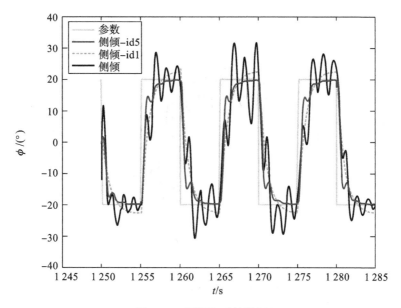

图 8-32 侧倾环系统辨识

$$G(s) = \frac{1.265}{0.901s + 1}$$

ϕ_{ref}-ϕ 的五阶 ARX 模型根据飞行数据记录(20 Hz)使用最小二乘法计算:

$$G(s) = \frac{N_2(s)}{D_2(s)}$$

式中: $N_2(s) = 0.061\,08s^5 - 6.825s^4 + 593.2s^3 - 15\,720s^2 + 220\,300s - 1\,071\,000$; $D_2(s) = s^5 + 361.5s^4 + 28\,940s^3 + 136\,900s^2 + 929\,000s + 1\,081\,000$。

图 8-32 模拟并绘制了基于辨识模型的方波响应和真实系统响应。"id5"表示辨识的五阶 ARX 模型,"id1"表示辨识的一阶 ARX 模型。可以看出,辨识模型的响应可以跟踪参考信号,并且与辨识的一阶 ARX 模型相比,辨识的五阶 ARX 模型具有更好的瞬态响应。

FOPTD 模型可以使用 getfoptd 函数从上述五阶 ARX 模型中计算得到:

$$G(s) = 0.991\,2\,\frac{\mathrm{e}^{-0.279\,3s}}{0.341\,4s + 1} \tag{8-105}$$

3) 比例控制器和整数阶比例积分控制器设计

基于式(8-105)给出的 FOPTD 模型,可以使用 Ziegler-Nichols 整定规则来设计比例控制器:

$$K_{\mathrm{P}} = \frac{1}{KL/T} = 1.233\,2$$

方波参考的真实侧倾跟踪结果显示在图 8-33 中。很明显,比例控制器很难在没有超调的情况下平滑地跟踪侧倾参考。同时,所设计的比例控制器的稳态跟踪误差清晰可见。

相似地,基于 FOPTD 模型,可以使用 Ziegler-Nichols 整定规则来设计整数阶比例积分控制器:

$$K_{\mathrm{P}} = \frac{0.3T}{KL} = 0.37$$

$$K_{\mathrm{I}} = 0.8T = 3.66$$

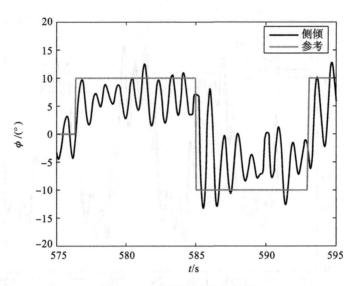

图 8-33 外侧倾环比例控制器

4）分数阶比例积分控制器设计

无人机模型被辨识为式(8-105)中的 FOPTD 模型。根据该模型,分数阶比例积分控制器的设计过程总结如下。

(1) 给定 $T=0.341\ 4$ s,$\omega_c=1.3$ rad/s,$\phi_m=80°$。

(2) 基于 K_I 关于 λ 的两条曲线。从交点读出两个参数值:$K_I=1.482$,$\lambda=1.154\ 6$。

(3) 计算出 $K_P=0.846\ 1$。

(4) 得到设计的分数阶比例积分控制器。

分数阶算子 $1/s^{0.154\ 6}$ 可以使用 IRID 算法(样本时间 $T_s=0.016\ 7$ s)由四阶离散控制器近似得到:

$$G(z) = \frac{N(z)}{D(z)}$$

式中:$N(z) = 0.520\ 3z^4 - 1.175\ 0z^3 + 0.869\ 1z^2 - 0.224\ 5z + 0.011\ 7$;$D(z) = z^4 - 2.427\ 6z^3 + 1.987\ 3z^2 - 0.606\ 2z + 0.047\ 8$。

$G(z)$ 的伯德图如图 8-34 所示,可以观察到,在所设计的开环系统的增益穿越频率 1.3 rad/s 附近,四阶离散控制器可以近似为 $1/s^{0.154\ 6}$ 的频率响应。

如图 8-35 所示,FO-PI 和 IO-PI 控制器增加了一个抗饱和块,$K_T=2K_I$。

5）飞行测试结果

为了公平地比较使用 MZN 整定规则和使用水平相位 FO-PI 整定规则设计的控制器,进行了 3 h 的飞行测试。地面风速预计为 0.45~0.9 m/s。

图 8-36 显示了 IO-PI 和 FO-PI 控制器的五次飞行试验中的一次。结果具有较好可重复性和可再现性。所设计的 FO-PI 控制器可以在传感器分辨率范围(±2°)内跟踪 10°。由此可以得出结论,所设计的 FO-PI 控制器在上升时间和超调方面都优于所设计的 IO-PI 控制器。

此外,对 FO-PI 飞行控制器进行了各种系统增益测试,以验证 FO-PI 控制器的鲁棒性,如图 8-37 所示。可以观察到,使用 FO-PI 控制器的上升时间比使用 IO-PI 控制器的上升时间短。

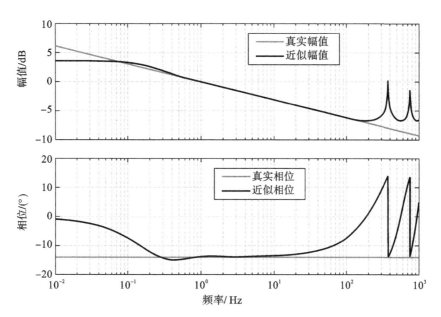

图 8-34 $G(z)$ 的伯德图

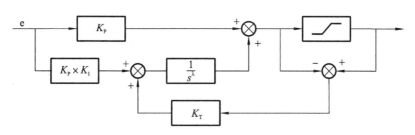

图 8-35   FO-PI 和 IO-PI 控制器的抗饱和块

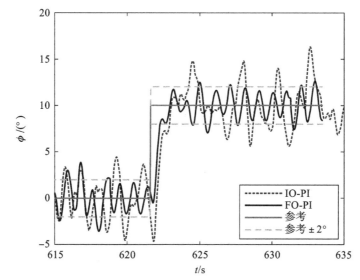

图 8-36   外侧倾环 FO-PI 控制器

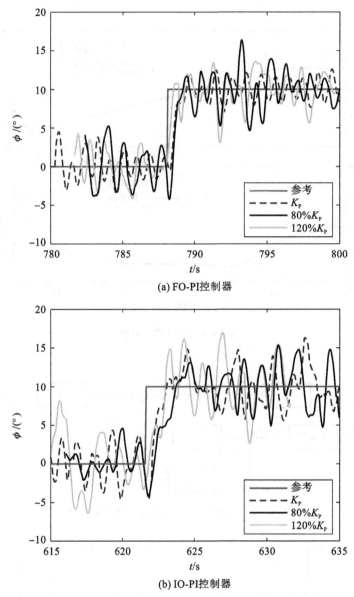

(a) FO-PI控制器

(b) IO-PI控制器

图 8-37　不同系统增益下的 FO-PI 与 IO-PI 控制器比较

参考文献
Cankao Wenxian

[1] 戴夫德斯·谢蒂,理查德 A. 科尔克. 机电一体化系统设计(原书第 2 版)[M]. 薛建彬,朱如鹏,译. 北京:机械工业出版社,2016.

[2] BOLTON W. Mechatronics electronic control systems in mechanical and electrical engineering[M]. 6th ed. Upper Saddle River:Pearson Education,2015.

[3] SILVA C W D. Mechatronics:A foundation course[M]. Boca Raton:CRC Press,2010.

[4] ESFANDIARI R S,LU B. Modeling and analysis of dynamic systems [M]. 3rd ed. Boca Raton:CRC Press,2018.

[5] OGATA K. Modern control engineering[M]. 5th ed. Upper Saddle River:Pearson Education,2010.

[6] KARNOPP D C, MARGOLIS D L, ROSENBERG R C. System dynamics:Modeling, simulation, and control of mechatronic systems [M]. 5th ed. Hoboken:John Wiley & Sons,Inc. ,2012.

[7] 陈荷娟. 机电一体化系统设计[M]. 2 版. 北京:北京理工大学出版社,2013.

[8] 哈肯·基洛卡. 工业运动控制:电机选择、驱动器和控制器应用[M]. 尹泉,王庆义,等译. 北京:机械工业出版社,2018.

[9] CETINKUNT S. Mechatronics with experiments[M]. Hoboken:John Wiley & Sons,Inc. ,2015.

[10] 王丰,王志军,杨杰,等. 机电一体化系统[M]. 北京:清华大学出版社,2017.

[11] 计时鸣. 机电一体化控制技术与系统[M]. 西安:西安电子科技大学出版社,2009.

[12] 芮延年. 机电一体化系统设计[M]. 北京:机械工业出版社,2014.

[13] 刘宏新. 机电一体化技术[M]. 北京:机械工业出版社,2015.

[14] 罗忠,宋伟刚,郝丽娜,等.机械工程控制基础[M].3版.北京:科学出版社,2019.

[15] 郭文松,刘媛媛.机电一体化技术[M].北京:机械工业出版社,2017.

[16] 陈新元,傅连东,蒋林.机电系统动态仿真:MATLAB/Simulink[M].3版.北京:机械工业出版社,2019.

[17] 黄志坚.电气伺服控制技术及应用[M].北京:中国电力出版社,2017.

[18] 范国伟.电气控制与PLC应用技术[M].北京:人民邮电出版社,2013.

[19] 杨霞,刘桂秋.电气控制及PLC技术[M].北京:清华大学出版社,2017.

[20] 李光友,王建民,孙雨萍.控制电机[M].北京:机械工业出版社,2009.

[21] 魏学业.传感器技术与应用[M].武汉:华中科技大学出版社,2013.

[22] 徐军,冯辉.传感器技术基础与应用实训[M].2版.北京:电子工业出版社,2014.

[23] 王晓敏,王志敏.传感器检测技术及应用[M].北京:北京大学出版社,2011.

[24] 林若波,陈耿新,陈炳文,等.传感器技术与应用[M].北京:清华大学出版社,2016.

[25] 樊尚春.传感器技术及应用[M].2版.北京:北京航空航天大学出版社,2010.

[26] 朱晓青.传感器与检测技术[M].北京:清华大学出版社,2014.

[27] 刘少强,张靖.现代传感器技术:面向互联网应用[M].2版.北京:电子工业出版社,2016.

[28] 徐宏伟,周润景,陈萌.常用传感器技术及应用[M].北京:电子工业出版社,2017.

[29] BRADLEY D A,DAWSON D,BURD N C,et al. Mechatronics:Electronics in products and processes[M]. London:Chapman and Hall,1991.

[30] DENNY K M. Mechatronics:Electromechanics and contromechanics[M]. New York:Springer-Verlag,1993.

[31] AUSLANDER D M,KEMPF C J. Mechatronics:Mechanical system interfacing[M]. Meg Weist:Prentice Hall,1996.

[32] 孙琳,刘旭东.PLC应用技术[M].北京:北京理工大学出版社,2019.

[33] 袁毅胥,安小宇.电气控制及PLC技术[M].成都:电子科技大学出版社,2017.

[34] 杨叔子,杨克冲,等.机械工程控制基础[M].6版.武汉:华中科技大学出版社,2011.

[35] 吉顺平.可编程序控制器原理及应用[M].北京:机械工业出版社,2011.

[36] LUO Y,CHEN Y Q. Fractional-order[proportional derivative]controller for a class of fractional order systems[J]. Automatica,2009,45(10):2446-2450.

[37] LUO Y,ZHANG T,LEE B,et al. Fractional-order proportional derivative controller synthesis and implementation for hard-disk-drive servo system[J]. IEEE Transactions on Control Systems Technology,2014,22(1):281-289.

[38] 张邦楚,李臣明,韩子鹏,等.分数阶微积分及其在飞行控制系统中的应用[J].上海航天,2005,22(3):11-14.

[39] 苏海军.前庭系统数学模型及分数阶微积分的应用[D].济南:山东大学,2001.

[40] 姚奎.分形函数与分数阶微积分:构造性方法的应用[D].杭州:浙江大学,2003.

[41] 孙轶民.分形维数和分数阶微积分[D].南京:南京大学,2002.

[42] PODLUBNY I. Fractional differential equations[M]. London:Academic Press,1999.

[43] 王振滨.分数阶线性系统及其应用[D].上海:上海交通大学,2004.

［44］ XUE D Y,ZHAO C N,CHEN Y Q. Fractional order PID control of a DC-motor with elastic shaft:A case study［C］. Proceedings of 2006 American Control Conference(ACC). New York:IEEE,2006.

［45］ CHEN Y Q, MOORE K L. Analytical stability bound for a class of delayed fractional-order dynamic systems［J］. Nonlinear Dynamics,2002,29:191-200.

［46］ 邹伯敏. 自动控制理论［M］. 4 版. 北京:机械工业出版社,2020.

［47］ 孙炳达. 自动控制原理［M］. 4 版. 北京:机械工业出版社,2018.

［48］ VISIOLI A. Practical PID control［M］. London:Springer-Verlag,2006.